U0221246

中 国 地 震 年 鉴

CHINA EARTHQUAKE YEARBOOK

2018

地震出版社

图书在版编目（CIP）数据

中国地震年鉴. 2018 /《中国地震年鉴》编辑部编. —— 北京：地震出版社，2021.10

ISBN 978-7-5028-5034-0

Ⅰ. ①中… Ⅱ. ①中… Ⅲ. ①地震—中国—2018—年鉴 Ⅳ. ①P316.2-54

中国版本图书馆CIP数据核字（2019）第293370号

地震版 XM4911/P（6054）

中国地震年鉴（2018）

CHINA EARTHQUAKE YEARBOOK（2018）

《中国地震年鉴》编辑部

责任编辑：刘素剑

特约编辑：李巧萍

责任校对：凌 樱 郭贵娟

出版发行：**地 震 出 版 社**

北京市海淀区民族大学南路 9 号　　　邮编：100081

发行部：68423031　68467993　　　传真：68467991

总编办：68462709　68423029

编辑室：68467982

E-mail：dz_press@163.com

http://seismologicalpress.com

经销：全国各地新华书店

印刷：北京广达印刷有限公司

版（印）次：2021 年 10 月第一版　2021 年 10 月第一次印刷

开本：787×1092　1/16

字数：664 千字

印张：28.75

书号：ISBN 978-7-5028-5034-0

定价：198.00 元

版权所有　翻印必究

（图书出现印装问题，本社负责调换）

《中国地震年鉴》编辑委员会

主　编：闵宜仁

委　员：方韬东　陈华静　韩志强　王春华　马宏生
　　　　高亦飞　冯海峰　周伟新　黄　蓓　徐　勇
　　　　米宏亮　兰从欣　刘宗坚　张　宏

《中国地震年鉴》编辑部

主　任：王春华　陈华静　张　宏

成　员：刘小群　彭汉书　卢大伟　高光良　张红艳
　　　　崔文跃　杨　鹏　刘秀莲　李明霞　刘　强
　　　　丁昌丽　李巧萍　董　青　李佩泽　连尉平
　　　　王　莹　李松阳　黄宝忠　李　丽　李　苗

2018年5月12日，汶川地震十周年国际研讨会暨第四届大陆地震国际研讨会在成都召开

（中国地震局办公室 提供）

2018年8月19—23日，全国人大常委会副委员长张春贤率工作组到四川省开展《中华人民共和国防震减灾法》执法检查。图为张春贤（中）在西昌地震中心站视察

（四川省地震局 提供）

2018年7月19日，全国人大常委会副委员长艾力更·依明巴海（前排右二）率执法检查组实地考察江西省地震局氢检测检定实验室

（江西省地震局 提供）

2018年8月19—21日，全国人大常委会副委员长艾力更·依明巴海率队在新疆维吾尔自治区开展《中华人民共和国防震减灾法》执法检查

（新疆维吾尔自治区地震局 提供）

2018年4月30日，应急管理部副部长，中国地震局党组书记、局长郑国光接受凤凰卫视《问答神州》专访

（中国地震局办公室　提供）

2018年10月15日，应急管理部副部长，中国地震局党组书记、局长郑国光（右）会见四川大学校长李言荣一行

（中国地震局办公室　提供）

　　2018年5月29日，应急管理部副部长，中国地震局党组书记、局长郑国光出席中国地震台网中心与电子科学研究院合作协议签署仪式

（中国地震局办公室　提供）

　　2018年11月20日，应急管理部副部长，中国地震局党组书记、局长郑国光出席中国地震局与中国电子科技集团有限公司战略合作协议签约仪式

（中国地震局办公室　提供）

2018年1月24日，中国地震局在北京召开2018年全国地震局长会议

（中国地震局办公室 提供）

2018年8月6日，应急管理部副部长，中国地震局党组书记、局长郑国光（前排中）到中国地震台网中心听取震情趋势报告

（中国地震台网中心 提供）

2018年7月28日，全国首届地震科普大会在河北省唐山市召开

（中国地震灾害防御中心 提供）

2018年7月27日，防震减灾科普展在河北省唐山市开展，应急管理部副部长，中国地震局党组书记、局长郑国光，唐山市市长丁绣峰等出席开展仪式并参观展览

（中国地震局办公室 提供）

2018年12月31日，中国地震局党组同志与广大干部职工共同参观"防震减灾 造福人民——改革开放40周年成就展"

（中国地震灾害防御中心 提供）

2018年9月21日，中国地震局党组成员、副局长闵宜仁视察中国地震灾害防御中心

（中国地震灾害防御中心 提供）

2018年10月23日，中国地震局党组成员、副局长阴朝民（前排右）出席中国铁路总公司、中国地震局关于共同推进高速铁路地震预警战略协议签约仪式

（中国地震局办公室 提供）

2018年7月2日，中国地震局党组成员、副局长牛之俊出席中国地震局地球物理研究所所长招聘答辩会

（中国地震局办公室 提供）

2018年2月2日，我国首个电磁监测试验卫星"张衡一号"发射成功

（中国地震局办公室 提供）

2018年9月13日，中国地震局召开电磁监测卫星工程启动会

（中国地震局办公室 提供）

2018年2月26日，北京市召开2018年防震抗震工作领导小组会议

（北京市地震局　提供）

2018年3月13日，天津市召开2018年防震减灾工作联席会议

（天津市地震局　提供）

2018年5月12日，河北省地震局与长城新媒体共同举办"5·12"特别节目"防灾减灾 河北力量"

（河北省地震局 提供）

2018年5月11日，内蒙古自治区主席布小林视察内蒙古自治区地震局

（内蒙古自治区地震局 提供）

2018年5月11日，辽宁省地震局等单位在辽宁省科技馆举办第十个全国防灾减灾日暨汶川地震十周年纪念活动

（辽宁省地震局 提供）

2018年4月27日，辽宁省地震局与中国地震局地球物理研究所开展科技项目合作交流座谈

（辽宁省地震局 提供）

2018年5月28日，黑龙江省委书记、省人大常委会主任张庆伟（右二），省委副书记、省长王文涛（左二）到黑龙江省地震局调研

（黑龙江地震局　提供）

2018年10月15日，上海市地震局与中国铁塔股份有限公司上海市分公司签署《关于共同推进上海市智慧城市建设与地震密集观测网络建设的战略合作协议》

（上海市地震局　提供）

2018年12月6日，江苏省地震局与江苏省科学技术协会签署合作框架协议

（江苏省地震局 提供）

2018年7月24日，浙江省副省长彭佳学（中）主持召开2018年省防震减灾工作领导小组会议

（浙江省地震局 提供）

2018年11月8—9日，安徽省地震局、省科协、省教育厅、滁州市政府联合在滁州召开首届安徽省地震科普大会

（安徽省地震局　提供）

2018年5月11日，福建省人民政府新闻办公室召开防震减灾能力建设进展情况新闻发布会

（福建省地震局　提供）

2018年2月8日，在河南省郑州市召开2018年河南省防震抗震指挥部会议

（河南省地震局 提供）

2018年5月9日，2018年湖北省暨武汉市防震减灾宣传活动周启动仪式举行

（湖北省地震局 提供）

2018年5月11日，湖南省中学生防震减灾知识大赛决赛在长沙举行

（湖南省地震局 提供）

2018年3月26日，广东省副省长叶贞琴（中）到广东省地震局调研防震减灾工作

（广东省地震局 提供）

　　2018年4月23—24日，广西地震灾害紧急救援队远程机动在广州市参加华南地区地震灾害救援实兵拉动演练。图为装备准备演练

（广西壮族自治区地震局　提供）

　　2018年3月21日，重庆市召开2018年全市防震减灾工作联席会议

（重庆市地震局　提供）

2018年5月16日，四川省2018年省级抗震救灾综合演练在德阳举行

（四川省地震局 提供）

2018年8月4—5日，中国老科协地震分会2018年防震减灾科普宣传交流研讨会在贵阳举办

（贵州省地震局 提供）

2018年7月24—26日，云南省防灾减灾救灾专题培训班在昆明举办

（云南省地震局　提供）

2018年4月11日，西藏自治区召开2018年防震减灾工作联席会

（西藏自治区地震局　提供）

　　2018年5月5日，由陕西省地震局、陕西省减灾协会、陕西省地震学会主办，陕西新广在线影视文化传播有限公司承办的"防震减灾 知识先行"陕西省防震减灾科普知识大赛在陕西广播电视台演播大厅举办

（陕西省地震局 提供）

　　2018年11月23日，青海省地震局举办青海省地震科普大会

（青海省地震局 提供）

　　2018年8月，中国地震局地球物理研究所承担的"中国地震科学台阵探测——华北地区东部"项目在渤海—北黄海海底地震科学台阵探测观测点投放地震仪现场

（中国地震局地球物理研究所　提供）

　　2018年9月23—27日，中国地震局地质研究所与韩国火山减灾学会共同举办2018年度火山监测预警技术培训班

（中国地震局地质研究所　提供）

2018年7月19日，中国地震局地球物理勘探中心在新疆维吾尔自治区奇台县进行流动重力观测

（中国地震局地球物理勘探中心 提供）

2018年4月，中国地震局第一监测中心开展第六次藏北无人区GNSS观测

（中国地震局第一监测中心 提供）

2018年8月，中国地震局第一监测中心测量工程院在山西省开展地磁测量

（中国地震局第一监测中心　提供）

2018年11月，防灾科技学院院长姚运生率队到陕西省地震局等4家单位调研

（防灾科技学院　提供）

目　录

专　载

地震与地震灾害

防 震 减 灾

台站风貌

地震灾害预防

各省、自治区、直辖市地震灾害预防工作

科技进展与成果推广

机构·人事·教育

合作与交流

合作与交流项目

学术交流

计划·财务·纪检监察审计·党建

附　录

专　载

主要收载党中央、国务院、中国地震局领导有关防震减灾工作的重要讲话；国务院、国务院办公厅和中国地震局及省级机关印发的有关防震减灾工作的重要法规和文件。

中国地震局党组书记、局长郑国光
在 2018 年全国地震局长会议上的讲话（摘要）

（2018 年 1 月 24 日）

这次会议的主要任务是：以习近平新时代中国特色社会主义思想为指导，全面贯彻落实党的十九大精神，认真贯彻中央经济工作会议和国务院防震减灾工作联席会议精神，总结 2017 年和党的十八大以来防震减灾工作，谋划新时代防震减灾事业现代化建设思路举措，部署 2018 年工作。

一、2017 年和党的十八大以来工作回顾

（一）认真学习贯彻党的十九大精神

大力营造良好氛围。 地震系统认真落实中国地震局党组制定的学习贯彻党的十九大精神工作方案，深入学习习近平总书记系列重要讲话精神，为学习贯彻党的十九大精神奠定重要政治和思想基础。回顾总结五年来防震减灾工作的有益探索和宝贵经验，举办"喜迎党的十九大，砥砺奋进的五年"系列展览，彰显广大干部职工良好精神风貌。

切实担当政治责任。 局党组带领各级党组织和广大党员干部，把学习宣传贯彻党的十九大精神作为首要政治任务，坚定维护习近平总书记党中央的核心、全党的核心地位，牢固树立"四个意识"，切实增强"四个自信"。制定实施意见，对地震系统学习宣传贯彻党的十九大精神作出全面部署。出台关于加强和维护党中央集中统一领导实施意见，严肃政治纪律和政治规矩，落实地震系统各级党组织的政治责任。

迅速兴起学习热潮。 召开党组会、全局系统视频会、党组中心组专题会，传达学习党的十九大精神。举办司局级主要领导干部专题研讨班、纪检组长（纪委书记）培训班，开展局机关全员轮训。党组同志带头宣讲，局属各单位党员领导干部深入业务单位、地震台站、市县部门、扶贫村寨等基层一线宣讲党的十九大精神。广大党员干部畅谈学习体会，撰写学习报告，通过网站、简报和新媒体，广泛宣传党的十九大精神和学习成果，形成了以上率下、全面推进、持续深化的生动局面。

指导事业改革发展。 以习近平新时代中国特色社会主义思想和党的十九大精神为指导，全面总结国家防震减灾事业发展的成就与经验，深刻认识新时代防震减灾事业发展的历史方位，客观分析当前事业发展的主要矛盾和深层次问题，科学谋划新时代防震减灾事业现

代化建设的目标任务和重点举措。各单位结合实际，积极谋划本地区本单位事业改革发展，推进党的十九大精神落地生根。

（二）全面贯彻习近平总书记防灾减灾救灾重要论述

以重要论述统一思想认识。局党组多次召开党组会、中心组学习会、专题研讨会，深入领会和准确把握精神实质。局属各单位通过多种形式进行学习宣传，各地迅速召开抗震救灾指挥部会议、专题会议，制定贯彻落实措施。在习近平总书记"7·28"重要讲话一周年之际，国务院抗震救灾指挥部办公室召开座谈会，总结贯彻落实情况，进一步统一思想行动，深化落实措施。

务实推进贯彻落实工作。出台深入贯彻落实习近平总书记防灾减灾救灾重要论述的意见和全面深化改革的指导意见、加快推进地震科技创新的意见、加快地震人才发展的意见等文件，科学把握事业发展方向，聚焦重点领域、关键环节，统筹谋划和部署事业改革发展。

（三）服务保障经济社会发展更加有力

监测预报基础进一步夯实。建立滚动会商机制，联合科研院所和高校，动态跟踪研判，较好地把握了震情趋势，云南漾濞 5.1 级地震和新疆精河 6.6 级、库车 5.7 级地震发生在年度危险区内。新疆地震局对精河 6.6 级地震作出准确预测，及时通报当地党委政府，开展应急演练，取得明显减灾实效。完成全国强震动、地壳运动台网和北京测震台网等监测业务整合。升级改造地震台站 340 个，更新观测仪器 186 台套，建成西北和华南仪器维修中心。发布首批专业设备入网目录，建成三大类仪器检测平台和比测场地，启动国家地震计量站建设。发布地震震级新国家标准。首次引入分区地壳速度模型，升级地震台网实时处理系统。组织人工智能余震捕捉大赛，开展地震自动编目试验，启动历史模拟观测资料抢救工作。国家地震数据灾备中心正式投入使用。海拉尔台和兰州台通过联合国禁核试组织核证验收。完成党的十九大、全运会、"一带一路"高峰论坛、金砖国家峰会等重大活动地震安全服务保障任务。完成朝鲜核试验监测和应对服务保障工作。

震灾风险防范能力不断提升。开展雄安新区地震安全分析及抗震专题研究。完成重点地区 6 条活动断层地质填图及合肥、成都等 5 个城市地震活动断层探测，银川市人大立法对地震活动断层避让作出强制性规定。取消"地震安全性评价单位资质认定"行政审批，废止 1 部部门规章和 10 件规范性文件，印发《地震安全性评价管理办法》。做好第五代区划图宣传贯彻，联合住建部门对规划、设计和施工审查等单位进行培训。山东、山西、贵州等地出台《农村住房抗震设防管理办法》，全国完成农村民居抗震改造约 191 万户，惠及800 余万人。减隔震技术广泛应用于北京新机场、唐山市体育中心等 1200 余项重要建设工程。与银保监会共建地震风险与保险实验室。全年地震保险保费 8484 万元，保额 415 亿元，云南、新疆地震保险赔付 3809 万元。创建完成国家和省级防震减灾示范城市示范县 16 个、国家地震安全示范社区 377 个。实施"互联网＋地震"行动，"平安中国"防灾宣导活动持续推进。地震科普进入中国数字科技馆，新建国家科普教育基地 23 个，创建国家科普示范学校 126 所，创作科普作品 76 部。《地震探索之旅》荣获全国优秀科普作品奖。全局系统共召开新闻发布会 42 次，"两微一端"粉丝量达 1700 万人。

重大地震灾害应急处置高效有序。四川九寨沟 7.0 级等重大地震应急处置及时得当，卓有成效。充分发挥国务院抗震救灾指挥部办公室综合协调作用，组织联合工作组、现场应急工作队和国家地震救援队赶赴灾区指导和开展抗震救灾工作。国务院抗震救灾指挥部派出 5 个检查组，对 10 个省区开展地震应急准备检查。完成年度危险区地震灾害风险评估。举办华北地区"震安 –2017"应急综合演练。开展地震专业救援队分级测评，完成省级以上搜救队伍培训 30 期近 1600 人次。修订《中国地震局地震应急预案》，出台医院地震紧急处置、中小学校地震避险和避难场所运行管理 3 项国家标准。

（四）全面深化改革和开放合作

积极推进全面深化改革。调整局党组全面深化改革领导小组，成立 4 个改革专项小组，召开 8 次领导小组会议，及时学习领会习近平总书记关于全面深化改革重要讲话精神，研究部署深化改革工作。启动福建局、震防中心、工力所、台网中心、地球所、驻深办和地壳工程中心 7 个单位改革试点，特别是福建局大胆尝试、积极探索，率先推动科技、业务、行政等重点领域改革。

着力推动体制机制创新。出台全面深化改革指导意见，推进地震科技体制、业务体制、震灾预防体制和行政管理体制改革，出台地震科技体制改革顶层设计方案。强化国务院抗震救灾指挥部办公室职能作用，督促指导各地指挥机构建设。调整成立发展研究中心和深圳防灾减灾技术研究院。出台地震标准化工作行动方案，组建监测、震防、应急 3 个标准化技术委员会。推进预算管理改革，强化局属单位的预算编制和实施主体责任，全局预算执行率达 94.9%。小型基建项目投资基数增幅超过 50%，事业保障更加有力。

全面扩大开放合作。与水利部、中国科协等部门签署 10 余个战略合作协议，联合科技部、国土部、中科院、自然科学基金委等部门共同推进国家地震科技创新体系建设。与天津大学、吉林大学等高校在地震工程研究、地球深部探测、地震数据共享、仪器研发等方面深入开展合作。联合铁路总公司研发新一代高速铁路地震监测预警系统，与华为、阿里巴巴等企业合作推进地震信息技术开发与应用，与珠海泰德公司合作研发海洋地磁场测量仪等。推动"一带一路"地震减灾合作，启动地震安全发展规划编制。与韩国、白俄罗斯等 13 个国家拓展双边合作内容，与美国地质调查局续签合作意向书。举办东盟地区地震应急救援研讨会，与新加坡救援队联合开展冬季适应性训练。

（五）国家地震科技创新工程和地震人才工程全面启动

地震科技创新蓝图绘就。出台加快推进地震科技创新意见，联合科技部、自然科学基金委、中科院、工程院等部门召开全国地震科技创新大会，提出 2030 年步入世界地震科技强国目标，发布实施国家地震科技创新工程，组织实施"透明地壳""解剖地震""韧性城乡""智慧服务"四项科技计划，努力构建地震科技创新体系。推进地震科技创新布局和方向任务调整，成立科研院所协调理事会，加快现代科研院所治理体制机制建设。完成科技委换届，吸收国内外专家充实科技委力量。

地震人才工程稳步推进。出台加快地震人才发展意见，设立人才专项资金，实施地震人才工程。创新人才发展体制机制，落实用人单位主体责任。支持89名青年人才开展国际国内访学研修。入选国家百千万人才工程1人，防灾科技学院"土木工程教师团队"入选"全国高校黄大年式教师团队"。

科技计划取得积极进展。与自然科学基金委共同设立地震科学联合基金。配合科技部编制重大自然灾害监测预警与防范重点专项，启动"重大工程地震紧急处置技术研发与示范应用"等9个项目。积极推动国家"地球深部探测"重大科技项目立项。电磁监测试验卫星即将发射，电磁监测02星和重力梯度卫星纳入国家中长期规划。高铁地震预警技术成果开始服务于京张高铁建设。获得国家自然科学奖二等奖1项。

（六）"十三五"规划和重大工程建设顺利推进

重大工程立项进展加快。国家地震烈度速报与预警工程可研报告获得批复，泛亚工程可研工作进展顺利。完成山东应急救援基地建设，有序推进广东、新疆、深圳等训练基地建设。全面启动广东、山东两省现代化试点建设。福建、四川、陕西、河南等省局积极推进省级"十三五"规划实施，重大项目立项取得重要进展。

不断优化区域发展。召开地震系统援藏会议，全面启动援藏工作，加强拉萨地区监测能力建设，首批援藏干部到岗工作。制定新一轮援疆工作方案，明确资金、项目、人才、科技等支持和对口援助任务。制定京津冀协同发展防震减灾"十三五"规划。推进与天津、福建、陕西、青海等省（市）政府合作。完成贵州局上划重组工作。

（七）全面落实管党治党政治责任

管党治党责任有效落实。开展深化中央巡视整改专项行动。对24个局属单位开展巡视，实现五年巡视全覆盖目标。制定贯彻中央八项规定精神实施意见。理顺全局系统纪检监察审计工作管理体制，配强队伍。实行局属单位纪检组长（纪委书记）对中国地震局党组直接负责、直接报告工作制度，加大监督执纪工作力度。印发《构建良好政治生态实施意见》，推进地震系统全面从严治党向纵深发展。

监督执纪问责更加有力。开展全局系统全面从严治党信息大调查、问题线索大起底、廉政风险大分析、领导干部廉政信息大梳理、党务纪检干部大轮训。完成16个单位主要负责人离任经济责任审计和42个局属单位政府采购专项审计。充分运用监督执纪"四种形态"，严格规范问题线索处置，认真落实处理意见。

干部队伍建设进一步强化。系统梳理各单位各部门班子成员状况，深入分析研究班子运行和后备干部队伍建设情况，提出领导班子结构优化方向和调整方案。突出政治标准、坚持事业为上选拔干部，选优配强领导班子。落实巡视整改要求，推进干部交流轮岗，对包括10名司局级党政主要负责人在内的39名局党组管理干部和27名局机关正处长进行交流。落实"凡提四必",严格干部选拔工作。严格规范进人工作。组织各单位主要负责人和纪检组长(纪委书记)集中述职述廉。

干事创业精神得到提振。推进"两学一做"学习教育常态化制度化。举办震苑大讲堂、纪念梅世蓉先生座谈会、黄大年先进事迹报告会,丰富弘扬地震行业精神宣教年活动。举行领导干部宪法集体宣誓,认真做好统战群团工作。召开两次全局系统廉政警示教育大会,开展主题警示教育月活动。

筹备汶川地震十周年国际研讨会、全国地震科普大会。加强财务管理、保密、档案、信访、维稳、安全生产等工作。重视和加强老干部工作,深入推动老年教育和文化建设,老干部服务保障水平不断提高。

回顾党的十八大以来的工作,防震减灾事业快速发展,成效显著。

一是落实主责主业有力有效。强化地震监测预报预警,全力做好震情服务与应急处置。地震速报信息服务受众从百万级升至亿级,应急保障服务产品更为丰富。地震预警核心技术取得突破,地震烈度速报与预警示范系统建成应用。高效完成芦山7.0级、九寨沟7.0级等60余次地震应急处置。国家重大活动地震安全保障服务有力有效。地震大形势和中短期地震趋势研判取得较好成效,41次5.0级以上浅源地震发生在年度危险区,多次向地方政府提前通报震情,地震监测预测应急减灾实效明显。

二是服务国家战略成效明显。主动对接"一带一路"、京津冀协同发展等国家战略。发布实施第五代区划图,进一步提高全国抗震设防要求。完成近30个城市地震活动断层探测,为50余个城市总体规划、1.6万余项重大工程把好抗震设防关。农村民居地震安全纳入中央"三农"政策和脱贫攻坚重大行动,惠及2400多万户。地震巨灾保险多地试点推广,防震减灾科普教育覆盖面更加广泛,公众地震应急避险能力明显提升。

三是创新驱动发展扎实推进。地震部门全面深化改革框架基本建立,"放管服"改革不断深化。国家自然科学基金资助经费翻番,SCI、EI论文增长近80%。获得国家科技进步奖一等奖、二等奖和自然科学奖二等奖各1项。科学台阵观测、主动源探测、亚失稳研究、黄土地震灾害研究、跨海峡地震探测取得重要成果。与捷克、古巴等20个国家签署合作协议。援外台网建设、国外地震搜索救援为国家整体外交作出重要贡献。

四是社会治理格局不断完善。各级人大执法调研、抗震救灾指挥部应急检查等工作常态化,地方法规规章不断健全。25个省区市的201个市级政府实施防震减灾目标责任制,防震减灾示范创建活动全面开展。防震减灾新闻宣传常态化,通过新闻发布会、权威刊物、新媒体积极传播正能量。地震志愿者队伍迅速壮大,应急避难场所覆盖更加广泛,防震减灾公共服务与治理水平不断提高。

五是人才队伍建设持续加强。高层次人才培养取得新进展,当选中国科学院院士1人,获得国家级人才计划12人次,获批国家级创新人才培养示范基地2个,国家级重点领域科技创新团队1个。选派160名科技骨干人才国外访学研修,培养硕士博士1千余人、本科生1万余人。队伍学历层次与人才结构得到优化,能力素质与专业化水平进一步提高。

六是全面从严治党纵深推进。坚持把政治建设放在首位，认真组织开展党的群众路线教育实践活动、"三严三实"专题教育、"两学一做"学习教育，党员干部队伍"四个意识""四个自信"明显增强。深入贯彻中央八项规定精神，纠正"四风"成效明显。深入推进中央专项巡视整改，不断压实"两个责任"，良好政治生态正在逐步形成。

二、以习近平新时代中国特色社会主义思想为指导，大力推进新时代防震减灾事业现代化建设

（一）充分认识推进新时代防震减灾事业现代化建设的重大意义

推进新时代防震减灾事业现代化建设是全面建设社会主义现代化国家的必然要求。我们要以习近平总书记防灾减灾救灾重要论述为指导，坚持以人民为中心的发展思想，把防震减灾事业放在统筹推进"五位一体"总体布局和协调推进"四个全面"战略布局中去推动，以更高的政治站位推动新时代防震减灾事业现代化建设。

推进新时代防震减灾事业现代化建设是提升防震减灾综合能力的必由之路。地震多、分布广、强度大、灾害重是我国基本国情之一。我们必须紧跟国家社会主义现代化建设进程，充分利用经济社会和科技发展成果，大幅提高防震减灾事业现代化水平，切实提升服务保障经济社会发展的综合能力。

推进新时代防震减灾事业现代化建设是地震部门的责任使命。新时代，地震灾害及灾害风险管控的内涵和影响因素发生了深刻变化，我们必须始终保持清醒的认识，始终牢记职责使命，勇于面对地震灾害风险挑战，创新思想观念、体制机制、工作方式，大力推进新时代防震减灾事业现代化建设，不断提高防震减灾综合能力和现代化水平。

（二）准确把握新时代防震减灾事业现代化建设的总体要求和主要任务

大力推进新时代防震减灾事业现代化建设，要以习近平新时代中国特色社会主义思想为指导。全面贯彻党的十九大精神和习近平总书记防灾减灾救灾重要论述，把防震减灾事业融入"五位一体"总体布局和"四个全面"战略布局，适应人民对包括安全在内的美好生活需要，着眼服务国家、服务人民、服务社会，着力构建适应国家地震安全需求的体制机制，大力推进地震科学技术现代化、地震业务体系现代化、防震减灾服务能力现代化、防震减灾社会治理现代化，以新时代防震减灾事业现代化建设的新成效，为决胜全面建成小康社会、全面建设社会主义现代化国家提供有力保障。

大力推进新时代防震减灾事业现代化建设，要统筹谋划现代化建设的总体布局。注重顶层设计和实践探索相结合，整体推进和重点突破相结合，问题导向和需求牵引相结合。在体系布局上要更加开阔，强调科技、业务、服务、治理的全面覆盖，省局、研究所、业务中心、市县地震部门要各司其职，突出特色、有所侧重，良性互动、相互促进；在区域布局上要更加精准，强调东中西部之间、城乡之间、地震灾害风险强弱地区之间相互协调，

各地要把现代化建设融入本地区经济社会发展战略，因地制宜、重点推进，大胆突破、相互借鉴；在任务布局上要更加系统，强调目标要求、具体举措、制度保障、实施路径在国家级、省级、市县级的协同一致，研究建立现代化建设的指标和评价体系，上下贯通、明确责任，精准发力、狠抓落实。

大力推进新时代防震减灾事业现代化建设，要着眼速度、规模、结构、质量、效益的协调统一，政府、行业、社会多元治理主体作用的协同发挥。着重从科技强业、业务兴业、服务立业、法治保业四个方面统筹安排，一是推进地震科学技术现代化建设。要瞄准世界科技前沿，面向国家需求，坚持创新驱动，大力实施国家地震科技创新工程，优化地震科技创新布局，统筹创新资源，加快构建开放合作、支撑引领、富有活力的地震科技创新体系。二是推进地震业务体系现代化建设。要大力推进地震监测预报、震灾预防、应急救援体制机制创新，强化地震业务标准化、信息化建设，加快业务体系转型升级，加快构建功能完善、集约高效、技术先进的现代地震业务体系。三是推进防震减灾服务能力现代化建设。要着眼更好地满足全社会的安全需求，推进地震科技和业务成果转化应用，完善服务平台、丰富服务产品，充分利用社会资源，加快构建资源丰富、布局合理、服务高效的防震减灾服务体系。四是推进防震减灾社会治理现代化建设。要完善防震减灾政策和法规制度，健全社会治理体制机制，落实防震减灾各责任主体法定职责，有效发挥地震部门主导作用，加快构建法制完备、多元共治、善治高效的防震减灾社会治理体系。

大力推进新时代防震减灾事业现代化建设，要将其贯穿于防震减灾三大工作体系建设中。地震科学技术现代化是核心驱动，起支撑引领作用，要以实施国家地震科技创新工程为抓手，系统推进。地震业务体系现代化是关键所在，要以标准化、信息化为带动，优先发展。防震减灾服务能力现代化是价值体现，是事业现代化的力量源泉，要以社会化、智能化为着力点，加大力度。防震减灾社会治理现代化是重要保障，要以法治化、责任化为目标，共建共治共享。

大力推进新时代防震减灾事业现代化建设，要统筹协调，一步一个脚印，毫不动摇，毫不放松。到2020年，围绕决胜全面建成小康社会，认真落实"十三五"防震减灾规划，加快全面深化改革步伐，加快实施国家地震科技创新工程和地震人才工程，加快实施国家地震烈度速报与预警工程，积极参与国家重大科技计划，不断提高地震业务体系现代化水平，有效提升地震灾害风险防范能力，确保《国务院关于进一步加强防震减灾工作的意见》提出的2020年防震减灾工作目标如期实现，地震科技总体水平达到发达国家同期水平。到2035年，在全面建成小康社会的基础上，基本实现社会主义现代化。与此相适应，我们要针对防震减灾主要矛盾发展变化，按照推进科技、业务、服务、治理四个方面现代化的要求，明确总体思路、指标体系、主要任务、重点工程和发展举措，争取2030年步入世界地震科技强国之列，确保2035年基本实现防震减灾事业现代化。到21世纪中叶，紧紧围绕建成富强民主文明和谐美丽的社会主义现代化强国目标，实现防震减灾与经济社会协同发展，实现技术先进、世界一流、保障有力的中国特色防震减灾事业现代化。

（三）形成大力推进新时代防震减灾事业现代化建设的合力

我们要坚定不移以习近平新时代中国特色社会主义思想为指导，全面贯彻习近平总书记防灾减灾救灾重要论述，深入落实"两个坚持、三个转变"，确保坚定正确的政治方向。要坚定不移全面深化改革，扎实推进地震科技体制、业务体制、震灾预防体制、行政管理体制等重点领域改革，提高发展质量和效率，激发活力和动力。要坚定不移构建开放合作的发展格局，建立完备的防震减灾法律法规和标准体系，健全完善多元治理体系，加强国际交流与合作，全面提高防震减灾治理体系和治理能力现代化水平。要坚定不移加快地震科技创新和人才体系建设，大力实施国家地震科技创新工程，调动部门内外科技力量协同创新，不断创新地震人才发展体制机制。要坚定不移构建风清气正的良好政治生态，推进全面从严治党，提振干事创业精气神，为推进新时代防震减灾事业现代化建设提供坚强政治保证。

三、2018 年工作部署

（一）把政治建设摆在首位，自觉用习近平新时代中国特色社会主义思想武装头脑指导工作

深入学习贯彻党的十九大精神。 地震系统各级党组织和广大党员干部要系统掌握习近平新时代中国特色社会主义思想基本原理，学会用其蕴涵的立场、观点、方法观察问题、分析问题、解决问题，谋划和推进新时代防震减灾事业现代化建设。落实好局党组学习宣传贯彻党的十九大精神实施意见，认真开展"不忘初心、牢记使命"主题教育，努力在学懂弄通做实上下功夫。

坚决维护以习近平同志为核心的党中央权威和集中统一领导。 地震系统各级党组织和广大党员干部必须强化"四个意识"，特别是核心意识，在忠诚核心、维护核心、向核心看齐上有高度思想自觉和行动自觉，把讲政治作为最高原则、第一要求，自觉在思想上政治上行动上同以习近平同志为核心的党中央保持高度一致。要坚决维护党中央权威和集中统一领导，做到党中央提倡的坚决响应、党中央决定的坚决执行、党中央禁止的坚决不做，确保党的路线方针政策和党中央决策部署不折不扣贯彻落实。

全面贯彻习近平总书记防灾减灾救灾重要论述。 落实局党组深入贯彻落实习近平总书记防灾减灾救灾重要论述的意见。贯彻党的十九大精神，出台推进新时代防震减灾事业现代化建设的意见，加强发展战略与政策研究，科学制定发展纲要，研究建立并细化事业现代化建设指标体系。各单位要加强组织领导，结合实际科学谋划事业现代化建设优先领域和主攻方向，明确目标要求、主要任务和保障措施，加快推进。

（二）聚焦主责主业，全面提升地震监测预报预警水平

切实增强地震监测能力。按照科学分类，开展各学科地震监测台网设计。发布台站标准化设计总体方案，开展台站标准化建设试点。编制地震仪器发展指南，引导社会力量参与，加大地震仪器装备研发力度。建立健全观测设备入网列装及退出更新机制，完善设备入网目录发布制度体系，加快推进国家地震计量站和仪器检测平台建设，强化装备观测效能评估。启动地震台网实时监控系统设计，加强台网运行远程监控和仪器维修集约化管理。推进测震台网数据质量在线评估，逐步开展仪器定期校准标定。优化地球物理场流动观测，充分利用测绘、气象、国土等部门观测资源，发展空间对地观测技术，逐步改善青藏高原观测薄弱现状。启动电磁监测 02 星等重大项目。推动京津冀地震监测一体化试点。

扎实做好震情监视跟踪工作。以年度危险区和大震跟踪研判为重点，制定震情跟踪方案，建立健全督导和检查制度。按照构造块体和行政区划相结合的原则，在重点地区建立构造片区联合会商机制。重构地震预测业务流程，落实主体责任，联合多方力量共同会商。组织开展地震预测科技与业务发展研讨，健全业务总结机制。引入大数据、云计算和人工智能等先进理念和技术，推进地震分析会商技术系统建设。完善工作规程，规范党和国家重大活动及特殊时段地震安全服务保障工作。

稳步推进地震预警能力建设。启动国家地震烈度速报与预警工程建设，各单位要在项目法人统一部署下，以尽快形成破坏性地震预警和烈度速报能力为目标，积极推进工程建设。全面总结地震预警示范工程经验，优化预警台网的建设与运行，在福建省实现面向社会的地震预警和烈度速报服务。加快提升行业服务能力，实现与中国铁路总公司预警信息服务对接，推进核电等重点行业地震预警技术应用。开展社会力量参与地震预警和烈度速报服务试点。

加快推进地震信息化。全面实施地震信息化战略，完成地震信息化顶层设计，制定标准体系框架，加大对各单位信息化工作的指导。编制地震行业云设施和数据管理设计方案，启动地震信息化系统工程立项工作。推进物联网、大数据、人工智能等信息技术应用，加强地震网络安全设计，发挥信息化在事业现代化建设中的基础作用。摸清底数，完善标准，有计划组织实施历史模拟观测资料抢救工作。

（三）坚持以人民为中心，着力提高震灾预防和应急救援能力与服务效益

着力提高震灾预防能力与水平。开展第五代区划图实施情况检查，启动全国地震风险区划图编制。制定加快推进城市活动断层探测工作指导意见，继续推进重点区域活动断层探测工作。协同推进水库大坝等重大工程地震灾害风险隐患排查。贯彻落实《关于推进城市安全发展的意见》，制定地震安全城市建设指导意见，推进防震减灾示范城市示范县建设，强化城市地震风险防控措施，协同推进综合减灾示范社区建设。落实乡村振兴战略，做好农房抗震改造技术服务。推广减隔震等抗震新技术应用。加强业务指导，推进市县防震减灾能力建设，切实发挥市县地震部门在地震灾害风险管理中的重要作用，提升基层综合减

灾水平。推进地震安全性评价、活动断层探测和避让、防震减灾示范建设等标准研制。推进地震风险与保险实验室建设，协同推进地震巨灾保险立法。

全面加强防震减灾科普宣传教育。出台加强新时代防震减灾科普宣教工作的意见，强化科普宣传顶层设计。召开首届全国地震科普大会，组织地震科普展览及科普学术交流，举办全国防震减灾知识大赛、科普讲解大赛等系列活动。落实全民科学素质计划纲要实施方案，继续深入与中国科协合作，联合实施"互联网＋地震科普"行动，共同推动防震减灾科普教育基地联盟建设，将防震减灾科普纳入科技馆建设，加强科普人才队伍建设，提高科普作品的科学性与权威性，加大推广力度。持续开展"六进"和"平安中国"等系列科普活动，推动科普宣传常态化和社会化。加强对行业协会、学会的支持和指导。充分利用各方资源和平台，建立健全与媒体、公众有效沟通机制，进一步加强防震减灾工作宣传，科学客观宣传地震预测水平和预警减灾效果。

切实做好应急准备防范工作。完善地震应急预案体系，强化预案管理，启动《国家地震应急预案》和省级地震局应急预案修订。改进灾情收集方法和灾害快速评估技术，升级改造地震应急指挥技术系统，提高辅助决策能力。组织年度危险区地震应急准备督查检查，加强地震灾害风险预评估，指导地方政府切实提升应急防范能力和水平。推进地震应急避难场所建设，举办地震应急管理培训班。有力有效开展震后应急处置工作。

强化地震应急救援队伍建设。完善应急救援队伍调用机制和兵力使用军地对接程序，联合重防区省级政府、军队、武警开展地震应急救援演练。研究建立应急救援队伍分级分类管理制度，健全技术装备配置标准和列装制度，推进专业队伍分级测评。调整优化应急救援训练基地任务，形成相互补充的培训网络，加强应急救援队伍培训与演练。出台指导意见，完善技术规范，引导社会力量有序参与地震应急救援工作，加强第一响应人等社会基层应急救援队伍培训。

（四）加大改革力度，不断完善有利于事业发展的体制机制

统筹推进改革顶层设计和试点示范。切实增强全面深化改革的责任感和紧迫感，全面落实局党组全面深化改革指导意见，加快出台地震业务体制、震灾预防体制、行政管理体制改革顶层设计方案，明确各领域改革方向和目标任务。加快改革试点步伐，加大对试点单位的支持力度，发挥示范引领作用。其他单位要结合实际，抓紧制定改革实施方案，有计划分步骤积极推进。强化改革责任落实，明确责任主体，健全督察考核机制，将改革任务的考核评估纳入目标管理。

认真落实地震科技体制改革部署。推进中国地震局工程力学研究所、中国地震局地球物理研究所改革试点，凝练科研主攻方向，制定研究所章程，推行领导成员任期制和领导班子目标责任制。启动其他研究所改革方案编制。联合深圳市政府组建理事会，推进防灾减灾技术研究院建设，转化推广先进减灾技术。深化防灾科技学院与研究所合作。试点推进业务中心和省级地震局创新团队建设。出台科技成果转移转化指导意见等相关政策，赋予科研机构更多创新自主权，改进地震科技创新评价机制，激发人才创新创造活力。

加快推进地震业务体制改革。聚焦主责主业，优化任务布局，梳理业务流程，完善运行机制。以资源集约、服务高效为重点，以建强中国地震台网中心等"国家队"为抓手，着力提升地震业务标准化、信息化、现代化水平。明确长中短临地震预测业务布局和任务分工。科学设计台网布局和运行维护、流动观测等职能任务分工，推动一体化业务平台建设。推进台站管理改革，逐步形成专业队伍为主、社会力量辅助、市场化供给的观测运维新机制。加强地震观测质量控制，试点将市县观测资料纳入统一评估，强化监测、预报和科研服务的互动，建立健全预测效能评估体系。

积极推进震灾预防体制改革。进一步健全抗震救灾指挥机构组织体系，强化各级抗震救灾指挥部办公室职能作用，完善协调指挥和信息共享机制，推进应急准备检查常态化制度化。完善地震安全性评价监管制度，制定修订有关标准，会同有关行业部门重新确定地震安全性评价工程范围，实行地震安全性评价单位信息公示公开制度。积极适应"多评合一"工作机制，狠抓建设工程抗震设防要求落实。继续推进各级地方政府防震减灾目标责任制管理，发挥各级政府在地震风险管理中的主体作用。完善社会力量和市场参与机制。研究制定地震部门公共服务清单。

协调推进地震行政管理体制改革。深化预算管理改革，修订预算管理办法等相关制度，落实预算编制和执行责任制，推进预算定额标准编制工作，建立完善项目预算评审制度。进一步完善中央财政科研项目资金管理制度，改革和创新科研经费使用和管理方式。配合开展中央与地方财政事权和支出责任划分改革。建立机关职责清单及内部审批事项清单，强化发展规划研究、政策标准制定等宏观事务管理职能。优化调整事业发展布局，推动局属单位职能、机构、编制调整。对省局、研究所、业务中心、高校等不同性质单位加强分类管理。加强对局属单位工程院转型改革的指导。深化事业单位分类改革。全面贯彻落实国家关于行政管理体制、科技体制、干部人事和社会保障制度、财政制度及其他改革政策，加强解读与配套措施研究工作。加强中国地震局发展研究中心能力建设，着力发挥其在战略研究、重大工程设计管理等方面的作用。

（五）坚持创新驱动发展，努力扩大开放合作

继续推进地震科技创新体系建设。贯彻落实加快推进地震科技创新意见。发挥科研院校、部门、地方和企业等创新主体的特色和优势，探索启动若干协同创新中心、联合实验室建设。按照"5+6+1+N"的地震科技创新力量布局，发挥科研院所协调理事会作用，明确五大研究所主攻方向，组建 2～3 个特色鲜明的区域研究所。会同科技部完成地震科技 2030 发展规划编制。发挥科技委主动咨询和战略咨询作用，定期发布国际地震科技动态研究报告。

大力推进地震科技创新工程。争取国家和地方各类科技资源，支持地震科技创新重点任务，促进科研业务融合。实施地震监测预测新理论和新方法、地震构造与孕震环境、地震韧性技术应用基础 3 个领域的联合基金项目、"大地震灾害监测预警与风险防范"国家重点项目。建立地震科学实验场，吸引国内外专家针对重点区域、重点科学问题开展集中攻关，推进经验预报向理论预报拓展。统筹各类投入渠道，完善研究所科研基础条件，建好建强

重点实验室。做好电磁监测试验卫星的发射、在轨测试与数据分析应用工作。继续支持地震亚失稳等预期有所突破的重点方向，持续深入开展研究。

深化全方位开放合作。加强与部委、地方政府、高校、企业的合作，健全有效合作机制，落实重点合作任务。与国防科工局、航天科技集团、电子科技集团、银保监会等部门和企业共同做好空间对地观测应用、信息化、地震保险等领域的工作。与科技部共同推进地震科技重大计划和重点项目，凝聚全社会力量合力攻关。协助自然资源部积极推进深地探测计划立项。深化与南京大学、吉林大学、天津大学、四川大学等高校合作，共同开展主动震源、大数据、地震工程等领域的研究和人才培养。

加强国际交流与合作。召开汶川地震十周年国际研讨会。做好"一带一路"合作规划，推进建立"一带一路"合作框架。持续推进援建尼泊尔、老挝、肯尼亚地震监测台网及中国—东盟地震海啸监测预警系统项目。开展东盟地区论坛合作项目城市搜索与救援高级培训及联合演练。修订中美地震和火山科技合作协议，举行中美协调人会晤，确定新形势下中美合作方向和重点。继续巩固与俄罗斯、法国、德国等重点国家防震减灾领域的合作。

（六）牢固树立法治意识，着力提高依法发展和科学管理水平

切实增强法治思维。认真学习贯彻党的十九届二中全会精神，深入开展尊崇宪法、学习宪法、遵守宪法、维护宪法、运用宪法的宣传教育活动，弘扬宪法精神和社会主义法治精神，增强宪法观念。深化依法行政专题学习，全面贯彻中央依法治国决策部署，出台加强依法行政工作的意见，提高地震系统依法履职能力。实施"七五"普法规划，落实普法责任，提高普法实效。

提高依法行政能力。落实全国人大常委会 2018 年执法监督工作部署，配合做好《防震减灾法》执法检查。推行地震部门权责清单制度，落实"双随机一公开"监管制度。强化地震行政执法监督，提升执法队伍履职能力。落实重大决策法律咨询和法律顾问制度，加强规范性文件合法性审查和清理工作。

推进重点领域立法。全面落实国务院"放管服"改革要求，加快推进《防震减灾法》和《地震安全性评价管理条例》修订。配合住建部加快出台《建设工程抗震管理条例》。推动地震资料管理、建设工程抗震设防要求管理等部门规章的制定修订。加快制定修订地震预警、地震安全性评价等方面的地方性法规规章。

强化地震标准化工作。出台加强地震标准化工作意见，修订地震标准化管理办法及配套制度。分领域开展地震标准体系框架研究，制定地震预警、地震安评事中事后监管和地震信息化等关键标准研制计划，加快推进重点急需标准制定修订工作。加强标准专家队伍建设，加大标准宣贯力度，试点推进标准化工作纳入行政管理和业务考核。积极引导有关社会团体、企业参与地震标准研制。有条件的省局要组建标准技术组织，因地制宜推进标准化工作。

加强目标责任管理。狠抓落实，开展目标管理和工作效能考核，完善重点工作督查督办工作机制。加强政务管理信息系统建设，建立管理信息化工作评估机制。落实中央与地

方双重计划财务体制,统筹中央与地方支撑能力及自我发展能力。推进"十三五"规划实施,开展规划实施中期评估,全力推进各级规划项目建设。加强区域合作,组织实施京津冀协同发展防震减灾"十三五"规划,加快推进广东、山东两省和有条件地区现代化建设试点示范。

(七)坚持人才强业,努力建设高素质专业化人才队伍

大力实施人才工程。 全面落实加快地震人才发展意见和地震人才工程。加快完善职称评聘、分类考核评价、人才流动、青年人才培养等制度措施,进一步下放用人单位权限,落实用人单位主体责任。进一步引进和培养高端人才,做好国家级人才工程遴选,加大国外访学研修支持力度。完善人才资金两级投入机制,落实好地震科技英才计划和全员素质提升计划。进一步发挥防灾科技学院作为人才培养基地的作用,建立分级分类培训制度和课程体系,推进职业素养和专业技能的全员培训。建立中国地震局干部教育培训师资库。与人社部联合表彰地震系统先进集体和个人。

狠抓干部队伍建设。 要把建设政治过硬、本领高强、能承担起新时代防震减灾事业现代化建设重担的高素质专业化干部队伍放到更加突出的位置,培养领导干部特别是主要领导干部战略思维、大局意识、敢于担当、狠抓落实的能力和作风。坚决贯彻党管干部原则,把政治标准放在首位,认真落实新时期好干部标准,抓好干部选、育、管、用各环节工作。深入开展局属单位领导班子分析研判,加强干部队伍建设的前瞻性、主动性和科学性。改进推荐考察方式,深入开展谈话调研,考实考准干部。健全干部考核评价机制,完善集中述职述廉制度。做好"一校五院"调训和专题研修,分级分类开展干部培训。制定并落实交流轮岗制度,完善易地交流干部生活保障制度。加强干部监督,落实"凡提四必",坚持严管和厚爱结合、激励和约束并重。开展选人用人进人专项检查。完善领导干部能上能下实施办法,形成优者上、庸者下、劣者汰的机制和导向。建立领导干部容错纠错制度,落实"三个区分开来"要求,为敢于担当、踏实做事、不谋私利的干部撑腰鼓劲。

强化后备干部队伍建设。 完善年轻干部发现储备、培养锻炼、选拔使用和管理监督的全链条机制,建立健全司局级正职和副职后备干部库。发挥"上挂下派"平台作用,统筹后备干部的选育管用,加强政治历练和艰苦地区、关键岗位以及急难险重任务中的实践锻炼。

(八)强化全面从严治党政治责任,努力构建风清气正的良好政治生态

压实全面从严治党责任。 以政治建设为统领,全面加强政治、思想、组织、作风、纪律、制度建设。持之以恒正风肃纪,强化政治纪律和组织纪律,带动廉洁纪律、群众纪律、工作纪律、生活纪律严起来。牢牢抓住管党治党的"牛鼻子",严格落实问责条例和局党组实施办法,层层落实管党治党责任。落实好构建良好政治生态实施意见,实现地震系统政治生态根本好转。

加强地震系统各级党组织建设。 严格执行《关于新形势下党内政治生活的若干准则》。尊崇党章,学习党章,遵守党章,严格执行党规党纪。加强各级党组织自身建设,准确把

握和严格执行民主集中制。加强党支部建设，突出政治功能，提升组织力，建设坚强战斗堡垒。认真执行党务公开条例，积极回应党员和群众关切。

严格执行中央八项规定精神。认真贯彻习近平总书记关于纠正"四风"问题批示精神，严格落实中央八项规定精神和局党组实施意见。在局机关率先开展"作风建设月"活动，促进学风、文风、会风和工作作风等明显好转。

大兴调查研究之风。切实把调查研究作为谋事、干事的重要环节和基本方法，选好主题，制定计划，深入基层开展调查研究。各单位班子成员要带头开展调查研究，扑下身子、沉到一线，查找问题，掌握情况，撰写调研报告，提出措施，切实把调研成果转化为推进事业改革发展的行动。

严格监督执纪问责。聚焦"关键少数"，突出抓重点部位、重点领域、重点对象，紧盯风险点和薄弱环节，完善制度体系，强化权力运行制约和监督。发挥财务稽查、审计监察、专项检查作用。深化内部巡视，发现问题、形成震慑。运用好监督执纪"四种形态"，特别要运用好第一种形态，抓早抓小、防微杜渐。开展廉政教育，强化干部日常管理监督。积极配合审计署开展重大政策跟踪审计。

加强纪检监察审计队伍建设。完善纪检工作体制机制，加强纪检监察机构建设。配齐配强纪检监察审计干部队伍，加强业务培训。有计划安排纪检干部参与专项检查、巡视和纪律审查，以干代训，实战练兵。选拔有潜力的优秀年轻干部到纪检岗位培养锻炼，通过干部轮岗交流、挂职等方式，为纪检监察审计干部培养创造有利条件。强化责任担当，提升履职能力。

在做好以上八个方面工作的同时，要加强改革发展各项保障工作。继续推进对口支援和定点扶贫工作。认真做好离退休干部工作，加强离退休干部"三项建设"，发挥老同志优势和作用，进一步提升老干部服务保障水平。统筹做好工青妇、群团、保密、信访、档案和后勤保障、安全生产等工作。

（中国地震局办公室）

中国地震局党组书记、局长郑国光在 2018 年地震系统全面从严治党工作会议上的讲话（摘要）

（2018 年 1 月 26 日）

2018 年地震系统全面从严治党工作会议的主要任务是：深入学习贯彻习近平新时代中国特色社会主义思想，全面贯彻落实党的十九大和党的十九届二中全会、十九届中央纪委二次全会精神，总结地震系统全面从严治党工作，研究部署 2018 年工作，努力构建地震系统风清气正的良好政治生态。

一、过去工作回顾

（一）提高政治站位，认真落实管党治党政治责任

加强政治建设。局党组带领地震系统各级党组织和广大党员干部牢固树立"四个意识"，坚定"四个自信"，坚决维护以习近平同志为核心的党中央权威和集中统一领导。坚定执行党的政治路线，严格遵守政治纪律和政治规矩，在政治立场、政治方向、政治原则、政治道路上同党中央保持高度一致。出台《局党组关于加强和维护党中央集中统一领导的实施意见》。严格执行新形势下党内政治生活若干准则。

落实管党治党主体责任。局党组认真履行全面从严治党主体责任，党组书记认真履行第一责任人责任，党组成员"一岗双责"。专题研究 20 余次，召开视频会议，制定年度分工意见，印发年度党建、纪检工作要点。坚持巡视、监督、执纪、问责、审计、培训、述职、约谈和警示等综合施策，狠抓政治生态建设。党组书记对局属单位主要负责人集体约谈 3 次、个别约谈 60 余人次。党组成员多次约谈局属单位负责人和纪检组长（纪委书记）。支持纪检组织履行监督职责，建立纪检组长（纪委书记）向局党组负责、报告工作等"直通车"制度。局属单位党委（党组）管党治党责任得到强化。

形成管党治党合力。局党组和驻部纪检组齐抓共管，重大部署认真沟通、重点举措共同研究。驻部纪检组将地震系统巡视整改作为重要任务来抓，认真负责地进行问题线索查处，强化监督执纪问责。通过与党组成员谈话了解情况，派员列席党组会议，约谈有关单位负责人，开展新任司局级干部任职谈话，履行监督职责。通过为全局系统司局级主要领导干部做辅导报告、讲廉政党课，派员指导纪检干部培训、述职，强化业务指导。纪工委在问题线索查处、警示教育、干部培训、增加直属机关纪委机构编制等方面给予了大力支持。

主体责任和监督责任共同发力、形成合力。

注重思想建设。制定实施《推进"两学一做"学习教育常态化制度化实施方案》，党组同志带头讲党课，参加双重组织生活，落实中心组学习规则。年内党组中心组进行 13 次集中学习，其中专题学习研讨 6 次，做到有主题、有方案、有研讨、有成果，成为提高认识、统一思想、谋划发展、促进工作的平台。对局系统"两学一做"进行现场督察、交叉检查，通报检查结果。局属各单位通过党委（党组）会、中心组学习、支部学习深入开展学习教育，47 个局属单位领导班子成员普遍讲党课。

坚决落实中央精神。局党组深入学习贯彻党中央方针政策，以习近平新时代中国特色社会主义思想为指导，深刻领会习近平总书记防灾减灾救灾重要论述，谋划和推进防震减灾事业改革发展。先后出台《深入贯彻落实习近平总书记防灾减灾救灾重要论述的意见》《全面深化改革的指导意见》《加快推进地震科技创新的意见》《加快地震人才发展意见》等指导性文件，确保中央方针政策落实到防震减灾领域。

（二）深入学习贯彻党的十九大精神，认真谋划防震减灾事业改革发展

加强思想引导，营造良好氛围。深入学习习近平总书记治国理政思想、党的十八届六中全会和习近平总书记"7·26"重要讲话精神。制定《学习贯彻党的十九大精神工作方案》，扎实推进全局系统学习宣传贯彻工作。

坚持上下联动，兴起学习宣传热潮。把学习宣传贯彻党的十九大精神作为首要政治任务，及时召开党组会、全局系统视频会传达大会精神。制定《学习宣传贯彻党的十九大精神实施意见》。召开党组中心组专题学习会，举办司局级主要领导干部专题研讨班，分 2 批开展机关干部全员轮训。党组同志带头宣讲党的十九大精神，局属各单位党员领导干部深入基层宣讲。党员干部畅谈学习体会、撰写学习报告，通过网站、简报、专栏、手机客户端等广泛宣传党的十九大精神和学习成果。以上率下、全面推进、不断深化，全局系统迅速形成学习宣传党的十九大精神热潮。

理论指导实践，认真谋划事业发展。坚决用习近平新时代中国特色社会主义思想武装头脑。准确把握新时代防震减灾事业发展的历史方位，深刻分析事业发展的主要矛盾，认真思考和谋划新时代防震减灾事业现代化建设。局属各单位党委（党组）深入贯彻党的十九大精神，认真谋划本地区本单位事业发展。

（三）深化巡视整改，构建风清气正的良好政治生态

压实巡视整改责任。局党组担当巡视整改政治责任，召开 10 次专题会议，持续推进122 项整改措施和 14 项专项整治任务落实。将巡视整改融入全局工作，在历次重要会议和基层调研时，提要求、压责任、促整改。召开专题民主生活会，把党组和党组同志自身摆进去，把职责摆进去，深化巡视整改。

开展深化整改专项行动。在驻部纪检组指导下，制定《深化中央巡视整改专项行动方案》，通过全面检查、重点督察、集体约谈、警示教育、执纪问责、队伍建设等举措，深化巡视整改。

在 47 个局属单位自查基础上，局党组重点督察北京局、山西局、广西局、搜救中心、物探中心等 12 个单位，发现问题，督促整改。

实现内部巡视全覆盖。分 2 轮对 24 个局属单位党委（党组）进行巡视，实现了五年内部巡视全覆盖。认真组织巡视启动会、中期汇报会、巡视总结会，加强领导，压实责任。巡视发现问题线索和接收信访举报 130 余件，做到件件有着落。对巡视发现的问题逐一梳理研究，提出整改意见 280 余条。云南局、广西局、四川局、宁夏局等单位开展专项整治。

努力构建良好政治生态。在驻部纪检组指导下，深入研判地震系统政治生态状况，印发《关于构建地震系统风清气正的良好政治生态的实施意见》，从政治站位、政治生活、政治担当、管党治党、选人用人进人、政风行风 6 个方面提出 31 项要求，落实任务分工和39 项具体措施，明确责任领导、责任部门和工作时限。广西局、甘肃局、搜救中心等单位针对自身存在问题，开展政治生态分析，重构本单位良好政治生态。

（四）突出政治功能，加强党组织建设

严格组织生活制度。以提升组织力为重点，突出政治功能，发挥基层党组织战斗堡垒作用。严格执行民主生活会和组织生活会制度，落实"三会一课"、双重组织生活、民主评议党员等制度。各党支部以强化"四个意识"、规范党内政治生活为主题召开专题组织生活会。严格落实党内监督条例和个人有关事项报告制度。重大决策注重听取各单位负责人、老同志和党外同志意见。

加强基层党组织建设。完善地震系统基层组织体系，规范党组织换届。开展全局系统党组织和党员信息采集，实施统一管理。进行党建述职考核评议，推广支部工作法，激发基层组织活力。严格党员发展工作，严格执行党费收缴、使用和管理规定，制定清理收缴党费使用方案，安排党费支持精准扶贫、基层党组织建设、党务培训、困难帮扶等工作。

完善党建工作机制。着力构建地震系统层层负责、人人尽责的党建工作格局。完善党务部门和组织人事部门、业务部门党建工作协同机制，促进党务与业务融合，抓思想、促行动，抓党务、促业务。落实"一岗双责"，确保党建工作责任落实。针对垂直管理体制特点，进一步完善京外单位党建工作机制。

（五）运用"四种形态"，严肃监督执纪问责

夯实从严治党基础。开展全局系统全面从严治党信息"大调查"，问题线索"大起底"，局属单位廉政状况"大分析"，领导干部廉政信息"大梳理"，建立全局系统 1602 名处级干部廉政活页。全局系统集中开展"以案释纪明纪，严守纪律规矩"主题警示教育月活动。开展信访问题排查、扶贫监督等专项督查。征询干部任职廉政意见，开展干部任前廉政谈话。

严肃监督执纪问责。根据驻部纪检组对中央巡视移交问题线索处理意见，制定方案，抓好落实。

开展审计监督。开展经济责任、财政财务收支、基建科研项目等审计工作，提出审计建议千余条。完成 16 个单位 17 名主要负责人经济责任审计。以协作区联审方式，对 42 个

局属单位开展政府采购专项审计。

（六）加强队伍建设，着力提升履职能力

加强党组自身建设。认真落实党的全面领导，重大部署、重大问题和重要事项及时向中央请示报告。修订局党组工作规则，建立党组每月例会制度。调整党组成员分工，建立联系局属单位制度，压实监管责任。组织各单位主要负责人集中述职述廉。部署局属各单位党委（党组）制修订工作规则，并对执行情况开展专项检查。

加强干部队伍建设。局党组全面分析局属各单位、机关各部门班子状况，优化班子结构，提升班子能力。综合运用巡视、审计、财务稽查等成果，加强干部日常教育管理监督。突出政治关、廉洁关，选优配强领导班子。推进干部交流轮岗，对42名局管干部、27名局机关正处长进行交流。落实"凡提四必"，严格干部选拔。严把进人计划，规范进人工作。

（七）改进工作作风，提振干事创业精气神

严格执行中央八项规定精神。认真落实习近平总书记批示要求，持续整治"四风"问题。局党组从自身做起，改进学风文风会风，深入基层调研，简化公务活动。修订落实中央八项规定精神实施意见。紧盯"关键少数"，抓作风、促作为。在全局系统开展违规购买高档白酒问题集中排查整治。一些单位和党员干部被查处。

开展弘扬行业精神宣教年活动。制定专门方案，全面动员实施。局党组召开学习《习近平的七年知青岁月》座谈会、黄大年同志先进事迹视频报告会、纪念梅世蓉先生座谈会、优秀青年团队创新创业事迹报告会，激励担当作为。建立《震苑大讲堂》，加强学习型机关建设。局属单位举办微党课、知识竞答、报告会等各种活动，传播正能量。各级工青妇组织开展多种活动，长才干、聚人气，提振干事创业精气神。

（八）深化体制机制改革，加强党建纪检队伍建设

深化党建纪检体制改革。强化地震系统全面从严治党工作职能，将党组党建、党风廉政建设、巡视、领导干部经济责任审计等4个领导小组进行调整，将办公室职责统一归口管理。整合职能，完善机构，形成党建、纪检、巡视、审计工作合力。深化"三转"，主动配合驻部纪检组工作。专职纪检组长（纪委书记）专司监督之责，年底进行集中述职、培训和约谈，压实监督责任。

加强党务纪检队伍建设。为机关纪委调整增加5个编制。选拔9人任纪检组长（纪委书记），交流或转任8人。开展党务纪检干部轮训。安排10余人到驻部纪检组、纪工委"以干代训"，组织200余人次参加巡视、执纪审查、专项督察、审计等工作，提升履职能力。

回顾党的十八大以来的五年，地震系统牢固树立"四个意识"，强化责任落实，加强组织建设，狠抓巡视整改，严肃监督执纪问责，持续整治"四风"，改进工作作风，构建政治生态，坚定不移推进全面从严治党。主要做了以下工作：

一是坚持和加强党的领导，确保正确的事业发展方向。习近平总书记防灾减灾救灾重

要论述和防震减灾 25 次重要指示，李克强、汪洋等中央领导多次批示指示，汪洋同志每年初主持召开国务院防震减灾联席会议，中央领导多次亲赴地震灾区指挥抗震救灾和恢复重建工作，充分体现了党中央对防震减灾工作的坚强领导、高度重视和亲切关怀。局党组坚决同以习近平同志为核心的党中央保持高度一致，坚决落实党中央决策部署，带领全局系统深入学习领会习近平总书记防灾减灾救灾重要论述和党中央决策部署，重要情况及时向中央报告，重要部署主动听取中央分管领导意见，切实把党的全面领导落实到防震减灾全过程。

二是坚持和加强党的建设，确保党组织坚强有力。深入学习领会习近平新时代中国特色社会主义思想，学习党章党规和中央决策部署，不断提高党性修养和政策水平。不断巩固群众路线教育实践活动、"三严三实"专题教育、"两学一做"学习教育成果。认真落实全面从严治党政治责任，构建党建工作格局，加强党组织建设，健全党建工作制度，完善全面从严治党体制机制。加强基层服务型党组织建设，增强基层组织功能。

三是重视和改进工作作风，不断优化发展环境。坚决执行中央八项规定精神，全面整治"四风"，"三公"经费明显下降。不断改进学风、文风、会风和工作作风。围绕突出问题，开展专项整治，进行"四风"问题"回头看"。开展弘扬行业精神宣教年活动，激发干事创业热情。关心职工工作和生活，开展帮扶慰问，暖人心、聚人气，营造良好氛围。

四是强化监督执纪问责，着力解决存在问题。坚决落实管党治党政治责任。自觉接受驻部纪检组和纪工委监督。

五是接受中央专项巡视，切实担起整改责任。勇担巡视整改政治责任，正视问题，制定整改方案，采取有力整改举措，着力建立长效机制，努力构建地震系统风清气正的良好政治生态。

二、深入贯彻落实党的十九大精神，坚定不移推进全面从严治党向纵深发展

（一）深入贯彻落实党的十九大精神，切实增强政治责任

一要坚决把学习贯彻党的十九大精神作为首要政治任务。地震系统各级党组织和广大党员干部必须把学习贯彻党的十九大精神作为当前首要政治任务，在学懂弄通做实上下功夫，不断提高思想觉悟、党性修养和理论水平，强化政治意识、政治担当和政治能力。要坚持以人民为中心的发展思想，统筹推进"五位一体"总体布局，协调推进"四个全面"战略布局，服务国家、服务人民、服务社会，着眼满足人民对包括安全在内的美好生活需要，不断提高新时代防震减灾工作水平。

二要坚定维护以习近平同志为核心的党中央权威和集中统一领导。地震系统各级党组织和广大党员干部必须牢固树立政治意识、大局意识、核心意识、看齐意识，严守政治纪律和政治规矩，坚决维护习近平总书记作为党中央的核心、全党的核心地位，坚定不移维护以习近平同志为核心的党中央权威和集中统一领导，坚决贯彻党中央决策部署。

三要坚决用习近平新时代中国特色社会主义思想武装头脑。地震系统各级党组织和广大党员干部要系统掌握习近平新时代中国特色社会主义思想基本原理，学会用其蕴涵的立场、观点、方法观察问题、分析问题、解决问题，谋划和推进新时代防震减灾事业现代化建设，凝聚磅礴力量，形成生动实践。

（二）把握新时代党的建设总要求，坚定不移推进全面从严治党向纵深发展

一要把握总体要求。深刻认识统筹推进"四个伟大"中党的建设伟大工程的重要作用；深刻认识坚持党对一切工作的领导，党政军民学，东西南北中，党是领导一切的。这与坚持党要管党、全面从严治党高度统一；深刻认识坚定不移推进全面从严治党，从严管党治党是我们党最鲜明的品格；深刻认识新时代党的建设总要求和重点任务，不断提高党的建设质量。

二要正视存在问题。坚持问题导向，清醒认识地震系统在全面从严治党方面存在的主要问题，例如政治站位不够高，不善于从政治层面谋划和推进防震减灾事业改革发展的问题；政治生活不够规范不够严肃，党组织和党员作用发挥不够充分的问题；一些党员干部政治担当意识不够强，攻坚克难、动真碰硬的勇气不足的问题；管党治党"宽松软"，全面从严治党"两个责任"落实不到位的问题；存在局属单位班子建设科学布局不够，选人用人进人需要进一步规范的问题；政风行风不够积极过硬，干事创业精气神不足的问题；仍存在形式主义、官僚主义的现象。

三要坚持综合施策。推进全面从严治党是一项系统工程，必须系统谋划、科学布局、综合施策、统筹推进。要把政治建设摆在首位，旗帜鲜明地讲政治，在政治立场、政治方向、政治原则、政治道路上坚决同党中央保持高度一致；要全面加强党的政治、思想、组织、作风、纪律和制度建设，提升党组织的领导力、凝聚力和战斗力；要提升全面从严治党工作水平，掌握全面从严治党的基本规律和本质特征，适应新时代党的建设总要求和重点任务，增强党建工作本领，注重工作的系统性、创造性、实效性，使全面从严治党更加科学、更加严密、更加有效。

（三）提高思想认识，努力构建风清气正的良好政治生态

一要充分认识政治生态建设的必要性重要性。构建风清气正的良好政治生态，是地震系统推进全面从严治党向纵深发展的必然要求，是地震系统深化中央巡视整改的必然要求，是加强地震系统干部队伍建设的必然要求，是推进新时代防震减灾事业现代化建设的必然要求。地震系统各级党组织和广大党员干部要提高对净化党内政治生态必要性重要性的认识，提高思想自觉和行动自觉。要以革命的精神和勇气，以坚定的信心和决心，努力构建风清气正的良好政治生态。

二要充分认识政治生态建设的艰巨性紧迫性。清醒地看到，地震系统有些党组织在党内政治生活上欠账较多，修复政治生态任务艰巨。有的政治立场不够坚定，政治态度不够坚决，贯彻中央精神行动不到位。有的主体责任虚化，管党治党狠劲不足。

三要认真落实局党组构建风清气正的良好政治生态实施意见。局党组制定的实施意见

体现了党的十九大精神和新时代党的建设总要求，体现了党内政治生态建设的科学内涵，体现了地震系统政治生态建设的迫切需求。一分部署、九分落实。各单位党委（党组）必须按照文件要求，结合自身实际情况，采取有力措施加以落实，不断取得政治生态持续好转的实际效果。

四要通过政治生态建设为防震减灾事业改革发展提供坚强政治保障。政治生态关系人心向背，关系事业兴衰，关系部门形象。构建良好政治生态必须融入新时代防震减灾事业现代化建设之中，动员各级党组织和全体党员干部共同参与、一致行动，从自己做起、从每件小事做起，通过每个党组织的小气候，形成全局系统的大气候，努力构建地震系统风清气正的良好政治生态，激发干事创业的动力与活力、信心与决心，为事业改革发展营造良好环境。

三、2018 年主要任务

（一）把党的政治建设摆在首位

切实加强政治建设。牢固树立"四个意识"，坚定政治立场、政治方向、政治原则、政治道路，坚决维护以习近平同志为核心的党中央权威和集中统一领导，坚决执行党的政治路线。提高政治站位和政治觉悟，增强政治敏锐性和政治鉴别力，旗帜鲜明把握政治方向，善于站在政治和大局思考、谋划和推进工作。要坚持和加强党的全面领导，认真执行《局党组关于加强和维护党中央集中统一领导的实施意见》，做到党中央提倡的坚决响应、党中央决定的坚决执行、党中央禁止的坚决不做，确保党中央各项决策部署在地震系统得到不折不扣地贯彻落实。

严守政治纪律和政治规矩。坚决遵守党章，严明党的纪律，对党的纪律心存敬畏、严格遵守。坚定理想信念，永远保持共产党人的政治本色。做到对党绝对忠诚老实，与党中央同心同德，听党指挥、为党尽责。坚决防止"七个有之"，坚决做到"五个必须"，做政治上的明白人、老实人。把严守政治纪律和政治规矩，体现到不折不扣地贯彻落实党中央决策部署中，体现到防震减灾事业改革发展中，体现到地震系统干部队伍建设中。

深入学习贯彻党的十九大精神。落实好局党组《关于认真学习宣传贯彻党的十九大精神的实施意见》，努力在学懂弄通做实上下功夫。深学笃用习近平新时代中国特色社会主义思想，坚持以人民为中心的发展思想，服务国家、服务人民、服务社会，找准定位，增强使命感责任感紧迫感，全力推进新时代防震减灾事业现代化建设。纪检组织要做好对学习贯彻党的十九大精神的监督检查。

构建风清气正的良好政治生态。贯彻落实《局党组关于构建地震系统风清气正的良好政治生态的实施意见》，持续深化中央巡视整改。各单位结合实际开展政治生态分析，采取有针对性的措施，正向发力，有效解决政治生态方面的突出问题。要加强组织领导、监督检查和效果评估。

（二）用习近平新时代中国特色社会主义思想武装头脑

开展"不忘初心、牢记使命"主题教育。根据中央要求制定实施方案，组织全局系统深入开展主题教育。用党的光荣历史和革命传统涵养党性，坚定理想信念，始终把人民对美好生活的向往作为奋斗目标。大力弘扬地震行业精神，开展"新时代最美地震人"选树活动。强化使命担当，以对党和人民高度负责的态度，以永不懈怠的拼搏精神，以一往无前的奋斗姿态，书写防震减灾事业的合格答卷。

提升党委（党组）中心组学习质量。认真落实中央《中心组学习规则》和局党组要求，务求学习实效。党委（党组）书记发挥好第一责任人作用，中心组成员担负起相应责任。把握学习内容，落实学习制度，创新学习方法，带动全局系统兴起"大学习"的浓厚氛围。切实用习近平新时代中国特色社会主义思想武装头脑，增强发展本领。

自觉提升党性修养。广大党员干部要做到信念过硬、政治过硬、责任过硬、作风过硬、能力过硬，践行"三严三实"，养成一种习惯、化为一种境界。加强道德修养，弘扬社会主义核心价值观，明辨是非善恶、追求健康情趣，心有所戒、行有所止，守住底线、不碰红线，廉洁自律、洁身自好，永葆共产党人的政治本色。

（三）全面加强党组织建设

强化制度治党。全体党员要牢固树立党章意识，自觉学习、遵守、贯彻、维护党章，真正把党章作为加强党性修养的根本标准。党员领导干部要自觉尊崇党章、模范践行党章、忠诚捍卫党章。严格执行党规党纪，纪检组织要强化党章党规党纪执行监督。深入开展尊崇、学习、遵守、维护、运用宪法的宣传教育活动，弘扬宪法精神，增强宪法意识。领导干部要增强宪法观念，依照宪法法律行使职权、履行职责。

严肃党内政治生活。严格执行《关于新形势下党内政治生活的若干准则》，增强党内政治生活的政治性、时代性、原则性、战斗性。敢于和善于开展批评和自我批评，使红脸出汗成为常态。严格落实"三会一课"、民主生活会、双重组织生活、谈心谈话、民主评议党员、请示报告等党内组织生活制度，深入推进"两学一做"学习教育常态化制度化。认真执行《党务公开条例》，积极回应党员和群众关切。

加强党委（党组）建设。各单位党委（党组）要切实加强自身建设，严格执行民主集中制，提升领导力、决策力、执行力。强化领导班子纪律监督，严格一把手用权监督，压实班子成员履责监督，主动接受驻部纪检组监督和同级纪检监督。完善省局党组双重领导、管理和监督机制。完善局属企事业单位党委运行机制。严格落实《党委（党组）意识形态工作责任制实施办法》。持续深化"灯下黑"问题专项整治。改进统战、群团工作。加强党务干部队伍建设。全力做好定点扶贫工作。完善局属单位领导班子年度考核和单位主要负责人年度集中述职述廉制度。

加强党支部建设。全面履行党支部直接教育党员、管理党员、监督党员，组织群众、宣传群众、凝聚群众、服务群众的职责，引导广大党员发挥先锋模范作用，成为教育党员的学校、团结群众的核心、攻坚克难的堡垒。要加强支部政治功能建设，充分发挥好支部政治引领作用，党中央作出的决策部署，所有党组织都要不折不扣贯彻执行。要打通党支部和党员服务群众的"最后一公里"。落实党建责任制，以党建述职评议考核为抓手，督促履行政治责任。推进支部工作规范化、科学化，激发党员内生动力，提升党支部凝聚力、战斗力，增强党建工作亲和力、感召力。

（四）持之以恒地执行中央八项规定精神

严格执行中央八项规定精神。认真贯彻习近平总书记关于纠正"四风"问题批示精神，严格落实中央八项规定精神和局党组实施意见，加强督查督办，使中央八项规定精神化作每个党员干部的自觉行动、行为习惯。各级党组织要对"四风"问题紧盯不放，关注重要节点和重点领域，发现问题依纪依规快查严处，不断巩固"四风"整治成果。

开展"作风建设月"活动。在局机关率先开展"作风建设月"活动，着力解决机关存在的不思进取、不接地气、不抓落实、不敢担当问题，力戒形式主义、官僚主义，促进学风、文风、会风和工作作风等明显好转，推动党员领导干部"想为、敢为、勤为、善为"，坚持以上率下，带动全系统作风转变。完善抓落实的机制，强化督查督办，将落实情况纳入年度目标考核。局属各单位要加强自身作风建设，求真务实、真抓实干，要将中央方针政策和局党组决策部署抓实、抓严、抓细、抓紧，抓出自信、抓出力量、抓出成效。

大兴调查研究之风。要把调查研究作为谋事、干事的重要环节和基本方法。紧扣党的路线方针政策和中央重大决策部署的贯彻执行，紧紧围绕新时代防震减灾事业改革发展，选好调研主题，制定调研方案，深入基层群众，深入各行各业，带着问题多察看、多思考、多探究，问计于基层、问计于实践、问计于人民。调查研究要善于发现问题，找准短板弱项，及时研究问题，及时解决问题。调研要有分析报告，有调研成果，要应用、有检查、有评估。

（五）努力建设高素质专业化地震干部队伍

科学谋划干部队伍建设。坚持党管干部原则，加强对干部工作的领导。把握干部队伍建设的规律，提高地震系统干部队伍建设的前瞻性、预见性和规范化、科学化水平，增强干部工作的主动性和科学性。基于地震系统垂直管理体制特点和防震减灾工作业务性强的工作性质，针对机关、省局、中心、院所的工作职能和履职特点，加强顶层设计和分类指导，完善配套政策，努力建设高素质专业化干部队伍。

加强领导班子建设。把局属单位领导班子建设好、建设强，关系党中央方针政策在地震系统的贯彻落实，关系新时代防震减灾事业现代化建设的成败。坚决贯彻中央干部政策和国家法律法规，抓好干部选、育、用、管各环节工作。根据单位性质和履职需要，优化领导班子结构，选强配强领导班子。跟踪分析局属单位领导班子运行状况。规范后备干部选拔培养，建立动态的后备干部库，注重培养年轻干部。

规范选人用人进人。认真落实新时期好干部标准，贯彻落实中央《关于防止干部"带病提拔"的意见》，坚持正确用人导向，把政治标准放在首位，严格把好政治关、廉洁关、形象关。改进推荐考察方式，深入开展谈话调研，考实选准干部。制定并落实交流轮岗制度，全面实施"上挂下派"工作，完善易地任职领导干部保障制度。加强干部监督，落实"凡提四必"要求。完善领导干部能上能下实施办法。在全局系统开展进人工作专项检查。

鼓励干部干事创业。要坚持严管和厚爱结合、激励和约束并重，完善领导干部考核评价机制，建立激励奖惩机制和容错纠错等制度。落实"三个区分开来"的要求，对敢于担当、踏实做事、不谋私利的干部要给予激励、撑腰鼓劲，对不作为不担当不负责的要严肃批评、问责，决不允许占着位置不干事。加强干部教育培训，培养专业能力、专业精神，增强干部队伍适应新时代发展要求的履职本领。

（六）强化管党治党政治责任和监督执纪问责

层层压实全面从严治党责任。落实新时代党的建设总要求，以政治建设为统领，全面加强政治、思想、组织、作风、纪律和制度建设。持之以恒正风肃纪，强化政治纪律和组织纪律，带动廉洁纪律、群众纪律、工作纪律、生活纪律严起来。没有离开责任的权力。权力有多大，责任就有多大。领导干部要真正把落实管党治党的政治责任作为最根本的政治担当。各单位党委（党组）要牢牢抓住管党治党的"牛鼻子"，层层落实管党治党责任，严格落实问责条例和局党组实施办法，把从严管党治党体现到各层面各领域，把责任压实到每个岗位每名党员，努力构建层层负责、人人尽责的工作格局。

领导干部必须自觉接受监督。监督是最好的爱护，是对领导干部负责的体现。领导干部要习惯被监督，习惯在监督下生活和工作。各单位主要负责人要积极支持纪检组织开展监督工作，加强领导干部教育管理监督，最大限度防止领导干部出问题、犯错误，最大限度激发领导干部积极性、能动性，最有效地促进干部成长进步。纪检组织要担负监督职责，敢于监督、善于监督，改进监督方式方法，提高监督工作水平和实效。

继续深化政治巡视。严格执行《巡视工作条例》，修订《局党组巡视工作实施办法》。按照巡视全覆盖要求，完善工作程序，改进巡视方式，发现问题、形成震慑，推动改革、促进发展，不断提升巡视质量。要强化巡视整改成果的应用，健全整改督查制度，对整改责任不落实、整改不力、敷衍塞责的，抓住典型，严肃问责。

严格监督执纪问责。严格执行党内监督制度，党政主要负责同志既要自觉接受监督，更要支持纪检监察部门履行职责。加强干部日常教育管理监督，发现解决问题立足于早、着眼于小。利用任职廉政谈话、警示教育等方式，加强纪律教育。聚焦"关键少数"，注重重点人、重点部位、关键岗位的监督。运用监督执纪"四种形态"，特别要运用好第一种形态，使红脸出汗成为常态。按照干部管理权限做好问题线索处置工作。积极配合驻部纪检组做好中央巡视移交问题线索处理意见的落实工作。

积极配合国家重大政策措施落实跟踪审计。自觉接受审计署地震气象审计局审计监督，以积极态度、扎实工作、务实作风配合审计工作。审计材料要准确及时，沟通汇报要积极主动，反映情况要实事求是，问题整改要坚决到位。把国家重大政策措施落实跟踪审计与学习贯彻党的十九大精神结合起来，与推进新时代防震减灾事业现代化建设结合起来，与深化中央巡视整改结合起来，以审计监督为契机，保障事业改革发展。

（七）着力提高廉政风险综合防控能力

完善决策机制。完善科学民主依法决策机制，规范权力运行，防范廉政风险。党委（党组）工作规则和单位工作规则要明确职责权限、工作程序特别是"三重一大"事项决策，按照规定正确行使决策职责。坚决纠正凡事提交党委（党组）决策、领导干部不担当怕担责、责任层层上移的现象。

严格规范管理。加强地震系统内部运行管理，完善管理制度，特别是项目管理、预算管理、财务管理、政府采购、国有资产管理等领域的内控制度，坚持用制度管权、管人、管事。准确把握国家政策，提高制度的科学性、合理性、适用性。国家和上级机关有明确规定的，严格遵照执行。注重政策和制度的衔接，根据国家宏观要求，结合地震系统实际，特别是针对基层普遍反映的问题，研究出台相关行业政策。使地震系统各方面工作都在制度框架下运行，促进行业管理制度化、规范化。

防范廉政风险。强化教育管理，筑牢思想防线。注重加强重点领域、重点部位的监管，特别要强化干部选拔、工程招标、物资采购、重大项目实施的监督，建立廉政风险防控机制。开展局属单位主要负责人任中经济责任审计。建立局属单位领导干部动态廉政档案。严把领导干部廉洁审查关。发挥审计、财务稽查、专项检查的作用，及时发现问题、堵塞漏洞。开展扶贫领域等专项治理。

（八）加强纪检监察干部队伍自身建设

健全纪检监察体制机制。认真落实局党组关于纪检组长（纪委书记）对局党组负责、直接报告工作、年度考核以上级为主、线索处置和执纪审查以上级纪委领导为主的制度，促进党建、纪检、巡视、审计工作职责在地震系统全面履行。完善纪检组长（纪委书记）工作报告机制和方式。针对地震系统体制特点，建立内部巡视、执纪审查、专项审计、党建巡察等工作片区协作和力量统筹调配机制。直属机关党委、纪委要加强对局属单位业务指导和监督。

选好配强纪检监察队伍。纪检监察干部是党内的"纪律部队"，必须"忠诚坚定、担当尽责、遵纪守法、清正廉洁"，做到政治强、站位高、谋大局、抓具体，坚守职责，强化监督、铁面执纪、严肃问责。既要有过硬的政治素质，又要有过硬的业务能力。在增强学习能力、专业能力、执行力、改革创新能力上下功夫，成为全面从严治党的坚定推动者。坚定不移往前走，扎扎实实干事情。强化纪检监察审计队伍责任担当，当好地震系统政治生态"护林员"，发挥好"探头"和"传感器"作用。

加强纪检监察审计培训。着眼提升履职能力，分层次、分批次对纪检监察审计人员进行专业轮训。有计划安排纪检干部参与巡视、专项检查和执纪审查，以干代训。选拔有潜力的优秀年轻干部到纪检岗位培养锻炼，通过转岗、交流、挂职等方式，促进纪检与业务干部双向交流。

（中国地震局办公室）

应急管理部副部长，中国地震局党组书记、局长郑国光在全国首届地震科普大会上的讲话（摘要）

（2018 年 7 月 28 日）

在纪念唐山大地震 42 周年，习近平总书记视察唐山发表防灾减灾救灾重要论述两周年之际，应急管理部、教育部、科技部、中国科协、河北省人民政府和中国地震局联合在唐山召开全国首届地震科普大会，主要任务是以习近平新时代中国特色社会主义思想为指导，深入学习贯彻习近平总书记防灾减灾救灾重要论述以及向汶川地震十周年国际研讨会暨第四届大陆地震国际研讨会致信精神，以"防震减灾 科普先行"为主题，总结近年来防震减灾科普工作经验，分析防震减灾科普工作新形势新要求，部署今后一个时期的防震减灾科普工作，提升全民防震减灾科学素质，全面提升全社会抵御地震灾害综合防范能力。

一、防震减灾科普工作回顾

在党中央、国务院的高度重视和正确领导下，我们坚持以人民为中心的发展思想，贯彻落实习近平总书记防灾减灾救灾重要论述，积极落实《全民科学素质行动计划纲要》，防震减灾科普取得显著成效，全民防震减灾科学素质不断提升，为提高全社会防震减灾综合能力发挥了积极作用。

（一）合作协同的科普工作机制逐步形成

不断加强顶层设计和制度建设，科学谋划防震减灾科普创新发展。中国地震局协同中宣部、教育部、科技部、中国科协等部门，相继印发《关于进一步做好防震减灾宣传工作的意见》《关于进一步加强防震减灾科普工作的意见》《关于加强少数民族和民族地区防震减灾科普工作的若干意见》等文件以及《防震减灾科普基地认定管理办法》等制度，联合召开全国防震减灾示范学校现场交流会，积极落实《全民科学素质行动计划纲要》，将提升全民防震减灾科学素质计划纳入地震事业发展规划，对防震减灾科普工作进行了统筹部署安排。

各地各部门认真履行职责，将防震减灾科普与其他工作同部署、同落实、同检查，加强合作共融，在"防灾减灾日""全国中小学生安全教育日""全国科技周""全国科普日"等重要时段，广泛开展防震减灾科普进学校、进机关、进企事业单位、进社区、进农村、进家庭等形式多样的活动。"党委领导、政府负责、部门协作、社会参与、法治保障"的科普工作局面逐步形成。

（二）全民防震减灾科学素质不断提升

我们针对重点人群和重点地区，抓住薄弱环节，加强分类指导，广泛开展青少年、农民、城镇劳动者和领导干部科学素质提升行动，推动全民防震减灾科学素质整体水平稳步提升。

突出安全教育，把防震减灾知识纳入中小学综合实践活动、中小学生公共安全教育内容，创建防震减灾科普示范学校，开展中小学生防震减灾知识竞赛和地震应急演练等活动，提高青少年安全意识和防震避险技能。突出科普惠民，服务乡村振兴战略，实施农村民居地震安全工程，开展农村建筑工匠抗震技术培训，利用科普"大篷车"、科技三下乡等，普及农村民居建筑防震抗震知识，提高农民群众建设安全家园意识。突出能力培养，组织专家走进党校、行政学院、机关等举办专题讲座，提高领导干部地震灾害风险防范与地震应急处置能力。突出风险防范，针对城镇居民特点，打造地震安全示范社区，提高城镇居民和劳动者风险防范意识和应对处置能力。

在防震减灾实践和科普传播影响下，人民群众防范地震灾害风险意识不断提高，科学认知能力和素质不断提升，注重震前预防正在得到广大人民群众的认同，成为防震减灾综合能力的重要因素。

（三）防震减灾科普服务能力显著提高

防震减灾科普作品不断丰富。创作发行了一批公众喜闻乐见、通俗易懂、具有影响力传播力的优秀地震科普作品。防震减灾科普知识传播手段正向信息化、智能化迈进，开通了官方微博微信和科普网站，组建了"四网联盟"，中国地震科普网入选"科普中国"首批品牌网站，借力移动资讯和互联网平台的传播优势，实施"互联网＋防震减灾科普"，有力增强了传播效应，扩大了社会影响。

防震减灾科普基地初具规模。充分利用各方资源，积极推动防震减灾科普教育基地、科普示范学校建设，全国已建成防震减灾科普教育基地 493 个、科普示范学校 5488 所。国家地震紧急救援训练基地、北京国家地球观象台、山东省防震减灾科普馆、"5·12"汶川特大地震纪念馆被教育部命名为第一批"全国中小学生研学实践教育基地"。防震减灾科普逐步进入各级各类科技场馆，建设了我国第一个收藏陈列的地震资料实物、宣传、普及防震减灾知识的专业展馆——唐山抗震纪念馆，以及唐山地震遗址纪念公园、汶川地震纪念馆、北川遗址公园等一批融纪念和科普为一体的防震减灾科普基地，北京、福建等省建设了数字地震科普馆。各类科普阵地已成为防震减灾科普宣传的重要载体，防震减灾科普资源更加开放共享，信息化水平逐年提高，科普基础设施更加完善，科普传播广度、深度、融合度进一步加大，服务能力明显提升，为提高全民防震减灾科学素质打下了良好的基础。

（四）社会广泛参与的浓厚氛围初步形成

我们着力推进创新驱动发展战略，坚持政府引导、社会参与、市场运作，以加强防震减灾科普能力建设为重点，大力推动科普工作投入的多元化，运作方式的市场化，科普资源的社会化。鼓励更多的市场主体投身科普产品研发，涌现出了一批从事防灾科普及产品开发的新兴企业。运用市场化方式在山东潍坊金宝乐园、浙江宁波雅戈尔动物园等社会场所建设了一批地震科普馆,积极调动和挖掘市场资源优势,形成防震减灾科普强大合力。

积极回应社会关切,推进防震减灾科普常态化、广覆盖,应急科普高效化、稳民心。通过实施"平安中国"防灾宣导系列公益活动,广泛参与"科普中国·百城千校万村行动""科普文化进万家""科技列车行"等专项科普活动,抓住我国云南鲁甸 6.5 级地震、四川九寨沟 7.0 级地震、台湾花莲 6.5 级地震,日本熊本 7.3 级地震等国内外地震事件,大力弘扬减灾文化、普及科学知识,调动广大科技人员、普通民众、社会组织、志愿者的热情,积极参与防震减灾科普活动,努力营造全民关注生命安全、参与防震减灾的浓厚氛围。

二、做好新时代防震减灾科普工作的重要意义

党的十八大以来,以习近平同志为核心的党中央始终坚持以人民为中心的发展思想,高度重视防灾减灾救灾工作。习近平总书记站在治国理政的战略高度,就防灾减灾救灾工作发表了系列重要论述,为进一步做好防震减灾工作提供了根本遵循,也为做好新时代防震减灾科普工作指明了方向。

(一)加强防震减灾科普工作是落实习近平总书记防灾减灾救灾重要论述的必然要求

习近平总书记"7·28"唐山重要讲话强调:同自然灾害抗争是人类生存发展的永恒课题。要更加自觉地处理好人和自然的关系,正确处理防灾减灾救灾和经济社会发展的关系,不断从抵御各种自然灾害的实践中总结经验,落实责任、完善体系、整合资源、统筹力量,提高全民防灾抗灾意识,全面提高国家综合防灾减灾救灾能力。2018 年 5 月 12 日,习近平总书记向汶川地震十周年国际研讨会暨第四届大陆地震国际研讨会致信又强调:科学认识致灾规律,有效减轻灾害风险,实现人与自然和谐共处。习近平总书记的重要论述,是对自然规律、共产党执政规律、人类社会发展规律认识的深化,体现了顺应自然、减轻灾害、为民造福、建设千秋伟业的逻辑递进,统一于中国共产党的执政宗旨和初心使命,全面阐述了防灾减灾救灾理念、原则、方针和重点任务,对提高全社会抵御地震灾害的综合防范能力具有重大而深远的意义。深刻领会习近平总书记防灾减灾救灾系列重要论述,实现与地震风险共存,最大限度地减少地震灾害对人民群众生命财产安全的威胁,必须更加突出"防"的根本减灾作用,强化"抗"的意识和能力,提高"救"的水平和效能;必须发挥防震减灾科普在常态减灾中的基础性作用,加大地震灾害管理培训力度,建立防灾减灾救灾宣传教育长效机制,积极引导社会力量有序参与防震减灾工作。

(二)加强防震减灾科普工作是提高全民科学素质的迫切需要

《全民科学素质行动纲要(2006—2010—2020 年)》指出,科学素质是公民素质的重要组成部分。提高公民科学素质,对于提高国家自主创新能力、建设创新型国家、实现经济社会协调可持续发展、构建社会主义和谐社会,都具有十分重要的意义。科普工作是提高

全民科学文化素质和促进人类全面发展的重要途径，是建设创新型国家和社会主义现代化强国的基础支撑，是实现人与社会、人与自然和谐发展重要手段。作为全民科学素质的重要组成部分，提高全民防震减灾科学素质是有效减轻地震灾害风险的有力抓手。随着经济社会快速发展，地震灾害风险更加突出，地震灾害对经济建设和人民群众生命财产安全的影响日益深刻，地震安全已经成为人民安全需求的重要方面和人民美好生活需要的重要组成部分。防震减灾工作与经济社会发展和人民安全福祉息息相关。普及地震科学知识、传播地震科学技术是提高全民科学素质的必然要求，是落实党中央国务院关于加强科普工作方针、政策和决策部署客观需要，是全面贯彻《防震减灾法》和《全民科学素质行动纲要》应有举措。广泛开展防震减灾科普，让人民群众掌握更加全面的防震减灾知识、更加科学的应对地震方法，在科学素质不断提升的同时，真正实现获得感、幸福感、安全感更加充实、更有保障、更可持续。

（三）加强防震减灾科普工作是推动防震减灾事业科学发展的重要支撑

习近平总书记在2016年全国科技创新大会上指出：科技创新、科学普及是实现创新发展的两翼，要把科学普及放在与科技创新同等重要的位置。广大科技工作者以提高全民科学素质为己任，把普及科学知识、弘扬科学精神、传播科学思想、倡导科学方法作为义不容辞的责任，在全社会推动形成讲科学、爱科学、学科学、用科学的良好氛围，使蕴藏在亿万人民中间的创新智慧充分释放、创新力量充分涌流。防震减灾科普是防震减灾事业的重要支撑，与科技创新同等重要。我们要坚持以人民为中心的发展思想，紧密围绕经济社会发展和人民群众需求，通过不断丰富防震减灾科普内涵，创新科普方式，挖掘科普资源，打造科普精品，构建科普新格局，提高科普服务能力，促进防震减灾科普与防震减灾事业现代化建设相协调，与全民科学素质提升相适应，在全社会形成主动关心、支持和参与防震减灾良好氛围，为新时代防震减灾事业现代化建设奠定坚实的社会基础和强大的力量源泉，全面提升全社会防震减灾综合能力。

三、做好新时代防震减灾科普工作的重点任务

做好新时代防震减灾科普工作，要以习近平新时代中国特色社会主义思想为指导，认真贯彻落实习近平总书记防灾减灾救灾和科学普及重要论述，坚持以人民为中心的发展思想，强化忧患意识，紧紧围绕经济社会发展需要和国家防震减灾战略需求，坚持需求导向、创新发展、开放合作、示范引领、注重实效，在切实提高防震减灾科普能力和水平上下功夫，在提升全民防震减灾科学素质上精准发力，动员社会力量积极参与防震减灾科普工作，掀起全社会防震减灾科普热潮。

（一）在践行以人民为中心的发展思想上精准发力见实效

习近平总书记在党的十九大报告中强调，树立安全发展理念，弘扬生命至上、安全第

一的思想，健全公共安全体系，完善安全生产责任制，坚决遏制重特大安全事故，提升防灾减灾救灾能力。习近平总书记在党的十九届三中全会上又强调，我国是灾害多发频发的国家，必须把防范化解重特大安全风险，加强应急管理和能力建设，切实保障人民群众生命财产安全摆到重要位置。防灾减灾救灾事关人民生命财产安全，事关社会和谐稳定，是衡量执政党领导力、检验政府执行力、评判国家动员力、体现民族凝聚力的一个重要方面。要最大限度地保障人民生命财产安全，就必须面向人民群众、服从人民群众，在防震减灾科普大众化上精准发力，使广大人民群众理解防震减灾基本知识、用好防震减灾信息、掌握防震减灾科学方法；就必须在防震减灾科普科学化、法制化上下大力气，使防震减灾科学方法和各项法律制度得到广大人民群众普遍认知和理解。

做好新时代防震减灾科普工作，我们要站在统筹协调"五位一体"总体布局和协调推进"四个全面"战略布局出发，科学施策，精准发力，充分发挥防震减灾科普对提升公民科学素质，服务社会、改善民生的促进和推动作用。要根据人民群众对提升科学素质的新期待，把防震减灾科普工作渗透到群众日常生活中，围绕人民群众关注的重点、热点问题，采取广大人民群众喜闻乐见的方式，普及防震减灾知识，引导人民群众建立科学避险、有效减灾，增强应对各种突发事件和地震灾害的能力。要通过防震减灾科普宣传，大力传播防震减灾科学思想、科学精神和科学方法，切实服务于保障人民生命财产安全。

（二）在提高防震减灾科普针对性和有效性上精准发力见实效

防震减灾科普工作的对象是广大人民群众，必须始终坚持服务人民群众的正确方向，切实把落脚点放在人民群众身上，把着力点放在基层，在人民群众多样性的需求上下功夫。多用人民群众熟悉的语言、熟悉的事情，采取人民群众容易理解、容易接受的方法，有针对性地开展防震减灾科普宣传和教育，努力让防震减灾科学技术走进千家万户，融入日常生活，让科普工作扎根于人民、扎根于生活，努力做到防震减灾科普工作有厚度、有温度、有高度、有深度。

做好防震减灾科普工作，我们要在提高科普针对性和有效性上下功夫。要结合国家脱贫攻坚、创新型国家建设、区域协同发展和乡村振兴战略，加强革命老区、少数民族地区、边疆和贫困地区的防减灾科普工作。要围绕服务国家"一带一路建设"、京津冀协同发展和长江经济带发展战略，努力做好防震减灾科普工作。要采取措施加大地震灾害多发地区科普宣传力度，有效提升高风险地区人民群众应对防震减灾灾害的能力，针对老人、儿童、青少年和特殊群体等的不同特点、知识需求，有针对性地开展防震减灾科普活动，全面提升防震减灾国民素质。

（三）在构建防震减灾科普社会化工作格局上精准发力见实效

防震减灾科普是一项面向社会、面向公众、面向基层的社会性工作，推进防震减灾科普社会化是提高防震减灾科普工作实效的必然要求。我们要顺应科普工作社会化的趋势，搭好平台、做好服务，统筹各方、协调联动，凝聚各方力量共同推进全民防震减灾科学素质提升。要制定完善社会力量参与防震减灾科普的相关政策、标准，逐步形成"政府推动、部门协作、社会参与"的防震减灾科普社会化体系。要加强地震、应急、教育、科技、科协等部门在作品创作、资源共享、师资培训、重大活动等方面合作，广泛深入开展群众性、基础性、社会性防震减灾科普活动，形成防震减灾科普工作的合力。

要广泛动员学校、企业、基层组织和社会组织等各方面参与防震减灾科普，充分利用科技展览馆、数字科技馆等公共资源开展防震减灾科普，持续推进防震减灾知识技能进学校、进机关、进企事业单位、进社区、进农村、进家庭，着力推进防震减灾知识纳入各级党校、行政学院培训内容，纳入学校安全教育和综合社会实践活动，推进学校地震应急疏散演练常态化，不断提高防震减灾科普覆盖面，大力提升公民防震减灾科学素质。

（四）在打造防震减灾科普品牌上精准发力见实效

我们要实施防震减灾科普品牌创作计划，汇集各方力量繁荣防震减灾科普创作，打造一批适应不同对象需求，集科学性、权威性、趣味性于一体的科普作品，特别是征集整理具有科学性和普及性的避震素材实例，创作真实、具体、鲜活、生动的防震减灾科普精品。编纂权威科普图书和标准课件，制作经典科教片和公益宣传片，编排舞台剧和歌曲，创作影视作品、动漫和游戏。推进防震减灾科普与宣传、文艺、科技、主流媒体融合发展，开展科普专题宣传，建设防震减灾科普资源库，加强资源开放共享，提高防震减灾科普作品供给能力。要下大力气，做大做强"防灾减灾日""平安中国"、防震减灾科普"六进"活动及科普知识大赛等科普品牌，积极打造更多具有广泛知名度和影响力的防震减灾科普品牌，不断提升全社会防震减灾的意识和能力。

我们要认真组织制定和实施防震减灾科普基础设施发展规划，加强防震减灾科普教育基地建设，广泛利用社会资源，采取自建与社会共建相结合的机制，建成一批集研学、参观、体验和训练于一体的防震减灾科普教育基地品牌，逐步建成以实体科普馆、科普教育基地为基础，以流动科普馆、科普大篷车和数字科普馆为补充的现代化防震减灾科普场馆体系，不断完善建设与管理的规范标准和运行机制。要加强地震遗迹遗址挖掘保护与防震减灾科普教育基地建设相结合，传承和弘扬防灾减灾历史文化，加大科研机构、实验室、地震科学试验场等科技设施向公众开放的力度。加强综合减灾示范社区建设。到2020年，国家防震减灾科普教育基地达到150个，省市级防震减灾科普教育基地达到500个。到2035年，基本建成与防震减灾事业现代化相适应的科普阵地体系，实现各具特色、大中小相结合的科普设施网络城乡全覆盖，满足公众日益增长的多样化防震减灾科普需求。

（五）在加强防震减灾科普公共服务能力建设上精准发力见实效

我们要立足于服务民生、服务生产、服务决策，紧密围绕公共需求，将科普工作与防震减灾公共服务体系结合起来。要增强各级政府的防震减灾责任意识，提高各级领导干部的地震灾害风险管理水平，强化防震减灾公共管理功能和社会服务职能。要坚持分类施策，因人因地施策，大力普及防震减灾科学知识，满足不同层次、不同地域、不同人群的服务需求，进一步提升防震减灾科普公共服务能力。要推进防震减灾科普"互联网＋"模式，建设防震减灾科普全媒体中心，加强新媒体科普资源创作与开发，打造权威防震减灾科普网站和新媒体传播平台。要加强与各主流网络平台合作，鼓励开展防震减灾科普增值服务，推进防震减灾科普内容建设，拓宽移动互联网科学传播渠道，实现防震减灾科普分众传播和精准推送。

我们要加强科普研究，坚持防震减灾科普从实践中来到实践中去的原则，着力解决防震减灾科普"为了谁"的问题。要科学总结地震灾害"防抗救"成功案例，加强防震减灾科普研究，提升科普产品研发水平。加强防震减灾科普传播对象、内容、渠道及机制等理论研究，加大公众防震减灾科学素养的调查、监测和分析，实施青少年防震减灾创造能力培养的调查及理论研究，组织科普效果评估。加强科普教育研究，注重传授基本科学知识，加强素质教育，建立防震减灾科学知识观与价值观，强化防震减灾科研基础能力训练和科学技术应用的教育。加大科普理论的实证研究力度。

（六）在实现防震减灾科普事业可持续发展上精准发力见实效

我们要建立长效机制，切实提升全民防震减灾意识和应急避险技能。要加强防震减灾科普的政策引导，完善与科普工作相适应的动员激励机制，鼓励和支持地震科技工作者积极参与科普工作。要全面贯彻《全民科学素质行动计划纲要》，将科普工作纳入防震减灾事业发展规划，融入地震人才工程和地震科技创新工程，统筹安排，全面推进。要积极争取各级政府、发改、财政等部门和社会各界支持，逐步建立以国家财政投入为主体的防震减灾科普经费多渠道投入机制，不断加大投入力度。要切实加强防震减灾科普工作的组织领导，进一步明确任务分工，落实责任，建立健全响应迅速、渠道畅通、发布主动、声音权威的科普网络和工作体系。要建设和稳定一支包含多方面人才的防震减灾科普队伍，研究建立高层次人才引进机制，打造科普研发团队，探索科技成果和业务成果科普化的有效措施。要激发全社会参与防震减灾科普的创新活力和发展动力，支持引导专业科普机构、社会团体、企业和志愿者开发和制作防震减灾科普产品，增强防震减灾科普产品和服务的高效流动和有效配置。要加强共建共享优质资源服务平台建设，形成防震减灾科普研发、产出、传播链条，拓展公众获取防震减灾知识的途径，努力实现全社会重视、关心、支持和参与防震减灾科普的新局面。

（中国地震局办公室）

中国地震局党组成员、副局长闵宜仁
在中国地震局预算执行工作视频会议上的讲话（摘要）

（2018 年 8 月 27 日）

2018 年 9 月至 11 月是完成年度任务和预算执行的重点时期，各单位要利用好这一仅有的"黄金时段"，对重点领域、重点项目进一步加大措施力度，务必确保全年预算执行目标顺利实现。

一、着力落实工作责任

各单位、局机关各内设机构要落实预算管理改革要求，转变传统思维方式和工作习惯。各单位主要负责人是第一责任人，班子成员对分管领域预算执行负领导监管责任，承担单位和归口业务管理部门对预算执行负直接责任和管理责任。要强化一把手负责制，切实把预算执行管理放在更加突出的地位，进一步强化责任感、使命感和紧迫感，建立单位主要领导亲自抓，分管领导着力抓，有关部门具体抓，一级抓一级，层层抓落实的工作机制。局机关各内设机构和各单位要将预算执行进展情况纳入绩效考核目标，对 2018 年的预算项目进行全面梳理，明确每个项目的责任部门和具体负责人，逐个环节、逐个时间节点进行责任分解，确保责任到部门、责任到人、责任到时间点。

二、着力科学安排执行

科学合理的项目执行计划和资金支付计划，是保障预算执行有序推进的重要基础。要做好预算执行工作，必须提前作出统筹安排。各单位要根据年初制定的政府采购计划、新增资产计划、国库集中支付用款计划，科学地安排好各项工作任务进度计划，设置工作任务关键节点，组织好工作实施。同时，动态监控工作任务进展，及时分析研究解决预算执行中的问题，确保项目支出进度和资金使用效益。中国地震局将进一步加大对重点单位和重点项目的动态监控力度，完善年度预算主动调整机制，加强对预算执行和资金使用的跟踪问效。各单位年度预算执行确实存在困难的，应及时向中国地震局申请调整，我们将视情况提出在系统内部调整的建议，报财政部审批后执行。

三、着力抓好重点项目

局机关各内设机构要以基本建设、科研修购、设备更新和基础设施维修改造项目为重点，切实担负起项目预算执行管理的责任，做好项目的月调度工作，及时帮助各单位和重大项目法人解决困难和问题。各单位要编制好预算项目细化实施方案，制定项目支出预算执行计划，提早做好项目组织实施准备，提早谋划政府采购和进口设备采购，组织协调好管理部门、业务部门，全力做好项目实施工作。重大项目法人要定期召开项目执行分析会议，全面掌握项目执行总体情况、协调解决关键问题，确保各建设单位项目顺利执行。

四、着力加强指导督促

要坚持并完善通报、督导、约谈、挂钩制度。要继续实行预算执行倒排名通报，警示有关单位加强重视并采取措施。要加强对本领域重点项目、重点单位预算执行的监督指导，定期与相关单位研究问题、分析原因、改进预算执行。要严格执行约谈制度，完善预算执行与预算分配、与各单位及领导班子评先评优挂钩制度。各单位要根据这些制度要求，制定本单位推动预算执行的具体办法，建立预算执行与绩效工资核定、评先评优、干部选拔等相挂钩的奖惩机制。

五、着力强化预算编制

要加强预算执行问题的源头治理，在 2019 年的预算编制中做到：严格项目库管理机制，实现项目库对中央预算项目、地方预算项目、自行收入项目的全口径管理。严把项目入库审核、启动实施等关键关口，不符合局党组改革发展部署要求、不符合单位主责主业的项目一律不予纳入，前期工作不到位、实施条件不成熟的项目一律不予纳入。提前谋划准备，科学编制政府采购预算和实施计划、新增资产预算和国库集中支付用款计划。在此基础上，再形成三年规划和年度预算，以确保预算的科学性和可行性。各单位要主动适应、不等不靠、提早谋划，扎实开展预算编制工作，提早开展项目储备，完善自身的项目库管理机制。

六、着力保证资金安全

在加快项目实施和资金支付的同时，要更加强调资金审核和拨付管理，严禁超预算拨款、超范围支出，坚决杜绝虚假执行、转移资金、突击花钱等违法违规行为发生。不能出现"盲目追求执行进度、违反财政法律法规"的情况，确保财政资金使用的安全性、规范性和有效性。各级财务部门一定要充分发挥公共资金"守门人"的职责，严把资金支付和监督检查关，不符合要求的坚决不予支付，发现问题的要立即进行整改。各级审计纪检部门一定要充分发挥公共资金"捍卫者"的职责，按照制度加强资金运行和支出的审计监督，对执行中发现的违规违纪问题要及时予以纠正。

七、着力提高预算绩效

局党组已经审议通过了中国地震局全面实施预算绩效管理的工作方案。下一步各单位要根据局党组的部署，创新预算管理方式，硬化绩效责任约束，实现预算和绩效管理一体化，实现绩效预算各部门、各单位全覆盖，财政资金全覆盖，预算编制、执行、决算、监督全过程全覆盖。全面压实预算绩效管理责任，建立工作考核机制，实行考核结果通报和奖惩制度。实现预算管理有目标、预算执行有评价、评价结果有反馈、反馈结果有应用。

（中国地震局办公室）

中国地震局党组成员、副局长赵和平
在 2018 年全国地震局长会议上的总结讲话（摘要）

（2018 年 1 月 25 日）

一、会议取得重要成果

这次会议以习近平新时代中国特色社会主义思想为指导，是全面学习贯彻党的十九大精神，谋划推进防震减灾事业改革发展的一次重要会议。会议认真贯彻中央经济工作会议和国务院防震减灾工作联席会议精神，站在政治和全局的高度，明确提出把新时代防震减灾事业现代化建设作为总抓手，推动防震减灾事业迈上新台阶，发出向现代化进军的动员令，描绘了防震减灾事业发展的新蓝图。

通过认真学习李克强总理重要批示和汪洋副总理在联席会议上的重要讲话精神，大家深切感受到党中央、国务院对防震减灾工作的高度重视和充分肯定，对广大地震工作者的深切关怀，对推进新时代防震减灾事业现代化建设的殷切期望。大家表示，要将李克强总理的重要批示和汪洋副总理的讲话精神切实落实到工作实践中，勇于变革，勇于创新，担当作为，埋头苦干，努力提升防震减灾综合能力和现代化水平，为经济社会发展提供更有力的服务保障。

大会工作报告政治站位高、目标定位准、思路谋划清。总结全面客观、实事求是、鼓舞人心。谋划部署了新时代防震减灾事业现代化工作，展现了系统上下深入学习贯彻党的十九大精神的最新成果，对推进事业发展具有重要指导意义。2018 年 8 个方面的工作部署，内容翔实、重点突出、目标明确、可操作性强。

会议创新组织方式，邀请了相关部门、高校代表参加，共商防震减灾事业发展，调整了局属各单位参会人员范围，有利于更好地学习宣传和贯彻落实会议精神。会议安排紧凑、效率高、成效大，是一次发扬民主、凝聚共识、谋划发展的会议，达到了统一思想、振奋精神、明确方向的目的。

大家表示，要向以习近平同志为核心的党中央对标看齐，落实局党组各项部署要求，以更加饱满的热情、更加扎实的作风、更加有效的举措，全力推进防震减灾事业快速发展。

在交流讨论中，大家对工作报告提出了很好的意见建议。会后，有关部门要认真归纳梳理，充分吸纳，进一步完善工作报告。

二、准确把握会议精神

2018 年是贯彻党的十九大精神的开局之年，是改革开放 40 周年，是决胜全面建成小康社会、实施"十三五"规划承上启下的关键一年。做好防震减灾工作责任重大、任务艰巨、使命光荣，我们要按照会议的要求，以时不我待、只争朝夕的紧迫感和使命感，准确把握会议精神，全力推进防震减灾各项工作。

一是深入学习贯彻习近平新时代中国特色社会主义思想。要以习近平新时代中国特色社会主义思想为指导，进一步深入领会其精神实质和核心要义，牢固树立"四个意识"，增强"四个自信"，全面贯彻习近平总书记防灾减灾救灾重要论述，坚持以人民为中心的发展思想，牢固树立安全发展理念，将防震减灾主动融入经济社会发展大局，落实好局党组出台的全面深化改革、推进地震科技创新、加快人才发展等意见，聚焦重点领域、关键环节，凝心聚力，改革创新，不断提高防震减灾综合能力。

二是切实把思想和行动统一到新时代防震减灾事业现代化建设上来。要深入学习领会推进新时代防震减灾事业现代化建设的思路和举措，全面准确把握，切实贯彻落实。新时代防震减灾事业现代化建设内涵丰富、任务艰巨，是一项历史性工程、科学性工程、系统性工程、社会性工程。我们要进一步解放思想，凝聚共识，把智慧和力量统一到防震减灾现代化建设上来。要进一步统筹谋划，做好现代化建设顶层设计。要突出创新驱动，把科技创新摆在核心位置，大力实施国家地震科技创新工程。要突出信息化建设，推进业务体系和服务转型升级，提升行业治理水平。要突出人才发展，大力实施人才工程，营造良好的人才发展环境。要突出法治保障，完善防震减灾政策法规制度，构建共建共治共享的新格局。要创新体制机制，全面深化改革，进一步激发事业发展活力动力。要发挥示范引领作用，协调推进科技、业务、服务和治理四个方面的现代化，以点上突破带动面上整体推进。

三是努力建设一支高素质专业化的干部队伍。政治路线确定之后，干部是决定性因素。要把建设政治过硬、本领高强、能承担起新时代防震减灾事业现代化建设重担的高素质专业化干部队伍放到更加突出的位置，持续增强干部队伍的学习能力、科学发展能力、改革创新能力、驾驭风险能力，大力培养领导干部特别是主要领导干部战略思维、大局意识、敢于担当、狠抓落实的能力。要突出政治标准，加强党性锻炼，不断提高政治觉悟和政治能力。要注重培养专业能力和专业精神，提升防震减灾专业素养。要大力培养选拔年轻干部，注重在基层一线和困难艰苦的地方培养锻炼年轻干部，选拔使用经过实践考验的优秀年轻干部。要加强干部监督管理，坚持严管和厚爱结合、激励和约束并重，完善干部考核评价机制。各单位领导班子要带头改进工作作风，大兴调查研究之风，扑下身子，沉到一线，查找问题，提出对策，改进工作。

三、全面落实会议要求

一是组织好学习传达。各省级地震局、新疆生产建设兵团地震局、副省级城市地震局要及时向当地党委政府汇报，提出落实会议精神的措施，尽早安排部署。要做好会议精神宣讲，纳入相关培训内容。各单位领导班子要组织好本单位的学习贯彻，制定学习贯彻落实方案，及时把会议精神传达到市县地震部门和台站。各单位要将学习传达情况及时报中国地震局办公室。

二是抓好重点任务的落实。中国地震局办公室牵头将工作任务逐条细化，分解到机关各部门。各部门要按照职能职责，将任务细化分解、安排部署到系统各单位。各单位要做好落实部署，不能只是简单对照，文字对标。要结合本地区本单位的实际情况，根据推进新时代防震减灾事业现代化建设要求，逐一分解具体目标任务，责任到人，建立任务指标调度机制，确保压力层层传导到位，任务层层落实到底。组织实施综合考评，加强目标管理和综合效能考核，完善重点工作督查督办机制，定期开展督查。各单位各部门领导班子要以勇于担当精神、扎实有效的举措，抓好各项工作落实，确保各项目标任务的完成。

三是做好当前有关工作。各单位各部门要时刻绷紧"震情"这根弦，全力做好地震监测、震情跟踪、应急值守等各项工作。严格遵守廉洁纪律，严防"四风"问题反弹，用铁的纪律整治顶风违纪行为，发现一起处理一起，绝不姑息。要关心职工生活，做好基层台站和困难职工慰问工作，送去更多温暖关怀。要切实做好安全生产和维护稳定工作。

（中国地震局办公室）

中国地震局党组成员、副局长阴朝民
在国家地震烈度速报与预警工程实施启动大会上的讲话（摘要）

（2018 年 7 月 20 日）

一、深刻认识国家地震烈度速报与预警工程的重要意义

（一）国家地震烈度速报与预警工程是中国地震局落实党中央、国务院重大决策部署的具体行动

党的十八大以来，以习近平同志为核心的党中央高度重视防灾减灾救灾工作并作出一系列重大决策部署，对防震减灾工作更是作出了若干具体指导，在 2018 年 "5·12" 汶川特大地震十周年之际，习近平总书记向汶川地震十周年国际研讨会暨第四届大陆地震国际研讨会致信指出，中国政府将坚持以人民为中心的发展思想，坚持以防为主、防抗救相结合，全面提升综合防灾能力，为促进减灾国际合作、降低自然灾害风险、构建人类命运共同体作出积极贡献。习近平总书记的致信进一步丰富和发展了习近平总书记防灾减灾救灾重要论述的内涵，为进一步做好新时期防震减灾工作提供了根本遵循和行动指南。2013 年 2 月习近平总书记专门就地震预警作出重要批示，要求以人为本，有备无患，进一步推动预警体系建设，加强预报研究，科学发布预警，这为做好地震预警工作提供了行动指南。

防震减灾事关人民群众生命财产安全，事关社会和谐稳定。地震多、分布广、强度大、灾害重仍是我国的基本国情。同时，经济越发展，社会越进步，财富越集中，人口越密集，地震灾害风险将愈发凸显，对经济社会和人民生活的冲击与影响就越广泛。地震烈度速报与预警是在我国当前经济与技术条件下，有效减轻地震灾害风险的重要手段。地震预警工程是一项民生工程，我们要从以人民为中心的发展思想出发，从服务经济社会发展、保护人民生命财产安全的高度来理解和认识项目建设的重要性。要以满足政府要求、服务重点领域和社会公众需求为导向，切实把预警工程作为一项重大的民生工程抓，全力以赴做好项目实施。

（二）国家地震烈度速报与预警工程是提升防震减灾基础能力的重要依托

地震烈度速报与预警工程将大幅提升我国地震监测能力。地震监测是我国防震减灾工作的基础，是重中之重。预警项目是防震减灾事业发展的重要基础工程，项目的实施必将带动我国地震台网发展跨入世界先进行列，成为我国防震减灾发展的新起点。预警工程建

设内容和规模庞大，总投资 18.7 亿，1.5 万个台点，在重点区域台间距达 12 千米。在全国重点区，4.0 级以上地震发生后，3 分钟内可生成乡镇级行政区划单位实测地震烈度速报信息，10 分钟内可生成精细化地震烈度分布图，这两个指标是政府的应急救灾工作的重要依据。

地震烈度速报与预警工程将促进新时代防震减灾事业现代化建设。当前，我们正处于新时代防震减灾事业现代化建设起步阶段，局党组提出了大力推进新时代防震减灾事业现代化建设战略目标。现代化建设核心是提升能力，能力要靠重大项目建设支撑。应急管理部党组书记黄明在应急部管理培训班上提出防灾减灾工作存在三个短板，分别是规律认识短板、制度建设短板和能力建设短板。预警工程的实施对推动新时代防震减灾事业现代化建设，全面推动防震减灾能力提升具有很好的带动作用。预警工程是基于智能传感器接入、云中心资源管理、全网统一监控、智慧预警信息服务为一体的国家级重大科学工程。工程设计方案紧贴新时代防震减灾事业现代化业务体系建设需求，是全面推动监测预报业务体系升级换代最有力的抓手，对新时代地震监测预报现代化建设有着很强的支撑和引领作用。

地震烈度速报与预警工程将进一步完善相关法规标准。在项目实施同时，我们将推进中央和地方的法规标准建设工作的同步协调开展。将进一步完善配套法规，以法律的形式明确权力和责任边界，完善技术标准和行业要求，调动社会积极性，规范社会参与。同时，也将进一步拓宽地震预警方面的宣传、教育、演练，有效解决最后一公里问题，不断强化社会公众对地震预警的科学认识。

（三）国家地震烈度速报与预警工程是增强防震减灾服务能力的直接手段

地震烈度速报与预警工程最终产出的信息是抗震救灾和应急救援最重要、最关键的依据。及时、快速、准确的烈度速报和预警信息，直接决定着应急工作的有效性。通过项目实施，在震后 3 ~ 5 分钟内，能快速自动给出县城和乡镇的地震烈度，通过应急指挥系统分析能快速确定灾情分布和重灾区位置、可能埋压人员集中区域、重大次生灾害可能发生地点、灾民安全疏散场地等信息。预警工程的服务是多方面、多领域的，除了服务于应急、救援，还可为社会公众和相关行业提供地震安全服务，对生命线工程、高铁、石油化工和核电站等领域服务意义重大，使广大人民群众及时响应，采取有效的躲避措施，达到预警目的。

地震烈度速报与预警工程将进一步提升地震科技创新能力。项目建成后，将形成世界上最大规模"三网合一"实时传输的地震观测台网，借助这一台网和技术平台可以实时计算地震破裂过程，实时评估地震灾情，这必将极大地推动实时地震学、实时灾害学等学科的发展。通过项目实施，将创新一批科技成果，带动一批科技人才成长。

二、切实抓好项目的组织实施

（一）加强组织领导

项目法人、各建设单位、机关各内设机构要高度重视，进一步提高政治站位，充分认识肩负的重大任务和责任，以对党和国家负责、对人民负责、对历史负责的态度，进一步增强责任心和使命感，精心组织，以"钉钉子"精神，着力在组织领导上再强化、再加力，一级抓一级、层层抓落实，不折不扣地落实各项任务。上午我们召开了工程领导小组会议，审议通过了项目总体实施方案及 2018 年投资计划。各单位各部门要严格按照项目总体实施方案和 2018 年投资计划执行，并结合本地区本单位的实际，制定各自的具体实施方案，细化任务分工，明确责任人、完成时限，扎实推进各项任务。预警工程实施是一场硬仗，各单位管理团队、实施团队要马上到位，做到上下贯通、上下衔接，形成合力，确保把预警工程建成精品工程。

（二）落实职责任务

项目法人是项目实施的龙头和关键，要履行好建设主体责任，精心组织，科学实施，攻坚克难，确保项目有序推进。各省地震局是实施的主体，要履行好建设单位的职责，切实发挥好主体作用，结合各自实际，严格按照项目实施方案推进工作，按时保质推进各项工作，确保工程建设顺利推进。机关各有关司室是组织协调的核心，要加强协调配合，强化指导督查，及时帮助解决建设中的各种困难和问题。预警工程投资额度大，建设资金近19亿元，2018 年投资总额为 2 亿元，其中 2018 年度下达项目预算 1.65 亿元，2017 年度结转资金 3500 万元。2018 年是开工实施的第一年，各单位各部门要按时保质推进各项工作，确保项目实施开好头、起好步。

（三）强化工作作风

预警工程各级政府高度关注、社会高度关注、地震系统上下高度关注，要把项目实施好，必须有过硬的作风。面对项目实施时间紧、任务重的现状，各单位各部门要进一步强化工作作风，特别是各单位各部门的负责同志要率先垂范，认真落实《关于进一步激励广大干部新时代新担当新作为的意见》和《应急管理部党组成员"八个带头"规定》，巩固好机关"作风建设月"活动成果，以攻坚克难的实劲、勇于担当的狠劲、誓不罢休的韧劲，扎实推进各项工作落实。实施过程中要敢于创新，敢于运用新的管理方式、新的组织模式，充分发挥市场机制，把"创新、协调、绿色、开放、共享"的发展理念运用好。同时，工程管理要运用好国家最近出台的一系列科技创新政策、干部激励政策，通过工程培养和发现一批管理干部、技术干部。局党组将加快建立管理专家团队及关键人才奖励激励制度，在工程中先行先试科技创新奖励激励机制，坚定不移地为扎实推进项目建设的人撑腰，为干事创业的人鼓劲，对于在建设中敢于担当、善于作为的青年骨干大胆提拔使用，给"想为者"鼓勇气、"敢为者"添底气、"勤为者"壮胆气，给项目实施营造良好氛围。

（四）加强督促检查

各单位各部门应建立"工期倒排、工作倒逼、责任倒查"工作机制，实行挂图作战、实时督办。监测司、发财司要及时跟踪项目实施和 2018 年投资计划完成情况，及时帮助协调解决相关问题。台网中心作为项目法人要切实肩负起管理责任，要敢于管理、善于管理、勇于担当，加强对各建设单位的督促检查。各建设单位要建立自查制度，确保各自承担的任务按时推进。

（五）确保项目安全

地震预警工程项目投资额大，组织实施难，实施过程中的监督管理更难。要切实加强监管，落实责任，加强质量监督、进度监督和资金使用监督，特别是严格控制基建、招标采购等关键环节，确保项目质量、工程进度和项目安全。要坚决杜绝腐败行为，监管部门要对苗头性问题做到早发现、早提醒、早纠正，严肃查处各类违规行为，确保财政资金使用规范，投资发挥实效。

（中国地震局办公室）

中国地震局党组成员、副局长牛之俊
在 2017 年"平安中国"防灾宣导系列公益活动
工作总结会议上的讲话（摘要）

（2018 年 1 月 29 日）

今天的会议主要是总结 2017 年"平安中国"防灾宣导系列公益活动，谋划 2018 年活动安排。2016 年习近平总书记在全国科技创新大会上发表重要讲话指出"科技创新、科学普及是实现创新发展的两翼。要把科学普及放在与科技创新同等重要的位置。"党的十九大把防灾减灾救灾工作作为"提高保障和改善民生水平，加强和创新社会治理"的重要任务。中央政治局常委、国务院副总理汪洋同志主持召开 2018 年国务院防震减灾工作联席会议，要求加强地震科普知识宣传。为深入贯彻落实习近平总书记等中央领导同志重要指示批示精神，在大家的大力支持和共同努力下，"平安中国"防灾宣导系列公益活动更加突出普及性和实际效果，取得了良好的社会效益和宣传效果。

六年来，"平安中国"防灾宣导系列公益活动组委会发挥政府引导、社会参与、市场运作的组织优势，相继与中国科协、国家民委、国家新闻出版广电总局联合开展少数民族语言防震减灾科普宣传，与全国妇联联合开展农村留守儿童防灾宣导活动，与中国残联联合开展特殊群体防震减灾系列活动；活动内容和文化产品纳入教育部全国中小学生安全教育日活动、科技部"科技活动周""科技列车"活动以及中国科协"科普日"活动；坚持普及科学知识、弘扬科学精神、传播科学思想、倡导科学方法，扎实做好各项工作，成为加强防震减灾科普宣传教育的一项有力抓手。

经过六年的发展，"平安中国"防灾宣导系列公益活动支持单位由最初的七个部委增加到十三个部委；活动规模也从 2012 年落地 13 个省市、覆盖 15 个城市，发展到 2017 年落地 31 个省区市和新疆生产建设兵团、累计覆盖 730 多地市（县）；创作的主题作品获评"五个一工程奖"、中宣部等五部委向全国中小学生推荐影片等奖项。逐步搭建了部委支持、地方政府参与的防震减灾科普宣教平台，建立了国家、省、市、县共同参与防灾宣传的联动机制，巩固发展了政府主导、部门合作、企业主体、市场运作、社会参与的防震减灾科普宣教工作新模式，推进了防震减灾科普宣传全覆盖，培育了防震减灾科普文化，有力提升了全民防震减灾科学素质。

2018 年是贯彻党的十九大精神的开局之年，是改革开放 40 周年，是决胜全面建成小康社会、实施"十三五"规划承上启下的关键一年，做好防震减灾工作责任重大。我们必须要增强忧患意识、防范风险挑战，特别是要提高防大灾、救大险能力，全力推进新时代防震减灾事业现代化建设，全面加强防震减灾科普宣传教育，统筹协调，一步一个脚印，毫不动摇，毫不放松。

一是融合各方优势，把"平安中国"公益品牌做大做强。防震减灾科普宣传教育是一项长期艰巨的任务，也是一个庞大复杂的社会系统工程，要进一步利用好各领域、各部门对防震减灾科普宣传教育的宝贵支持，与中国科协及各支持部门充分融合协作，统筹协调业务合作和资源共享，强化科普资源、科普信息、科普活动、科普人才互融互通，真正搭建政府引导、社会参与、市场运作的组织平台，将平安中国公益品牌做大做强。

二是深入基层，切实提高公民防震减灾科学素质。充分利用各种宣传形式和手段，采取人民群众喜闻乐见的形式，将防震减灾科普知识"进学校、进机关、进企事业单位、进社区、进农村、进家庭、进军营"作为今后"平安中国"防灾宣导系列公益活动的重点，抓关键、抓薄弱环节、抓重点地区，深入企业、农村、机关、校园、社区进行宣讲，让老百姓真正听得懂、能领会、可运用。

三是强化沟通联系，进一步提高工作效能。中国地震局要充分发挥好组织协调作用，进一步规范活动组织形式、范围、内容和运行流程等，和各部委密切沟通联系。也希望大家积极建言献策，把公众关心的防震减灾等相关科普宣传教育内容纳入活动中。

（中国地震局办公室）

国务院关于中国地震局等机构设置的通知

国函〔2018〕85号

各省、自治区、直辖市人民政府，国务院各部委、各直属机构：

根据党的十九届三中全会审议通过的《深化党和国家机构改革方案》、第十三届全国人民代表大会第一次会议审议批准的《国务院机构改革方案》有关精神，现就中国地震局、国家自然科学基金委员会、全国社会保障基金理事会的机构设置通知如下：

中国地震局由国务院原直属事业单位，改为由应急管理部管理的事业单位（副部级）；国家自然科学基金委员会由国务院原直属事业单位，改为由科学技术部管理的事业单位（副部级）；全国社会保障基金理事会由国务院原直属事业单位，改由财政部管理。

国务院

2018年6月19日

中共中央办公厅 国务院办公厅
关于调整中国地震局职责机构编制的通知

（2018 年 9 月 13 日）

根据党的十九届三中全会审议通过的《深化党和国家机构改革方案》和第十三届全国人民代表大会第一次会议批准的《国务院机构改革方案》，经报党中央和国务院批准，现就中国地震局职责、机构和编制调整情况通知如下。

中国地震局震灾应急救援职责划入应急管理部，不再保留震灾应急救援司，相应核减事业编制 16 名、正副司长职数 3 名。

调整后，中国地震局内设机构 7 个，机关事业编制 149 名，正副司长职数 27 名。所属事业单位的设置、职责和编制事项另行规定。

中国机构编制网

辽宁省人民政府令

第 319 号

《辽宁省地震预警管理办法》业经 2018 年 9 月 19 日辽宁省第十三届人民政府第 23 次常务会议审议通过，现予公布，自 2018 年 11 月 1 日起施行。

省长　唐一军

2018 年 9 月 23 日

辽宁省地震预警管理办法

第一条　为了加强地震预警管理，发挥地震预警作用，防止或者减轻地震灾害损失，保障人民生命财产安全，根据《中华人民共和国防震减灾法》《地震监测管理条例》等法律、法规，结合我省实际，制定本办法。

第二条　在我省行政区域内从事地震预警规划、建设、信息发布及其监督管理工作，适用本办法。

第三条　本办法所称地震预警，是指地震发生后，在破坏性地震波到达可能遭受破坏的区域前，利用地震预警系统向该区域发出地震警报信息，以便采取紧急处置措施，防止或者减轻地震灾害损失。

地震预警系统包括：地震信息采集、数据传输与处理和地震预警信息发布。

第四条　地震预警应当遵循政府主导、统筹规划、部门协同、社会参与的原则。

第五条　省、市、县（含县级市、区，下同）政府应当将地震预警系统建设和运行管理纳入防震减灾规划，建立地震预警协调工作机制，统筹解决地震预警重大问题，提高地震预警能力。

第六条　省、市、县政府负责管理地震工作的部门（以下简称地震工作主管部门），负责本行政区域内地震预警的监督管理工作。

发展改革、教育、科技、公安、财政、国土资源、住房和城乡建设、交通、水利、新闻出版广电、气象和通信等部门，在各自职责范围内做好地震预警相关工作。

第七条　地震预警系统的设计、建设、运行、采用的软件和设备以及地震预警信息发布等相关技术及应用，应当符合国家标准、行业标准和地方标准。

第八条　鼓励和支持地震预警科学技术研究，推广和促进地震预警先进技术的应用，引导科研机构、企业、社会组织参与地震预警相关产品的研发和生产。

第九条　省地震工作主管部门根据国家地震预警系统建设规划及相关要求，结合我省实际，会同有关部门编制全省地震预警系统建设规划，报省政府批准后组织实施。

市、县地震工作主管部门可以根据全省地震预警系统建设规划，会同有关部门编制本地区地震预警系统建设规划，报本级政府批准后组织实施。

第十条　地震重点监视防御区的学校、医院、车站、机场、体育场馆、影剧院、商业中心等人员密集场所，应当安装地震预警信息接收和播发装置。

第十一条　高速铁路、城市轨道交通、枢纽变电站、电力调度中心、大型水库、输油输气管道干线（站）、电信通信、大型燃气生产企业、大型矿山等重大建设工程（以下简称重大建设工程）和核电站、核设施工程、大中型危险品生产存储建筑及管道输送设施等可能发生严重次生灾害的建设工程（以下简称可能发生严重次生灾害的建设工程）的建设单位应当安装地震预警信息接收装置。

重大建设工程和可能发生严重次生灾害的建设工程的建设单位可以根据需要建设为本单位内部服务的专用地震预警系统，并负责运行和维护。

第十二条　专用地震预警系统的建设、运行及终止应当由建设单位报省地震工作主管部门备案。省地震工作主管部门可以根据需要将其纳入全省地震预警系统。

第十三条　地震预警系统正式运行前，应当经过一年以上试运行。

第十四条　地震预警信息由省地震工作主管部门组织发布。

其他任何单位和个人，不得以任何形式向社会发布地震预警信息。

第十五条　广播、电视、互联网、通信以及其他有关媒体应当配合地震工作主管部门做好地震预警信息播发工作，建立自动播发机制，及时、准确、无偿地向社会播发地震预警信息。

第十六条　地震重点监视防御区的学校、医院、车站、机场、体育场馆、影剧院、商业中心等人员密集场所，应当制定地震预警应急预案，建立地震预警应急处置机制，定期开展应急演练，在接收到地震预警信息后，立即采取相应避险措施。

第十七条　重大建设工程和可能发生严重次生灾害的建设工程的建设单位应当制定地震预警应急预案，建立地震预警应急处置设施，在接收到地震预警信息后，按照各自行业规定和技术规范立即进行处置。

第十八条　市、县政府应当加强对地震预警设施和观测环境的保护。

任何单位、个人不得侵占、毁损、拆除、擅自移动地震预警设施，危害地震预警观测环境。

第十九条　地震工作主管部门应当向社会普及地震预警知识，指导、协助、督促学校、医院等重点单位定期开展地震预警应急演练。

机关、团体、企业、事业单位应当开展地震预警知识宣传和地震预警应急演练。

新闻媒体应当开展地震预警知识的公益宣传。

第二十条　单位、个人有下列情形之一的，由地震工作主管部门责令改正、采取补救措施，对单位主管人员及其他直接责任人员依法给予处分：

（一）地震预警系统的设计、建设、运行、采用的软件和设备以及地震预警信息发布等相关技术及应用不符合相关标准的；

（二）未按规定安装地震预警信息接收和播发装置，建立地震预警应急处置设施的；

（三）专用地震预警系统的建设、运行及终止未报省地震工作主管部门备案的；

（四）地震预警系统建成后未经试运行，或者试运行不足一年的。

第二十一条　擅自向社会发布地震预警信息的，由地震工作主管部门处 5000 元以上 1 万元以下罚款；造成严重后果的，处 1 万元以上 3 万元以下罚款；编造、传播虚假地震预警信息扰乱社会秩序的，依照《中华人民共和国治安管理处罚法》的规定进行处罚；构成犯罪的，依法追究刑事责任。

第二十二条　地震预警信息播发单位未按规定播发地震预警信息的，由地震工作主管部门责令改正、给予警告；造成严重后果的，处 1 万元以上 3 万元以下罚款。

第二十三条　有下列行为之一的，由地震工作主管部门责令停止违法行为，恢复原状或者采取其他补救措施；造成损失的，依法承担赔偿责任：

（一）侵占、毁损、拆除、擅自移动地震预警设施的；

（二）危害地震预警观测环境的。

单位有前款所列违法行为，情节严重的，处 1 万元以上 3 万元以下罚款；个人有前款所列违法行为，情节严重的，处 1000 元以上 2000 元以下罚款。

第二十四条　地震工作主管部门及其工作人员玩忽职守，导致地震预警工作出现重大失误或者给地震预警工作造成重大损失的，对主管人员和其他直接责任人员依法给予行政处分；构成犯罪的，依法追究刑事责任。

第二十五条　本办法自 2018 年 11 月 1 日起施行。

上海市人民政府令

第 14 号

《上海市人民政府关于修改〈上海市建设工程抗震设防管理办法〉和〈上海市导游人员管理办法〉的决定》已经 2018 年 10 月 22 日市政府第 29 次常务会议通过，现予公布，自 2018 年 11 月 3 日起生效。

市长　应勇

2018 年 11 月 3 日

上海市建设工程抗震设防管理办法

（2001 年 12 月 28 日上海市人民政府令第 113 号发布，根据 2010 年 12 月 20 日上海市人民政府令第 52 号第一次修正，2018 年 1 月 4 日上海市人民政府令第 62 号第二次修正。）

第一条　为了加强本市建设工程抗震设防的管理，防御和减轻地震灾害，保护人民生命和财产安全，根据《中华人民共和国防震减灾法》《中华人民共和国地震安全性评价管理条例》《上海市实施〈中华人民共和国防震减灾法〉办法》等法律法规，结合本市实际情况，制定本办法。

第二条　本办法所称的抗震设防要求，是指国家和市地震工作主管部门制定或者审定的，建设工程必须达到的抗御地震破坏的准则和技术指标，以地震烈度或者地震动参数进行表述。

本办法所称的地震安全性评价，是指对具体建设工程地区或者场址周围的地震地质、地球物理、地震活动性、地形变等研究，给出相应的工程规划和设计所需的有关抗震设防要求的地震动参数及基础资料的活动。

第三条　本市行政区域内各类建设工程抗震设防及其管理活动，适用本办法。

第四条　上海市地震局（以下简称市地震局）是本市地震安全性评价及抗震设防要求的主管部门。各区地震工作主管部门按照其职责权限，负责本辖区内的具体管理工作。

市住房城乡建设管理部门是本市建设工程抗震设计、施工的主管部门。各区建设行政主管部门按照其职责权限，负责本辖区内的具体管理工作。

第五条　新建、改建、扩建建设工程，必须按照抗震设防要求和抗震设计规范、规程进行抗震设防。

第六条　重大建设工程、可能发生严重次生灾害的建设工程以及可能引发放射性污染的核电站和核设施建设工程必须进行地震安全性评价，并根据地震安全性评价结果，确定抗震设防要求，进行抗震设防。

前款规定以外的建设工程，必须按照国家颁布的地震烈度区划图或者地震动参数区划图规定的抗震设防要求，进行抗震设防。学校、托幼机构、医院、大型文体活动场馆等人员密集场所的建设工程，应当按照国家有关规定，高于本市房屋建筑的抗震设防要求进行抗震设防。

第七条　必须进行地震安全性评价的建设工程范围，按照《中华人民共和国地震安全性评价管理条例》和《上海市实施〈中华人民共和国防震减灾法〉办法》执行。

第八条　本市范围内从事地震安全性评价的单位，必须持有地震安全性评价资质证书。外省市单位从事本市范围内建设工程地震安全性评价的，应当向市地震局备案资质证书。

地震安全性评价单位资质证书的申请条件、申请程序等按照国家有关规定执行。

从事地震安全性评价的单位，应当在其资质许可的范围内从事地震安全性评价。

第九条　从事地震安全性评价的单位应当严格执行本市规定的收费标准，收费标准由市价格管理部门制定。

第十条　从事地震安全性评价的单位不得从事下列行为：

（一）以其他地震安全性评价单位的名义承揽地震安全性评价业务；

（二）允许其他单位以本单位的名义承揽地震安全性评价业务；

（三）转包地震安全性评价项目；

（四）不按照国家有关地震安全性评价的工作规范从事地震安全性评价。

第十一条　从事地震安全评价的单位应当按照国家规定的要求，编制地震安全性评价报告。

国家重大建设工程、跨本市行政区域的建设工程、核电站和核设施建设工程的安评报告，由国务院地震工作主管部门评审并确定抗震设防要求。

本条第二款规定以外的安评报告，由市地震局按照国家有关规定进行评审并确定抗震设防要求。安评报告合格的，市地震局应当自收到报告之日起15日内确定抗震设防要求，并书面通知建设单位；安评报告不合格的，市地震局应当自收到报告之日起10日内予以退回，并说明理由。

第十二条　符合本办法第七条规定的建设工程，建设单位在进行项目选址、可行性研究时，应当进行地震安全性评价，并且将抗震设防要求纳入建设工程可行性研究报告。

符合本办法第七条规定的建设工程，市或者区有关部门在审核建设项目可行性研究报告时，对未包含抗震设防要求的，不予批准或者核准。

第十三条　建设工程的设计单位应当按照国家和本市规定的抗震设防要求和抗震设计规范、规程，进行建设工程的抗震设计。

第十四条　建设工程的抗震设计审查工作，应当纳入建设工程设计审查程序。超出现行技术标准规定的高层建筑，市建设交通委可以组织有关专家对其抗震设计进行专项论证。

建设工程的抗震设计未经审查，或者发现未按抗震设防要求和抗震设计规范、规程进行抗震设计的，有关部门不得发放建设工程规划许可证和施工许可证。

第十五条　建设工程的施工单位应当按照建设工程的抗震设计进行施工，监理单位应当按照建设工程的抗震设计进行施工监理。

第十六条　建设工程竣工验收时，应当对抗震设防一并验收；建设工程不符合抗震设计和施工要求的，应当限期整改，经复验合格后，方可交付使用。

第十七条　已经建成的建筑物、构筑物未采取抗震设防措施的，在进行改建、扩建时，应当委托抗震鉴定单位，按照国家有关规定进行抗震性能鉴定；并根据抗震性能鉴定结果采取必要的抗震加固措施。

第十八条　本市新建、扩建、改建建设工程采用新建筑结构体系的，该建筑结构体系应当具备抗震性能。

第十九条　违反本办法有关规定，由有关行政主管部门进行行政处罚：

（一）违反本办法第六条第一款规定，有关建设单位不进行地震安全性评价的，或者不按照根据地震安全性评价结果确定的抗震设防要求进行抗震设防的，依照《中华人民共和国防震减灾法》和有关法律、法规的规定予以处理。

（二）违反本办法第八条规定，未取得地震安全性评价资质证书的单位，擅自从事地震安全性评价的，或者从事地震安全性评价的单位超越其资质许可的范围承揽地震安全性评价业务的，由市或者区地震工作主管部门责令改正，没收违法所得，并可处以1万元以上5万元以下的罚款。

（三）违反本办法第十条第一项、第二项规定，从事禁止性行为的，由市或者区地震工作主管部门责令改正，没收违法所得，并可处以1万元以上5万元以下的罚款;情节严重的，由颁发资质证书的部门或者机构吊销资质证书。

（四）违反本办法第十条第三项、第四项规定，从事禁止性行为的，由市或者区地震工作主管部门责令改正，并可处以3000元以上3万元以下的罚款。

（五）违反本办法第十三条、第十五条规定，不按照抗震设计规范进行抗震设计的，或者不按照抗震设计进行施工的，由市或者区建设行政主管部门责令改正，并可处以1万元以上5万元以下的罚款；情节严重的，可处以5万元以上10万元以下的罚款。

（六）违反本办法第十五条规定，不按照抗震设计进行施工监理的，由市或者区建设行政主管部门责令改正，并可处以3000元以上3万元以下的罚款。

（七）违反本办法第十七条规定，未采取抗震设防措施的已建工程在改建、扩建时，不进行抗震性能鉴定和采取抗震加固措施的，由市或者区建设行政主管部门责令改正，并可处以3000元以上3万元以下的罚款。

第二十条　当事人对行政管理部门的具体行政行为不服的，可以按照《中华人民共和国行政复议法》和《中华人民共和国行政诉讼法》的规定，申请行政复议或者提起行政诉讼。

当事人在法定期限内不申请复议、不提起诉讼，又不履行具体行政行为的，作出具体行政行为的部门，可以根据《中华人民共和国行政诉讼法》的规定，申请人民法院强制执行。

第二十一条　本办法自 2002 年 3 月 1 日起施行。

山东省人民政府令

第 311 号

《山东省人民政府关于修改〈山东省节约用水办法〉等 33 件省政府规章的决定》已经 2018 年 1 月 2 日省政府第 119 次常务会议审议通过，现予公布，自公布之日起施行。

省长　龚正

2018 年 1 月 24 日

山东省地震安全性评价管理办法

（2005 年 1 月 4 日省政府第 39 次常务会议审议通过，2018 年 1 月 24 日修订）

第一条　为加强地震安全性评价的管理，防御和减轻地震灾害，保护人民生命和财产安全，根据《中华人民共和国防震减灾法》《地震安全性评价管理条例》等法律、法规，结合本省实际，制定本办法。

第二条　在本省行政区域内进行项目建设和从事地震安全性评价活动的单位和个人，应当遵守本办法。

第三条　县级以上人民政府地震行政主管部门负责本行政区域内地震安全性评价的管理工作。

其他有关部门应当按照职责分工，做好与地震安全性评价相关的管理工作。

第四条　下列建设项目（具体项目见附件），必须进行地震安全性评价：

（一）重大建设项目；

（二）可能发生严重次生灾害的建设项目；

（三）位于地震动参数区划分界线两侧各 4 千米区域内的建设项目；

（四）有重大价值或者有重大影响的其他建设项目。

第五条　下列地区必须进行地震小区划工作：

（一）编制城市规划的地区；

（二）位于复杂地质条件区域内的新建开发区、大型厂矿企业；

（三）地震研究程度和资料详细程度较差的地区。

第六条　本办法第四条规定以外的建设项目，在完成地震小区划工作的城市或者地区，应当按照地震小区划结果确定的抗震设防要求进行抗震设防；在未开展地震小区划工作的城市或者地区，应当按照国家颁布的地震动参数区划图规定的抗震设防要求进行抗震设防。

第七条　地震安全性评价工作必须纳入基本建设管理程序，并在建设项目可行性研究阶段或者规划选址阶段进行。

第八条　从事地震安全性评价的单位，必须依法取得国家或者省地震行政主管部门核发的地震安全性评价资质证书，并应当在其资质许可的范围内承揽地震安全性评价业务。

地震安全性评价单位不得超越其资质许可的范围或者以其他地震安全性评价单位的名义承揽地震安全性评价业务；不得允许其他单位以本单位的名义承揽地震安全性评价业务。

第九条　地震安全性评价单位应当严格执行国家地震安全性评价技术规范，确保地震安全性评价工作质量。评价工作完成后，应当编制地震安全性评价报告。

地震安全性评价报告应当包括下列内容：

（一）建设项目和地区概况；

（二）地震安全性评价的技术要求；

（三）地震活动环境评价；

（四）地震地质构造评价；

（五）设防烈度或者设计地震动参数；

（六）地震地质灾害评价；

（七）其他有关技术资料。

第十条　省地震行政主管部门收到地震安全性评价报告后，应当委托省地震安全性评审组织对地震安全性评价报告进行技术评审。

国家重大建设项目、跨省行政区域的建设项目、核电站和核设施建设项目的地震安全性评价报告以及地震小区划报告，应当经省地震安全性评审组织初审，提出初审意见，报国家地震安全性评审组织评审；其他地震安全性评价报告，由省地震安全性评审组织负责评审，并出具评审结论。

第十一条　省地震行政主管部门应当自收到建设单位提交的地震安全性评价报告之日起15日内，完成审定工作，确定抗震设防要求，并书面告知建设单位和建设项目所在地的市、县（市、区）人民政府负责管理地震工作的部门或者机构。

第十二条　建设项目设计单位应当按照审定的抗震设防要求和国家颁布的抗震设计规范进行抗震设计；施工单位、监理单位应当按照抗震设计进行施工、监理。

第十三条　地震安全性评价所需费用列入建设项目总投资概算，由建设单位承担。

第十四条　地震安全性评价报告经评审未获通过的，评价单位应当重新进行评价，费用由评价单位承担；给建设单位造成经济损失的，应当依法承担赔偿责任。

第十五条　县级以上人民政府有关部门在审批或者核准建设项目时，对可行性研究报告或者项目申请报告中缺少抗震设防要求的，不予批准。

第十六条　各级地震行政主管部门应当加强对地震安全性评价工作和抗震设防要求执行情况的监督检查，确保各类建设项目达到抗震设防要求。

第十七条　违反本办法规定，有下列行为之一的，由地震行政主管部门责令其限期改正，并处 1 万元以上 10 万元以下的罚款：

（一）未依法进行地震安全性评价的；

（二）未按照审定的抗震设防要求进行抗震设防的。

第十八条　违反本办法规定，有下列行为之一的，由地震行政主管部门责令其限期改正，没收非法所得，并处 1 万元以上 5 万元以下的罚款；情节严重的，由颁发资质证书的地震行政主管部门吊销其资质证书：

（一）未依法取得地震安全性评价资质，擅自从事地震安全性评价的；

（二）超越地震安全性评价资质许可的范围，承揽地震安全性评价业务的；

（三）以其他地震安全性评价单位的名义承揽地震安全性评价业务的；

（四）允许其他单位以本单位名义承揽地震安全性评价业务的。

第十九条　地震行政主管部门或者其他有关部门及其工作人员在地震安全性评价管理工作中，有下列行为之一的，由有关部门对负有直接责任的主管人员和其他直接责任人员依法给予行政处分；构成犯罪的，依法追究刑事责任：

（一）未按照本办法规定的程序和期限，审定抗震设防要求的；

（二）不依法履行监督管理职责的；

（三）发现违法行为不予查处的；

（四）有其他玩忽职守、滥用职权、徇私舞弊行为的。

第二十条　本办法自 2005 年 3 月 1 日起施行。山东省人民政府 1997 年 10 月 8 日公布的《山东省地震安全性评价管理办法》（省政府令第 85 号）同时废止。

附件：

必须进行地震安全性评价的建设项目

一、交通项目

（一）公路与铁路干线的大型立交桥，单孔跨径大于 100 米或者多孔跨径总长度大于 500 米的桥梁；

（二）铁路干线的重要车站、铁路枢纽的主要建筑项目；

（三）高速公路、高速铁路、高架桥、城市快速路、城市轻轨、地下铁路和长度 1000 米以上的隧道项目；

（四）国际国内机场中的航空站楼、航管楼、大型机库项目；

（五）年吞吐量200万吨以上的港口项目或者1万吨以上的泊位，2万吨级以上的船坞项目。

二、水利和能源项目

（一）Ⅰ级水工建筑物和1亿立方米以上的大型水库的大坝；

（二）装机容量100万千瓦以上的热电项目、20万千瓦以上的水电项目、单机容量30万千瓦以上的火电项目；

（三）50万伏以上的枢纽变电站项目；

（四）年产90万吨以上煤炭矿井的重要建筑及设施；

（五）大型油气田的联合站、压缩机房、加压气站泵房等重要建筑，原油、天然气、液化石油气的接收、存储设施，输油气管道及管道首末站、加压泵站。

三、通信项目

（一）设区的市以上的广播中心、电视中心的差转台、发射台、主机楼；

（二）县级以上的长途电信枢纽、邮政枢纽、卫星通信地球站、程控电话终端局、本地网汇接局、应急通信用房等邮政通信项目。

四、生命线工程

（一）城市供水、供热、贮油、燃气项目的主要设施；

（二）大型粮油加工厂和15万吨以上大型粮库；

（三）300张床位以上医院的门诊楼、病房楼、医技楼、重要医疗设备用房以及中心血站等；

（四）城市污水处理和海水淡化项目。

五、特殊项目

（一）核电站、核反应堆、核供热装置；

（二）重要军事设施；

（三）易产生严重次生灾害的易燃、易爆和剧毒物质的项目。

六、其他重要项目

（一）年产 100 万吨以上炼铁、炼钢、轧钢工业项目以及年产 50 万吨以上特殊钢工业项目、年产 200 万吨以上矿山项目和其他大型有色金属工业项目的重要建筑及设施；

（二）大中型化工和石油化工生产企业的主要生产装置及其控制系统的建筑，生产中有剧毒、易燃、易爆物质的厂房及其控制系统的建筑；

（三）年产 100 万吨以上水泥、100 万箱以上玻璃等建材工业项目；

（四）地震动峰值加速度 0.1g 以上区域或者国家地震重点监视防御城市内的坚硬、中硬场地且高度超过 80 米，或者中软、软弱场地且高度超过 60 米的高层建筑；

（五）省、设区的市各类救灾应急指挥设施和救灾物资储备库；

（六）建筑面积 10 万平方米以上的住宅小区；

（七）大型影剧院、体育场馆、商业服务设施、8000 平方米以上的教学楼和学生公寓楼以及存放国家一、二级珍贵文物的博物馆等公共建筑。

陕西省人民政府令

第 217 号

《陕西省地震预警管理办法》已经省政府 2018 年第 17 次常务会议通过,现予公布,自 2019 年 3 月 1 日起施行。

省长　刘国中

2018 年 11 月 21 日

陕西省地震预警管理办法

第一条　为了规范地震预警活动,防御和减轻地震灾害,保护人民生命和财产安全,根据《中华人民共和国突发事件应对法》《中华人民共和国防震减灾法》《陕西省防震减灾条例》等法律、法规,结合本省实际,制定本办法。

第二条　本办法所称地震预警,是指地震发生后,在破坏性地震波到达可能遭受破坏的区域前,利用地震监测设施、设备及相关技术向该区域发出地震警报信息。

第三条　地震预警应当遵循政府主导、统筹规划、部门协同、社会参与的原则。

第四条　县级以上人民政府应当加强对地震预警工作的领导,将地震预警系统建设和运行管理纳入本级国民经济和社会发展规划,所需经费列入财政预算,由县级以上人民政府按照事权与支出责任相适应的原则承担。

第五条　县级以上人民政府地震工作主管部门负责本辖区内地震预警工作的监督管理。

县级以上人民政府其他有关部门应当按照各自职责,共同做好地震预警相关工作。

第六条　鼓励和支持公民、法人和其他组织依法参与地震预警系统建设,开展地震预警科技创新、产品研发、成果应用和信息服务。

第七条　县级以上人民政府对在地震预警工作中作出突出贡献的单位和个人,应当给予表彰和奖励。

第八条　省地震工作主管部门应当根据国家地震预警系统建设规划和相关要求,组织编制地震预警系统建设规划,并纳入全省防震减灾规划,报省人民政府批准后组织实施。

地震预警系统建设规划应当包括地震预警台网建设、信息自动处理系统建设、信息自动发布与传播系统建设等内容。

第九条 省地震工作主管部门按照地震预警系统建设规划，组织建设全省统一的地震预警系统。

设区的市、县（市、区）地震工作主管部门按照全省地震预警系统建设规划，负责组织实施本行政区域内地震预警系统的建设。

第十条 水库、油田、矿山、石油化工、高速铁路、城市轨道交通等重大建设工程和其他可能发生严重次生灾害的工程设施，应当建立地震预警信息的自动接收及应急处置系统，也可以根据需要建设专用地震预警系统，所建设的专用地震预警系统应当报省地震工作主管部门备案。

专用地震预警系统和社会力量建设的地震预警台站（点），符合省地震预警系统建设规划和入网技术要求的，可以纳入全省地震预警系统。

第十一条 地震预警的系统建设、运行管理，地震预警信息发布与传播等相关技术及应用，应当遵守国家有关法律法规，并符合国家标准和行业标准。

第十二条 地震预警系统建成后，应当经过一年以上的试运行，试运行结束并经省以上地震工作主管部门组织评估，验收合格后，方可投入正式运行。

第十三条 地震预警系统试运行测试，不得面向社会公众进行；确需面向社会公众进行的，应当经省地震工作主管部门同意，并在测试信息前标注测试字样。

第十四条 地震预警信息实行统一发布制度。

本省行政区域内地震预警信息由省地震工作主管部门通过省地震预警系统统一发布。任何单位和个人不得以任何形式向社会发布地震预警信息。

第十五条 当破坏性地震发生时，应当向本省行政区域内预估地震烈度 5 度以上区域发送地震预警信息。

地震预警信息内容应当包括地震震中、震级、发震时间、破坏性地震波到达时间、预估地震烈度等要素。

第十六条 广播、电视、移动通信、网络媒体及其他有关媒体应当配合地震工作主管部门按照有关规定做好地震预警信息发布。

第十七条 县级以上人民政府及其有关部门接收到地震预警信息后，应当按照地震应急预案规定，依法及时做好地震灾害防范和应急处置。

第十八条 地震重点监视防御区的学校、医院、商业中心等人员密集场所，应当建立地震预警信息接收和播发技术系统以及应急处置机制，在收到地震预警信息后，采取相应避险措施。

第十九条 地震预警系统运行管理单位和地震预警信息接收单位，应当加强对地震预警设施、装置及其系统的维护和管理，保障地震预警系统的正常运行。

第二十条 任何单位和个人不得侵占、毁损、拆除或者擅自移动地震预警系统专用设施，不得危害观测环境。

第二十一条 省地震工作主管部门负责监测数据信息实时共享的管理与服务。

纳入全省地震预警系统的台站（点），应当将地震预警系统的监测数据信息实时传送到省地震工作主管部门。

第二十二条　县级以上人民政府地震工作主管部门应当定期对地震预警系统运行情况进行监督检查，对有关单位开展的地震应急演练进行指导。

第二十三条　机关、团体、企业事业单位等应当组织开展地震预警知识的宣传普及活动和地震应急演练，提高公众地震应急避险的能力。

新闻媒体应当开展地震预警知识的公益宣传。

第二十四条　县级以上人民政府及其有关部门未按照本办法履行职责，对地震预警工作造成严重影响的，对直接负责的主管人员和其他直接责任人员，依法给予处分；构成犯罪的，依法追究刑事责任。

第二十五条　县级以上人民政府地震工作主管部门及其有关单位的工作人员，在地震预警工作中滥用职权、玩忽职守、徇私舞弊的，按其管理权限，由有关部门依法给予处分；构成犯罪的，依法追究刑事责任。

第二十六条　违反本办法规定，有下列行为之一的，由县级以上人民政府地震工作主管部门责令改正，并采取相应的补救措施；建设单位或者上级主管部门，对直接负责的主管人员和其他直接责任人员依法予以处理：

（一）未按规定建立地震预警信息自动接收、播发和应急处置机制的；

（二）建设专用地震预警系统，未向省地震工作主管部门备案的；

（三）未按照相关法律、法规和技术标准进行地震预警系统建设和运行管理的；

（四）地震预警系统未按照规定进行试运行，或者未经评估、验收正式运行的；

（五）未按规定将地震预警系统监测数据实时传送省地震工作主管部门的。

第二十七条　违反本办法规定，擅自发布地震预警信息的，由县级以上人民政府地震工作主管部门责令改正；构成违反治安管理行为的，由公安机关依法处理；构成犯罪的，依法追究刑事责任。

第二十八条　违反本办法规定，有下列行为之一的，由县级以上人民政府地震工作主管部门责令停止违法行为，恢复原状或者采取其他补救措施；造成损失的，依法承担赔偿责任：

（一）侵占、毁损、拆除或者擅自移动地震监测设施的；

（二）危害地震观测环境的。

有前款所列违法行为，情节严重的，对单位处 2 万元以上 20 万元以下的罚款，对个人处 2000 元以下的罚款。构成违反治安管理行为的，由公安机关依法给予处罚。

第二十九条　违反本办法规定的行为，法律法规已有法律责任规定的，从其规定。

第三十条　县级以上人民政府地震工作主管部门作出对个人处 1000 元以上、对法人或者其他组织处 10 万元以上罚款的行政处罚决定前，应当告知当事人有要求举行听证的权利，当事人要求听证的应当组织听证。

第三十一条　本办法自 2019 年 3 月 1 日起施行。

湖南省人民代表大会常务委员会公告

《湖南省人民代表大会常务委员会关于修改〈湖南省实施《中华人民共和国防震减灾法》办法〉的决定》已由 2018 年 7 月 19 日湖南省第十三届人民代表大会常务委员会第五次会议通过。《湖南省实施〈中华人民共和国防震减灾法〉办法》根据决定作相应修改,现予重新公布。

湖南省人民代表大会常务委员会

2018 年 7 月 19 日

湖南省实施《中华人民共和国防震减灾法》办法

（2000 年 11 月 29 日湖南省第九届人民代表大会常务委员会第十九次会议通过　根据 2013 年 5 月 27 日湖南省第十二届人民代表大会常务委员会第二次会议《关于修改部分地方性法规的决定》第一次修正　根据 2018 年 7 月 19 日湖南省第十三届人民代表大会常务委员会第五次会议《关于修改湖南省实施〈中华人民共和国防震减灾法〉办法的决定》第二次修正）

第一条　根据《中华人民共和国防震减灾法》和有关法律、法规,结合本省实际,制定本办法。

第二条　在本省行政区域内从事地震监测预报、地震灾害预防、地震应急、震后救灾与重建等(以下简称"防震减灾")活动,适用本办法。

第三条　防震减灾工作,按照预防为主、防御与救助相结合的方针,加强地震监测预报和地震灾害防御。

第四条　各级人民政府应当加强对防震减灾工作的领导,把防震减灾工作纳入国民经济和社会发展计划,组织有关部门采取措施,做好防震减灾工作。

第五条　县级以上人民政府负责管理地震工作的部门或者机构和其他有关部门在本级人民政府的领导下,按照职责分工,各负其责,密切配合,共同做好本行政区域内的防震减灾工作。

第六条　各级人民政府及其有关部门应当加强防震减灾知识的宣传教育,增强全社会的防震减灾意识,提高公民在地震灾害中的自救、互救能力。

中、小学校应当开展防震减灾知识教育。

第七条 省人民政府地震管理部门根据全国地震监测预报方案，负责制定全省地震监测预报方案，报省人民政府备案后组织实施。

第八条 县级以上人民政府负责管理地震工作的部门或者机构应当加强地震监测工作，做好地震活动与地震前兆的信息检测、传递、分析、处理和对可能发生地震的地点、时间和震级的预测。

鼓励、支持各种形式的群测群防活动。

第九条 省、市、县级地震监测台网建设所需投资，按照事权与财权相统一的原则，由省和自治州、设区的市、县（市）人民政府筹集。

可能诱发地震的水电站、水库和其他重大建设工程，按照国家规定设置地震监测台网，由建设单位投资和管理，并接受当地人民政府负责管理地震工作的部门或者机构的业务指导。

第十条 县级以上人民政府及其有关部门应当采取措施逐步更新地震监测设施、设备和仪器，加强地震监测台网的现代化建设，鼓励、扶持地震监测预报科学技术研究。

第十一条 任何单位和个人不得危害地震监测设施和地震观测环境。新建、改建、扩建建设工程，应当避免对地震监测设施和地震观测环境造成危害；建设国家重点工程，确实无法避免时，建设单位应当按照县级以上地方人民政府负责管理地震工作的部门或者机构的要求，增建抗干扰设施；不能增建抗干扰设施的，应当新建地震监测设施。

第十二条 撤销或者迁移市、县级地震监测台（站），由同级人民政府负责管理地震工作的部门或者机构提出申请，报省人民政府地震管理部门批准；省级地震台（站）的撤销与迁移，应当报国务院地震行政主管部门批准。

第十三条 地震短期预报和临震预报，由省人民政府按照国务院规定的程序统一发布。刊登或者播发地震预报消息，必须以省人民政府发布的地震预报为准。

任何单位和个人关于地震短期预测或者临震预测的意见，应当向县级以上人民政府负责管理地震工作的部门或者机构报告，不得擅自向社会扩散。

第十四条 一次齐发爆破用药相当于 4 吨 TNT（梯恩梯）炸药能量以上或者在人口稠密地区实施大型爆破作业，有关单位应当事先向社会发布信息，并报告当地人民政府负责管理地震工作的部门或者机构。

第十五条 制定城市总体规划，应当依据国家颁布的地震烈度区划图或者地震动参数区划图，将重要建设项目避开地震危险地段和地震活动断裂带。

第十六条 新建、扩建、改建以下重大建设工程和其他可能发生严重次生灾害的建设工程，应当进行地震安全性评价：

（一）核电站和核设施建设工程；

（二）国家水电工程水工建筑物抗震设计规范要求进行地震安全性评价的水利水电工程；

（三）国家建筑工程抗震设防分类标准规定的特殊设防类（甲类）房屋建筑工程；

（四）国家公路工程抗震规范要求进行地震安全性评价的公路、桥梁、隧道；

（五）国家城市轨道交通结构抗震设计规范规定的特殊设防类工程；

（六）国家化学工业建（构）筑物抗震设防分类标准规定的特殊设防类（甲类）建筑物；

（七）国家油气输送管线线路工程抗震设计规范规定的重要区段管道；

（八）受地震破坏后可能引发火灾、爆炸、剧毒或者强腐蚀性物质大量泄露或者其他严重次生灾害的建设工程，包括水库大坝、堤防、贮油、贮气、贮存易燃易爆、剧毒或者强腐蚀性物质的设施以及其他可能发生严重次生灾害的建设工程。

（九）国家和省人民政府规定应当进行地震安全性评价的其他建设工程。

建设单位应当按照《中国地震动参数区划图》或者地震安全性评价确定的参数，在工程建设全过程中落实抗震设防要求。

建设工程的勘查、设计、施工、监理等单位应当履行抗震设防职责。

第十七条　地震安全性评价单位，应当按照地震安全性评价相关标准和技术规范开展工作，编制评价报告，并对评价工作质量和成果终身负责。

第十八条　新建、扩建、改建本办法第十六条规定以外的其他建设工程，必须按照国家颁布的地震烈度区划图或者地震动参数区划图确定抗震设防要求，进行抗震设防。

第十九条　省人民政府地震管理部门应当会同有关部门制定本省地震应急预案，报省人民政府批准，并报国务院地震行政主管部门备案。省直有关部门根据省地震应急预案，制定本部门的地震应急预案，报省人民政府地震管理部门备案。

有关的县级以上人民政府负责管理地震工作的部门或者机构应当会同有关部门参照省地震应急预案，制定本行政区域的地震应急预案，报同级人民政府批准和上一级人民政府负责管理地震工作的部门或者机构备案，长沙市的地震应急预案还应当报国务院地震行政主管部门备案。

可能发生严重次生灾害的建设工程的管理单位，应当制定地震应急预案，报所在地人民政府负责管理地震工作的部门或者机构备案。

第二十条　地震临震预报发布后，省人民政府可以宣布所预报的区域进入临震应急期，有关地方的人民政府应当采取以下措施：

（一）加强震情监视，随时报告震情变化情况；

（二）根据震情发展和建筑物的抗震能力，发布避震通知，必要时组织避震疏散；

（三）对通信、供水、供电、供气、交通、水利等设施和次生灾害源采取紧急防护措施；

（四）动员并督促社会力量做好抢险救灾准备工作；

（五）平息地震谣传和误传，保持社会稳定。

第二十一条　地震发生后，灾区各级人民政府必须迅速将震情和灾情逐级报告上级人民政府，并启动地震应急预案，成立抗震救灾指挥机构，组织力量，开展抢救、自救和互救。

地震灾区的一切单位和个人，必须服从当地人民政府抗震救灾指挥机构的统一指挥和调度，自觉遵守和维护社会秩序，积极参加救灾与重建活动。

第二十二条　重大、较大、一般地震灾害发生后，地震灾后恢复重建规划由省人民政府根据实际需要组织编制，灾区人民政府实施。

第二十三条　对在防震减灾工作中作出重大贡献的单位和个人，县级以上人民政府及其负责管理地震工作的部门或者机构应当给予奖励。

第二十四条　对防震减灾中的违法行为，按照《中华人民共和国防震减灾法》和有关法律、法规给予处罚。

第二十五条　本办法自 2001 年 3 月 1 日起实施。

青海省人民代表大会常务委员会公告

（第 1 号）

《青海省人民代表大会常务委员会关于修改〈青海省实施《中华人民共和国节约能源法》办法〉等十部地方性法规的决定》已由青海省第十三届人民代表大会常务委员会第二次会议于 2018 年 3 月 30 日通过，现予公布，自公布之日起施行。

青海省人民代表大会常务委员会

2018 年 3 月 30 日

青海省地震安全性评价管理条例

（1999 年 9 月 24 日青海省第九届人民代表大会常务委员会第十一次会议通过　根据 2012 年 9 月 27 日青海省第十一届人民代表大会常务委员会第三十二次会议修订　根据 2018 年 3 月 30 日青海省第十三届人民代表大会常务委员会第二次会议《关于修改〈青海省实施《中华人民共和国节约能源法》办法〉等十部地方性法规的决定》修正）

第一条　为了加强对地震安全性评价的管理，防御和减轻地震灾害，保护人民生命和财产安全，根据《中华人民共和国防震减灾法》《地震安全性评价管理条例》和有关法律、行政法规，结合本省实际，制定本条例。

第二条　在本省行政区域内从事地震安全性评价及其管理活动，适用本条例。

第三条　本条例所称地震安全性评价，是指根据对建设工程场地及周围的地震地质环境与地震活动的分析，按照建设工程设防风险水准，给出与建设工程抗震设防要求相应的地震动参数或者地震烈度，以及场地的地震地质灾害预测结果。

本条例所称抗震设防要求，是指建设工程抗御地震破坏的准则和在一定风险水准下抗震设计采用的地震动参数或者地震烈度。

第四条　县级以上人民政府负责管理地震工作的部门或者机构，负责本行政区域内的地震安全性评价和抗震设防要求的监督管理工作。

县级以上人民政府发展改革、住房城乡建设、水利、交通、国土资源以及其他有关部门应当按照各自职责，做好与地震安全性评价相关的工作。

第五条　重大建设工程、可能发生严重次生灾害的建设工程以及国家和本省规定的其他建设工程，必须进行地震安全性评价。

必须进行地震安全性评价的建设工程的具体范围，按照本条例所附《地震安全性评价建设工程范围》执行。

第六条　建设单位对必须进行地震安全性评价的建设工程，应当在选址之后初步设计之前，委托具备相应条件的单位或者机构对其进行地震安全性评价，并到州（市）人民政府负责管理地震工作的部门备案。

第七条　承担地震安全性评价的单位或者机构应当具备下列条件：

（一）具有独立法人资格；

（二）具有与承担地震安全性评价相适应的地震学、地震地质学、地震工程学三个相关专业背景的技术人员，每个专业具有高级专业技术职称人员不少于二人；

（三）具有承担地震安全性评价工作的技术装备和专用软件系统，并具备相应的实验、测试条件和分析能力；

（四）具有健全的质量管理体系。

第八条　承担地震安全性评价的单位或者机构在本省行政区域内承揽地震安全性评价业务的，应当到省地震工作主管部门和建设工程所在地州（市）人民政府负责管理地震工作的部门备案。

第九条　地震安全性评价单位对建设工程进行地震安全性评价后，应当按照有关规定和技术标准编制地震安全性评价报告，并对地震安全性评价报告的质量负责。

第十条　建设单位应当将地震安全性评价成果交由第三方技术审查机构进行技术审查。地震安全性评价报告通过技术审查后方可使用。

第十一条　县级以上人民政府及其有关部门应当将建设工程的抗震设防要求纳入基本建设管理程序。对未确定抗震设防要求的项目，不予办理相关手续。

必须进行地震安全性评价的建设工程，负责项目审批、核准的部门应当将经审定的地震安全性评价结果确定的抗震设防要求，纳入建设工程可行性研究报告或者项目申请报告的审查内容。可行性研究报告或者项目申请报告中未包含抗震设防要求的，项目审批、核准部门不予审批、核准。

住房城乡建设、交通、水利等其他专业主管部门，应当将抗震设计纳入建设工程初步设计或者设计文件的审查内容。建设工程的抗震设计未经审查或者审查未通过的，不得发放施工许可证。

第十二条　建设单位、勘察单位、设计单位、施工单位、工程监理单位，应当按照抗震设防要求和有关工程建设强制性标准，保证建设工程的抗震设防质量。

第十三条　必须进行地震安全性评价的建设工程竣工验收时，建设单位应当在通知消防、住房城乡建设等部门的同时通知同级地震工作主管部门参加。建设工程不符合抗震设防要求的，建设单位应当组织整改，经复验合格后方可使用。

第十四条　除本条例第五条规定以外的其他建设工程，按照经审定的地震小区划图确定抗震设防要求；未制定地震小区划图的，按照国家颁布的地震动参数区划图确定抗震设防要求。学校、医院等人员密集场所的建设工程，应当在地震动参数区划图或者地震小区划图的基础上提高一档确定抗震设防要求。

第十五条　县级以上人民政府应当加强农村牧区民居抗震设防工作的指导和监督，制定相应政策，安排专项资金，组织实施地震安全示范工程，鼓励和扶持农牧民建设符合抗震设防要求的民居。

农村牧区建制镇、集镇规划区的公用建筑以及异地扶贫搬迁、生态移民搬迁等建设工程，应当根据国家地震动参数区划图或者地震小区划图确定的抗震设防要求进行设计、施工。

第十六条　县级以上人民政府负责管理地震工作的部门或者机构，应当向社会公布地震动参数区划图，并提供相关咨询服务。

第十七条　县级以上人民政府负责管理地震工作的部门或者机构应当会同发展改革、住房城乡建设或者其他有关专业主管部门，对必须进行地震安全性评价的建设工程进行阶段性检查，对不符合抗震设防要求的，应当要求建设单位进行整改。

第十八条　违反本条例规定的行为，法律、行政法规已规定法律责任的，从其规定。

第十九条　违反本条例规定，有关行政管理部门对不符合抗震设防要求的建设工程给予批准、核准的，由上级主管部门或者监察机关责令改正，对直接负责的主管人员和其他直接责任人员依法给予行政处分。

第二十条　违反本条例规定，未按照地震安全性评价报告确定的抗震设防要求进行抗震设计的，或者未按照抗震设计进行施工的，由县级以上人民政府负责管理地震工作的部门或者机构责令限期改正；逾期不改正的，处以三万元以上三十万元以下的罚款。

第二十一条　本条例自 2012 年 12 月 1 日起施行。

附件：

地震安全性评价建设工程范围

一、重大建设工程

（一）交通工程

1.高速公路、一级二级干线公路，地下铁路、长度大于三十千米的铁路；

2.铁路、公路上长度大于五百米的多孔桥梁或者单孔跨度大于一百米的桥梁，长度大于一千米的隧道，城市道路中长以上桥梁、高架桥，城市隧道、轻轨地下隧道；

3.建筑面积八千平方米以上的铁路枢纽工程和大中城市的火车站、一级汽车客运站候车楼，机场。

（二）通信工程

1.国际通信工程、国际卫星地面站；

2.州（市）以上广播电视中心主体工程、广播电视发射塔、通信枢纽工程；

3.规划人口五十万以上的城市邮政枢纽。

（三）能源工程

1.总装机容量五十兆瓦以上的水电站，抽水蓄能电站；

2.总装机容量一百兆瓦以上的热电厂；

3.330千伏以上的变电所、直流换流站，州（市）以上电力调度中心。

（四）重要公共建筑工程

1.五千座位以上的体育馆，一千座位以上的影剧院、礼堂、会议中心、大型公共娱乐等人员密集场所，单体永久性建筑面积二万平方米以上的贸易、金融、商场、宾馆等公共建筑；

2.八千平方米以上的学校教学楼和学生公寓，二级三级医院的住院楼、医技楼、门诊楼以及疾病预防控制中心、急救中心、中心血库；

3.存放国家一、二级文物的博物馆、展览馆，存放珍贵档案的场馆和具有重要纪念意义的大型建（构）筑物；

4.独立人防工程，州（市）以上各类党政机关指挥中心、公安和消防指挥中心、防灾减灾指挥中心；

5.坚硬、中硬场地高度八十米以上以及中软、软弱场地六十米以上的高层建筑物。

二、可能发生严重次生灾害的建设工程

1.炼油厂，容量五万立方米以上的石油存储设施，煤气、天然气、石油液化气存储以及供应枢纽设施，输油、输气主管线；

2.研制、生产、存放剧毒生物制品和天然、人工细菌与病毒的建筑或者其区段；存放放射性物质、剧毒、易燃、易爆危险品的设施以及危险废弃物处理中心和医疗废弃物处理中心；

3.州（市）以上集中供热、供气、供水主体枢纽工程和城市污水处理工程；

4.蓄水量一千万立方米以上或者坝高超过六十米的水库；

5.大型矿山、化工、石化、冶炼等工程，大Ⅱ型尾矿坝。

三、其他建设工程

1.位于地震动参数区划分界线两侧各四千米区域的建设工程；

2.位于地震重点监视防御区和重点监视防御城市的重要建设工程；

3.法律、法规、规章和国务院有关行业主管部门规定需要进行地震安全性评价的工程，以及省地震工作主管部门与有关部门共同确定的有特殊要求需要进行地震安全性评价的建设工程。

2018 年发布 1 项国家标准

标准名称：GB/T 36072—2018《活动断层探测》

英文名称：Surveying and prospecting of active fault

发布日期：2018 年 03 月 15 日

实施日期：2018 年 10 月 01 日

范　　围：本标准规定了活动断层探测的基本规定、工作流程、工作内容与技术要求及探测方法。本标准适用于活动断层调查、鉴定与探测，以及活动断层地震危险性评价和数据库建设工作。

2018 年发布 13 项地震行业标准

标准名称： DBT 14—2018《原地应力测量　水压致裂法和套芯解除法技术规范》

英文名称： Specification of hydraulic fracturing and overcoring method for in-situ stress measurement

发布日期： 2018 年 06 月 25 日

实施日期： 2019 年 01 月 01 日

范　　围： 本标准规定了使用水压致裂法和套芯解除法进行原地应力测量的技术方法和要求。本标准适用于地下工程中获取原地应力资料的场点测量，水压致裂法二维测量用于获知钻孔轴横截面上的平面应力大小和方向；水压致裂法三维测量与套芯解除法用于获知三维主应力大小和方向。

标准名称： DB/T 17—2018《地震台站建设规范　强震动台站》

英文名称： Specification for the construction of seismic station—Strong motion station

发布日期： 2018 年 12 月 26 日

实施日期： 2019 年 07 月 01 日

范　　围： 本标准规定了强震动台站建设相关的台站选址与场地条件勘察、观测室建造、仪器墩建造、台站设备和设施配置、观测设备安装与调试、台站建设报告编写与文件归档等的技术要求。本标准适用于我国强震动固定台站建设，流动台站、专用台阵等建设可参考使用。

标准名称： DB/T 70—2018《地震观测异常现场核实报告编写　地下流体》

英文名称： Report writing specifications for the field verification of observed seismic anomaly—Underground fluid

发布日期： 2018 年 12 月 26 日

实施日期： 2019 年 03 月 01 日

范　　围： 本标准规定了地下流体地震观测异常现场核实报告编写的技术要求。本标准适用于地下流体地震观测异常现场核实报告编写。

标准名称： DB/T 71—2018《活动断层探察　断错地貌测量》

英文名称： Active fault survey—Measurement of faulted landform

发布日期： 2018 年 12 月 26 日

实施日期： 2019 年 03 月 01 日

范　　围：本标准规定了断错地貌测量的工作流程、技术准备、测量实施、数据处理、制图、资料验收和成果提交等环节的技术要求。本标准适用于活动断层探测与填图、活动性鉴定、地震科学考察和地震危险性评价等工作的断错地貌测量。

标准名称：DB/T 72—2018《活动断层探察　图形符号》
英文名称：Active fault survey—Graphic symbols
发布日期：2018 年 12 月 26 日
实施日期：2019 年 03 月 01 日
范　　围：本标准规定了活动断层探测方面的图形符号及其使用原则和扩展原则。本标准适用于活动断层探测工作相关成果图件的编制。

标准名称：DB/T 73—2018《活动断层探察 1∶250000 地震构造图编制》
英文名称：Active fault survey—Compilation of 1∶250000 seismic structure map
发布日期：2018 年 12 月 26 日
实施日期：2019 年 03 月 01 日
范　　围：本标准规定了 1∶250000 地震构造图编制的编图流程、资料收集整理、地震构造图标绘的内容和要求，附图、成果类型和地震构造图说明书的编写要求。本标准适用于活动断层探测中 1∶250000 地震构造图的编制，其他工作中涉及的地震构造图的编制可参照使用。

标准名称：DB/T 74—2018《地震灾害遥感评估　地震地质灾害》
英文名称：Earthquake disaster assessment based on remote sensing—Geological disaster
发布日期：2018 年 12 月 26 日
实施日期：2019 年 03 月 01 日
范　　围：本标准规定了基于遥感的地震地质灾害评估内容、方法及成果表述。本标准适用于利用遥感开展地震地质灾害评估。

标准名称：DB/T 75—2018《地震灾害遥感评估　建筑物破坏》
英文名称：Earthquake disaster assessment based on remote sensing—Building damage
发布日期：2018 年 12 月 26 日
实施日期：2019 年 03 月 01 日
范　　围：本标准规定了基于遥感建筑物震害评估的内容、方法及成果表达。本标准适用于利用遥感开展建筑物破坏评估。

标准名称：DB/T 76—2018《地震灾害遥感评估　公路震害》
英文名称：Earthquake disaster assessment based on remote sensing—Highway damage

发布日期： 2018 年 12 月 26 日

实施日期： 2019 年 03 月 01 日

范　　围：本标准规定了基于遥感公路震害评估的内容、方法及其成果表述。本标准适用于利用遥感开展公路震害评估。

标准名称： DB/T 77—2018《地震灾害遥感评估　地震烈度》

英文名称： Earthquake disaster assessment based on remote sensing—Seismic intensity

发布日期： 2018 年 12 月 26 日

实施日期： 2019 年 03 月 01 日

范　　围：本标准规定了基于遥感的地震烈度评估内容、方法及其成果表述。本标准适用于利用遥感开展地震烈度评估。

标准名称： DB/T 78—2018《地震灾害遥感评估　地震极灾区范围》

英文名称： Earthquake disaster assessment based on remote sensing—Extreme earthquake disaster area

发布日期： 2018 年 12 月 26 日

实施日期： 2019 年 03 月 01 日

范　　围：本标准规定了基于遥感地震极灾区范围评估的内容、方法及成果表述。本标准适用于利用遥感开展地震极灾区范围评估。

标准名称： DB/T 79—2018《地震灾害遥感评估　地震直接经济损失》

英文名称： Earthquake disaster assessment based on remote sensing—Earthquake–caused direct economic loss

发布日期： 2018 年 12 月 26 日

实施日期： 2019 年 03 月 01 日

范　　围：本标准规定了利用遥感手段评估地震直接经济损失的工作步骤、遥感评估区确定和评估单元划分、基础资料收集、建筑物面积统计、建筑物损失和直接经济损失估算及成果产出。本标准适用于利用遥感手段快速评估地震灾区直接经济损失。

标准名称： DB/T 80—2018《地震灾害遥感评估　产品产出技术要求》

英文名称： Earthquake disaster assessment based on remote sensing—Technical requirements for products

发布日期： 2018 年 12 月 26 日

实施日期： 2019 年 03 月 01 日

范　　围：本标准规定了地震灾害遥感评估产出的图件和评估报告等产品的技术要求。本标准适用于基于遥感的地震灾害评估产品的制作。

中国地震局党组关于构建地震系统风清气正的良好政治生态的实施意见

中震党发〔2018〕1号

（2018年1月3日）

为深入贯彻落实党的十九大精神，构建地震系统风清气正的良好政治生态，制定本实施意见。

一、充分认识构建风清气正的良好政治生态的重大意义

习近平总书记高度重视党内政治生态建设，就净化党内政治生态提出了明确要求。党的十九大明确了新时代党的建设总要求和重点任务。构建风清气正的良好政治生态，是地震系统推进全面从严治党向纵深发展的必然要求，是地震系统深化中央巡视整改的必然要求，是加强地震系统干部队伍建设的必然要求，是推进新时代防震减灾事业现代化建设的必然要求。地震系统各级党组织和广大党员干部要进一步提高对净化党内政治生态的必要性、重要性和紧迫性的认识，正视地震系统政治生态方面存在的不足和差距，提高政治站位，坚持党的全面领导，加强党的建设，推进全面从严治党，发展积极健康的党内政治文化，匡正选人用人风气，突出政治标准，形成过硬的学风、文风、会风和思想、工作作风，营造和谐奋进的发展环境，构建地震系统风清气正的良好政治生态，一刻不停歇地将全面从严治党推向深入。

二、指导思想和基本原则

构建地震系统风清气正的良好政治生态，必须深入学习贯彻党的十九大精神，以习近平新时代中国特色社会主义思想为指导，认真落实新时代党的建设总要求，以党的政治建设为统领，把党的政治建设摆在首位，全面推进党的政治建设、思想建设、组织建设、作风建设、纪律建设，把制度建设贯穿其中，深入推进反腐败工作，推动全面从严治党向纵深发展，不断提高党的建设质量，使地震系统各级党组织和广大党员干部"四个意识"更加牢固，自我净化、自我完善、自我革新、自我提高能力显著提升，形成积极向上、干事创业、风清正气的良好发展环境，为推进新时代防震减灾事业现代化建设提供坚强有力的政治保证。

坚持问题导向、精准施策。针对地震系统政治生态方面存在的问题，突出重点、抓住关键，有的放矢、精准发力，促进政治生态好转起来。

坚持以上率下、全员参与。各级领导干部特别是一把手要增强政治定力、纪律定力、道德定力、抵腐定力，发挥示范作用，广大党员干部要共同行动，层层压实责任。

坚持破立并举、激浊扬清。既要找准根源、对症下药，清除影响政治生态的"污染源"，又要正本清源、固本培元，倡导正确的价值观，弘扬正能量。

坚持标本兼治、系统治理。把思想建党、组织建党、制度治党、文化强党紧密结合，坚定理想信念宗旨，匡正选人用人风气，扎紧制度笼子，提升治理水平。

坚持持续用力、久久为功。把握总体要求，保持战略定力，以永远在路上的精神、滴水穿石的韧劲，不断巩固构建政治生态的成果。

坚持融入事业、促进发展。构建良好的政治生态必须融入事业发展，激发广大党员干部的生机和活力，为新时代防震减灾事业现代化建设凝聚起磅礴力量。

三、主要措施

（一）提高政治站位

1. 把深入学习宣传贯彻党的十九大精神作为当前和今后一个时期首要政治任务，在全系统掀起热潮，并不断引向深入。各级党组织切实提高政治站位，担负政治责任，坚决把党中央决策部署落实到防震减灾各领域各层面。落实好《中国地震局党组关于认真学习宣传贯彻党的十九大精神的实施意见》。

2. 把地震系统广大党员干部的思想和行动统一到党中央决策部署上来。把政治建设摆在首位，在政治立场、政治方向、政治原则、政治道路上同以习近平同志为核心的党中央保持高度一致，坚决维护以习近平同志为核心的党中央权威和集中统一领导。落实好《中国地震局党组关于加强和维护党中央集中统一领导的实施意见》。

3. 抓实党组（党委）理论学习中心组学习，把中心组学习作为提高站位、统一认识、谋划发展、推进工作的重要平台。举办局属单位和机关司室主要负责同志、纪检组长（纪委书记），以及局机关全体干部学习贯彻党的十九大精神专题培训，实现培训全覆盖，推进"大学习"，切实做到学懂弄通做实。

4. 以习近平新时代中国特色社会主义思想为指导，全面系统落实党的十九大精神，科学谋划新时代防震减灾事业现代化建设，制定实施《中国地震局党组关于深入贯彻落实党的十九大精神，大力推进新时代防震减灾事业现代化建设的决定》。

（二）严肃政治生活

1. 严格执行《关于新形势下党内政治生活的若干准则》，增强党内政治生活的政治性、时代性、原则性、战斗性。全面严格落实民主集中制。中国地震局党组加强自身建设，带头落实党章党规党纪，为地震系统各级党组织和广大党员干部作出表率。

2. 敢于和善于开展批评和自我批评，使红脸出汗成为常态，提高党内政治生活质量，发展积极健康的党内政治文化。中国地震局党组就地震系统政治生态问题召开专题民主生活会，把自身摆进去，主动认领责任，深刻反思，制定措施，深入整改。政治生态问题较多的单位党组（党委）要召开专题民主生活会，深入检查反思，制定整改方案。

3. 以提升组织力为重点，加强基层党组织建设，突出政治功能，把地震系统基层党组织建设成为推进新时代防震减灾事业现代化建设的坚强战斗堡垒。落实"三会一课"、民主生活会、双重组织生活、谈心谈话、民主评议党员、请示报告等党内组织生活制度，推进党的基层组织设置和活动方式创新，加强基层党组织带头人队伍建设，推进"两学一做"学习教育常态化制度化。

4. 严格党务公开。认真执行《中国共产党党务公开条例（试行）》，准确把握党务公开特点和规律、内容和范围、程序和方式，积极稳妥推进，充分保障党员知情权、参与权、选举权、监督权，积极回应党员和群众关切。

（三）强化政治担当

1. 适应全面建设社会主义现代化国家的新形势，按照服务国家、服务人民、服务社会的要求，着眼政治层面、全局高度和历史角度来考虑，全面落实党的十九大作出的各项决策部署，担当防震减灾的责任和使命，不断提升防震减灾综合能力，为经济社会发展提供更加有力的地震安全保障。

2. 深入学习领会习近平新时代中国特色社会主义思想，大力推进新时代防震减灾事业现代化建设。紧跟全面建设社会主义现代化国家新征程、新步伐，坚决贯彻落实习近平总书记防灾减灾救灾新理念新思想新战略，坚持以人民为中心，树立安全发展理念，弘扬生命至上、安全第一的思想，落实好《中国地震局党组关于深入贯彻落实习近平总书记防灾减灾救灾重要论述的意见》，全面提升防震减灾救灾能力。

3. 着力落实《中国地震局党组关于全面深化改革的指导意见》，围绕服务国家经济社会发展大局，继续深化地震科技体制、地震业务体制、震灾预防体制、行政管理体制改革，通过抓改革试点来带动面上改革，通过深化改革激发干部队伍干事创业动力和活力，推动改革向纵深发展。

4. 着力解决防震减灾事业发展的主要矛盾和问题短板。现阶段我国防震减灾事业发展的主要矛盾是人民对包括安全在内的美好生活需要与防震减灾事业不平衡不充分发展之间的矛盾。新时代防震减灾事业发展必须紧紧围绕国家经济社会发展的需要和人民群众的需求，深刻分析现阶段防震减灾事业发展存在的问题，抓住发展重点，补上发展短板，加强发展弱项，加快推进防震减灾事业现代化建设。

5. 着力解决防震减灾事业发展不平衡不充分问题。"城市高风险、农村不设防""重震后救灾、轻震前预防""区域发展不平衡、风险管理不平衡""小震大灾、大震巨灾""硬实力不硬、软实力又软"等问题依然存在；防震减灾事业发展与经济社会发展融合、防震减灾公共服务供给、地震科技成果转化、履行防震减灾社会管理职能不充分。必须深入研究，着力加以解决。

（四）从严管党治党

1. 全面加强纪律建设，不松劲、不停步，持之以恒正风肃纪，重点强化政治纪律和组织纪律，带动廉洁纪律、群众纪律、工作纪律、生活纪律严起来。牢牢抓住管党治党的"牛鼻子"，严格落实《中国共产党问责条例》和局党组实施办法，层层落实压实管党治党责任，把从严管党治党体现到防震减灾各层面各领域，把责任压实到每个岗位每名党员。

2. 发展积极健康的政治文化，坚决反对好人主义和圈子文化，勇于担当，着力解决突出矛盾和深层次问题，切实推动管党治党从宽松软走向严紧硬。严格执行《中央纪委驻自然资源部纪检组关于加强对驻在部门（含综合监督单位）领导班子及其成员监督的意见（试行）》，以各级领导班子为重点，抓住"关键少数"，坚持"三严三实"，强化党内监督，坚决纠正各种不正之风，以零容忍态度惩治腐败。

3. 中国地震局党组以身作则、以上率下，认真落实习近平总书记关于纠正"四风"问题重要批示精神，严格落实中央八项规定实施细则精神，认真执行《中国地震局党组贯彻落实中央八项规定精神的实施意见》。巩固拓展落实中央八项规定精神成果，持续开展2018年到2020年扶贫领域腐败和作风问题专项治理，坚持纠正"四风"不止步，坚持问题导向，找准看得见、抓得住的具体问题，拿出过硬措施，扎扎实实改正。

4. 进一步深化政治巡视，严格落实《中国共产党巡视工作条例》，持续强化中央专项巡视整改。修订实施《中国地震局党组巡视工作实施办法》，不断深化内部巡视，坚持发现问题、形成震慑不动摇，做到5年内完成对局属单位巡视全覆盖。创新巡视方式方法，加强巡视人才队伍建设。

5. 深化标本兼治，严肃监督执纪问责，科学运用监督执纪"四种形态"，抓早抓小、防微杜渐。深刻吸取教训，开展纪律教育，结合中央巡视移交问题线索反映的问题和党的十八大以来地震系统违纪违规问题深入开展警示教育，强化廉洁从政意识，防范廉政风险。抓住"关键少数"，强化对党员领导干部的日常管理监督，运用审计、财务稽查等手段，严肃财经纪律。按照干部管理权限，认真查办问题线索，严格执纪问责，持续保持反腐败高压态势。

6. 加强地震系统纪检队伍建设和履职能力建设，开展纪检干部轮训，发挥好"探头"和"传感器"作用。处理好党务和业务关系，把党务和业务工作紧密结合起来，强化党员领导干部日常监督，紧盯风险点和薄弱环节，完善制度体系，堵塞管理漏洞，强化权力运行制约和监督。

（五）规范选人用人

1. 树立鲜明正确的选人用人导向，建设高素质专业化干部队伍。坚定不移贯彻党管干部原则、全面从严治吏的要求，严格按照好干部标准，将政治标准放在首要位置，提拔重用牢固树立"四个意识"和"四个自信"、坚决维护党中央权威、全面贯彻执行党的理论和路线方针政策、忠诚干净担当的干部。落实好《中国地震局党组关于防止干部"带病提拔"的实施意见》，坚持"凡提四必"的要求，改进推荐考察方式，多渠道了解和识别干部。

2. 加强局属单位干部人才队伍建设和局属单位领导班子建设，优化班子结构，规范队伍管理。制定实施干部能上能下实施办法、干部交流轮岗实施办法。重点抓好局属单位一把手选配、监管和定期交流工作，选优配强纪检组长（纪委书记）。

3. 切实做好后备干部选拔培养工作，注重培养锻炼年轻干部。加强后备干部工作的科学化、规范化建设。加强领导班子分析研判，有计划地做好各单位领导班子后备干部的选拔调研工作，建立完善各单位领导班子后备干部队伍。要早发现、早培养，严格把关，从严要求、跟踪管理，统筹使用。

4. 坚持两手抓，严管和厚爱结合、激励和约束并重，充分信任为前提、严格监督为保证，严格落实干部个人事项报告制度，建立激励机制和容错纠错机制，公平公正评价对待干部，奖惩分明，旗帜鲜明为敢于担当、踏实做事、不谋私利的干部担当负责。

5. 完善干部工作考核评价机制，科学客观评价干部的业绩，加强绩效评估，形成注重工作实绩的导向，推动以好作风求得好效果。扎实开展局机关和局属单位主要负责同志、纪检组长（纪委书记）集中述职考核，全面总结报告学习贯彻党的十九大精神、贯彻落实中央决策部署、推进深化改革、推进防震减灾业务工作和全面从严治党、存在突出问题、工作计划以及廉洁自律情况，督促干部履职尽责，干事创业。

6. 严格规范地震系统进人工作。严格贯彻公开、民主、竞争、择优原则，严把条件关，全面落实信息公开、过程公开、结果公开，规范人员调动、招录招聘、军转退伍安置等工作。抓好《中国地震局党组关于加快地震人才发展的意见》的落实，大力实施地震人才工程，实施好地震科技英才计划和地震队伍素质提升计划。

（六）改进政风行风

1. 扎实开展"不忘初心、牢记使命"主题教育，用党的创新理论，特别是习近平新时代中国特色社会主义思想武装头脑。落实习近平总书记关于进一步纠正"四风"、加强作风建设重要批示精神，力戒形式主义、官僚主义。开展中国地震局机关"作风建设月"活动，解决好不思进取、不接地气、不抓落实、不敢担当"四不问题"。

2. 唱响主旋律、传播正能量，弘扬地震行业精神，持续开展"新时代最美地震人""震苑英才"选树工作，引导干部职工爱岗敬业，钻研业务，甘于奉献，增强自信心、荣誉感和成就感，提振干事创业精气神。培育和践行社会主义核心价值观，广泛开展理想信念教育，推进道德建设，深化精神文明建设。增强服务社会本领，深化简政放权，建设人民满意的服务型地震工作部门。

3. 完善抓落实的机制，增强抓落实的本领，形成抓落实的氛围。坚持言必行、行必果，坚持说实话、谋实事、出实招、求实效，把雷厉风行和久久为功有机结合起来，勇于攻坚克难，以钉钉子精神做实做细做好各项工作。

四、加强组织领导

1. 强化责任落实。构建地震系统良好政治生态,中国地震局党组负有主体责任,要以身作则,以上率下。各级领导干部,特别是一把手负有第一责任,要发挥好骨干示范作用。形成中国地震局党组抓总,各司室各负其责,局属各单位落实,人人参与,层层抓落实的局面。构建地震系统良好政治生态,需要地震系统各级党组织共同行动,需要从每一位干部做起,从每一件小事做起,通过营造好部门和单位小气候促进地震系统大气候进一步形成。

2. 加强监督检查。要注意分类指导,每个单位情况不同、问题不同、主要矛盾不同,各单位要深入分析,对症下药,采取针对性措施构建本单位良好政治生态。要加强过程控制,各单位各部门要加强调研指导,推动良好政治生态形成。各级党组织、纪检组织要敢于动真碰硬,对于抓落实不力的,要坚决问责。

3. 总结交流提高。各单位党组(党委)要认真研究地震系统构建良好政治生态的特点和规律,在提高政治站位、严肃政治生活、强化政治担当、从严管党治党、规范选人用人、改进政风行风等方面进行实践和探索,及时总结推广典型经验和做法,加快构建地震系统风清气正的良好政治生态。

局属各单位党组(党委)要根据本意见,结合实际制定贯彻落实的具体措施,每年年底向局党组报告进展情况。

中国地震局党组关于加强防震减灾法治建设的意见

中震党发〔2018〕62号

（2018年4月12日）

为全面贯彻落实习近平新时代中国特色社会主义思想、党的十九大和党的十九届二中、三中全会精神，以及《中共中央关于全面推进依法治国若干重大问题的决定》，现就加强防震减灾法治建设提出如下意见。

一、深刻认识全面推进防震减灾法治建设的重要意义和总体要求

全面依法治国是习近平新时代中国特色社会主义思想的重要内容。党的十九大对全面依法治国提出了新的要求。加强防震减灾法治建设，是贯彻党的十九大精神、落实中央全面依法治国战略部署的重要举措，是推进新时代防震减灾事业现代化建设和地震系统全面深化改革的必然要求。中国地震局党组高度重视法治建设，防震减灾法治建设取得了显著成效，但必须清醒地认识到，防震减灾法制体系还不够健全，依法行政水平有待提高，运用法治思维和法治方式推动发展的能力不强等，这些问题必须下大力气解决。

1. 指导思想。以习近平新时代中国特色社会主义思想为指导，认真贯彻落实习近平总书记防灾减灾救灾重要论述和党中央关于全面依法治国的决策部署，以提升全社会防震减灾能力、降低地震灾害风险为目的，以推进《防震减灾法》实施为主线，增强地震部门依法行政和依法发展能力，充分发挥法治的引领和规范作用，营造全社会依法参与防震减灾活动的良好氛围，为推进新时代防震减灾事业现代化建设提供有力法治保障。

2. 总体目标。到2020年，防震减灾法律法规和标准规范体系基本健全，地震部门依法行政更加规范，防震减灾法治监督体系更加完备，全社会防震减灾法治意识明显提升，防震减灾法治化水平显著提高。

二、努力构建防震减灾法律规范体系

1. 推进防震减灾立法。坚持立法先行、立改废释并举，加强防震减灾法律制度的顶层设计和前瞻性研究。聚焦新时代防震减灾事业现代化建设需求，加快推进重点领域立法，抓紧推进深化机构改革急需的法律法规修改。积极稳妥做好《防震减灾法》《地震安全性评价管理条例》和《地震监测管理条例》等立法后评估和修订工作。各省（区、市）和设区

的市级地震工作主管部门要突出基层创新和地方特色，加快推进地震预警、地震重点监视防御区管理等地方性法规、政府规章制定修订，为国家立法积累经验、奠定基础。

2. 加快部门规章制定。建立部门规章的立改废释工作机制，加快出台地震资料管理、地震监测台网运行、地震观测设备管理、地震活动断层探测与成果应用、地震信息服务等部门规章。及时修订或者废止不符合法律法规规定、不适应工作需求的部门规章，不断健全地震行业管理制度体系。

3. 加强规范性文件管理。提高规范性文件质量，确保规范性文件合法、合理、适当。严格规范性文件制定修订程序，完善合法性审查制度，实行规范性文件统一登记、统一编号、统一公布制度。落实规范性文件备案审查制度，定期评估和清理规范性文件，及时向社会公布。

4. 发挥规划导向作用。树立规划权威，坚持依规划发展，加强战略研究和规划制定，发挥规划对顶层设计、业务布局、任务统筹、效益提升等方面的导向作用。以落实国家防震减灾规划为龙头，统筹抓好各级各类防震减灾规划实施，推动防震减灾纳入各级国民经济和社会发展规划及专项规划。加强区域合作，组织实施防震减灾协同发展专项规划。积极协调地方政府落实并实施好规划项目。

三、深入推进防震减灾依法行政

1. 依法履行防震减灾行政管理职责。全面落实地震部门权力和责任清单制度，建立权责清单动态调整和长效管理机制。继续推进机构、职能、程序、责任法定化，切实履行行政管理、公共服务、市场监管等防震减灾职责，积极推进"政府主导、部门联动、社会参与、法治保障"的防震减灾机制全面融入法治政府建设。继续规范防震减灾行政审批行为，健全"外国组织或者个人在华从事地震监测活动审批"管理制度，深化地震安全性评价审批改革，切实加强事中事后监管，严厉查处违法违规行为，推动对失信者实行联合惩戒，做好相关指导和服务。切实履行行业管理职责，依法强化地震监测台网建设、地震监测设施和观测环境保护、地震预警信息发布、地震预测意见管理、地震灾害风险防范、防震减灾知识宣传教育等方面的管理。

2. 依法强化公共服务职能。强化公共服务意识，拓展服务领域，建立服务产品清单。推进科技创新成果转化，为公共服务提供技术支持。利用基础探测成果提高地震灾害风险评估能力，协同加强农村民居抗震设防指导，做好重大建设工程抗震设防要求确定服务。将防震减灾知识纳入国民教育体系，提高公众防震减灾意识和应急避险、自救互救能力。拓展地震信息传播渠道和覆盖范围，正确引导舆论，维护社会稳定。加强对外援建地震台网工作，助推"一带一路"建设。

3. 推进内部管理规范化。优化机关及局属单位职能配置，强化机关发展战略规划研究、规章政策标准制定和宏观事务管理职能，强化业务中心对机关工作的支撑保障作用。健全重大事项决策规则，明确决策主体、决策程序，强化刚性约束。建立改革容错免责机制，营造勇于改革、敢于创新、允许试错、宽容失败的工作氛围。完善年度重点工作目标考核督查制度，统筹考虑目标管理、日常管理、工作测评、政府评价等权重建立分级分类评价体系，实现政务管理信息化评估，建立考核结果奖惩机制。

4. 严格规范行政执法行为。完善地震行政执法制度，严格落实执法全过程记录制度、行政处罚自由裁量权基准制度和重大执法决定审核制度。依法界定行政执法职责，梳理执法依据、分解执法职权、确定执法责任。健全执法人员行为规范、执法案卷评查、评议考核、监督巡查、责任追究等配套制度。积极推行和参与联合执法，会同有关部门开展抗震设防要求落实、地震监测设施和观测环境保护等联合执法，会同有关部门建立外国组织或个人在华从事地震监测联合审查工作机制。

5. 强化法治宣传教育。切实落实地震系统"七五"普法规划，将防震减灾法治宣传教育与社会管理实践相结合、与科普教育相结合，建立普法长效机制。按照"谁执法谁普法"的普法责任制，建立普法责任清单制度。以需求定主题，以问题为导向，深化法治宣传教育，开展精准普法。推动普法工作项目化，每年确定一个普法主题，有重点、有针对性地开展系列专题普法活动。畅通社会力量参与防震减灾普法工作的渠道，为防震减灾营造良好的法治氛围。

四、加快推进防震减灾标准化建设

1. 健全标准体系。围绕全面推进新时代防震减灾事业现代化建设和防震减灾法治建设的目标任务，组织开展各业务领域标准体系框架研究和设计，注重与国际先进标准和国家基础性标准对接，构建有机统一、相互衔接的地震标准体系。全面梳理现有地震仪器设备入网检测、台站（网）建设、系统运行维护、数据处理和应用产出等环节的标准应用实施情况，加快推进地震预警、地震信息化等关键急需标准研制，充分发挥标准在防震减灾业务中的技术门槛作用，实现技术、管理和服务的集约化、规范化，促进防震减灾资源优化配置和充分共享。

2. 提高标准质量。完善地震标准化管理办法及相关配套制度，建立标准立项论证评估制度和标准报批复核制度，严把标准"入口关"和"出口关"。强化"开门制标"，充分调动各类主体参与地震标准制定修订工作的积极性。强化标准研制的科技支撑，将标准相关研究纳入地震科研项目计划。推进地震科技计划、重大工程、业务建设项目等业务科技成果向标准转化，不断提升标准与业务服务的融合度，提高标准科技含量和适用性。

3. 强化标准实施。在地震部门实行标准强制执行制度，把标准执行纳入行政管理和业务考核工作体系，切实发挥标准在地震技术装备、业务服务系统、地震数据、防震减灾服务市场监管等方面的规范约束作用。定期开展标准实施监督检查，各单位要结合实际制定和公布适用于本单位的"执行标准清单"，作为标准实施监督检查的主要依据。

五、努力建设防震减灾法治监督体系

1. 健全行政监督和问责机制。建立健全行政监督体系,加强对部门规章、规范性文件执行情况的监督。强化地震部门层级督查,发挥内部审计监督作用,建立完善行政问责制度。科学设定防震减灾法治建设考核指标,纳入地震部门综合考评体系。自觉接受人大的法律监督、政协的民主监督。积极配合纪检、监察、审计机关对地震行政执法、地震业务服务、项目建设、财务管理等方面的专门监督。自觉接受社会公众和新闻媒体监督,健全举报和投诉渠道。依法做好行政复议和行政应诉工作。

2. 推进政务公开。落实《政府信息公开条例》,完善政务信息公开制度,进一步拓宽政务信息公开渠道,建立中国地震局政务信息公开基本目录,明确政务信息公开范围和内容,积极推进决策、执行、管理、服务和结果公开。推进政策法规文件、财务预决算、"三公"经费、政府采购、人事任免、人员招聘等方面的政务信息公开。推进政务公开信息化,加强门户网站、新媒体政务信息数据服务平台的建设,提高大数据运用分析能力,推动行政权力网上运行。

六、全面落实防震减灾法治建设责任

1. 发挥党委(党组)推进法治建设的领导作用。坚持和加强党的全面领导,各单位党委(党组)要建立健全党委(党组)领导法治建设的制度和工作机制,统筹推进防震减灾法治建设工作。各单位党政主要负责人作为推动法治建设第一责任人,要切实履行防震减灾法治建设重要组织者、推动者和实践者的职责。把各单位党政主要负责人履行推进法治建设第一责任人情况纳入领导干部年终述职考核内容。

2. 加强地震系统党内法治建设。坚决执行党章党规党纪,认真履行全面从严治党主体责任和监督责任,依据党内法规完善地震系统全面从严治党各项制度。加大党内法规宣讲解读力度,将党内法规制度作为各级领导干部、广大党员学习必修课程。强化监督检查,将党内法规制度实施情况作为各级党组(党委)督促检查、巡视巡察的重要内容,对重要党内法规制度实施情况开展定期督查、专项督查。强化监督执纪问责,加大责任追究和惩处力度,严肃查处违反和破坏党内法规制度的行为。

3. 提升干部职工的法治意识和依法办事能力。在全系统深入开展尊崇宪法、学习宪法、遵守宪法、维护宪法、运用宪法宣传教育活动,普及宪法知识,弘扬宪法精神和社会主义法治精神。完善学法用法制度,将法治建设相关内容列入地震系统各级领导干部理论学习和"地震队伍素质提升计划"重要内容。建立健全法律顾问、重大决策前的法律咨询等有关制度,切实增强干部职工的法治观念,提高其运用法治思维和法治方式深化改革、推动发展、化解矛盾、解决问题的能力。

4. 建设高素质的防震减灾法治工作队伍。加强法治工作队伍建设,将其纳入人才队伍建设总体规划,加大法治干部培养、教育和交流力度,选派政治强、作风硬、业务精的干部充实到法治工作部门。建立专家顾问团队，吸纳更多法律专家参与防震减灾法治工作，努力提高法治建设水平。加强法治培训，不断提升基层法治工作队伍的职业素养和专业水平。

中国地震局党组关于认真贯彻习近平新时代中国特色社会主义思想 大力推进新时代防震减灾事业现代化建设的意见

中震党发〔2018〕92 号

（2018 年 6 月 13 日）

为深入贯彻习近平新时代中国特色社会主义思想和党的十九大精神，全面落实习近平总书记防灾减灾救灾重要思想，全面提升全社会防震减灾综合能力，现就大力推进新时代防震减灾事业现代化建设提出如下意见。

一、大力推进新时代防震减灾事业现代化建设是贯彻习近平新时代中国特色社会主义思想的必然要求

习近平新时代中国特色社会主义思想，明确坚持和发展中国特色社会主义，总任务是实现社会主义现代化和中华民族伟大复兴，要坚持以人民为中心，把人民对美好生活的向往作为奋斗目标，使人民获得感、幸福感、安全感更加充实、更有保障、更可持续。

防震减灾事业是中国特色社会主义事业的重要组成部分，防震减灾事业现代化是中国特色社会主义现代化的重要组成部分。解决人民对包括安全在内的美好生活需要与防震减灾事业不平衡不充分发展之间的矛盾，迫切需要大力推进防震减灾事业现代化建设。地震部门必须坚持以习近平总书记防灾减灾救灾重要思想为指引，认真践行全心全意为人民服务的根本宗旨，站在全面建设社会主义现代化国家的战略高度，坚决担起防震减灾的政治责任，大力推进新时代防震减灾事业现代化建设。

二、新时代防震减灾事业现代化建设的指导思想和总体目标

（一）指导思想

以习近平新时代中国特色社会主义思想为指导，全面贯彻党的十九大和党的十九届二中、三中全会精神，紧紧围绕统筹推进"五位一体"总体布局和协调推进"四个全面"战略布局，以习近平总书记防灾减灾救灾重要思想为根本遵循，坚持以人民为中心，坚持以

防为主、防抗救相结合，坚持常态减灾与非常态救灾相统一，大力推进新时代防震减灾事业现代化建设，全面提升全社会防震减灾综合能力，为决胜全面建成小康社会、全面建设社会主义现代化国家、更好地保护人民生命财产安全作出积极的贡献。

（二）总体目标

到 2020 年，基本构建防震减灾科学技术、业务体系、服务能力、社会治理现代化的发展框架，防震减灾科技总体水平达到发达国家同期水平，业务和服务的信息化、标准化水平显著提升，工作体制机制更加适应地震安全需求，地震灾害对受灾群众和经济社会的影响明显减轻，小康社会的地震安全需求得到满足。

到 2035 年，形成开放合作、支撑引领、充满活力的防震减灾科学技术体系，技术先进、功能完善、综合集约的业务体系，资源丰富、布局合理、服务高效的服务体系，法制完备、多元共治、善治高效的社会治理体系，地震灾害风险显著减轻，我国步入世界地震科技强国之列，基本实现防震减灾事业现代化。

到 21 世纪中叶，建成具有中国特色的现代化防震减灾科学技术体系、业务体系、服务体系和社会治理体系，防震减灾与经济社会协同发展，地震灾害风险得到有效管控，我国进入世界一流的地震科技强国之列，全面实现防震减灾事业现代化。

三、新时代防震减灾事业现代化建设的重点任务

（一）大力推进科学技术现代化

实施国家地震科技创新工程。统筹各类科技计划，协同国内外科技力量，通过实施"透明地壳""解剖地震""韧性城乡"和"智慧服务"四大计划，争取用 10 到 15 年左右的时间，查明中国大陆重点地区地下精细结构，丰富和发展大陆强震理论，科学认识致灾规律，有效减轻灾害风险，提供全方位智慧服务，实现人与自然的和谐相处。建成具有中国特色、世界一流的中国地震科学实验场，产出一批具有国际影响的原创成果。

构建大科技布局。加强战略规划和组织协调，统筹各类创新资源，发挥相关部门、科研院所、高校、地方、企业等不同科技创新主体的特色和优势，努力占领地震科技的全球制高点，拓展地震科技服务领域，提升仪器装备水平，丰富地震科技产品。按照地震部门科技创新"5+6+1+N"布局要求，明确 5 大研究所主攻方向，充分发挥区域研究所、深圳防灾减灾技术研究院、业务中心、省级地震局在区域特色科技创新、技术研发与应用方面的推动作用。

营造科技创新环境。全面落实科技创新领域"放管服"要求，提升地震科技创新体系效能。建立健全现代研究所制度，扩大研究所在科研岗位管理、机构团队设置、绩效考核分配、职称评审、成果转化、人才引进、资金管理等方面的自主权。改革科技评价制度，建立以科技创新质量、贡献、绩效为导向的分类评价体系。加大科技成果转化力度，完善科技成

果转化资助机制，建立规范合理、激励有效的科技成果转化应用收益分配机制。

持续深化地震科技国际合作。认真贯彻习近平总书记向汶川地震十周年国际研讨会暨第四届大陆地震国际研讨会致信精神，紧密围绕国家地震科技创新工程，联合发起国际地震科学研究计划，积极推动"一带一路"防震减灾国际合作，广泛开展地震台网建设、重大工程地震安全性评价、基础研究、人员交流等领域的合作。深化与相关国家的双边、多边国际合作，为促进减灾国际合作、降低自然灾害风险、构建人类命运共同体作出积极贡献。

（二）大力推进业务体系现代化

建设技术先进、流程高效、规程标准统一的现代地震业务体系。实现地震观测数据采集、汇交、存储、应用的全流程质量监控，提高观测数据可用率，形成全局全量、标准规范、交互协同、面向用户的地震数据支撑体系。完善长中短临多路科学探索的地震预测业务布局，健全层次清晰、协调联动的震情监视跟踪体系，建成地震预警、地震速报、地震烈度速报、灾情速报等业务体系。开展地震活动断层等基础探测与地震危险性评价等工作，建立"识别—评估—规避—降低—转移"的全链条地震灾害风险管理业务体系。

构建现代业务布局。统筹各类地震监测资源，优化地震观测台网布局，建成覆盖我国大陆及周边地区的高精度、高时空分辨率、立体化的地震监测台网，形成多圈层、多块体和多物理场同步监测能力。建设海洋地震监测系统，拓展电磁、重力、合成孔径雷达干涉、激光探测与测距卫星等空间观测。加强对我国大陆重点地震活动断层、地震重点危险区、强化监视区和重点监测时段的密集观测。推动台网智能化转型，发展无人值守、有人看护台站，实现地震监测系统智能化感知、处理和管理。

完善业务组织架构。整合任务，明确分工，形成主体明确、支撑有力、权责清晰、运转高效的业务工作组织架构。进一步厘清国家级业务中心、省级地震局和市县地震工作机构职责，充分发挥中国地震台网中心在监测预报领域、中国地震灾害防御中心在震灾预防领域的牵头作用。加强地震监测装备和国家地震计量站建设，完善国家地震数据备份中心和地震预警备份中心。发挥省级地震局对辖区内业务工作总揽一方作用，切实发挥市县地震机构的基础作用。引导和规范社会力量积极参与地震业务工作，推进技术装备研发、观测探测、台网运维等工作社会化。

建立现代化业务管理机制。建立科研、监测、预测相互融合促进的交互反馈机制。建立仪器研发列装机制，完善仪器准入、校标、退出制度，建立专业主导、社会辅助、市场供给的台网运维机制。建立地震预警业务管理机制。推动建立长期和年度地震危险区信息、震后趋势判定意见公开发布制度，建立地震预测业务工作效果定期回溯检验制度、会商技术方法准入退出制度。完善地震业务考核评价机制，实现监测预报效能、数据质量、技术方法效能等方面的综合评价。强化震灾预防协同管理，落实地方各级政府地震安全责任和地震灾害风险管理责任，加大地震灾害风险源、危险点的排查与评估力度。

全面提升地震业务现代化水平。实施地震业务能力提升工程、地震烈度速报与预警工程，加快业务体系升级转型。发展电磁卫星、重力卫星等空间对地技术，利用航天航空遥感技术开展电磁、重力、声学等探测。发展深井超宽频带测震、井下阵列式综合地球物理信息获取技术，研发具备自适应、自组网、自标定功能的新型传感器，加强海基观测技术储备，提升地震活动断层探测、地震风险区划、建筑抗震技术的科学水平和服务效能。

（三）大力推进服务能力现代化

强化面向国家重大战略的服务保障。实施城乡地震安全工程，围绕区域协调发展、城市安全发展、乡村振兴、"一带一路"、军民融合等国家重大战略，在地震重点监视防御区、大城市和城市群等重点地区开展地震安全基础业务服务，推进城镇老旧房屋抗震性能普查加固和农村抗震民居改造。编制地震灾害风险区划图和海域地震区划图，有效识别和管控地震风险，为国家重大战略规划、重大基础设施选址和城乡规划、海洋经济开发和权益保护等提供更加科学的依据。研发工程建筑抗震、地震灾害风险管理等专业化服务产品，大力推广应用抗震新技术新材料，推进生命线系统地震紧急处置技术、隔震与消能减震技术、工程结构健康监测与诊断技术的行业应用。

实现常态化社会化的公共服务。完善防震减灾公共服务政策和标准体系，将防震减灾公共服务纳入地方公共服务发展规划。不断细化实化防震减灾公共服务职责任务，面向社会公众、政府机构、新闻媒体、高铁核电等行业用户，分级分类提供地震预警、地震速报、灾情速报、应急响应建议等地震信息服务产品。推进地震灾害风险与保险实验室建设，强化地震灾害风险评估结果对地震保险的支撑作用。拓宽社会力量参与防震减灾公共服务的渠道，引导各类市场主体依法依规提供服务产品。持续开展"六进"和"平安中国"等系列科普活动，不断提高全民防震减灾素质。

打造现代化公共服务平台。实施防震减灾公共服务工程，建设基于现代信息技术的国家防震减灾信息服务平台。整合各类公共服务技术系统，制定数据产品与信息清单、防震减灾公共服务清单，建立标准化的服务产品体系。推进各类减灾基础数据跨部门共享，深化防震减灾专业数据和社会数据关联分析和融合利用。强化公共服务平台与社会公众的互动能力，突出服务产品的定制化、普惠化特点，不断拓展服务覆盖范围。

（四）大力推进社会治理现代化

建立健全法律规范体系。坚持立法先行、立改废释并举，加快推进地震预警、地震重点监视防御区管理、地震资料管理、地震信息服务等重点领域立法工作，不断完善以防震减灾法为统领，以行政法规、部门规章为主干，以地方性法规、地方政府规章及规范性文件为支撑的防震减灾法律法规体系。

推进地震标准化建设。建成结构合理、衔接配套、覆盖全面、适应需求的新型地震标准体系。加快业务制度体系建设，加快研制地震预警、地震信息化等关键急需标准，推进重大工程等业务成果向标准转化。加大标准宣传贯彻力度，强化地震标准实施应用，建立标准实施监督及评估反馈机制，切实发挥标准在地震技术装备、业务服务系统、地震数据、防震减灾服务市场监管等方面的规范约束作用。建立健全参与国际标准化活动的工作机制和支撑体系，推动我国防震减灾标准向国际标准的转化。

提升依法行政能力。全面落实地震部门权力和责任清单制度，完善权责清单动态管理机制，增强法治思维和依法办事能力，加强综合执法。完善防震减灾规划体系，充分发挥规划的引导和约束作用。提升法治宣传教育实效，构建党委领导、政府主导、部门联动、社会参与、法治保障的防震减灾工作机制。

四、新时代防震减灾事业现代化建设的保障措施

（一）强化战略保障

实施人才强业。加快实施地震人才工程、地震科技英才计划，扩大人才交流和开放合作，加强创新团队建设，突出"高精尖新"导向，培养造就一批具有国际水平的地震人才。完善职称制度和人才分类评价、集聚使用机制。实施地震队伍素质提升计划，造就一支规模适度、结构合理、素质优良的高素质专业化地震科技人才和管理人才队伍。

推动协调发展。将协调发展贯穿于新时代防震减灾事业现代化建设的全过程，进一步完善机制，促进防震减灾事业与国家经济建设协调发展，与国家现代化建设同步推进。按照服务为宗旨、业务为核心、科技为驱动、法治为保障的总体思路，推进科技、业务、服务、治理水平的联动提升，促进省局、研究所、业务中心、市县地震工作机构的协调配合，推动东中西部、城乡、地震灾害风险强弱地区的共同发展。

深化改革、扩大开放。全面深化地震科技体制、业务体制、震灾预防体制、行政管理体制改革，着力破除体制机制障碍，不断激发事业发展活力和动力。大力推进更宽领域更深层次更高水平的开放合作，深化地震科技合作，推进协同创新中心、联合实验室建设，加强地方、部门、行业战略合作，充分发挥政府、社会与市场作用。

推进地震信息化。以信息化推进现代化，带动体制机制创新、业务服务升级、工作流程再造，实现地震科技、业务、服务、治理的信息化。通过数据资源化、业务云端化、服务智慧化的信息化路径，依靠集约整合、标准化改造和新技术升级等手段，打造平台开放、网络可靠、信息安全、架构标准、技术实用的地震信息化基础设施，切实加强数据资源共享，促进业务应用高效协同，有效提升服务能力。

（二）加强实施管理

加强组织领导。各单位党组（党委）要落实推进新时代防震减灾事业现代化建设的主体责任，加强组织领导，研究细化任务举措，争取资源投入，积极推进落实。现代化建设试点单位要努力发挥先行先试的示范作用，大胆探索，勇于实践，形成可复制、可推广的经验。局机关各内设机构要按照职责分工，认真组织做好任务分解、分类指导和监督检查。

注重项目带动。要整合统筹资源，凝练一批新时代防震减灾事业现代化建设的重点

任务，形成一批重大工程项目，落实预算安排。要认真做好新时代防震减灾事业现代化建设纲要的编制、实施、评价和考核等工作，定期组织动态评估，使顶层设计与日常推进有机衔接。

营造良好氛围。要抓好本意见的学习宣传工作，从推动理念现代化入手，使得广大干部职工切实理解新时代防震减灾事业现代化建设的意义、内涵、目标和任务。要大力营造地震系统风清气正良好政治生态，充分调动基层一线干部职工的积极性和创造性，建立激励机制和容错纠错机制，进一步激励广大干部新时代新担当新作为，形成时不我待、只争朝夕、攻坚克难、锐意进取，大力推进新时代防震减灾事业现代化建设的生动局面。

应急管理部 教育部 科技部 中国科协 中国地震局
关于印发《加强新时代防震减灾科普工作的意见》的通知

应急〔2018〕57号

各省、自治区、直辖市应急管理部门、地震局、教育厅（教委）、科技厅（委）、科学技术协会，中国地震局各直属单位：

为深入贯彻党的十九大和党的十九届三中全会精神，全面贯彻习近平总书记关于防灾减灾救灾重要论述，进一步提高全社会防御地震灾害的知识和能力，促进全社会共同减轻地震风险，全面提升抵御地震灾害综合防范能力，应急管理部、教育部、科技部、中国科协、中国地震局制定了《加强新时代防震减灾科普工作的意见》。现印发给你们，请结合实际强化协同配合，认真贯彻落实。

应急管理部　教育部　科技部
中国科协　中国地震局
2018 年 7 月 25 日

加强新时代防震减灾科普工作的意见

为深入贯彻习近平新时代中国特色社会主义思想和党的十九大精神，全面落实习近平总书记防灾减灾救灾重要论述，进一步做好新时代防震减灾科学普及工作，提升全民防震减灾科学素质，提高全社会防震减灾综合能力，现就加强新时代防震减灾科普工作提出如下意见。

一、深刻认识加强新时代防震减灾科普工作的重要意义

（一）加强防震减灾科普是落实习近平总书记防灾减灾救灾重要论述的必然要求

习近平总书记强调，同自然灾害抗争是人类生存发展的永恒课题。要更加自觉地处理好人和自然的关系，正确处理防灾减灾救灾和经济社会发展的关系，不断从抵御各种自然

灾害的实践中总结经验、落实责任、完善体系、整合资源、统筹力量，提高全民防灾抗灾意识，全面提高国家综合防灾减灾救灾能力。做好新时代防震减灾科普工作，必须以习近平总书记防灾减灾救灾重要论述为指导，坚持以人民为中心的发展思想，全面增强公众的防震减灾知识和风险防范意识，切实提升应急避险和自救互救能力。

（二）加强防震减灾科普工作是提高全民科学素质的现实需求

我国地震多、强度大、分布广、灾害重的国情，迫切需要提高社会公众自身科学素质。防震减灾科普工作是提升防震减灾科普软实力、促进全民科学素质提高的重要途径。做好防震减灾科普工作，必须以习近平总书记科学普及重要论述为统领，大力普及防震减灾科学知识，弘扬防震减灾科学精神，传播防震减灾科学思想，倡导防震减灾科学方法，掀起防震减灾科普热潮，提升公众科学素质，为全面提升防震减灾综合能力奠定坚实基础，为实现建设世界科技强国和"两个一百年"奋斗目标筑牢群众基础和社会基础。

（三）加强防震减灾科普工作是更有效保障人民群众生命财产安全的重要支撑

习近平总书记强调，科技创新、科学普及是实现创新发展的两翼，要把科学普及放在与科技创新同等重要的位置。地震安全是人民安全需求的重要方面，是人民美好生活需要的重要组成部分。中国特色社会主义进入新时代，党中央、国务院对防震减灾提出更高要求，人民群众对地震安全的期待更加迫切，人民日益增长的美好生活需要与防震减灾事业不平衡不充分的发展之间的矛盾已经成为防震减灾事业发展的主要矛盾。作为防震减灾工作的重要基础环节，防震减灾科普必须紧密围绕经济社会发展和人民群众需求，不断丰富工作内涵，创新科普方式，挖掘科普资源，打造科普精品，构建科普新格局，提高科普服务能力，更有效保障人民群众生命财产安全。

二、加强新时代防震减灾科普工作的总体思路和主要目标

加强新时代防震减灾科普工作，就是要以习近平新时代中国特色社会主义思想为指导，深入贯彻党的十九大精神，全面落实习近平总书记防灾减灾救灾重要论述，坚持以人民为中心的发展思想，大力普及防震减灾科学技术知识、弘扬科学精神、传播科学思想、倡导科学方法、培育减灾文化，增强应对重大地震灾害风险的社会动员能力，提升公众防震减灾科学素质和参与防震减灾活动的意识和主动性以及应急避险技能，更有效保障人民群众生命财产安全。

2025年，建成政府推动、部门协作、社会参与的防震减灾科普工作格局，实现防震减灾科普创新化、协同化、社会化、精准化。

——防震减灾科普主题更加突出。坚持以人民为中心的发展思想，以提升公众防震减灾科学素质为主线，更加关注和保障人民生命财产安全，深入普及地震灾害"防的知识、抗的方法、救的技能"，倡导与地震风险共处的理念，促进人与自然和谐相处。

——防震减灾科普产品更加丰富。综合运用政府推动、市场参与等手段，激发防震减灾科普创作活力。加强资源开放共享，探索建立防震减灾科普项目化管理模式，形成适应城镇劳动者、青少年和儿童、社区居民、农牧民等不同群体需求，满足科学防震、科学避震、科学减灾要求，集科学性、权威性、趣味性于一体的更加丰富的防震减灾科普系列作品。

——防震减灾科普能力大幅提升。加大防震减灾科普基地建设，推进防震减灾纳入科技场馆建设，发挥地震遗址遗迹科普作用，推动科技设施向公众开放。推进防震减灾科普信息化，建设防震减灾科普资源库和新媒体传播平台，拓宽互联网传播渠道，提高防震减灾科普传播覆盖面。加强人才队伍建设，培养专兼结合的防震减灾科普创作队伍和专家队伍，提升防震减灾科普的服务能力和水平。

——防震减灾科普工作机制更加健全。有效利用全社会科普资源，加快完善开放合作、资源共享的防震减灾科普工作机制。不断健全科普工作激励和社会力量参与机制，防震减灾科普社会化工作格局基本形成，部门联合协作的工作机制不断完善，防震减灾科普工作的合力不断增强。

三、全力打造防震减灾科普精品

加强防震减灾科普作品创作。大力提高科普作品供给能力，综合运用政府推动、市场参与等手段，激发创作研发活力，加强资源开放共享，探索建立防震减灾科普项目化管理模式，创作一批适应不同对象的多元化防震减灾科普作品。实施防震减灾科普精品创作计划，加大对国产防震减灾原创科普精品的扶持力度，鼓励应用虚拟现实、增强现实、混合现实等新技术，丰富科普作品的内容和表现形式，打造一批集科学性、权威性、趣味性于一体的高品质科普精品。

强化防震减灾科普阵地建设。建设一批集研学、参观、体验和训练等功能于一体的高品质防震减灾科普基地，充分发挥地震遗址遗迹的科学教育作用，推动实验室、工程研究中心等科技设施向公众开放。统筹利用社会资源，采取自建与社会共建相结合的机制，建设一批防震减灾专业科普场馆，推进防震减灾科普纳入各级各类科技场馆、数字科技馆、教育培训基地，形成以实体科普馆、流动科普馆、科普大篷车和数字科普馆等为依托的具有地域特色的现代防震减灾科普场馆体系，提高防震减灾科普服务能力和水平。

四、努力创新防震减灾科普方式

推进防震减灾科普"互联网+"。推进防震减灾科普全媒体中心建设，加强新媒体科普资源创作与开发，打造权威防震减灾科普网站和新媒体传播平台，建立新媒体传播矩阵。加强与各主流网络平台合作，鼓励开展防震减灾科普增值服务，推进防震减灾科普内容建设，拓宽移动互联网科学传播渠道，实现防震减灾科普分众传播和精准推送，提升防震减灾科普传播方式现代化水平。

创新科普活动方式。进一步创新防震减灾科普进学校、进机关、进企事业单位、进社区、进农村、进家庭活动方式，继续打造"平安中国"防灾宣导系列品牌活动。全面推进防震减灾知识竞赛、科普大讲堂、作品大赛、科普讲解比赛等活动，推动防震减灾专项科普活动。集中做好中小学安全教育日、全国防灾减灾日、全国科技活动周、全国科普日等重要时段科普活动和地震应急避险演练。拓展社会公众参与、互动、体验渠道，创新活动手段，丰富活动内容，扩大活动的影响力和覆盖面，营造全社会参与防震减灾科普活动的浓厚氛围。

五、着力构建防震减灾科普新格局

加强部门合作。各级应急管理、地震、教育、科技、科协等部门要加强协调，在作品创作、资源共享、师资培训、重大活动等方面密切合作，合力推进防震减灾科普工作。将防震减灾科普纳入学校安全教育教学活动，推进学校常态化开展地震等应急疏散演练。推动防震减灾科普基地联盟建设，加强科普人才队伍建设和科普作品创作与推广，加强民族地区和少数民族防震减灾科普工作。积极推进防震减灾知识纳入各级党校（行政学院）培训内容。加强与广播电视等主流媒体合作，开设防震减灾专题专栏。

调动社会力量参与。研究制定和完善社会力量参与防震减灾科普的相关政策、标准和准则，搭建协调服务平台，加大政府购买防震减灾科普服务力度，挖掘社会资源和市场主体潜力，广泛动员社会力量参与防震减灾科普活动。充分利用财税、金融等政策推进防震减灾科普产业发展，创新防震减灾科普市场化运作模式，利用众创空间等创新创业服务平台，培育一批具有较强实力的防震减灾科普企业，参与防震减灾科普产品的研发、生产和推广，形成防震减灾科普产业链。

六、加强防震减灾科普工作组织保障

加强组织领导。各级应急管理、地震、教育、科技、科协等部门要按照党中央、国务院对科普工作的部署要求，依法履行职责，加强组织领导，完善工作机制，细化工作措施，强化科学统筹，科学把握防震减灾科普特征规律，进一步形成部门齐抓共管的防震减灾科普新局面。

强化政策保障。落实国家支持科普发展的政策措施，积极引导各方开展防震减灾科普工作。建立科技成果科普转化机制，着力推动最新地震科技创新成果向科普产品的转化；建立防震减灾科普评价机制，定期开展公民防震减灾科学素质调查评估；建立防震减灾科普激励机制，将防震减灾科普纳入防震减灾工作表彰奖励范围；建立防震减灾科普多元投入机制，调动社会资源积极参与防震减灾科普。

整合人才资源。加强防震减灾科普人才建设，鼓励和支持院士、知名学者、科研技术人员参与科普工作，有针对性地培养防震减灾科普领军人才，引导社会志愿者投身防震减灾科普社会实践，建立专兼结合的防震减灾科普队伍。加大防震减灾科普队伍交流培训力度，提升科普队伍服务能力。推进防震减灾科普研究机构建设，开展防震减灾科普理论研究、重大活动策划和科普效果调查评估。

地震与
地震灾害

本部分包括四方面内容：一是全球 $M \geqslant 7.0$ 地震目录；二是中国大陆及沿海地区 $M \geqslant 4.0$ 地震目录；三是对我国及全球一年来（2018年1月1日至12月31日）地震活动的综述、我国及世界地震灾害情况简介；四是将一年来我国各地地震活动及破坏性地震震害的宏观考察加以记载。

2018 年全球 $M \geqslant 7.0$ 地震目录

序号	月	日	时：分：秒	纬度/°	经度/°	震级（M）	地点
1	01	10	10：51：29	17.43	−83.51	7.6	洪都拉斯北部海域
2	01	14	17：18：40	−15.70	−74.70	7.2	秘鲁沿岸近海
3	01	23	17：31：41	55.96	−149.13	8.0	阿拉斯加湾
4	02	17	07：39：38	16.60	−97.75	7.1	墨西哥
5	02	26	01：44：42	−6.19	142.77	7.5	巴布亚新几内亚
6	08	19	08：19：37	−18.08	−178.06	8.1	斐济群岛地区
7	08	22	05：31：41	10.76	−62.98	7.3	委内瑞拉沿岸近海
8	08	24	17：04：05	−10.95	−70.75	7.1	秘鲁
9	08	29	11：51：54	−21.95	170.10	7.1	洛蒂亚群岛地区
10	09	06	23：49：14	−18.45	179.35	7.8	斐济群岛地区
11	09	10	12：18：59	−31.95	−179.25	7.0	克马德克群岛
12	09	28	18：02：44	−0.25	119.90	7.4	印度尼西亚
13	10	11	04：48：18	−5.70	151.25	7.1	巴布亚新几内亚
14	10	26	06：54：51	37.83	20.83	7.0	伊奥尼亚海
15	12	01	06：54：51	61.35	−150.06	7.2	阿拉斯加
16	12	05	12：18：07	−21.85	169.47	7.5	洛亚蒂群岛东南
17	12	11	10：26：32	−58.35	−26.37	7.0	南桑威奇群岛
18	12	21	01：01：57	54.95	164.79	7.4	科曼多尔群岛地区

注：在经纬度中，正数值表示东经和北纬，负数值表示西经和南纬。

（中国地震台网中心）

2018 年中国大陆及沿海地区 $M \geqslant 4.0$ 地震目录

序号	月	日	时：分：秒	纬度/°N	经度/°E	震级（M）	地点
1	01	04	05：35：33	23.90	99.30	4.6	云南临沧市永德县
2	01	04	20：21：07	45.30	124.70	4.3	吉林松原市前郭尔罗斯县
3	01	10	17：52：31	34.70	85.00	4.0	西藏阿里地区改则县
4	01	17	09：25：18	35.00	87.00	4.5	西藏那曲市双湖县
5	01	18	20：41：57	43.60	82.80	4.2	新疆伊犁州尼勒克县
6	01	20	21：50：50	43.60	87.40	4.8	新疆乌鲁木齐市乌鲁木齐县
7	02	02	08：48：22	23.90	97.70	4.3	云南德宏州瑞丽市
8	02	08	21：28：18	43.80	92.50	4.2	新疆哈密市巴里坤县
9	02	09	04：58：48	32.70	93.30	4.0	青海玉树州杂多县
10	02	09	19：00：37	32.80	111.60	4.3	河南南阳市淅川县
11	02	09	22：58：05	22.30	100.90	4.9	云南西双版纳州景洪市
12	02	12	18：31：36	39.40	116.70	4.3	河北廊坊市永清县
13	02	13	17：32：04	36.90	96.80	4.0	青海海西州都兰县
14	02	15	07：58：58	34.90	86.80	4.2	西藏那曲市尼玛县
15	02	15	11：27：41	27.20	100.00	4.0	云南迪庆州香格里拉市
16	02	15	18：17：24	35.90	82.30	4.5	新疆和田地区于田县
17	02	17	18：14：12	38.30	87.60	4.4	新疆巴音郭楞州若羌县
18	02	18	11：44：11	32.30	105.00	4.4	四川广元市青川县
19	02	20	22：09：57	24.50	100.80	4.0	云南普洱市景东县
20	02	22	08：10：48	30.50	101.50	4.2	四川甘孜州道孚县
21	03	02	01：27：17	30.30	87.70	4.5	西藏日喀则市谢通门县
22	03	05	06：49：58	45.30	124.60	4.2	吉林松原市前郭尔罗斯县
23	03	31	03：18：40	42.10	81.00	4.2	新疆阿克苏地区拜城县
24	04	01	09：18：33	42.10	85.50	4.2	新疆巴音郭楞州库尔勒市
25	04	03	16：14：38	39.80	74.30	4.9	新疆克孜勒苏州乌恰县
26	04	05	23：08：01	41.10	87.70	4.9	新疆巴音郭楞州尉犁县
27	04	12	18：41：49	40.50	77.20	4.6	新疆克孜勒苏州阿图什市
28	04	23	03：16：00	35.20	87.90	4.1	西藏那曲市双湖县
29	05	01	11：14：45	43.60	86.60	4.3	新疆昌吉州昌吉市

序号	月	日	时：分：秒	纬度/°N	经度/°E	震级（M）	地点
30	05	05	00：37：43	34.60	96.60	4.8	青海玉树州称多县
31	05	06	03：56：38	36.00	88.40	4.6	西藏那曲市双湖县
32	05	06	17：23：39	34.60	96.50	5.3	青海玉树州称多县
33	05	08	08：44：08	40.10	75.80	4.1	新疆克孜勒苏州乌恰县
34	05	13	22：17：05	43.80	86.40	4.0	新疆昌吉州呼图壁县
35	05	16	16：46：11	29.20	102.30	4.3	四川雅安市石棉县
36	05	16	16：46：40	29.20	102.30	4.3	四川雅安市石棉县
37	05	17	21：36：29	34.00	89.20	4.2	西藏那曲市双湖县
38	05	20	07：12：36	21.90	100.70	4.2	云南西双版纳州景洪市
39	05	28	01：50：52	45.30	124.70	5.7	吉林松原市宁江区
40	06	07	02：15：50	35.90	78.40	4.9	新疆和田地区皮山县
41	06	07	22：07：27	41.70	82.70	4.2	新疆阿克苏地区库车县
42	06	17	11：12：13	38.90	94.90	4.5	甘肃酒泉市阿克塞县
43	06	19	07：45：02	35.90	78.40	4.2	新疆和田地区皮山县
44	06	29	08：42：18	32.20	104.60	4.0	四川绵阳市平武县
45	07	21	08：40：35	35.10	81.00	4.0	西藏阿里地区日土县
46	07	23	07：02：03	29.50	104.60	4.2	四川内江市威远县
47	08	01	23：46：23	30.30	87.70	4.2	西藏日喀则市谢通门县
48	08	03	09：34：20	34.90	92.30	5.1	青海玉树州治多县
49	08	04	12：04：12	35.20	81.10	5.2	西藏阿里地区日土县
50	08	13	01：44：24	24.20	102.70	5.0	云南玉溪市通海县
51	08	14	03：50：36	24.20	102.70	5.0	云南玉溪市通海县
52	08	15	21：28：11	27.40	104.00	4.4	贵州毕节市威宁县
53	08	18	07：43：28	43.80	86.40	4.8	新疆昌吉州呼图壁县
54	08	19	16：18：19	33.30	88.80	4.4	西藏那曲市双湖县
55	08	25	11：18：35	45.00	80.90	4.1	新疆博尔塔拉州温泉县
56	08	29	22：01：17	34.00	83.90	4.0	西藏阿里地区改则县
57	08	30	07：32：08	34.10	83.90	4.2	西藏阿里地区改则县
58	09	04	05：51：44	39.50	77.00	4.7	新疆喀什地区伽师县
59	09	04	05：52：56	39.50	77.00	5.5	新疆喀什地区伽师县
60	09	04	10：51：24	39.50	76.90	4.6	新疆喀什地区伽师县
61	09	08	10：31：29	23.30	101.50	5.9	云南普洱市墨江县
62	09	08	10：34：25	23.30	101.60	4.1	云南普洱市墨江县

序号	月	日	时：分：秒	纬度/°N	经度/°E	震级（M）	地点
63	09	08	10：35：58	23.30	101.60	4.7	云南普洱市墨江县
64	09	09	06：24：49	40.90	83.50	4.2	新疆阿克苏地区沙雅县
65	09	12	19：06：34	32.80	105.70	5.3	陕西汉中市宁强县
66	09	15	09：13：13	45.20	124.70	4.5	吉林松原市宁江区
67	09	26	15：50：48	44.30	83.50	4.3	新疆塔城地区乌苏市
68	09	28	05：13：22	34.30	80.70	5.1	西藏阿里地区日土县
69	10	06	23：35：18	35.50	89.40	4.2	西藏那曲市安多县
70	10	07	05：46：22	33.60	89.10	4.1	西藏那曲市双湖县
71	10	07	19：15：39	43.20	87.30	4.2	新疆乌鲁木齐市乌鲁木齐县
72	10	08	22：47：55	39.50	74.70	4.3	新疆克孜勒苏州乌恰县
73	10	09	06：55：16	40.90	83.50	4.1	新疆阿克苏地区沙雅县
74	10	11	15：06：30	31.00	110.50	4.5	湖北宜昌市秭归县
75	10	11	17：10：02	31.00	110.50	4.1	湖北宜昌市秭归县
76	10	16	10：10：12	44.20	82.50	5.4	新疆博尔塔拉州精河县
77	10	17	13：16：42	33.50	89.30	4.1	西藏那曲市双湖县
78	10	17	13：29：18	25.90	102.20	4.5	云南楚雄州武定县
79	10	18	15：52：00	33.50	89.20	4.8	西藏那曲市双湖县
80	10	20	18：47：42	41.90	82.30	4.5	新疆阿克苏地区拜城县
81	10	21	16：42：03	41.80	82.30	4.2	新疆阿克苏地区拜城县
82	10	22	18：08：32	34.20	84.00	4.0	西藏阿里地区改则县
83	10	23	00：49：33	30.30	87.70	4.1	西藏日喀则市谢通门县
84	10	23	05：37：26	44.20	82.50	4.5	新疆博尔塔拉州精河县
85	10	24	01：31：17	40.90	78.70	4.2	新疆克孜勒苏州阿合奇县
86	10	30	10：22：18	39.50	75.10	4.7	新疆克孜勒苏州乌恰县
87	10	31	09：49：28	30.30	87.70	4.5	西藏日喀则市谢通门县
88	10	31	16：29：55	27.70	102.10	5.1	四川凉山州西昌市
89	11	01	07：09：01	30.30	87.70	4.8	西藏日喀则市谢通门县
90	11	03	06：35：13	34.00	84.00	4.5	西藏阿里地区改则县
91	11	04	05：36：19	40.20	77.60	5.1	新疆克孜勒苏州阿图什市
92	11	04	22：20：45	33.30	89.40	4.1	西藏那曲市双湖县
93	11	06	13：43：43	32.80	90.30	4.3	西藏那曲市安多县
94	11	15	01：10：49	34.00	83.90	4.2	西藏阿里地区改则县
95	11	15	02：47：18	43.90	94.30	4.1	新疆哈密市伊吾县

序号	月	日	时：分：秒	纬度/°N	经度/°E	震级（M）	地点
96	11	16	15：01：23	35.50	89.60	4.3	西藏那曲市安多县
97	11	21	05：44：49	34.00	84.00	4.3	西藏阿里地区改则县
98	11	22	16：48：45	33.60	89.60	4.1	西藏那曲市双湖县
99	11	25	20：23：34	44.70	81.50	4.9	新疆博尔塔拉州博乐市
100	11	26	07：57：24	23.30	118.60	6.2	台湾海峡
101	11	26	20：50：56	23.30	118.70	4.5	台湾海峡
102	11	27	18：29：34	23.30	118.60	4.3	台湾海峡
103	11	30	15：57：37	45.20	124.70	4.0	吉林松原市宁江区
104	12	01	23：07：27	28.10	92.60	4.1	西藏山南市隆子县
105	12	05	13：52：37	40.40	77.40	4.1	新疆克孜勒苏州阿图什市
106	12	08	06：39：26	43.80	86.40	4.5	新疆昌吉州呼图壁县
107	12	13	13：47：32	38.90	74.70	4.0	新疆克孜勒苏州阿克陶县
108	12	13	23：32：50	29.60	98.80	4.9	西藏昌都市芒康县
109	12	13	23：39：42	29.60	98.80	4.4	西藏昌都市芒康县
110	12	14	13：02：07	38.50	104.20	4.0	内蒙古阿拉善盟阿拉善左旗
111	12	16	12：46：07	28.20	104.90	5.7	四川宜宾市兴文县
112	12	19	01：21：22	35.30	81.10	4.1	西藏阿里地区日土县
113	12	20	19：08：08	39.10	74.80	5.2	新疆克孜勒苏州阿克陶县
114	12	20	19：49：43	39.00	74.70	4.3	新疆克孜勒苏州阿克陶县
115	12	24	03：32：21	30.30	87.60	5.8	西藏日喀则市谢通门县

（中国地震台网中心）

2018 年地震活动综述

一、2018 年中国地震活动概况

2018 年中国共发生 30 次 5.0 级以上地震，其中大陆地区 16 次，最大为 9 月 8 日云南墨江 5.9 级地震;台湾及近海发生 14 次 5.0 级以上地震，最大为 2 月 6 日花莲海域 6.5 级地震。

从各个省份的情况来看，台湾及近海发生 5.0 级以上地震 15 次，其中 6.0 级以上地震 6 次，最大强度 6.5 级，数量和强度在全国各省中排名第一。在大陆地区，云南发生了 2 次 5.0 级和 1 次 5.9 级地震，地震频次在全国各省中排名第二、强度最高;新疆发生 4 次 5.0 级以上地震，最大为 9 月 4 日伽师 5.5 级地震，地震频次最多;西藏发生 3 次 5.0 级地震，最大为 12 月 24 日谢通门 5.8 级地震，地震频次和强度与云南相当;吉林发生 1 次 5.7 级以上地震，强度位于大陆各省排名第三。

2018 年中国 5.0 级以上地震目录

序号	月	日	时：分：秒	纬度/°N	经度/°E	震级（M）	地点
1	02	04	21：56：41	24.20	121.72	6.4	台湾花莲海域
2	02	04	22：13：12	24.16	121.75	5.5	台湾花莲海域
3	02	06	23：50：42	24.13	121.71	6.5	台湾花莲海域
4	02	07	02：00：13	24.21	121.64	5.2	台湾花莲海域
5	02	07	02：07：40	24.05	121.68	5.2	台湾花莲海域
6	02	07	03：15：30	24.02	121.69	5.9	台湾花莲海域
7	02	07	19：13：05	23.98	121.79	5.0	台湾花莲海域
8	02	07	23：21：30	24.07	121.79	6.1	台湾花莲海域
9	02	26	02：28：40	24.43	121.97	5.0	台湾宜兰
10	03	20	17：22：56	23.33	120.52	5.1	台湾台南
11	05	02	07：47：04	23.97	122.29	5.2	台湾花莲县海域
12	05	06	17：23：39	34.60	96.50	5.3	青海称多
13	05	28	01：50：52	45.27	124.71	5.7	吉林松原
14	08	03	09：34：20	34.90	92.30	5.10	青海治多
15	08	04	12：04：12	35.20	81.10	5.2	西藏日土
16	08	13	01：44：24	24.20	102.70	5.0	云南通海
17	08	14	03：50：36	24.20	102.70	5.0	云南通海
18	09	04	05：52：56	39.50	77.00	5.5	新疆伽师
19	09	08	10：31：29	23.28	101.57	5.9	云南墨江
20	09	12	19：06：00	32.75	105.69	5.3	陕西宁强
21	09	28	05：13：00	34.27	80.71	5.1	西藏日土

序号	月	日	时：分：秒	纬度/°N	经度/°E	震级（M）	地点
22	10	16	10：10：00	44.19	82.53	5.4	新疆精河
23	10	23	12：34：57	24.00	122.70	6.0	台湾花莲海域
24	10	24	00：04：03	24.00	122.70	5.7	台湾花莲海域
25	10	31	16：29：00	27.70	102.08	5.1	四川西昌
26	11	04	05：36：19	40.20	77.60	5.1	新疆阿图什
27	11	26	07：57：24	23.30	118.60	6.2	台湾海峡
28	12	16	12：46：07	28.24	104.95	5.7	四川宜宾
29	12	20	19：08：34	39.08	74.75	5.2	新疆阿克陶
30	12	24	03：08：34	30.32	87.64	5.8	西藏谢通门

2018 年中国地震活动有如下特点。

1. 中国大陆地区地震频次低、强度弱

2018 年中国大陆地区共发生 16 次 5.0 级地震，明显低于 1950 年以来年均 24 次的平均水平，且 2015 年以来连续 4 年维持低频次状态（图 1a）。2018 年大陆未发生 6.0 级以上地震，最大为 9 月 8 日云南墨江 5.9 级地震，地震强度处于 2011 年以来最低状态（图 1b）。

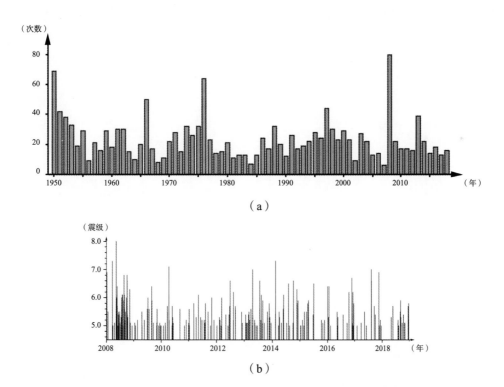

（a）

（b）

图1　中国大陆地区5.0级以上地震年频度分布和地震震级时序图

（a）5.0级以上地震年频度图；（b）地震震级时序图

2. 云南地震活动水平有所增强

2018 年云南发生 5.0 级地震 3 次，分别为 8 月 13 日和 14 日通海 2 次 5.0 级和 9 月 8 日墨江 5.9 级地震。与 2017 年相比，地震数量和强度均有所增强，但该区自 2014 年 10 月 7 日景谷 6.6 级地震后至今 6.0 级以上地震平静约 4.2 年（图 2），自 1996 年 2 月 3 日丽江 7.0 级地震后至今 7.0 级地震平静近 23 年，均超过 1900 年以来的平均发震间隔。

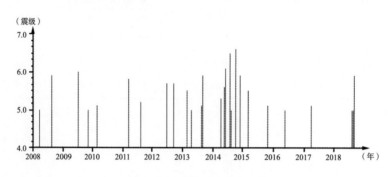

图2　云南5.0级以上地震时序图

3. 四川持续中强地震活动

2018 年四川发生 2 次 5.0 级地震，分别为 10 月 31 日西昌 5.1 级和 12 月 16 日兴文 5.7 级地震。与 2017 年相比，地震活动水平有所减弱。自 2013 年以来，四川地震活动持续处于较高水平，共发生 4 次 6.0 级以上地震，其中包括 2 次 7.0 级地震，平均 1.5 年发生 1 次 6.0 级以上地震（图 3）。

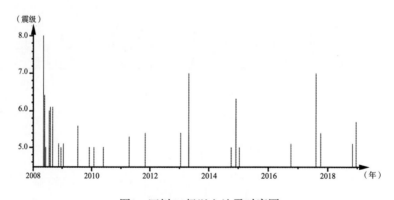

图3　四川5.0级以上地震时序图

4. 新疆地震活动水平较弱

2018 年新疆发生 5.0 级以上地震 4 次，最大为 9 月 4 日伽师 5.5 级地震。2017 年发生 1 次 6.6 级地震和 3 次 5.0 级地震。与之相比，2018 年地震强度减弱（图 4）。

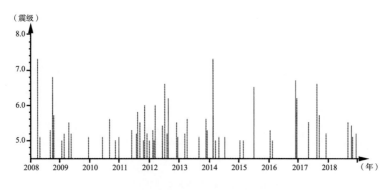

图4　新疆5.0级以上地震时序图

5. 吉林发生中强地震

2018年吉林松原发生5.7级地震，强度在大陆各省排名第三。1900年以来吉林5.0级以上地震主要集中在黑龙江、吉林交界东部的深源地震区，浅源地震活动水平并不高，共发生5.0级以上地震10次，最大为1960年4月13日榆树5.8级和2013年10月23日前郭5.8级地震。2013年以来吉林浅源地震活跃，共发生5.0级以上地震6次，全部发生在前郭和松原（图5）。

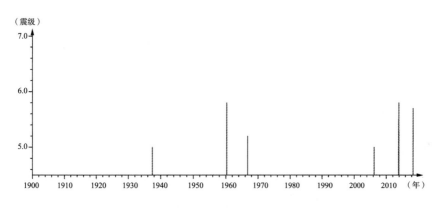

图5　吉林5.0级以上地震时序图（不含深震）

6. 台湾及近海地震活动水平有所增强

2017年台湾仅发生6次5.0级地震，无6.0级以上地震。2018年台湾发生14次5.0级以上地震，其中6.0级地震4次，最大为2月6日花莲海域6.5级地震。2月4日开始的花莲海域6.5级震群打破了台湾614天的6.0级以上地震平静，地震活动水平较2017年有所增强（图6）。自2006年12月26日台湾恒春海域7.2级地震后，台湾7.0级以上地震平静近12年，为1900年以来最长平静时间。

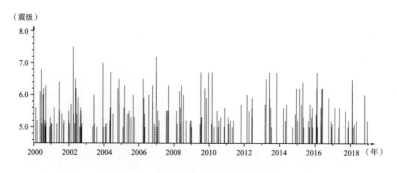

图6 台湾5.0级以上地震时序图

台湾海峡位于欧亚大陆板块和太平洋菲律宾海板块的接合地带，是中国东部大陆边缘裂陷的一部分。2018 年 11 月 26 日该区发生 6.2 级地震，地震活动水平明显增强。1950 年以来该区共发生 5.0 级以上地震 10 次，其中 6.0 级以上地震 2 次，分别为 1994 年 9 月 16 日 7.3 级和 2018 年 6.2 级地震（图 7）。

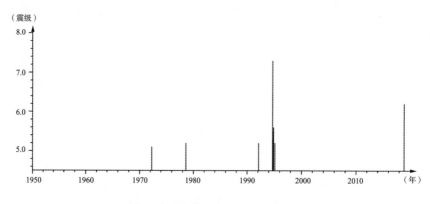

图7 台湾海峡5.0级以上地震时序图

二、全球地震活动概况

2018 年全球共发生 6.0 级以上地震 119 次。其中，7.0 级以上地震 18 次，8.0 级以上地震 2 次，分别为 1 月 23 日阿拉斯加湾 8.0 级地震和 8 月 19 日斐济群岛 8.1 级地震，维持 2004 年以来全球每年都发生 8.0 级以上地震的状态（图 8）。

阿拉斯加湾 8.0 级地震发生在太平洋板块向北美板块俯冲边界带附近，是位于阿拉斯加海沟南侧太平洋板块上的走滑型板内浅源地震，走向与海沟平行，呈双侧破裂特征，余震区近东西向展布（图 9）。

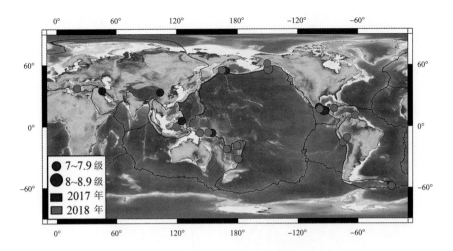

图8　2017年和2018年全球7.0级以上地震分布图

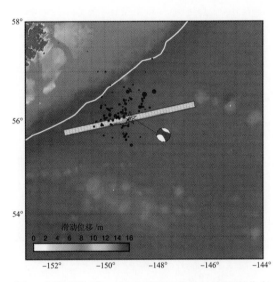

图9　阿拉斯加湾8.0级地震滑动位移地表投影分布

　　斐济群岛 8.1 级地震发生在太平洋板块向西俯冲到澳大利亚板块东北部边界带的板舌前缘，为正断层型破裂事件，震源深度为 570km，是 1900 年以来第二大深源地震。震源破裂过程反演结果显示，该地震为单侧破裂（图 10）。

　　2018 年全球地震活动有如下特点。

1.2018 年全球地震活动与全球年平均活动水平相当

　　2018 年全球发生 7.0 级以上地震 18 次，其中 8.0 级以上地震 2 次，7.0 级以上地震年频次与 1900 年以来年均 20 次的活动水平相当。而 2017 年全球仅发生 8 次 7.0 级以上地震，其中 8.0 级以上地震 1 次。与 2017 年相比，2018 年全球地震活动水平明显增强（图 11）。

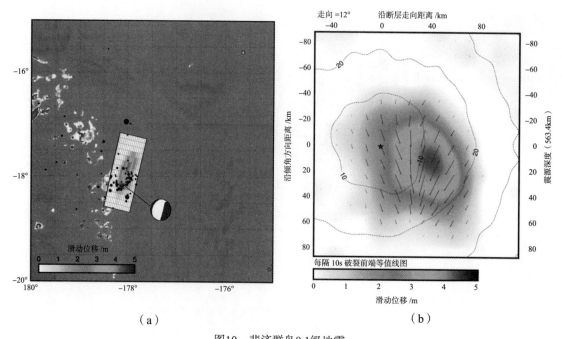

（a）

（b）

图10　斐济群岛8.1级地震

（a）破裂位错地表投影；（b）破裂位移沿断层面分布情况

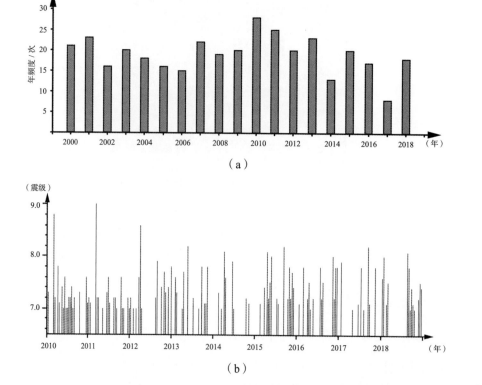

（a）

（b）

图11　全球7.0级以上地震年频度分布和地震震级时序图

（a）7.0级以上地震年频度图；（b）地震震级时序图

2. 全球地震活动呈现空间相对集中，时间相对密集的特点

从空间分布看，2018 年发生的 18 次 7.0 级以上地震中 16 次发生在环太平洋地震带，且相对集中在澳大利亚板块东北边界带与太平洋板块的交会部位、中美洲和太平洋板块北部边界带。其中，澳大利亚板块东北部边界带（斐济至巴布亚新几内亚）发生 7 次 7.0 级以上地震，最大为 8 月 19 日斐济 8.1 级地震。中美洲地区共发生 5 次 7.0 级以上地震，最大为 1 月 10 日洪都拉斯北部海域 7.6 级地震。太平洋板块北部边界带发生 3 次 7.0 级以上地震，最大为 1 月 23 日阿拉斯加湾 8.0 级地震。欧亚地震带仅发生 2 次 7.0 级地震，分别为 9 月 28 日印度尼西亚 7.4 级和 10 月 26 日伊奥尼亚海 7.0 级地震。我国大陆周边没有发生 7.0 级以上地震。

时间上，2018 年 2 月 26 日巴布亚新几内亚 7.5 级地震后全球 7.0 级以上地震平静 174 天，8 月 19 日斐济群岛 8.1 级地震打破平静后至 12 月 27 日共发生 13 次 7.0 级以上地震，呈现密集活动状态。

三、地震活动特点

1. 全球地震

我们生活的地球每年约发生 500 万次地震，只有 1% 的地震可以感觉到。在这些有感地震中，仅有 100 次左右的地震造成灾害。全球年平均发生 133 次 6.0 级以上地震、20 次 7.0 级以上地震，1 次 8.0 级以上地震。

全球主要有 7 大板块，分别为：太平洋板块、印度—澳大利亚板块、欧亚板块、北美板块、南美板块、非洲板块和南极洲板块。板块相互作用的边界是全球大地震发生最集中的区域。由于绝大多数的板块边界处于海陆交界处的海洋一侧，因此，全球地震的 85% 发生在海洋、15% 发生在大陆。

全球地震主要沿环太平洋地震带和欧亚地震带分布，分别占全球地震的 80% 和 15%。

2. 中国地震

中国大陆受印度—澳大利亚板块向北东方向的碰撞挤压，同时也受到太平洋板块向西偏北方向的俯冲推挤。印度—澳大利亚板块向北东方向的碰撞挤压强烈导致中国大陆西部直接剧烈隆起，形成世界屋脊—青藏高原，伴随有强烈的地震活动，地震空间分布呈三角形，称之为中国西部及邻区强震活动的"大三角"地区。受太平洋板块俯冲的影响，中国东部的地震活动也较强。

中国大陆分为若干活动构造块体，构造块体边界是地震集中发生的区域。中国大陆全部 8.0 级以上地震，80% 以上的 7.0 级地震都发生在这些边界地区。地震较为集中的区域称为地震带，中国大陆主要有位于中部纵贯南北的南北地震带，位于新疆及境外地区的天山地震带，位于东部的郯庐地震带、山西地震带、阴山—燕山—渤海地震带和华南沿海地震带等。

上述中国大陆所处的构造环境决定了大陆地震活动呈现如下特点：

（1）地震多。中国大陆年平均发生 24 次 5.0 级以上地震，4 次 6.0 级以上地震，0.6 次 7.0 级以上地震。

（2）强度大。21 世纪以来全球共发生 23 次 8.0 级以上地震，绝大多数发生在海洋里，仅有的 3 次大陆 8.0 级以上地震均发生在中国大陆地区及附近。

（3）分布广。中国有 30 个省份发生过 6.0 级以上地震，19 个省份发生过 7.0 级以上地震，12 个省份发生过 8.0 级以上地震。

（4）震源浅。中国大陆的地震 94% 以上都是浅源地震，易对地表的建筑物造成较为严重的破坏。

3. 全球地震灾害

2018 年国外 6.0 级以上地震共造成 3068 人死亡、1.6 万余人受伤，2018 年死亡人数最多的地震为 9 月 28 日发生在印度尼西亚的 7.4 级地震，共造成 2256 人死亡。

2018 年国外 6.0 级以上地震灾害一览表

序号	北京时间		震级（M）	地点	人员伤亡/人	
	日期	时：分：秒			死亡	受伤
1	01月14日	17：18：40	7.2	秘鲁沿岸近海	2	139
2	01月31日	15：07：00	6.2	阿富汗	2	22
3	02月17日	07：39：38	7.1	墨西哥	14	17
4	02月26日	01：44：42	7.5	巴布亚新几内亚	160	500
5	02月28日	10：45：42	6.2	巴布亚新几内亚	1	——
6	03月06日	22：13：07	6.7	巴布亚新几内亚	25	——
7	04月07日	13：48：40	6.3	巴布亚新几内亚	4	——
8	07月29日	06：47：36	6.5	印尼龙目岛	20	400
9	08月05日	19：46：34	6.8	印尼松巴哇岛地区	513	1353
10	08月19日	12：10：21	6.3	印尼龙目岛	2	3
11	08月19日	22：56：24	6.9	印尼龙目岛	14	24
12	08月22日	05：31：41	7.3	委内瑞拉沿岸近海	5	122
13	08月26日	06：13：26	6.1	伊朗	3	243
14	09月06日	02：08：02	6.9	日本北海道地区	41	680
15	09月28日	15：00：02	6.0	印度尼西亚	1	10

序号	北京时间		震级（M）	地点	人员伤亡/人	
	日期	时：分：秒			死亡	受伤
16	09月28日	18：02：44	7.4	印度尼西亚	2256	10679
17	10月11日	02：44：56	6.0	印尼巴厘海	4	36
18	11月26日	00：37：34	6.3	伊朗	1	761

（中国地震台网中心）

2018 年中国大陆地震灾害情况述评

一、2018 年中国大陆地震灾害概况

2018 年，中国大陆地震共发生地震灾害事件 11 次，未造成人员死亡，共造成 85 人受伤，直接经济损失约 31.6 亿元。其中，受伤人数最多的是云南通海 5.0 级地震，共造成 31 人受伤。灾害最重地震为云南墨江 5.9 级地震，共造成 28 人受伤，直接经济损失 12.92 亿元。

2018 年中国大陆主要地震灾害情况一览表

序号	北京时间		震中位置	震级（M）	人员伤亡 /人		直接经济损失 /万元
	日期	时：分			死亡/失踪	受伤	
1	02月09日	22：58	云南景洪	4.9	0	1	—
2	05月06日	17：23	青海称多	5.3	0	0	11754.50
3	05月28日	01：50	吉林松原	5.7	0	0	42980.00
4	07月23日	07：02	四川威远	4.2	0	2	—
5	08月13日	01：44	云南通海	5.0	0	31	49440.00
	08月14日	03：50		5.0			
6	09月04日	05：52	新疆伽师	5.5	0	0	38304.00
7	09月08日	10：31	云南墨江	5.9	0	28	129200.00
8	09月15日	09：13	吉林松原	4.5	0	2	340.00
9	10月11日	15：06	湖北秭归	4.5	0	0	1636.00
10	10月31日	16：29	四川西昌	5.1	0	4	2461.00
11	12月16日	12：46	四川兴文	5.7	0	17	39045.40

注："—"表示地震灾害经济损失轻微，未做评估和统计。

二、2018 年中国大陆地震灾害情况

2018 年全国共有 6 个省（自治区）遭受不同程度的地震灾害影响，分别是云南、四川、吉林、新疆、青海、湖北等。6 个省（自治区）中，受灾最严重的是云南，其次是四川。云

南因地震受伤人数约占全国总数的 70.6%，四川因地震受伤人数约占全国总数 27.0%。两省合计的受伤数量占全国总数的 98%。其他各省（自治区、直辖市）所占比例较低，其中，新疆、青海、湖北因震导致一定的经济损失。

2018 年大陆地区地震灾害伤亡情况一览表

序号	省份	死亡和失踪人数 /人	受伤/人	直接经济损失 /万元
1	云南	0	60	178640.00
2	四川	0	23	41506.40
3	吉林	0	2	43320.00
4	新疆	0	0	38304.00
5	青海	0	0	11754.50
6	湖北	0	0	1636.00

三、2018 年中国大陆地震灾害主要特点

（1）2018 年，中国大陆地区共发生 16 次 5.0 级及以上的地震，低于 1950 年以来年均 20 次的平均水平，也是 5 年以来中国大陆唯一没有发生 6.0 级及以上地震的年份。

（2）2018 年，中国大陆地区未发生重大地震灾害事件，未造成人员死亡，灾害程度与往年相比较低，直接经济损失较 2017 年减少 80%。

（3）2018 年，中国大陆地区有 6 个省（自治区）受灾，地震灾害主要集中在云南、四川、吉林和新疆 4 个省（自治区）。其中，云南和四川两个省份地震造成受伤人数占全国总受伤人数的 98%，直接经济损失约占全国总经济损失的 70%。

2013—2018 年主要地震灾害损失统计一览表

年度	大陆地区5.0级及以上地震次数/次	成灾地震次数/次	死亡和失踪人数/人	受伤人数/人	直接经济损失/亿元
2013	41	14	294	15671	995.36
2014	22	10	736	3688	355.64
2015	14	12	33	1217	180.00
2016	18	17	2	103	66.87
2017	13	11	38	638	147.66

年度	大陆地区5.0级及以上地震次数/次	成灾地震次数/次	死亡和失踪人数/人	受伤人数/人	直接经济损失/亿元
2018	16	11	0	85	31.60
合计	124	75	1103	21402	1777.13

（中国地震局震害防御司）

2018 年国外地震灾害情况述评

一、国外大震活动

2018 年全球共发生 6.0 级以上地震 119 次，其中 6.0～6.9 级地震 102 次，7.0～7.9 级地震 15 次，8.0 级以上地震 2 次。7.0 级以上大震发生频率略低于 1900 年以来 18.3 次／年的平均水平，最大地震为 8 月 19 日斐济群岛地区 8.1 级地震。

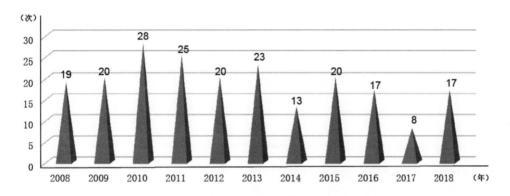

图1　2008—2018年全球7.0级以上地震频次图

2018 年国外 7.0 级以上地震一览表

序号	日期	北京时间	经度 /°	纬度 /°	震源深度 /km	震级（M）	震中位置
1	01月10日	10：51	−83.51	17.43	10	7.6	洪都拉斯北部海域
2	01月14日	17：18	−74.72	−15.70	20	7.2	秘鲁沿岸近海
3	01月23日	17：31	−149.13	55.96	10	8.0	阿拉斯加湾
4	02月17日	07：39	−97.75	16.60	10	7.1	墨西哥
5	02月26日	01：44	142.77	−6.19	20	7.5	巴布亚新几内亚
6	08月19日	08：19	−178.06	−18.08	570	8.1	斐济群岛地区
7	08月22日	05：31	−62.98	10.76	110	7.3	委内瑞拉沿岸近海
8	08月24日	17：04	−70.75	−10.95	600	7.1	秘鲁
9	08月29日	23：49	170.1	−21.95	20	7.1	洛亚蒂群岛地区
10	09月06日	11：51	179.35	−18.45	640	7.8	斐济群岛地区
11	09月10日	12：18	−179.25	−31.95	120	7.1	克马德克群岛

序号	日期	北京时间	经度/°	纬度/°	震源深度/km	震级（M）	震中位置
12	09月28日	18：02	119.9	-0.25	10	7.4	印度尼西亚
13	10月11日	04：48	151.25	-5.70	20	7.1	巴布亚新几内亚
14	10月26日	06：54	20.51	37.51	20	7.0	伊奥尼亚海
15	12月01日	01：29	-150.06	61.35	40	7.2	美国阿拉斯加
16	12月11日	10：26	-26.37	-58.35	150	7.0	南桑威奇群岛地区
17	12月21日	01：01	54.95	164.79	20	7.4	科曼多尔群岛地区

注：在经纬度中，正数值表示东经和北纬，负数值表示西经和南纬。

二、2018 年国外重大地震灾害

2018 年，国外 6.0 级以上地震共造成 3068 人死亡，1.6 万余人受伤。死亡人数最多的地震为 9 月 28 日发生在印度尼西亚的 7.4 级地震，共造成 2256 人死亡。此外，6.0 级以下地震也造成部分人员伤亡，如 6 月 18 日日本 5.3 级地震 5 人死亡；10 月 7 日海地 5.9 级地震 18 人死亡。

2018 年，全球地震活动和地震人员伤亡有以下特点：

（1）强震连发，印尼地区灾害地震较为集中。

环太平洋地震带仍是 7.0 级地震主要活动区域，最大地震为 8 月 19 日斐济群岛 8.1 级地震。印度尼西亚地区 6.0 级以上地震持续活跃，全年该地区共发生 7 次 6.0 级以上地震，均造成不同程度人员伤亡和经济损失。

（2）全球地震造成的死亡人数急剧上升。

2018 年地震造成的死亡人数显著高于过去两年，是过去两年死亡人数平均值（1135 人）的三倍。

（3）发达国家地震所造成人员伤亡较为严重。

重特大地震在发达国家也造成了较为严重的人员伤亡。日本两次灾害地震是 6 月 18 日北海道 5.3 级地震和 9 月 6 日北海道 6.9 级地震分别造成 5 人和 41 人死亡。其中，北海道 6.9 级地震造成建筑物倒塌，基础设施受损，交通受阻，地震引发整个北海道大规模停电。

2018 年国外 6.0 级以上地震灾害一览表

序号	北京时间		震级（M）	震中位置	人员伤亡震级/人	
	日期	时：分：秒			死亡	受伤
1	01月14日	17：18：40	7.2	秘鲁沿岸近海	2	139
2	01月31日	15：07：00	6.2	阿富汗	2	22

序号	北京时间		震级（M）	震中位置	人员伤亡震级/人	
	日期	时：分：秒			死亡	受伤
3	02月17日	07：39：38	7.1	墨西哥	14	17
4	02月26日	01：44：42	7.5	巴布亚新几内亚	160	500
5	02月28日	10：45：42	6.2	巴布亚新几内亚	1	
6	03月06日	22：13：07	6.7	巴布亚新几内亚	25	
7	04月07日	13：48：40	6.3	巴布亚新几内亚	4	
8	07月29日	06：47：36	6.5	印度尼西亚龙目岛	20	400
9	08月05日	19：46：34	6.8	印尼松巴哇岛地区	513	1353
10	08月19日	12：10：21	6.3	印度尼西亚龙目岛	2	3
11	08月19日	22：56：24	6.9	印度尼西亚龙目岛	14	24
12	08月22日	05：31：41	7.3	委内瑞拉沿岸近海	5	122
13	08月26日	06：13：26	6.1	伊朗	3	243
14	09月06日	02：08：02	6.9	日本北海道地区	41	680
15	09月28日	15：00：02	6.0	印度尼西亚	1	10
16	09月28日	18：02：44	7.4	印度尼西亚	2256	10679
17	10月11日	02：44：56	6.0	印度尼西亚巴厘海	4	36
18	11月26日	00：37：34	6.3	伊朗	1	761

2011—2018 年国外地震灾害人员伤亡情况对比

年份	地震造成人员死亡数/人	地震造成人员受伤数/人
2011	2万余	数万
2012	400余	数千
2013	800余	2000余
2014	19	数百
2015	9529	近3万
2016	1143	2万余
2017	1126	1.5万余
2018	3068	约1.6万

1. 秘鲁 7.2 级地震

北京时间 1 月 14 日 17 时 18 分（当地时间 04 时 18 分），秘鲁沿岸近海发生 7.2 级地震，震源深度为 20 千米。智利北部亦有震感。地震造成超过 170 间房屋倒塌，道路中断，部分村庄电力中断。本次地震共造成 2 人死亡，139 人受伤。

2. 阿富汗 6.2 级地震

北京时间 1 月 31 日 15 时 07 分（当地时间 12 点 07 分），阿富汗发生 6.2 级地震，震源深度为 180 千米。震中距离塔卢坎市（Taloqan）116 千米，距离霍罗格市（Khorugh）124 千米，距离塔哈尔省鲁斯塔克区（Rustāq）109 千米。地震造成多处房屋受损，本次地震造成 2 人死亡，22 人受伤，引起次生灾害较多，如滑坡、砂土液化。

3. 墨西哥 7.1 级地震

北京时间 2 月 17 日 07 时 39 分（当地时间 2 月 16 日 17 时 39 分），墨西哥发生 7.1 级地震，震源深度为 10 千米，震中位于墨西哥南部的瓦哈卡州（Oaxaca）太平洋沿岸小镇 Santiago Ixtayutla 附近。距震中 54.5 千米的 Pinotepa 约 2.5 万人，距震中 69 千米的 Tlaxiaco 约 1.5 万人，距震中 80 千米的 Ometepec 约 1.8 万人。南部瓦哈卡州、恰帕斯州，中部普埃布拉州和西部米却肯州均有震感，首都墨西哥城有强烈震感，建筑物摇晃严重。地震造成 14 人死亡，17 人受伤，多间房屋被毁，墨西哥中南部地区大面积断电。

4. 巴布亚新几内亚 7.5 级地震

北京时间 2 月 26 日 01 时 44 分（当地时间 03 时 44 分），巴布亚新几内亚发生 7.5 级地震，震源深度为 20 千米。地震造成 160 人死亡，500 多人受伤，地震造成滑坡和泥石流。

5. 巴布亚新几内亚 6.2 级地震

北京时间 2 月 28 日 10 时 45 分（当地时间 12 点 45 分），巴布亚新几内亚发生 6.2 级地震，震源深度为 10 千米。地震造成 1 人死亡，多地震感明显，部分道路受损，地震引发道路滑坡。震情最为严重的地区包括南高地省、西高地省、海拉省和恩加省等。

6. 巴布亚新几内亚 6.7 级地震

北京时间 3 月 6 日 22 时 13 分（当地时间 7 日 00 时 13 分），巴布亚新几内亚发生 6.7 级地震，震源深度为 20 千米。地震为 2 月 26 日 7.5 级地震余震，本次地震造成 25 人死亡，地震引发泥石流，多间房屋被毁，道路受阻。

7. 巴布亚新几内亚 6.3 级地震

北京时间 4 月 7 日 13 时 48 分（当地时间 15 时 48 分），巴布亚新几内亚波尔盖拉地区发生 6.3 级地震，震源深度为 20 千米。其地处大陆板块交界处，位于环太平洋火山带，地震频繁。地震为 2 月 26 日 7.5 级地震余震，本次地震造成部分建筑物被毁，多间房屋倒塌，道路严重受毁。

8. 印度尼西亚 6.5 级地震

北京时间 7 月 29 日 06 时 47 分（当地时间 29 日 05 时 47 分），印度尼西亚龙目岛发生 6.5 级地震，震源深度为 10 千米，巴厘岛震感强烈。地震造成 20 人死亡，超过 400 人受伤，数以百计的建筑物被毁，店里设施严重受损，龙目岛电力被切断，基础设施严重受损。当地一家医院被毁。

9. 印度尼西亚 6.8 级地震

北京时间 8 月 5 日 19 时 46 分（当地时间 18 时 47 分），印度尼西亚松巴哇岛地区发生 6.8 级地震，震源深度为 10 千米。震中距龙目岛 6 千米，松巴哇岛、龙目岛、马塔兰等地震感明显。地震造成 513 人死亡，1353 人受伤，数万人转移安置，许多学校、居民楼等建筑物倒塌，道路严重受损，地震引起滑坡等次生灾害。一周之内，经历 6.5 级、6.8 级两次地震影响，地震灾害叠加，造成约 5.28 亿美元经济损失。

10. 印度尼西亚 6.3 级、6.9 级地震

北京时间 8 月 19 日 12 时 10 分（当地时间 11 时 10 分），印尼龙目岛发生 6.3 级地震，震源深度为 20 千米。地震造成 2 人死亡，3 人受伤，此次地震引起山体滑坡，许多建筑物倒塌。北京时间 8 月 19 日 22 时 56 分（当地时间 8 月 19 日 21 时 56 分），印尼龙目岛发生 6.9 级地震，震源深度为 20 千米。地震造成 14 人死亡，24 人受伤，地震造成滑坡、供电中断、建筑倒塌、道路被毁，超过 1800 座房屋损毁。大约 20000 人住在临时搭建的帐篷里，此外仍有数千人流离失所，大约 2700 名游客通过吉利岛疏散。

11. 委内瑞拉 7.3 级地震

北京时间 8 月 22 日 05 时 31 分（当地时间 8 月 21 日 17 时 31 分），委内瑞拉沿岸近海发生 7.3 级地震，震源深度为 110 千米。地震造成 5 人死亡，122 人受伤，一些建筑物被严重损毁，道路被毁，电力设施被切断，周围地区震感强烈。委内瑞拉官方派出 20000 人参与救灾，此次地震是该地区 1900 年以来最大地震。

12. 伊朗 6.1 级地震

北京时间 8 月 26 日 06 时 13 分(当地时间 8 月 26 日 01 时 43 分)，伊朗发生 6.1 级地震，震源深度为 10 千米。震中距离伊朗科曼莎省 Javanrud 市 26 千米。地震造成 3 人死亡，243 人受伤，超过 500 间房屋被毁坏。

13. 日本 6.9 级地震

北京时间 9 月 06 日 02 时 08 分（当地时间 9 月 6 日 03 时 08 分），日本北海道地区发生 6.9 级地震，震源深度为 40 千米。地震造成 41 人死亡，680 人受伤，震中地区许多建筑物倒塌，道路被毁，地震引发整个北海道大规模停电。震中距离北海道主要机场的所在地千岁市仅 25 千米。

14. 印度尼西亚 6.0 级、7.4 级地震

北京时间 9 月 28 日 15 时 00 分（当地时间 9 月 28 日 14 时 00 分），印度尼西亚发生 6.0 级地震，震源深度为 10 千米。地震造成 1 人死亡，10 人受伤，地震引起海啸，浪高约 6 米。北京时间 09 月 28 日 18 时 02 分（当地时间 9 月 28 日 17 时 02 分），印度尼西亚发生 7.4 级地震，震源深度 10 千米。地震造成 2256 人死亡，10679 人受伤，数百人失踪，地震引起宾馆、学校等多处建筑倒塌，并引起砂土液化。

15. 印度尼西亚 6.0 级地震

北京时间 10 月 11 日 02 时 44 分（当地时间 10 月 11 日 01 时 44 分），印度尼西亚巴厘海发生 6.0 级地震，震源深度为 20 千米。地震造成马都拉岛、萨普迪岛等地区建筑物倒塌，在受灾最轻的萨普迪岛上仍有超过 500 间房屋遭到破坏。地震发生在凌晨，人员未能及时离开房屋，共造成 4 人死亡，36 人受伤。

16. 伊朗 6.3 级地震

北京时间 11 月 26 日 00 时 37 分（当地时间 2018 年 11 月 25 日 20 时 37 分），伊朗发生 6.3 级地震，震源深度为 20 千米。震中位于伊朗境内，距离伊拉姆 114 千米，伊朗地区和伊拉克地区均有强烈震感。同一地区，2017 年地震造成 600 余人死亡。通过震后重建工作，房屋建筑得到修缮和加固。本次地震造成伊拉克境内 1 人死亡，伊朗境内 761 人受伤。

（中国地震局震害防御司）

各地区地震活动

首都圈地区

据中国地震台网测定，2018 年首都圈地区共发生 1.0 级以上地震 184 次，其中 2.0 ~ 2.9 级地震 26 次，3.0 ~ 3.9 级地震 1 次，4.0 ~ 4.9 级地震 1 次。最大为 2 月 12 日河北永清 4.3 级地震，其次为 8 月 5 日河北唐山 3.3 级地震。

2018 年首都圈地区地震活动特征为：

（1）与 2017 年（1.0 级、2.0 级、3.0 级频次）相比，2018 年首都圈地区地震活动相当，3.0 级地震频次减少，但是发生了 2 月 12 日永清 4.3 级地震，并且唐山余震区发生 3.0 级以上地震 1 次，但唐山余震区总体活动水平仍处于较弱状态。2016 年唐山余震区发生 1.0 级以上地震 163 次，2017 年 67 次，2018 年 92 次。

（2）首都圈地区 1.0 级以上地震活动主要分布在晋冀蒙交界至怀来附近、唐山老震区两个区域，活动水平与去年相当，但总体水平仍然较弱；中部地区地震活动水平与去年相当。

（中国地震台网中心）

北京市

据地震台网测定，2018 年 1 月 1 日至 12 月 31 日，北京市记录到 $M_L1.0$ 以上地震 67 次，其中 $M_L1.0$ ~ 1.9 地震 61 次，$M_L2.0$ ~ 2.9 地震 6 次，无 $M_L3.0$ 以上地震。最大地震为 7 月 15 日房山 $M_L2.6$ 地震。

地震活动概况如下：

（1）地震活动水平略高于 2017 年。全年发生 $M_L1.0$ 以上地震的次数（67 次）高于 2017 年的 50 次，$M_L2.0$ 以上地震次数（6 次）略高于 2017 年的 5 次。

（2）$M_L3.0$ 以上地震依然平静。1970—1997 年，北京市每年平均发生 2 次 $M_L3.0$ 以上地震；1998 年以后，地震活动相对平静，除 2004 年、2005 年和 2008 年未发生 $M_L3.0$ 以上地震之外，其余年份每年都发生 1 次 $M_L3.0$ 以上地震。然而，2017 年和 2018 年连续两年未发生 $M_L3.0$ 以上地震，缺震现象持续。

（3）东城区、西城区和丰台区依然未发生 $M_L1.0$ 以上地震，其余各区均发生过 $M_L1.0$ 以上地震；地震主要集中在昌平区、怀柔区和顺义区，其中昌平区最多，为 17 次；$M_L2.0$ 以上地震分别发生在昌平、顺义区和房山区，均为 2 次，其中房山区 7 月 15 日发生的 $M_L2.6$ 地震为 2018 年北京市发生的最大地震。

（4）与 2017 年相比，2018 年北京市小震分布没有发生显著变化，主要沿北西向分布，小震发生的集中部位依然在北京中部地区。

此外，据北京地震台网速报，北京市发生非天然地震（塌陷）4次，最大震级相当于M_L2.4，有2次，均发生在门头沟。

（北京市地震局）

天津市

天津市行政区范围内发生1.0级以上地震8次，最大地震为2018年8月16日蓟州区2.2级地震，其中1.0~1.9级地震7次，2.0~2.9级地震1次。总的来说，2018年天津行政区范围内地震数目比2017年稍低，但强度略有增强；天津地区地震主要分布在蓟州区与宝坻区交界附近及宁河区。

（天津市地震局）

河北省

河北省共发生M_L1.0~1.9地震650次，M_L2.0~2.9地震124次，M_L3.0~3.9地震14次，M_L4.0~4.9地震1次，最大地震为2018年2月12日河北永清M_L4.8地震。地震活动频次和强度均高于上一年度。地震活动主要分布在张渤带和河北平原带。自1980年以来河北省$M_L \geqslant 3.0$地震年频次约为30次，本年度河北省$M_L \geqslant 3.0$级地震活动频次是15次，地震活动处于较低水平。

（河北省地震局）

山西省

1. 地震活动概况

2018年山西省共发生1.0级以上地震136次，其中1.0~1.9级地震117次，2.0~2.9级地震16次，3.0~3.9级地震3次，其中最大地震是3月18日山西霍州M3.6地震。地震的空间分布为：大同盆地16次；忻定盆地6次；太原盆地52次；临汾盆地23次；运城盆地13次；西部山区14次，东部山区12次。2018年山西省1.0级以上地震与2017年相比频次和强度均增强。

2. 地震活动特征

2018年，山西省1.0级以上地震主要发生在断陷盆地内，其中大同盆地发生的地震占全省地震的11.8%，忻定盆地发生的地震占全省地震的4.4%，太原盆地发生的地震占全省地震的38.2%，临汾盆地发生的地震占全省地震的16.9%，运城盆地发生的地震占全省地震的9.6%，五大盆地发生的地震占全省地震的80.9%。

2018年山西省1.0级以上地震主要发生在山西省中南部地区（N38°以南），共发生地震108次，占山西省地震的79.4%，并且全省2.0级以上地震共19次，有16次发生在山西省中南部地区，其中3.0级以上地震全部发生在该地区。

（山西省地震局）

内蒙古自治区

1. 地震活动概况

2018 年，内蒙古自治区发生 $M_L \geq 1.0$ 地震 576 次，其中 $M_L 1.0 \sim 1.9$ 地震 303 次，$M_L 2.0 \sim 2.9$ 地震 230 次，$M_L 3.0 \sim 3.9$ 地震 42 次，$M_L 4.0 \sim 4.9$ 地震 1 次。最大地震是 2018 年 12 月 14 日 13 时 2 分阿拉善左旗（38°28′ N，104°14′ E）发生的 $M_L 4.5$ 地震。以上地震次数统计均为可定位地震，而且不包含敖汉震群，敖汉震群单独统计。

2018 年 2 月 7 日敖汉震群：截至 2018 年 12 月 31 日 24 时 59 分，该震群共计发生地震 616 次，其中 $M_L 0.0 \sim 0.9$ 451 次，$M_L 1.0 \sim 1.9$ 139 次，$M_L 2.0 \sim 2.9$ 22 次，$M_L 3.0 \sim 3.9$ 4 次，最大地震为 4 月 10 日 16 时 47 分发生的 $M_L 3.7$ 地震。

2. 地震活动特征

（1）$M_L \geq 3.0$ 地震活动频度、强度。

2018 年发生 $M_L \geq 3.0$ 地震 43 次，2017 年发生 $M_L \geq 3.0$ 地震 34 次，2018 年 $M_L \geq 3.0$ 地震活动频度水平高于 2017 年。但是，2018 年未发生中强地震，最大地震是 2018 年 12 月 14 日阿拉善左旗 $M_L 4.5$ 地震，而 2017 年发生 $M_S 5.0$ 中强地震，2018 年地震强度明显低于 2017 年。

（2）地震活动强度西部地区强、东部次之，中部较弱。

2018 年 $M_L \geq 4.0$ 地震的 1 次，发生在西部地区，东部地区、中部地区没有。最大地震位于西部地区阿拉善左旗，震级为 $M_L 4.5$，次大地震位于东部科尔沁左翼后旗，震级为 $M_L 3.7$，另外，东部地区敖汉旗发生震群，最大地震震级也为 $M_L 3.7$。中等地震活动特征显示，西部震级强度相对较大，东部地区地震频次相对活跃，而中部地区地震相对西部和东部地区较弱。

（3）发生 1 次震群活动。

2018 年 2 月 7 日以来，敖汉旗发生震群，其中 $M_L \geq 3.0$ 地震 4 次。赤峰东南至辽蒙交界地区是震群多发地区，但该次震群持续时间较长，而且具有明显活跃—平静—活跃起伏活动特征。

（4）中小地震丛集、有序活动区。

2018 年全部地震活动图像显示，除了敖汉旗震群外，还表现出 3 个丛集活动区：乌海至阿拉善地区，地震活动活跃，呈现密集分布特征，发生 2018 年最大地震；包头、呼和浩特至蒙晋交界地区，地震活动呈近东西向条带分布状态，发生 1 次 $M_L 3.5$ 以上地震；呼伦贝尔市扎兰屯地区，地震活动呈北北东向条带分布状态，发生 2 次 $M_L 3.5$ 以上地震，显示地震活动较为活跃状态。

（内蒙古自治区地震局）

辽宁省

1. 地震活动概况

据中国地震台网中心小震目录库统计，2018 年辽宁地区（39° ~ 43°N，119° ~ 126°E）共发生 $M_L \geq 2.0$ 地震 133 次，其中 $M_L 2.0 \sim 2.9$ 地震 122 次，$M_L 3.0 \sim 3.9$ 地震 11 次，最大地震为 3 月 30 日辽宁新金 $M_L 3.5$。

2. 地震活动特征

（1）辽宁地区 4.0 级地震平静。

自 2017 年 12 月 19 日岫岩 $M_L 4.8$ 地震

之后，截至 2018 年 12 月 31 日，辽宁地区 $M_L \geqslant 4.0$ 地震平静已经超过一年，为 2012 年以来 4.0 级地震最长平静时段。

（2）3.0 级地震集中。

2018 年辽宁地区发生 $M_L \geqslant 3.0$ 地震 16 次，接近 1990 年以来的均值水平（16 次），空间分布有 8 次集中发生在营海老震区。

总的来看，2018 年辽宁地区中小震活动频次高于 1990 年以来的背景水平（116 次），但强度不高（缺少 4.0 级以上地震）。在此背景下，震群活动频繁，特别是盖州地区，未来需密切关注。

（辽宁省地震局）

吉林省

1. 地震活动概况

根据吉林省地震台网测定，2018 年 1 月 1 日至 2018 年 12 月 31 日，吉林省共记录到 2.0 级以上地震 35 次，震级分布为：5.0～5.9 级地震 1 次、4.0～4.9 级地震 3 次、3.0～3.9 级地震 6 次、2.0～2.9 级地震 25 次，最大地震发生在松原市宁江区，为 5 月 28 日 5.7 级地震。

2. 地震活动特征

吉林省地处东北的地区腹部，区内主要断裂带有北东向依兰—伊通断裂带的伊通—舒兰断裂段、敦化—密山断裂带敦化断裂段、北西走向的第二松花江断裂带，以及规模较小的一系列北西、北东向断裂。东部为珲春—汪清深源地震区和长白山天池火山地震活动区。上述断裂带交会处是历史中强地震及现代仪器记录小震的多发

地点。按照吉林省内地震活动东多西少的特点，以伊通—舒兰断裂带为界，分别研究东西部地震活动特征。整体来看，西部地区地震频次少于东部地区，偶尔频次高峰期发生在 4.0 级及 5.0 级地震后。东部地区地震频次及强度变化相对稳定，仅在 2008 年 2009 年出现一次高峰期，2013 年西部前郭震群后，东部地区频次相对有所降低，2016 年后频次再次恢复以往趋势。

2018 年地震活动主要分布在吉林省西部的松原宁江震区和东部抚松地区。2018 年 5 月 28 日松原宁江发生 5.7 级地震，震后震中区余震丰富，最大余震为 9 月 15 日的 4.5 级地震。除前松原宁江震区外，吉林省其他地区地震活动较弱，全年发生 22 次地震，主要发生在松原市前郭县以及浑江断裂带附近的白山、抚松地区，最大地震为 4 月 12 日发生在吉林省前郭县的 2.3 地震。长白山火山地震活动水平较低，全年共发生 49 次火山地震，最大震级为 2.2 级。

（吉林省地震局）

黑龙江省

2018 年黑龙江省共记录到可定位地震 132 次，其中 1.0～1.9 级地震 43 次，2.0～2.9 级地震 9 次，3.0～3.9 级地震 2 次，地震活动主要沿依舒断裂带汤原—萝北段分布。从地震强度上看，2018 年黑龙江省内最大地震为 1 月 15 日汤原 $M3.8$ 地震。从地震频次上看，地震活动主要集中在 1～3 月份，其中 3 月份地震频次高达 24 次；10～12 月份地震频次相对较弱，其中 12 月的地

震频次仅为 3 次。

（黑龙江省地震局）

上海市

1. 地震活动概况

据上海地震台网测定，2018 年上海行政区范围内共记录到 $M_L 0.0$ 以上地震 3 次，震级均在 $M_L 0.0 \sim 1.0$ 之间，最大地震为 2018 年 10 月 17 日发生在上海崇明的 $M_L 1.0$ 地震，震源深度 7 千米。

2. 地震活动特征

（1）2018 年上海行政区共发生 3 次地震，其频次较 2017 年增加 1 次，强度略低于 2017 年，最大震级只有 1.0 级。地震活动水平略低于 1970 年以来的平均水平。

（2）2018 年上海行政区的 3 次地震，空间分布较均匀，分别发生在上海市的北部、中部和南部地区。

（3）自 2014 年 7 月 10 日上海浦东新区发生 $M_L 3.2$ 地震以来，近年来上海行政区每年均发生 2 ~ 3 次小震，震级在 $M_L 0.0 \sim 2.1$ 级之间。

（上海市地震局）

江苏省

2018 年，江苏省陆地及其邻近海域（30.5° ~ 36°N，116° ~ 125°E）共发生 $M_L \geqslant 2.0$ 地震 77 次，其中 $M_L 3.0 \sim 3.9$ 地震 20 次，$M_L \geqslant 4.0$ 地震 3 次，最大地震为 2018 年 5 月 29 日南黄海海域 $M_L 4.2$ 级地震；江苏省陆地未发生 $M_L \geqslant 4.0$ 地震，最大地震为 6 月 12 日江苏阜宁 $M_L 3.5$ 地震。总体而言，2018 年江苏省陆地和黄海海域的中小震活动频度和强度均处于背景活动水平，$M_L 3.0$ 以上地震主要分布在南黄海海域和洪泽—沟墩断裂附近的苏中地区。

2018 年，江苏省陆地共发生 $M_L \geqslant 2.0$ 地震 23 次，$M_L \geqslant 3.0$ 地震 3 次，最大为 6 月 12 日江苏阜宁 $M_L 3.5$ 地震。陆地上较为突出的地震分布现象为江苏淮安小震活动较为丛集，全年共发生 $M_L 0.0$ 以上地震 19 次，其中 $1.0 \leqslant M_L \leqslant 1.9$ 地震 11 次，$2.0 \leqslant M_L \leqslant 2.9$ 地震 6 次，最大地震为 11 月 11 日 2.5 级地震，明显高于该区域背景活动水平；淮安地区地震活动与江苏地区典型震群活动相比具有活动持续时间长、衰减缓慢的特点。全年黄海海域共发生 $M_L \geqslant 2.0$ 地震 42 次，其中 $M_L 3.0 \sim 3.9$ 地震 13 次，$M_L \geqslant 4.0$ 地震 2 次。

2018 年，江苏及临近海域共发生有感地震 3 次，6 月 12 日江苏阜宁 $M_L 3.5$ 地震，震中附近部分居民有感；11 月 13 日江苏洪泽 $M_L 2.5$ 地震，震中附近蒋坝镇部分居民有感，并听到轰隆声；12 月 25 日江苏盐城大丰海域 $M_L 3.6$ 地震，附近部分居民有感。

（江苏省地震局）

浙江省

根据浙江省数字地震台网测定：2018 年，浙江省共发生 0 级以上地震 16 次，其中 0.0 ~ 0.9 级地震 11 次、1.0 ~ 1.9 级地震 4 次、2.0 ~ 2.9 级地震 1 次。最有影响力的一次地震为 7 月 21 日杭州上城 2.2 级地震。

北部地区是浙江省地震活动的主体地区。浙江省 2018 年 5 次 $M \geqslant 1.0$ 以上地震均发生在该区域。在 5 次 $M \geqslant 1.0$ 地震中，岱山 1 次、临安 2 次、杭州上城区 1 次、磐安 1 次。

（浙江省地震局）

安徽省

1. 地震活动概况

2018 年，安徽省内共记录到地震 326 次，其中 1.0 级以上地震 54 次，2.0 级以上地震 10 次，3.0 级以上地震 1 次，为 2018 年 4 月 6 日无为 3.6 级地震。

2. 地震活动特征

与 2017 年相比，发震频次减少、震级略有增大，地震活动性有所增强。相比于 2017 年，2018 年郯庐断裂带东侧地震增加，"霍山窗"地震减少。时间上，2018 年 4 月以前地震相对密集，之后的频次和强度均有所减弱。

（安徽省地震局）

福建省及其近海（含台湾地区）

2018 年，闽台地区地震活动水平相较 2017 年整体上升，各分区地震活动概况如下。

1. 地震活动概况

根据福建省地震台网测定，2018 年福建及其近海地区共发生 $M_L 2.0$ 以上地震 50 次。其中，2.0 ~ 2.9 级 46 次，3.0 ~ 3.9 级 4 次，最大地震为 7 月 12 日明溪 $M_L 3.9$ 地震，地震活动水平较 2017 年度有所上升。

2. 台湾海峡地区地震活动特征

根据福建省地震台网测定，2018 年台湾海峡地区共发生 $M_L 3.0$ 以上地震 47 次。其中，3.0 ~ 3.9 级地震 36 次，4.0 ~ 4.9 级地震 10 次，6.0 ~ 6.9 级地震 1 次，最大地震为 11 月 26 日台湾海峡 $M_S 6.2$ 地震，地震活动水平较 2017 年度显著上升。

3. 台湾地区地震活动

根据全国统一正式目录，2018 年台湾地区共发生 $M_S 5.0$ 以上地震 20 次。其中，5.0 ~ 5.9 级 15 次，6.0 ~ 6.9 级 5 次，最大地震为 2 月 6 日台湾花莲县附近海域 $M_S 6.8$，地震活动水平较 2017 年显著上升。

（福建省地震局）

江西省

据江西省地震台网测定，2018 年，江西省境内共记录到地震 246 次。其中，1.0 ~ 1.9 级地震 53 次；2.0 ~ 2.9 级地震 8 次；3.0 级以上地震 2 次，分别为 1 月 1 日寻乌 3.0 级和 7 月 2 日浮梁 3.6 级地震。

2018 年江西省地震活动较上年度有所增强，赣中和赣南地区小震继续活跃，空间上地震主要分布在萍乡—广丰断裂带和石城—寻乌断裂带附近。寻乌地区小震最为活跃，发生 1.0 级以上地震 21 次。

2010 年以来，江西省内一个比较突出

的地震现象是在江西中部的萍乡—新余—丰城一带出现北东东向的小震条带，这条地震条带展布在萍乡—广丰断裂带北侧。2018年该断裂带小震继续活跃，发生了14次1.0级以上地震。

2018年，江西省发生的最大地震为7月2日浮梁3.6级地震，该地震发生在地震活动较为稀少的地区，未记录到余震活动。

（江西省地震局）

山东省

2018年山东省及近海地区的地震活动频次和能量释放较2017年偏弱，地震主要分布在胶东半岛及其两侧海域，沂沭带南段及其北西向分支断裂和濮阳地震集中区，鲁西北和沂沭带北段仍显得比较平静。2018年山东内陆及邻区共记录天然地震1001次。其中，小于1.0级地震816次，1.0～1.9级地震145次，2.0～2.9级地震39次，3.0级及以上地震1次。2018年山东陆地最大地震是4月11日山东平邑的$M3.1$地震，海域最大为12月13日黄海$M3.2$地震。

2018年，山东地震台网共记录到非天然地震事件（矿震、爆破等）678次，其中矿震事件88次、爆破事件590次。矿震事件中，小于1.0级的33次，1.0～1.9级的37次，2.0～2.9级的18次，最大为1月10日山东邹城2.8级矿震，平均每月发生矿震7.3次，与2017年平均每月发生矿震3次相比，频次有显著增加，主要发生于济宁、泰安、枣庄、临沂等地区，其中66%（58次）发生于济宁地区，10%（9次）发生在枣庄的驿城区和滕州市。

（山东省地震局）

河南省

2018年，河南省地震台网共记录2.0级以上天然地震13次，其中3.0级以上地震1次，年度最大地震是2月9日河南淅川4.3级地震。地震空间活动不均匀，中东部地区地震较为平静。与往年相比，2018年河南省地震活动水平明显增强，高于1970年以来年均值且达到近6年以来最大频度，但与邻区相比，河南省地震活动仍然呈外强内弱与历史地震活动规律一致。

（河南省地震局）

湖北省

1. 地震活动概况

据湖北省地震台网测定，2018年湖北省境内共发生$M1.0$以上地震96次，其中$1.0 \leq M < 2.0$地震85次，$2.0 \leq M < 3.0$地震9次，$3.0 \leq M < 4.0$地震0次，$4.0 \leq M < 5.0$地震2次，最大地震为10月11日秭归县$M4.5$地震。

2. 地震活动特征

2018年湖北省地震活动水平较2017年有所降低。地震主要分布在湖北中西部地区的巴东、秭归以及荆州、远安、襄阳、南漳等地。

（湖北省地震局）

湖南省

2018 年湖南省境内共发生 $M_L 2.0$ 地震 7 次，最大地震为 10 月 1 日发生在常德市桃源县的 $M_L 3.8$ 地震。从地震活动空间看，主要集中分布在湘北、湘中和湘南地区，本年度湖南省境内地震活动水平相对降低，地震频度和强度与往年相当。

（湖南省地震局）

广东省

1. 地震活动概况

2018 年 1 月 1 日至 12 月 31 日广东省及邻近海域共发生 1.0 级（含 1.0 级）以上地震 161 次。其中，2.0 ~ 2.9 级地震 19 次，3.0 ~ 3.9 级 4 次，最大为 3 月 20 日阳西 3.7 级地震。最大地震略高于 2017 年度的南澳海域 3.1 级地震。

2. 地震活动特征

2018 年广东省地震活动主要集中在阳江、河源、南澳 3 个老震区，粤西信宜—茂名、粤东潮汕—梅州地区、珠江口外海至茂名海域出现了活动增强的现象。2.5 级以上地震主要在阳江、河源等区域，沿吴川—四会断裂带南段比较活跃。上年度活跃的梅州蕉岭、韶关乳源等地地震活动减弱。

（广东省地震局）

广西壮族自治区

2018 年 1 月 1 日至 12 月 31 日，广西及北部湾地区共发生 $M_L 1.0$ 以上地震 207 次。其中 $M_L 1.0 ~ 1.9$ 137 次，$M_L 2.0 ~ 2.9$ 67 次，$M_L 3.0 ~ 3.9$ 3 次，最大地震为 2018 年 12 月 5 日广西贺州（23.98°N，111.72°E）$M_L 3.4$ 地震，2018 年没有 $M_L 4.0$ 以上地震发生，强度较低。广西及北部湾地区 $M_L 2.0$ 以上地震频次较低，远低于 2016 年和 2017 年。2018 本年度地震主要集中在东经 109° 以西地区，广西靖西出现地震丛集现象，红水河流域地震较多，桂北地区及北部湾地区地震相对平静。

（广西壮族自治区地震局）

海南省

2018 年海南岛及近海（17.5° ~ 21.0°N，108.0° ~ 111.5°E）共发生 $M 1.0 ~ 1.9$ 地震 18 次，$M 2.0 ~ 2.9$ 地震 2 次，$M 3.0 ~ 3.9$ 地震 2 次。海南岛陆年度最大地震为 7 月 30 日海南保亭 $M 3.1$ 地震（对社会公布的震级为 $M 2.9$，后经数据分析修订为 $M 3.1$）。

2018 年，海南岛及近海地震分布较为分散，主要集中分布于海南岛西北部海域地区、海南保亭地区。

（海南省地震局）

重庆市

截至 2018 年底，重庆市共有 29 个测震台和 1 个流动测震台网、20 个前兆台、

4个强震动台、15个全球定位系统（GPS）观测站，2个全球导航卫星系统（GNSS）观测站和31个信息节点。除重庆市地震局直属重庆台、石柱台、仙女山台外，其他均为无人值守台站。重庆市地震台网全年共记录到重庆行政区域2.0级以上地震14次。其中，2.0～2.9级12次，3.0～3.9级2次，最大地震为2018年1月5日北碚3.3级地震，其次为2018年4月15日重庆荣昌与四川隆昌交界3.2级地震。地震主要分布在北碚、荣昌、永川、綦江和巫山等地。2018年全市地震活动水平低于2017年，地震未造成灾害性损失。

（重庆市地震局）

四川省

据四川省地震台网测定，2018年在四川省内共记录 M_L2.0 以上地震2627次，其中，2.0～2.9级2415次；3.0～3.9级195次；4.0～4.9级15次；M_S5.0～5.9 2次。2018年四川及邻区发生突出的地震，即10月31日四川西昌 M_S5.1、12月16日四川兴文 M_S5.7。

1. 地震活动特征

四川2018年地震频次和强度均低于2017年。地震空间分布图像显示，2018年四川境内 M_L3.0 以上地震活动主要集中四个区域（带）：一是8月8日九寨沟7.0级地震的余震活动；二是龙门山断裂带，龙门山断裂带地震活动主要分布在汶川8.0级地震和芦山7.0级地震的两个余震区；三是川滇菱形地块东边界地震较活跃，

例如2月22日道孚4.2级，2月24日道孚再次发生 M_L4.0，5月16日石棉连发两次4.3级，10月31日西昌发生5.1级地震；四是川南部地震活跃，例如：12月16日兴文 M_S5.7。

2. 重要地震事件

（1）西昌5.1级地震。

据中国地震台网测定，2018年10月31日16时29分55秒，四川省凉山州西昌市发生5.1地震（震中：27.7°N，102.1°E），震源深度为19千米。据四川区域地震台网测定，截至12月31日，西昌5.1级地震序列共记录到 $M_L \geq 0.0$ 地震197次，其中，M_L0.0～0.9地震170次，M_L1.0～1.9地震21次，M_L2.0～2.9地震4次，M_L5.0～5.9地震1次。本次5.1地震的最大余震为10月20日3.3（M_L3.9）。

西昌5.1级地震序列显示：0.0级以上余震最大日频次发生在主震当日，11月1日后余震频次迅速衰减，之后处于较低的余震活动水平，本次5.1地震与最大余震（M3.3）震级差达1.8，显示其序列类型可能为主余型。

（2）兴文5.7级地震。

12月16日兴文5.7级主震开始，截至2018年12月31日，此次地震序列共记录到 M_L0.0 以上地震1034次，其中，1.0～1.9级397次，2.0～2.9级35，3.0～3.9级4次，4.0～4.9级1次，M_S5.0～5.9地震1次。

兴文5.7级地震序列显示：截止到12月31日序列余震频次衰减不明显，区域小震持续活动。

3. 主要余震活动

（1）汶川8.0级地震的余震活动。

汶川 8.0 级地震的余震区仍持续活跃，继续呈现起伏性平稳衰减态势。从 2008 年 5 月 12 日汶川 8.0 级地震至 2018 年 12 月 31 日，四川台网共记录到 $M_L \geq 0.0$ 汶川余震 138985 次，其中，$M_S 5.0 \sim 5.9$ 余震 43 次；$M_S 6.0 \sim 6.9$ 余震 8 次；2018 年新增 9 月 12 日陕西宁强 $M_S 5.3$ 强余震，最大余震仍为 2008 年 5 月 25 日青川 $M_S 6.4$ 地震。

汶川余震继续沿整个余震区分布，表明仍处于余震调整期。2018 年记录 $M_L \geq 0.0$ 余震 5390 次，余震仍然沿整个余震区南段、中段和北段较均衡展布，表明汶川余震区仍处于余震调整期。其中：$M_L 2.0 \sim 2.9$ 余震 321 次；$3.0 \sim 3.9$ 级余震 43 次；$4.0 \sim 4.9$ 级余震 3 次；$M_S 5.0 \sim 5.9$ 余震 1 次。

（2）芦山 7.0 级地震的余震活动。

芦山 7.0 级地震的余震丰富。2013 年 4 月 20 日芦山 7.0 级地震，截止到 2018 年 12 月 31 日共记录到 $M_L \geq 0.0$ 余震 16318 次，其中，$3.0 \sim 3.9$ 级 323 次；$4.0 \sim 4.9$ 级 54 次；$5.0 \sim 5.9$ 级 7 次。$M_S 5.0$ 以上余震 4 次，$M_S 5.0$ 以上余震均发生在主震后的 2 天内，余震序列强度衰减明显。最大余震为 2013 年 4 月 21 日 17 时 05 分芦山、邛崃交界 $M_S 5.4$ 地震。

芦山 7.0 级地震的余震继续活动。2018 年记录 $M_L \geq 0.0$ 余震 282 次，其中，$3.0 \sim 3.9$ 级 3 次；$2.0 \sim 2.9$ 级 20 次；$1.0 \sim 1.9$ 级 109 次。没有发生 $M_L 4.0$ 以上余震事件。

（3）九寨沟 7.0 级地震的余震活动。

2017 年 8 月 8 日九寨沟 7.0 级主震至 2018 年 12 月 31 日，四川地震台网共记录到九寨沟 $M_L 0.0$ 以上余震 10809 次，其中，$3.0 \sim 3.9$ 级 98 次，$4.0 \sim 4.9$ 级 15 次，$5.0 \sim 5.9$ 级 2 次，最大余震仍为 8 月 9 日 10 时 17 分九寨沟 $M 4.8$（$M_S 5.2$）。2018 年发生的 13 次 $M_L \geq 3.0$ 余震，最大是 2018 年 3 月

18 日 $M_L 3.6$。

九寨沟余震显示：$M_L \geq 3.0$ 余震主要集中发生在震后两个月内，随后衰减明显，发震时间间隔逐渐变长。

4. 主要震群活动

（1）木里小震群活动。

2013 年 7 月开始，四川木里地区持续小震活动，截至 2018 年 12 月 31 日，共记录 $M_L 0.0$ 以上地震 44390 次，其中，$1.0 \sim 1.9$ 级地震 15633 次；$2.0 \sim 2.9$ 级地震 1834 次；$3.0 \sim 3.9$ 级地震 109 次；$4.0 \sim 4.9$ 级地震 11 次，最大地震为 2017 年 9 月 12 日木里 $M_L 4.7$。2018 年 2 次 $M_L 4.0$ 以上地震事件：8 月 4 日 $M_L 4.1$、8 月 29 日 $M_L 4.1$ 地震。

（2）石棉两次 $M 4.3$ 地震。

2018 年 5 月 16 日 16 时 46 分 11 秒四川雅安市石棉县发生 $M 4.3$ 地震（震中：29.2°N，东经 102.3°E），随后于 46 分 40 秒在同一位置再次发生 $M 4.3$ 地震。截至 2018 年 12 月 31 日，四川地震台网共记录到 $M_L 0.0$ 以上地震 520 次，其中，$0.0 \sim 0.9$ 级 226 次，$1.0 \sim 1.9$ 级 239 次，$2.0 \sim 2.9$ 级 48 次，$3.0 \sim 3.9$ 级 5 次，$4.0 \sim 4.9$ 级 2 次。

（四川省地震局）

贵州省

1. 地震活动概况

2018 年 1 月 1 日—12 月 31 日，贵州境内共记录到地震 854 次，其中 $M_L 1.0$ 以下地震 263 次，$M_L 1.0 \sim 1.9$ 450 次，$M_L 2.0 \sim 2.9$ 123 次（年均 93 次），$M_L 3.0 \sim 3.9$ 17 次（年均 17 次），$M_L 4.0 \sim 4.9$ 1 次。最大地震为 8

月 15 日发生在威宁的 $M4.4$ 级地震。

2. 地震活动特征

2018 年贵州省发生 $M2.0$ 以上地震 20 次,最大地震为 8 月 15 日发生在威宁的 $M_L4.8$($M4.4$)地震。贵州省地震活动主要有以下特点:一是地震活动空间分布集中,地震主要集中于威宁、水城—盘州、晴隆—贞丰—册亨,其他地区分布较少。二是地震活动时间分布不均匀,2018 年贵州境内地震频次较高的月份为 2 月、3 月、5 月、8 月、12 月份。三是总体上在研究时段地震频度略高于往年平均水平、强度与往年平均水平相当,比起 2016 年、2017 年,地震活动水平有所增强。

(贵州省地震局)

云南省

1. 地震活动概况

据云南地震台网测定,2018 年 1 月 1 日—12 月 31 日,云南省内共发生 2.0 级及以上地震 163 次。其中,3.0 ~ 3.9 级地震 119 次,3.0 ~ 3.9 级地震 32 次,4.0 ~ 4.9 级地震 9 次,5.0 ~ 5.9 级地震 3 次。最大地震为 9 月 8 日墨江 5.9 级地震。

2. 地震活动特点

(1)2018 年云南省内地震活动较 2015 年、2016 年和 2017 年显著增强。

(2)云南省内 $M \geq 2.0$ 地震发主要分布在滇西地区和滇南—滇西南地区,$M \geq 3.0$ 地震则主要分布在小滇西和滇西南地区,而 $M \geq 4.0$ 地震主体活动区域为滇

西南地区。

(3)滇东北地区的 3.0 级、4.0 级地震均发生在老震区,即 2012 年彝良、2014 年永善和 2014 年鲁甸老震区。

(4)云南省内 5.0 级地震长期平静打破,8 月 13 日通海 5.0 级地震打破了云南省内自 2017 年 3 月 27 日漾濞 5.1 级地震以来长达 504 天的 5.0 级地震平静。

(5)云南省内 6.0 级地震持续平静,截至 2018 年 12 月 31 日已平静 4.2 年。

(云南省地震局)

西藏自治区

1. 地震活动概况

2018 年,西藏地区(26.5º ~ 36.5º N,77.0º ~ 99.0 ºE)共发生 $M \geq 3.0$ 以上地震 75 次,其中,$M3.0 ~ 3.9$ 地震 47 次,$M4.0 ~ 4.9$ 地震 25 次,$M5.0 ~ 5.9$ 震 3 次,最大地震为 12 月 24 日西藏谢通门 5.8 级地震。

西藏自治区 3.0 级以上地震活动主要分布在藏北双湖、安多附近,藏西仲巴附近,藏东南地区丁青、巴宜附近。

2. 主要地震活动

沿郭扎错断裂带、温泉湖—万泉湖断裂带、吐错断裂带以及嘉黎—然乌断裂带分布,最为显著的地震事件是谢通门 5.8 级地震。共发生了 3 次 5.0 级以上地震,其中 2 次为日土县郭扎错断裂带附近。4.0 级地震、5.0 级地震活动均低于年平均地震活动水平。

12 月 24 日 03 时 32 分在西藏日喀则市谢通门县(87.67°E,30.30°N)发生 5.8

级地震。地震发生在嘉黎—然乌断裂带附近，2015年至今，震中附近50千米范围内，西藏台网共记录 M_L3.0以上地震62次。其中，M_L3.0～3.9地震52次，M_L4.0～4.9地震7次，M_L5.0～5.9地震2次。震中区域为西藏地区地震监测能力较强的地区，小震记录较为完整，对该地震类型作出了为主余型地震的准确判断。

（西藏自治区地震局）

陕西省

1. 地震活动概况

2018年，陕西地震台网共记录到本省区地震592次。其中，1.0级以下地震545次，1.0～1.9级地震38次，2.0～2.9级地震7次，3.0级以上地震2次。3.0级以上地震分别是6月13日阎良3.0级地震和9月12日宁强5.3级地震。空间上主要分布于关中东部、陕南西部和陕北北部。

2. 地震活动特征

2018年陕西省地震活动的空间分布与2017年类似，但活动水平明显增强。其中，关中东部的地震活动主要集中在与山西交界的韩城、合阳以及与河南交界的潼关、洛南等地，活动水平相比2017年略有增强，最大地震是2月5日合阳2.2级地震；关中中部的地震活动主要分布在西安东北方向，活动水平明显高于2017年，最大地震是6月13日阎良3.0级地震；关中西部地震活动弱于2017年，空间上较为分散，最大地震是11月16日太白1.2级地震；陕南的地震活动主要集中在中西部地区，9月12日发生宁强5.3级地震，为汶川地震余震区北段的一次晚期强余震活动，也是2018年省内的最大地震，除宁强外，陕南其他地区的地震活动水平与2017年基本持平；陕北的地震活动主要集中在神木、榆林、府谷等地，最大震级2.5级。

时间上，由于9月12日宁强5.3级地震后震中附近余震活动较频繁，造成9月和10月省内地震月频次分别达到334次和61次，明显高于其余月份，2月为全年最低（10次）。

（陕西省地震局）

甘肃省

甘肃省共发生2.0级及以上地震52次。其中，2.0～2.9级44次，3.0～3.9级7次，4.0～4.9级1次，最大地震为6月17日酒泉市阿克塞县4.5级。空间上，2018年地震活动在主要集中分布于甘肃西部地区、甘肃中部地区以及甘肃南部地区，3.0级以上地震主要分布在甘肃西部的阿尔金断裂带东段。时间上，1月、8月发生2.0级以上地震最多，分别为7次、8次；4月、7月、12月发生地震次数最少，分别为1次、2次、2次。全年省内地震活动水平强度与频度不高，但比2017年有所增强，频度比2017年的43次多了9次。

（甘肃省地震局）

青海省

据青海省地震台网测定，2018 年 1—12 月青海省内（31°～40°N，88°～104°E）发生 $M_L \geqslant 2.0$ 地震 616 次，其中 2.0～2.9 级地震 532 次，3.0～3.9 级地震 74 次，4.0～4.9 级地震 8 次，5.0～5.9 级地震 2 次。最大地震为 2018 年 5 月 6 日称多 $M_S5.3$ 地震。

2018 年青海及邻区地震活动区域主要在玉树藏族自治州，其中 3.0 级以上地震空间分布与上述地震的整体分布基本一致。

（青海省地震局）

宁夏回族自治区

1. 地震活动概况

2018 年宁夏回族自治区境内发生可定位地震共 135 次。其中，0.0～0.9 级地震 70 次，1.0～1.9 级地震 50 次，2.0～2.9 级地震 13 次，3.0～3.9 级地震 2 次，无 4.0 级以上地震，最大地震为 2018 年 7 月 13 日固原 3.6 级地震。

2. 地震活动特征

2018 年宁夏境内 $M \geqslant 2.0$ 地震频度 16 次，其中，2.0～2.9 级地震 13 次，3.0～3.9 级地震 2 次，最大地震为 2018 年 7 月 13 日固原 3.6 级地震，地震活动强度比 2017 年略为偏弱。

2018 年宁夏境内 $M \geqslant 2.0$ 地震活动空间上主要集中在宁夏银川至灵武地区、中宁中卫一带和海原断裂带至六盘山断裂带附近。

2018 年宁夏境内 $M \geqslant 2.0$ 地震时间上相对集中。主要集中在 2—3 月、6—7 月、和 10—11 月。

（宁夏回族自治区地震局）

新疆维吾尔自治区

1. 地震活动概况

2018 年，新疆维吾尔自治区境内共发生 2.0 级以上地震 742 次（剔除余震）。其中，2.0～2.9 级地震 582 次，3.0～3.9 级地震 130 次，4.0～4.9 级地震 26 次，5.0～5.9 级地震 4 次，最大地震是 9 月 4 日伽师县 5.5 级地震，全年地震活动总体水平与历史平均水平相当。

2. 地震活动特征

（1）5.0 级以上地震活动从平静转为连发状态。2017 年 12 月 7 日叶城 5.2 级地震后，境内 5.0 级以上地震平静 271 天，之后连续发生了 9 月 4 日伽师县 5.5 级地震、10 月 16 日精河县 5.4 级地震、11 月 4 日阿图什市 5.1 级地震及 12 月 20 日阿克陶县 5.2 级地震。

（2）4.0 级以上地震活动由平静转为活跃状态。从时间上看，2018 年 6 月 19 日皮山县 4.2 级地震后新疆境内 4.0 级地震出现 60 天的平静状态，8 月 18 日呼图壁县 4.8 级地震打破该平静，其后境内连续发生了 17 次 4.0 级以上地震，包括 4 次 5.0 级地震。从空间上看，主要分布在天山地震带和西昆仑—阿尔金地震带交界地区。

（3）3.0 级以上地震活动增强。2018 年度新疆境内 3.0 级以上地震活动呈现"弱活动至增强"现象，特别是 2018 年 3 月以来，天山中段 3.0 级以上地震活跃，发生了 81 次 3.0 级以上地震，其中 5 月和 10 月增强最为显著，以上地区增强期间发生 10 月精河县 5.4 级地震。

（4）小震群活跃。2017 年 10 月以来，新疆境内发生 24 组小震群活动，时间上，主要集中于 2017 年 10 月—2018 年 1 月、2018 年 7—12 月，空间上主要集中于库车—拜城附近地区及乌什—塔什库尔干地区。

（新疆维吾尔自治区地震局）

重要地震与震害

2018 年 5 月 28 日吉林松原 5.7 级地震

2018 年 5 月 28 日 1 时 50 分,吉林省松原市宁江区发生 5.7 级地震,震源深度为 13 千米。此次地震无人员伤亡,造成部分房屋及设施破坏,直接经济损失约 4.3 亿元。灾区面积为 1037 平方千米,受灾人口达 18810 人,转移安置 9669 人,损坏房屋 16392 间。地震最高烈度为Ⅶ度(7 度),Ⅶ度(7 度)区面积为 157 平方千米。Ⅵ度(6 度)区面积为 880 平方千米。

(吉林省地震局)

2018 年 9 月 4 日新疆伽师 5.5 级地震

2018 年 9 月 4 日 5 时 52 分,新疆维吾尔自治区喀什地区伽师县发生 5.5 级地震,震源深度 8 千米。地震未造成人员伤亡,造成部分房屋及设施破坏,直接经济损失 3.8 亿元。本次地震灾区面积为 2186 平方千米,灾区人口达 101142 户(404570 人),房屋毁坏和较大程度破坏造成失去住所人数共计 2355 户(9420 人)。地震最高烈度

为Ⅶ度(7 度),等震线长轴呈北东走向分布。Ⅶ度(7 度)区面积为 56 平方千米,Ⅵ度(6 度)区面积为 2130 平方千米。

(新疆维吾尔自治区地震局)

2018 年 9 月 8 日云南墨江 5.9 级地震

2018 年 9 月 8 日 10 时 31 分,云南省普洱市墨江县发生 5.9 级地震,震源深度 11 千米。地震造成普洱市墨江县、宁洱县、江城县及玉溪市元江县等 4 个县 24 个乡镇不同程度受灾,28 人受伤,直接经济总损失 129200 万元。灾区最高烈度为Ⅷ度,面积约 32 平方千米。宏观震中位于墨江县通关镇的丙蚌、牛库、毕库一带,等震线呈椭圆形,长轴方向呈北西向。

(云南省地震局)

2018 年 12 月 16 日四川兴文 5.7 级地震

2018 年 12 月 16 日 12 时 46 分,四川省宜宾市兴文县发生 5.7 级地震,震源深

度为 12 千米。地震造成 17 人轻伤、部分房屋建筑不同程度的破坏，直接经济损失 41398.5 万元。受灾面积为 1145 平方千米，受灾人口达 28 万人，根据当地政府提供统计资料，截至 2018 年 12 月 18 日 12 时 00 分，本次地震共紧急转移安置 918 人，其中集中安置 653 人，分散安置 265 人。最高烈度Ⅶ度（7 度），Ⅶ度（7 度）区面积为 70 平方千米，Ⅵ度（6 度）区面积为 1075 平方千米。

（四川省地震局）

2018 年 12 月 24 日西藏日喀则市谢通门县 5.8 级地震

2018 年 12 月 24 日 3 时 32 分，西藏自治区日喀则市谢通门县发生 5.8 级地震。地震没有造成人员伤亡和经济损失。此次地震最大烈度为 Ⅶ度（7 度），Ⅵ度（6 度）区及以上总面积为 2046 平方千米，涉及日喀则市谢通门县、那曲市尼玛县 2 个县。Ⅶ度（7 度）区面积约 397 平方千米，Ⅵ度（6 度）区面积约 1649 平方千米。

（西藏自治区地震局）

防震减灾

这一部分收载中国地震局系统、各级政府防震减灾三大工作体系（地震监测预报、地震灾害预防、地震震灾应急救援）的建设与进展，全面记录政府、专业队伍、社会各界的作用和贡献，从中可看到中国防震减灾事业的发展。

2018 年防震减灾工作综述

2018 年，全国地震系统广大干部职工坚持以习近平新时代中国特色社会主义思想为指导，认真贯彻落实党中央国务院决策部署，在应急管理部党组领导下，积极担当作为，认真做好各项工作，防震减灾取得新成效，圆满完成全年任务。

一、深入学习贯彻习近平新时代中国特色社会主义思想 和党的十九大精神

地震系统把深入学习宣传贯彻习近平新时代中国特色社会主义思想和党的十九大精神作为首要政治任务，着力抓好 6 个方面 23 条具体任务的落实。局党组坚持以党的政治建设为统领，把握正确政治方向，出台关于加强和维护党中央集中统一领导的实施意见，带领地震系统广大党员干部，增强"四个意识"，坚定"四个自信"，做到"两个维护"，自觉在思想上政治上行动上同以习近平同志为核心的党中央保持高度一致。贯彻落实"四个全面"战略布局，坚持新发展理念，局党组出台了推进事业现代化、构建良好政治生态、加强法治建设 3 个意见，极大增强了全局系统推进事业发展的方向感和凝聚力。

二、地震监测预报预警能力明显提高

地震监测覆盖率进一步提高，在川西、西藏新建测震台 110 个，川西地震监测能力由 2.4 级提升到 2.0 级，西藏地震监控区域显著扩大。地震速报时间进一步缩短，国内地震自动速报平均用时从 2017 年的 3 分钟缩短到 2 分钟，正式测报平均用时从 2017 年的 15 分钟缩短到 10 分钟。震情跟踪研判成效显著。国家地震烈度速报与预警工程全面实施，京津冀、川滇交界和福建地区地震预警示范网建成，台湾海峡 6.2 级地震和四川兴文 5.7 级地震预警服务初显成效。提高地震信息自动化产出与服务水平，震后快速产出地震烈度分布图，服务抗震救灾和应急处置。

三、震灾风险综合防控不断强化

2018 年，启动地震应急响应 56 次，高效服务吉林、四川、云南、新疆、西藏、台湾海峡等地 5.0 级以上地震的应急处置工作。云南墨江 5.9 级、新疆精河 5.4 级等地震的震情研判和应对处置取得了良好减灾实效。震害防御基础进一步加强，四川、河南投入 3.1 亿

元开展全省活动断层探测，在深圳、武威等 17 个城市开展活动断层探测和地震危险性评价，完成宜宾、兰州新区等 13 个市县地震小区划，圆满完成福建及台湾海峡三维地壳构造陆海三年联测任务。制定实施重大活动地震安全保障服务工作规则，完成全国"两会"、博鳌论坛、天津达沃斯论坛、上合组织青岛峰会、中非合作论坛北京峰会、上海进博会等重大活动，以及全国高考、汛期等特殊时段 16 次地震安全保障服务。科普宣传教育成绩显著，与应急部、教育部、科技部、中国科协、河北省人民政府联合举办全国首届地震科普大会。防震减灾新闻宣传常态化，全年发布信息 5 万余条，重大活动宣传成效显著。新媒体平台进一步拓展，连续 5 年被人民日报评为"全国十大中央机构微博"。

四、地震科技创新成效明显

联合应急部、科技部、住建部、四川省人民政府以及联合国减灾办公室、国际地震学会与地球内部物理学协会等 32 个国内外政府机构和国际组织，召开汶川地震十周年国际研讨会。完成"重大自然灾害监测预警与防范"国家重点研发计划和地震科学联合基金项目立项。重大工程地震紧急处置技术研发与示范应用等 26 个科研项目顺利启动。制定中国地震科学实验场设计方案，启动建设集野外观测、数字模拟、科学实验和成果转化为一体的创新平台，着力打造中国特色、世界一流的国际地震科技创新高地。成功发射"张衡一号"电磁监测试验卫星。组织编制"一带一路"防震减灾发展规划，推动国际减灾合作。

五、现代化建设扎实推进

以推进现代化建设为战略目标，构建地震科技、业务体系、公共服务、社会治理四个方面的现代化布局，现代化试点加快推进。完成地震信息化顶层设计，提出发展总体目标，确立"两步走"战略，制定时间表和路线图，明确未来三年 7 大类 29 项重点建设任务。实施中国地震台网中心信息化一期工程，部署 9 项重点任务，建设新一代地震监测预报业务平台。政务信息化建设稳步推进，完成政务信息工程设计和招投标任务。制定历史观测资料抢救方案，并启动实施。

六、全面深化改革有力推进

召开 8 次中国地震局党组全面深化改革领导小组会议，审议 28 项改革议题，科学统筹改革，狠抓任务落实。完成地震业务和行政管理体制改革顶层设计方案，批复中国地震台网中心、局服务中心、局发展研究中心深化改革方案。出台研究所领导干部任期制、促进科技成果转化等系列改革政策，开展研究所领导班子全员竞聘。改革试点初显成效。福建省局率先出台改革总体方案，完成事业单位机构职能、业务布局的优化调整，在推进地震科技创新、地震预警能力建设、人才队伍培养等方面成效显著。

七、法治建设工作得到加强

认真配合首次由全国人大常委会组织开展的《中华人民共和国防震减灾法》执法检查工作，进一步提高防震减灾依法治理水平，有力促进防震减灾事业健康发展。全系统广泛开展宪法宣传活动，组织专题学习 23 次，浙江、甘肃等省局开展宪法宣誓活动，不断增强宪法意识，坚决维护宪法尊严和权威。地震标准化工作积极推进，修订发布地震标准化管理办法及实施细则，编制完成地震信息化标准体系，印发实施 23 项地震信息化关键急需标准研制计划，修订中国地震烈度表，发布强震动台站建设规范等 13 项行业标准。

（中国地震局办公室）

防震减灾法治建设与政策研究

2018 年防震减灾法治建设综述

一、相关法律法规制度修订工作

开展地震安全性评价改革相关法律法规修订工作。落实《国务院关于取消一批行政许可事项的决定》（国发〔2017〕46 号）关于取消地震安全性评价单位资质的要求，配合司法部开展《地震安全性评价管理条例》修订工作。推动地方地震安全性评价法规规章修订，截至 2018 年底，广西、河北、江苏、山东、陕西等 18 省（自治区、直辖市）修订涉及地震安全性评价管理内容的法规 11 部、规章 5 部，废止规章 8 部。

推进地震预警立法。《辽宁省地震预警管理办法》于 2018 年 9 月 19 日经辽宁省第十三届人民政府第 23 次常务会议审议通过，自 2018 年 11 月 1 日起施行。《陕西省地震预警管理办法》经陕西省政府 2018 年第 17 次常务会议通过，自 2019 年 3 月 1 日起施行。

出台《中共中国地震局党组关于加强防震减灾法治建设的意见》，提出努力构建防震减灾法律规范体系、深入推进防震减灾依法行政、加快推进防震减灾标准化建设、努力建设防震减灾法治监督体系、全面落实防震减灾法治建设责任 5 大任务。北京、天津、河北、山西、内蒙古等 19 个省（自治区、直辖市）地震局，出台加强防震减灾法治建设的意见或实施方案。

二、法治监督工作

在中国地震局党组大力推动下，全国人大常委会将《中华人民共和国防震减灾法》执法检查纳入 2018 年监督工作计划。中央政治局常委，十三届全国人大常委会委员长、党组书记栗战书作出专门批示，对检查工作提出明确要求。根据栗战书委员长重要批示和执法检查方案，全国人大常委会《中华人民共和国防震减灾法》执法检查组于 2018 年 7 月至 9 月集中开展了全面检查，检查报告已于 10 月下旬通过第十三届全国人大常委会第六次会议审议。

（一）执法检查总体情况

2018 年 7 月 17 日，全国人大常委会《中华人民共和国防震减灾法》检查组在北京召开第一次全体会议，听取了国务院及应急部、发改委、教育部、财政部、住建部等有关部门的汇报。会后，张春贤、艾力更·依明巴海和蔡达峰三位副委员长分别带队，先后赴江西、吉林、四川、新疆、甘肃、湖北等 6 个省（自治区）的 15 个地区，实地检查了企业、学校、医院、社区、乡村、台站等近 70 个不同类别的基层点位，召开了 22 场座谈会，总行程约 2 万千米。此外，全国人大还委托河北、山西、内蒙古等 10 个省（自治区、直辖市）人大常委会赴 32 个地区开展了检查，全国各省级地震部门还按照中国地震局要求开展了全面自查。9 月 25 日，检查组在北京召开第二次全体会议，总结检查工作，听取国务院及有关部门对检查报告的意见建议。10 月下旬，检查报告通过第十三届全国人大常委会第六次会议审议。

应急管理部、中国地震局高度重视检查工作。应急管理部党组书记、副部长黄明主持召开部长办公会专门听取汇报；中国地震局党组两次召开党组会专题研究部署准备工作，应急管理部副部长，中国地震局党组书记、局长郑国光两次参加检查组全体会议并代表应急管理部和中国地震局做工作汇报、反馈报告意见，中国地震局党组成员闵宜仁、阴朝民、牛之俊也分别参加了实地检查；有关省地震局全力配合，精心准备，组织引导各地区、各部门和社会力量参与检查，保证了执法检查圆满完成。

（二）执法检查指出的主要问题及整改落实情况

十三届全国人大常委会第六次会议于 2018 年 10 月 24 日听取了全国人大常委会副委员长艾力更·依明巴海作的关于检查《中华人民共和国防震减灾法》实施情况的报告，并于 25 日分组审议了该报告。

报告指出，《中华人民共和国防震减灾法》对建立防震减灾工作体制机制、防御和减轻地震灾害、最大限度保护人民生命财产安全、保障经济社会持续发展发挥了重要作用。但也指出，法律贯彻实施中还存在一些亟待研究解决的问题，主要包括 6 个方面："地震形势依然严峻、防震减灾任务艰巨""城市老旧房屋、农村民居未达到抗震设防要求的占比依然较大""地震观测环境和监测设施保护力度不够""一些重大基础设施、重大生命线工程地震风险突出""科技对地震事业发展支撑有待强化""《中华人民共和国防震减灾法》的宣传普及不够深入"等。并针对问题，提出了"深入开展普法和科普宣传，增强全社会防震减灾意识""加强防震减灾科学研究和新技术的开发运用""加大对城市老旧房屋、农村民居抗震设防工作的支持""加大地震监测设施和观测环境的保护力度""加强统筹协调，推进综合减灾能力建设""进一步完善防震减灾法律法规体系和体制机制建设""保持常备不懈，提升'防大震救大灾'的应急救援能力"7 方面的工作建议。

按照全国人大常委会和国务院关于《中华人民共和国防震减灾法》执法检查报告和审议意见提出的要求，王勇国务委员在 2019 年 1 月召开的国务院防震减灾工作联席会上对整改落实工作进行了部署。2019 年 2 月，应急管理部及中国地震局会同国务院 26 个相关部委和 16 个省（自治区、直辖市）人民政府分解落实 39 项重点整改落实任务。中国地震局作为主要落实部门，制定了 71 条措施清单，组织地震系统全面开展整改，并指导各地区整改落实工作。

三、组织法治宣传教育情况

深入开展"七五"普法中期检查，全面检查七五普法以来的法治宣传教育情况。广泛开展宪法知识答题活动，中国地震局网站开设"深入开展宪法学习"专栏，辽宁、浙江、江西、贵州、甘肃、宁夏等省局开展宪法宣誓活动。全年地震系统各单位组织开展法制讲座 88 次，面向社会开展 289 次普法宣传。各地积极开展防震减灾法治宣传，天津市地震局入选天津市"普法责任制落实品牌单位"，山西省地震局与省司法厅、广电等部门联合推出防震减灾法治专题宣传栏目。

（中国地震局政策法规司）

2018 年防震减灾政策研究工作综述

一、研究贯彻落实中央关于机构改革决策部署的措施，
服务中国地震局党组决策

认真学习贯彻党的十九大和党的十九届二中、三中全会精神，贯彻落实党和国家机构改革决策部署，组织力量研究地震部门机构改革有关问题，研究提出了地震部门主要法定职责、地震部门机构改革初步建议、对省级地震局管理体制的建议、地震部门在综合减灾中如何更好发挥作用等研究报告，为局党组决策提供参考。提出因机构改革影响机构合法性和执法合法性的法律、行政法规修订建议，为地震部门机构改革提供法治保障。

二、组织实施政策研究课题，开展重大问题研究

研究提出年度重点研究方向及重点课题建议。贯彻落实局党组关于防震减灾事业发展改革决策部署，梳理在推进新时代防震减灾事业现代化建设、全面深化改革、服务保障国家重大发展战略等方面需要着力研究的重点问题，形成年度政策研究重点方向，并组织局属有关单位，联合中央党校（国家行政学院）、发展改革委、应急管理部所属有关单位开展课题研究。通过启动会、中期检查等方式，督促"重点企业地震风险防范与应对能力现状与对策研究""活断层探测成果应用政策措施及法律制度研究""完善新时代防震减灾治理体制机制研究""重大基础设施与生命线工程地震风险防范政策措施研究""防震减灾公共服务供给侧改革研究"等有关课题实施。产出有关政策研究成果，通过《政策研究参阅》刊载，加强成果转化，为事业发展提供政策制度支持和保障。

三、推进调研计划实施，大兴调研之风

学习贯彻习近平总书记关于大兴调查研究之风指示精神，落实《中共中央办公厅关于加强调查研究提高调查研究实效的通知》有关要求，印发实施《中共中国地震局党组关于进一步加强和改进调查研究工作的意见》（中震党发〔2018〕80 号）。制定局机关内设机构主要负责人调研计划，9 个司室主要负责人提出 11 个调研选题。对局属单位领导班子成员

调研计划进行汇总备案，交流有关调研成果，全面落实局党组关于在地震系统大兴调研之风有关部署。

（中国地震局政策法规司）

2018 年地震标准化建设工作

修订并发布《地震标准化管理办法》和《地震标准制修订工作管理细则》，进一步明确地震标准化职责分工，对地震标准制修订程序进行了调整优化，并在地震标准的实施和监督管理方面提出了具体措施，为地震标准质量的提升提供制度支撑。

全年发布 1 项国家标准、13 项行业标准和 2 项地方标准，向国家标准化管理委员会报批 1 项国家标准。截至 2018 年底，国家市场监督管理总局、国家标准化管理委员会和中国地震局共批准发布实施地震标准 131 项，其中国家标准 36 项，地震行业标准 95 项。2018年发布地震标准信息摘要见表 1。

（一）国家标准化管理委员会批准发布 1 项国家标准：GB/T 36072—2018《活动断层探测》。

（二）中国地震局向国家标准化管理委员会报批 1 项国家标准：《地震烈度图制图规范》。

（三）中国地震局批准发布 13 项行业标准。

◆ DB/T 14—2018《原地应力测量 水压致裂法和套芯解除法技术规范》（修订）；

◆ DB/T 17—2018《地震台站建设规范 强震动台站》（修订）；

◆ DB/T 70—2018《地震观测异常现场核实报告编写 地下流体》；

◆ DB/T 71—2018《活动断层探察 断错地貌测量》；

◆ DB/T 72—2018《活动断层探察 图形符号》；

◆ DB/T 73—2018《活动断层探察 1∶250000 地震构造图编制》；

◆ DB/T 74—2018《地震灾害遥感评估 地震地质灾害》；

◆ DB/T 75—2018《地震灾害遥感评估 建筑物破坏》；

◆ DB/T 76—2018《地震灾害遥感评估 公路震害》；

◆ DB/T 77—2018《地震灾害遥感评估 地震烈度》；

◆ DB/T 78—2018《地震灾害遥感评估 地震极灾区范围》；

◆ DB/T 79—2018《地震灾害遥感评估 地震直接经济损失》；

◆ DB/T 80—2018《地震灾害遥感评估 产品产出技术要求》。

（四）新增 2 项地方标准。

◆ 山东省地方标准：DB 37/T 3384—2018《地震应急避难场所评定》；

◆ 广东省深圳市标准化指导性技术文件：SZDB/Z 305—2018《公园应急避难场所建设规范》。

表1 2018年发布地震标准信息摘要

序号	标准编号	标准名称	标准层级	实施日期(年-月-日)	发布日期(年-月-日)	发布文号	内容范围
1	GB/T 36072—2018	活动断层探测	国家标准	2018-03-15	2018-10-01	中华人民共和国国家标准公告2018年第3号	本标准规定了活动断层探测的基本规定、工作流程、工作内容及技术要求以及探测方法。本标准适用于活动断层调查、鉴定与探测,以及活动断层地震危险性评价和数据库建设工作
2	DB/T 14—2018(代替DB/T 14—2000)	原地应力测量 水压致裂法和套芯解除法技术规范	行业标准	2018-06-25	2019-01-01	中震法发〔2018〕41号	本标准规定了使用水压致裂法和套芯解除法进行原地应力测量的技术方法和要求。本标准适用于地下工程中获取原地应力资料的场点测量,水压致裂法适用于获知钻孔平面上的平面应力大小和方向;水压致裂法三维测量与套芯解除法适用于获知三维主应力大小和方向
3	DB/T 17—2018(代替DB/T 17—2006)	地震台站建设规范 强震动台站	行业标准	2018-12-26	2019-07-01	中震法发〔2018〕86号	本标准规定了强震动台站建设相关的台站选址与场地条件勘察、观测室建造、仪器配置、观测设备安装与调试、台站建设报告编写与文件归档等的技术与要求。本标准适用于我国强震动固定台站建设、流动台站、专用台阵等建设可参考使用
4	DB/T 70—2018	地震观测异常现场核实报告编写 地下流体	行业标准	2018-12-26	2019-03-01	中震法发〔2018〕86号	本标准规定了地下流体地震观测异常现场核实报告编写的基本规范、提纲和格式要求。本标准适用于地下流体地震观测异常现场核实报告编写
5	DB/T 71—2018	活动断层探察 断错地貌测量	行业标准	2018-12-26	2019-03-01	中震法发〔2018〕86号	本标准规定了断错地貌测量的工作流程、技术准备、测量实施、数据处理、资料验收和成果提交等环节的技术与要求。本标准适用于活动断层探察、地震科学考察和地震危险性评价等工作的断错地貌测量
6	DB/T 72—2018	活动断层探察 图形符号	行业标准	2018-12-26	2019-03-01	中震法发〔2018〕86号	本标准规定了活动断层探察方面的图形符号及其使用原则和扩展原则。本标准适用于活动断层探测工作相关成果图件的编制

序号	标准编号	标准名称	标准层级	实施日期（年-月-日）	发布文号（年-月-日）	发布文号	内容范围
7	DB/T 73—2018	活动断层探察 1:250000地震构造图编制	行业标准	2018-12-26	2019-03-01	中震法发〔2018〕86号	本标准规定了1:250000地震构造图编制的编图流程、资料收集整理、地震构造图绘制的内容和要求、附图、成果类型和地震构造图说明书的编写要求。本标准适用于活动断层探察中1:250000地震构造图的编制，其他工作中涉及的地震构造图的编制可参照使用
8	DB/T 74—2018	地震灾害遥感评估 地震地质灾害	行业标准	2018-12-26	2019-03-01	中震法发〔2018〕86号	本标准规定了基于遥感的地震地质灾害评估内容、方法及成果表达。本标准适用于基于遥感开展地震地质灾害评估
9	DB/T 75—2018	地震灾害遥感评估 建筑物震坏	行业标准	2018-12-26	2019-03-01	中震法发〔2018〕86号	本标准规定了基于遥感的建筑物震害评估内容、方法及成果表达。本标准适用于基于遥感开展建筑物震坏评估
10	DB/T 76—2018	地震灾害遥感评估 公路震害	行业标准	2018-12-26	2019-03-01	中震法发〔2018〕86号	本标准规定了基于遥感的公路震害评估内容、方法及成果表达。本标准适用于基于遥感开展公路震害评估
11	DB/T 77—2018	地震灾害遥感评估 地震烈度	行业标准	2018-12-26	2019-03-01	中震法发〔2018〕86号	本标准规定了基于遥感的地震烈度评估内容、方法及成果表达。本标准适用于基于遥感开展地震烈度评估
12	DB/T 78—2018	地震灾害遥感评估 地震极灾区范围	行业标准	2018-12-26	2019-03-01	中震法发〔2018〕86号	本标准规定了基于遥感的地震极灾区范围评估内容、方法及成果表达。本标准适用于基于遥感开展地震极灾区范围评估
13	DB/T 79—2018	地震灾害遥感评估 地震直接经济损失	行业标准	2018-12-26	2019-03-01	中震法发〔2018〕86号	本标准规定了利用遥感手段评估地震直接经济损失的工作步骤、遥感评估区划分、基础资料收集、建筑物面积统计、建筑物损失和直接经济损失估算及成果产出。本标准适用于利用遥感手段快速评估地震灾区直接经济损失
14	DB/T 80—2018	地震灾害遥感评估 产品产出技术要求	行业标准	2018-12-26	2019-03-01	中震法发〔2018〕86号	本标准规定了地震灾害遥感评估产出的图件和评估报告等产品的技术要求。本标准适用于基于遥感的地震灾害评估产品的制作

（中国地震局政策法规司）

地震监测预报

2018年地震监测预报工作综述

2018年，中国地震局认真落实中央领导同志和应急管理部重要指示批示精神，扎实做好台网运行，全力做好震情跟踪和趋势研判，着力加强地震监测预报基础能力建设，稳步推进重大工程建设实施，全面实施地震信息化战略，有力提供地震安全服务保障，积极推动监测预报业务体制改革，不断强化监测预报管理规范化水平，全年工作取得较好成效。

一、全国地震监测台网运行情况

（一）测震台网

1. 全国测震台网

全国测震台网由1114个测震台站组成，其中包括国家台166个，区域台938个，与西藏气象局共址建设台站10个。2018年，国家台实时数据运行率平均为98.10%，其中2个台站运行率为100%，4个台站运行率在90.00%~94.99%之间，2个台站运行率在90%以下。由区域台构成的31个省级台网，实时运行率平均为97.89%，其中运行率在99%及以上的有14个台网，运行率在95.00%~98.99%的有14个台网，运行率在95%以下的有3个台网。

测震台站分布密集地区监测下限达到1.0级左右，如华北大部，甘肃、陕西、四川、云南大部，新疆西北部等地区。背景噪声比较大的华南、华东地区监测震级下限为2.5级左右。台站稀疏地区监测震级下限为3.5级左右，如青藏高原西部、新疆东南部和内蒙古北部边界地区等。

2. 全国强震动台网

全国强震动台网共有1965个台站，主要分布在人口较为密集的全国地震重点监视防御区及周边地区。全年共回收212个事件记录的1400条强震动数据，共完成包括吉林宁江、新疆呼图壁、新疆伽师、四川西昌、四川兴文、陕西宁强、云南通海和云南墨江等17次地震的地震峰值加速度、峰值速度和仪器烈度应急产出。

（二）地球物理台网

1. 地壳形变台网

地壳形变观测台网包含形变观测台站 276 个，观测仪器 606 套；重力观测台站 47 个，观测仪器 49 套；GNSS 台站 294 个，观测仪器 310 套。

2. 电磁台网

电磁观测台网包含地磁观测台站 164 个，观测仪器 408 套；地电观测台站 160 个，观测仪器 245 套。

3. 地下流体台网

地下流体观测台网包含观测台站 495 个，观测仪器 1204 套。

2018 年，全国地球物理台网的平均运行率为 99.03%，平均数据汇集率为 99.18%，平均数据连续率为 98.65%。

（三）流动台网

1. 流动重力

2018 年，来自 21 个省级地震局和直属单位的 97 个作业组，共完成相对重力联测 7155 段和绝对重力测定 131 点次。经平差处理后与往年观测数据作差，获得了中国大陆整体，以及南北地震带、大华北、天山、东南沿海等地震重点监视区的重力场差分和累积变化图像。

2. 流动 GNSS

2018 年完成 793 个流动 GNSS 测点的测量任务。

3. 流动地磁

2018 年，来自 12 个省级地震局和直属单位的 25 个作业组，全国共完成流动地磁矢量 1350 测点的野外测量工作，并在秋季完成对大华北和南北带中 324 测点的重复测量工作。经过数据预处理、日变通化、长期变改正、模型计算以及与往年处理数据作差，获得了中国大陆境内岩石圈磁场年变化图像及流动地磁异常区。

4. 流动水准

2018 年，一测中心和二测中心共投入 9 个作业组，完成了分布在山西、内蒙古、河北、陕西、河南、湖北等省的地震常规区域水准监测任务 31 条路线 3000.7 千米和鄂尔多斯活动地块边界带地震动力学模型与强震危险性研究项目区域水准测量 7 条路线 999.3 千米，共计 4000.0 千米。

5. 跨断层观测

2018 年，19 个省级地震局和直属单位共同完成了全国 21 个跨断层定点形变台站、248 个流动跨断层场地的短水准和短程测距观测任务，全年共完成场地水准和场地测距 1496 场次、5120 段次，获得了全国主要断裂带的断层近场现今活动特征。

二、地震监测预报重点工作进展

（一）扎实开展震情监视跟踪和趋势研判

认真实施 2018 年度全国震情监视跟踪工作方案，落实异常核实、加密监测、联合会商等 360 余项措施，组织开展 258 次异常现场核实工作，召开紧急和加密会商 622 次，危险区震情监视跟踪实效进一步提升。2018 年我国共发生 5.0 级以上地震 30 次，其中包括云南通海 2 次 5.0 级、新疆伽师 5.5 级、云南墨江 5.9 级等在内的 19 次地震发生在年度全国地震重点危险区及其边缘。云南局、新疆局等及时向当地政府报送短期震情趋势意见，为政府落实灾害风险防范和应急准备提供有效决策依据。2018 年 10 月至 12 月，组织完成 2019 年度全国地震趋势会商和地震重点危险区判定，形成了 2019 年度地震趋势预报意见并上报应急管理部。

（二）持续加强地震监测预报基础能力建设

提升地震监测基础能力。 为提升西部强震多发地区监测能力，在川西新建 100 个测震台，监测能力由 2.4 级提升到 2.0 级，在西藏建设 10 个测震台，西藏 3.0 级地震监控面积显著增大，通过援藏项目实施了 66 个测点流磁观测，强化了青藏高原及周边地区的 GNSS、InSAR、卫星红外遥感等空间对地观测业务化，填补川西和藏中东部地区地震活动监测空白区。全年完成 17 个台站优化改造和 15 个省局 153 个台站综合观测技术保障系统改造。

推进地震预报新技术应用。 建设并列装地震分析会商技术系统，部署 32 个应用流程，实现每日自动处理观测资料，每周、每月自动产出并推送会商报告。新研发的震后趋势快速研判技术系统，实现中国大陆显著地震发生后 30 分钟内自动产出快速判定意见，显著提升了震情会商时效。

提升地震网络安全防护能力。 采用自查整改、第三方抽查和现场检查等方式在地震系统开展为期 3 个月的地震网络安全专项整改，全面提升网络安全防范能力。

（三）稳步推进地震监测预报重大工程建设

国家地震烈度速报与预警工程有序推进。 全面启动国家工程建设实施，建立健全项目管理组织体系和制度标准体系。坚持领导小组例会制度，加强督查督办，指导协调工程建设中重大问题。全面落实项目管理法人责任制，督促各级实施团队和标准规制建设，探索项目实施管理现代化。推进开放合作，积极组织探索社会力量和企业参与工程建设及后续运行维护工作。

积极谋划和推进监测预报基础设施升级换代工程。 落实习近平总书记关于自然灾害防治工作的重要讲话精神，组织凝练"陆海一体化地震风险监测预警信息化工程"重大项目，结合业务体制改革，研究设计监测基础设施升级换代。

（四）全面实施地震信息化战略

完成地震信息化顶层设计。联合电科院和华为公司，历时 1 年完成地震信息化顶层设计，提出地震信息化发展总体目标，确立了地震信息化建设"两步走"战略，制定了时间表和路线图，凝练确定了未来三年 7 大类 19 项重点建设任务，为地震信息化发展描绘了蓝图，旨在实现数据资源化、业务云端化、服务智能化，充分发挥信息化对防震减灾事业现代化建设的支撑、引领和驱动作用。

全面启动地震信息化建设。发挥台网中心信息化建设牵头作用，实施台网中心信息化一期工程，聚焦业务技术升级、业务流程重构、业务模式创新，开展 9 项重点任务建设，已完成地震云平台、地震数据资源平台和全流程一体化监控平台方案设计和原型开发。全面启动模拟图纸资料抢救工作，摸清底数，制定了未来 3 年的实施方案，组织技术培训，启动 4 个试点单位 45 万张图纸扫描。与中国电科签署战略合作协议，聚焦地震信息化建设和防震减灾事业现代化发展，开展深入务实合作。

（五）高效服务社会地震安全需求

重大活动地震安保及时有效。坚持以人民为中心，牢固树立"四个意识"，各相关单位齐心协力、密切配合，圆满完成了全国"两会"、博鳌亚洲论坛、上合组织青岛峰会、中非合作论坛北京峰会、上海进博会等重大活动，以及全国高考、汛期等特殊时段 16 次地震安全保障服务工作。同时，积极为国家及区域性重大活动顺利举办保驾护航。

速报预警业务服务能力有力提升。持续完善京津冀、川滇交界和福建地区地震预警示范网，不断推进地震预警技术从概念、试验走向工程应用，主动向政府和试点行业开展地震预警信息服务，福建预警系统在 11 月 26 日台湾海峡 6.2 级地震中成效显著，四川预警系统在四川兴文 5.7 级震后 7.4 秒产出超快速报结果，为有力有序开展抗震救灾工作提供了决策依据，提升非天然地震灾害事件监测和服务能力。在西藏江达山体滑坡和山东郓城龙郓煤矿冲击地压事件中，产出事件判定结果，积极服务政府决策。与中国铁路总公司和国家铁路局签署战略合作协议，制定实施工作方案，明确 4 个方面 11 项重点工作，服务国家铁路建设。

地震信息服务体系进一步完备。坚持需求导向，探索"互联网＋地震"创新服务模式。建立了包括 12322 传统平台和移动多媒体平台的完整地震信息服务体系，实现了地震速报信息人口覆盖由百万量级到以亿为单位的能力提升。其中，速报微博粉丝突破 700 万，位居全国应急系统首位，微博年度累计阅读量突破 14 亿，单条微博最高阅读量 6500 万，地震速报微博连续第 5 年被人民日报评为"全国十大中央机构微博"。开启智慧服务模式，自主研发的"地震信息播报机器人"正式上线提供服务。

（六）积极推动监测预报业务体制改革

开展监测预报业务体制改革顶层设计和宣贯。编制出台《地震监测预报业务体制改革顶层设计方案》，明确了推进监测预报现代化建设"三步走"战略目标，从业务架构、任务布局、规制布局三个维度研究部署了 8 大业务体系改革举措，明确了发展方位。召开全国地震监测预报工作会议，全面解读监测预报业务体制改革举措。

着力推进重点改革任务落地见效。一是构建地震监测设备全生命周期管理体系。印发《地震监测专业设备管理办法》，编制《地震计量管理办法》，发布《地震计量体系建设方案（2018—2020 年）》，建成地电、地磁、汞等专业设备和通用电子检测实验室平台，开展两批次共 78 个型号的测震专业设备定型检测，初步构建地震专业仪器装备全链条业务管理框架和支撑体系。二是统筹推进地震台站深化改革。编制台站改革意见，制定台站运维定额标准，印发《台站标准化设计规范》，指导完成 8 个省局标准化试点改造。三是不断深化地震预报业务改革。强化滚动会商和联动会商，会商频次比以往增加 4~5 倍。推进开放式会商，来自系统外 17 家单位 30 余位专家参与年度地震趋势会商会。推进风险预报，每月产出中国大陆未来 1 个月、3 个月的发震概率图。探索数值预报，推进强震震源物理模型和危险性概率预报模型构建。

（七）不断提高监测预报管理规范化水平

着力提升监测预报业务规范化管理体系化水平，在梳理现有 200 余项监测预报管理制度和标准规范的基础上，对照监测预报业务体制改革顶层设计，重新细化构建了 8 个分领域的框架体系，基本完成监测预报规制体系框架构建，列出了管理制度和标准规范的制修订清单，为规制标准建设提供了指引。全年共制定修订监测预报管理规制 13 项，出台监测预报领域技术标准 6 项，印发《地震信息化标准体系（2018 版）》，确立了 6 个分体系和首批 223 项标准清单，启动 23 项防震减灾信息化急需标准规范研制。

（中国地震局监测预报司）

2017 年度地震监测预报工作质量评估结果（前三名）

一、监测综合评估

（一）省级测震台网

第一名：新疆台网

第二名：四川台网　陕西台网　安徽台网

第三名：广东台网　河南台网　河北台网

　　　　云南台网　福建台网　辽宁台网

（二）国家测震台站

第一名：库尔勒台（新疆局）

第二名：嘉峪关台（甘肃局）　　宝昌台（内蒙古局）

　　　　延边台（吉林局）　　　兰州台（甘肃局）

　　　　高台台（甘肃局）

第三名：红山台（河北局）　　　松潘台（四川局）

　　　　乌什台（新疆局）　　　姑咱台（四川局）

　　　　乡城台（四川局）　　　湟源台（青海局）

　　　　黑河台（黑龙江局）　　新源台（新疆局）

　　　　乌加河台（内蒙古局）

（三）省级地球物理台网

第一名：江苏台网

第二名：湖北台网　福建台网　河北台网

第三名：天津台网　山西台网　陕西台网

　　　　河南台网　山东台网　新疆台网

（四）地壳形变测项

第一名：库尔勒台（新疆局）

第二名：泰安台（山东局）　　　乌什台（新疆局）

　　　　高台肃南台（甘肃局）　易县台（河北局）

包头市台（内蒙古局）　临汾侯马台（山西局）

第三名：涉县台（河北局）　常熟南通台（江苏局）

鹤岗台（黑龙江局）　兰州白银临夏台（甘肃局）

宜昌台（湖北局）　营口台（辽宁局）

姑咱台（四川局）　嘉祥台（山东局）

（五）电磁测项

第一名：高邮台（江苏局）

第二名：昌黎台（河北局）　代县台（山西局）

海安台（江苏局）

第三名：都兰台（青海局）　天水台（甘肃局）

新沂台（江苏局）

（六）地下流体测项

第一名：聊城台（山东局）

第二名：平凉台（甘肃局）　盘锦台（辽宁局）

保山台（云南局）

第三名：乌鲁木齐台（新疆局）　西昌台（四川局）

夏县台（山西局）　庐江台（安徽局）

怀来后郝窑台（河北局）

（七）流动观测

第一名：一测中心

第二名：二测中心

第三名：新疆局　云南局

二、监测单项评估

（一）省级测震台网

1. 省级测震台网系统运行

第一名：安徽台网

第二名：河南台网　云南台网　新疆台网

第三名：青海台网　浙江台网　辽宁台网

内蒙古台网　江西台网　陕西台网

2. 省级测震台网地震速报

第一名：四川台网

第二名：甘肃台网　新疆台网　湖北台网

第三名：河北台网　陕西台网　北京台网

　　　　河南台网　广东台网　内蒙古台网

3. 省级测震台网地震编目

第一名：广东台网

第二名：新疆台网　河北台网　陕西台网

第三名：福建台网　四川台网　山西台网

　　　　安徽台网　辽宁台网　云南台网

4. 省级测震台网流动观测

第一名：新疆台网

第二名：辽宁台网　青海台网　广西台网

第三名：河北台网　江苏台网　广东台网

　　　　安徽台网　黑龙江台网　四川台网

5. 省级强震动台网运行维护

第一名：云南台网

第二名：新疆台网　甘肃台网　北京台网　上海台网

第三名：安徽台网　广东台网　宁夏台网　江西台网

　　　　山西台网　陕西台网　青海台网

6. 省级强震动台网观测记录

第一名：四川台网　新疆台网

第二名：云南台网　陕西台网

第三名：吉林台网　宁夏台网　内蒙古台网　甘肃台网

（二）国家测震台站

1. 国家测震台系统运行

第一名：兰州台（甘肃局）

第二名：大连台（辽宁局）　　　延边台（吉林局）

　　　　乡城台（四川局）　　　库尔勒台（新疆局）

　　　　嘉峪关台（甘肃局）

第三名：太原台（山西局）　　　宝昌台（内蒙古局）

　　　　红山台（河北局）　　　沈阳台（辽宁局）

　　　　姑咱台（四川局）　　　黑河台（黑龙江局）

　　　　西安台（陕西局）　　　巴里坤台（新疆局）

　　　　南京台（江苏局）

2. 国家测震台站资料分析

第一名：库尔勒台（新疆局）

第二名：嘉峪关台（甘肃局）　　宝昌台（内蒙古局）

　　　　高台台（甘肃局）　　　和田台（新疆局）

　　　　乌什台（新疆局）

第三名：库车台（新疆局）　　　巴楚台（新疆局）

　　　　延边台（吉林局）　　　乌鲁木齐台（新疆局）

　　　　松潘台（四川局）　　　天水台（甘肃局）

　　　　兰州台（甘肃局）　　　昆明台（云南局）

　　　　红山台（河北局）

3. 无人值守国家测震台站资料产出

第一名：新疆局乌鲁木齐台（若羌台）

第二名：新疆局库尔勒台（且末台）　　云南局昆明台（勐腊台）

　　　　新疆局和田台（于田台）

第三名：云南局昆明台（中甸台）　　　河南局洛阳台（南阳台）

　　　　河南局洛阳台（信阳台）　　　河北局红山台（昌黎台）

　　　　陕西局西安台（汉中台）　　　云南局个旧台（孟连台）

　　　　云南局昆明台（镇沅台）　　　陕西局西安台（安康台）

（三）省级地球物理台网

1. 系统运行

第一名：江苏台网

第二名：河北台网　　天津台网

第三名：湖北台网　　山西台网　　福建台网

2. 产出与应用

第一名：福建台网

第二名：湖北台网　　新疆台网

第三名：江苏台网　　陕西台网　　辽宁台网

3. 技术管理

第一名：海南台网

第二名：河南台网　　安徽台网

第三名：天津台网　　重庆台网　　山东台网

（四）地壳形变测项

1. 区域水准测量

第一名：201 组（一测中心）

第二名：106 组（二测中心）

第三名：103 组（二测中心）

2. 相对重力联测观测

第一名：新疆局 410101 组

第二名：一测中心陆态组

        广东局粤北组　　　　　　陕西局关中组

第三名：河北局第 1 期 1 组

        福建局闽南 2 组

        二测中心祁连 2 期　　　　安徽局 220101 组

        物探中心甘东南 1 期

3. 断层形变场地观测

第一名：陕西局

第二名：二测中心

第三名：新疆局　江苏局

4. 断层形变观测台站

第一名：南通台（江苏局）

第二名：临汾台（山西局）

第三名：虾拉沱台（四川局）　　　　相公庄台（山东局）

5. 摆式倾斜仪观测台站

第一名：易县台（VP，河北局）

第二名：库尔勒台（SQ70D，新疆局）　承德台（VP，河北局）

        高台台（CZB-2A，甘肃局）　临汾台（SSQ-2I，山西局）

        麻城台（VS，湖北局）　　　淮北台（SSQ-2I，安徽局）

        姑咱台（VS，四川局）

第三名：湖州台（SSQ-2I，浙江局）　泰安台（SSQ-2I，山东局）

        铁岭台（VP，辽宁局）　　　湟源台（CZB-1，青海局）

        营口台（SSQ-2I，辽宁局）　武山台（CZB-1，甘肃局）

        温泉台（SSQ-2I，新疆局）　离石台（SSQ-2I，山西局）

        小庙台（VP，四川局）　　　常熟台（VS，江苏局）

6. 水管倾斜观测台站

第一名：涉县台（河北局）

第二名：包头市台（内蒙古局）　北大岭台（辽宁局）

        怀来台（河北局）

第三名：宜昌台（湖北局）　　　蓟县台（天津局）

        乌什台（新疆局）　　　鹤岗台（黑龙江局）

        丰满台（吉林局）　　　乾陵台（陕西局）

7. 连续重力台站

（1）有人值守台站。

第一名：泰安台（山东局）

第二名：兰州台（甘肃局）

第三名：沈阳台（辽宁局）　　宜昌台（湖北局）

　　　　乌加河台（内蒙古局）

（2）无人值守台站。

第一名：淮北台（安徽局）

第二名：恩施台（湖北局）

第三名：库尔勒台（新疆局）　太原台（山西局）

8. 洞体应变台站

第一名：包头市台（内蒙古局）

第二名：嘉峪关台（甘肃局）　　泉州台（福建局）

　　　　宜昌台（湖北局）

第三名：辽阳台（辽宁局）　　库尔勒台（新疆局）

　　　　云龙台（云南局）　　肃南台（甘肃局）

　　　　延庆台（北京局）　　永胜台（云南局）

9. 钻孔体应变台站

第一名：泰安台（山东局）

第二名：宁陕台（陕西局）　　泉州台（福建局）

第三名：库尔勒台（新疆局）　宽城台（河北局）

　　　　连云港台（江苏局）　锦州台（辽宁局）

10. 钻孔分量应变台站

第一名：高台台（甘肃局）

第二名：代县台（山西局）　　仁和台（四川局）

第三名：通化台（吉林局）　　湟源台（青海局）

　　　　临夏台（甘肃局）

11. 陆态网络 GNSS 基准站运行评估通信

第一名：平凉台（甘肃局）

第二名：新源台（新疆局）　　张家口台（河北局）

　　　　武夷山台（福建局）　云龙台（云南局）

　　　　延安台（陕西局）　　克拉玛依台（新疆局）

　　　　高台台（甘肃局）　　营口台（辽宁局）

　　　　襄樊台（湖北局）　　泸州台（四川局）

第三名：确山台（河南局）　　广州台（广东局）

　　　　鄂伦春旗台（内蒙古局）海口台（海南局）

浏阳台（湖南局）　　攀枝花台（四川局）

延庆台（北京局）　　通海台（云南局）

门源台（青海局）　　宝坻台（天津局）

舟山台（浙江局）　　日土台（西藏局）

12. 陆态网络中国地震局运维 GNSS 基准站观测数据质量

第一名：乌什台（新疆局）

第二名：下关台（云南局）　　隆尧台（河北局）

筠连台（四川局）　　昌邑台（山东局）

乌海台（内蒙古局）　　长治台（山西局）

银川台（宁夏局）　　承德台（河北局）

富蕴台（新疆局）　　溧阳台（江苏局）

第三名：景泰台（甘肃局）　　蚌埠台（安徽局）

鹤岗台（黑龙江局）　　弥勒台（云南局）

乌加河台（内蒙古局）　　温泉台（新疆局）

永胜台（云南局）　　荣成台（山东局）

小金台（四川局）　　昭苏台（新疆局）

嘉祥台（山东局）　　嘉峪关台（甘肃局）

13.GNSS 流动观测资料

第一名：D112 组（一测中心）

第二名：D212 组（二测中心）　　D501 组（云南局）

第三名：D401 组（四川局）　　D601 组（新疆局）

D303 组（湖北局）　　D116 组（一测中心）

D202 组（二测中心）

（五）电磁测项

1. 地电阻率

第一名：代县台（山西局）

第二名：平凉台（甘肃局）　　绥化台（黑龙江局）

蒙城台（安徽局）　　昌黎台（河北局）

第三名：榆树台（吉林局）　　天水台（甘肃局）

新沂台（江苏局）　　南京台（江苏局）

2. 地电场

第一名：高邮台（江苏局）

第二名：都兰台（青海局）　　兴济台（河北局）

海安台（江苏局）　　瓜州台（甘肃局）

银川台（宁夏局）　　临汾台（山西局）

第三名：乾陵台（陕西局）　　高台台（甘肃局）

　　　　嘉山台（安徽局）　　延庆台（北京局）

　　　　大柏舍台（河北局）　　新沂台（江苏局）

3. 地磁基准

第一名：红山台（河北局）

第二名：涉县台（河北局）　　昌黎台（河北局）

　　　　且末台（新疆局）

第三名：喀什台（新疆局）　　乌鲁木齐台（新疆局）

　　　　榆林台（陕西局）　　乾陵台（陕西局）

　　　　蒙城台（安徽局）

4. 地磁秒采样

第一名：且末台（新疆局）

第二名：昌黎台（河北局）

　　　　乌鲁木齐台（新疆局）　　高邮台（江苏局）

第三名：通海台（云南局）　　天水台（甘肃局）

　　　　锡林浩特（内蒙古局）　　喀什台（新疆局）

　　　　代县台（山西局）　　涉县台（河北局）

5. FHD 观测

第一名：高邮台（江苏局）

第二名：涉县台（河北局）　　泰安台（山东局）

　　　　海安台（江苏局）

第三名：红山台（河北局）　　红浅台（新疆局）

　　　　昌黎台（河北局）　　宿迁台（江苏局）

　　　　新沂台（江苏局）

6. 总强度监测

第一名：河北局

第二名：福建局　一测中心

7. 矢量监测

第一名：云南局

第二名：甘肃局　新疆局

（六）地下流体测项

1. 水位

第一名：高村井（天津局）

第二名：宁晋冀 22 井（河北局）　　福清龙田井（福建局）

　　　　汉 1 井（天津局）　　永年北杜井（河北局）

连江江南井（福建局）　　　　祁县晋 8-2 井（山西局）

宝坻新台井（天津局）　　　　辛集冀 21 井（河北局）

朔州晋 3-1 井（山西局）　　　太原晋 7-1 井（山西局）

平凉威戎井（甘肃局）　　　　平凉铁路小区（甘肃局）

琼海加积井（海南局）

第三名：下关温泉（云南局）　　　晋安浦东井（福建局）

盘锦红 25 井（辽宁局）　　　盘锦高七井（辽宁局）

昆山苏 21 井（江苏局）　　　金湖苏 06 井（江苏局）

西昌川 32 井（四川局）　　　杞县豫 14 井（河南局）

姚安井（云南局）　　　　　石柱鱼池（重庆局）

庐江汤池井（安徽局）　　　云峰井（吉林局）

锦州沈家台（辽宁局）　　　荆州纪南井（湖北局）

五大连池井（黑龙江局）　　东三旗井（北京局）

2. 水温

第一名：海口井（深）（海南局）

第二名：盘锦于 105 井（辽宁局）　　高村井（天津局）

盘锦高七井（辽宁局）　　　丹徒苏 18 井（江苏局）

石柱鱼池（重庆局）　　　　九江 1 井（江西局）

荣昌华江（重庆局）　　　　锦州药王庙（辽宁局）

长乐营前井（福建局）　　　永年北杜井（河北局）

铁路小区（浅）（甘肃局）

攀枝花川 05 井（四川局）　　昌平台（深）（地壳所）

第三名：库尔勒 501（新疆局）　　宁晋冀 22 井（河北局）

洱源水化站（云南局）　　　徐州苏 02 井（江苏局）

广饶鲁 03 井（山东局）　　　金湖苏 06 井（江苏局）

介休晋 8-1 井（山西局）　　宁城井（内蒙古局）

祁县晋 8-2 井（山西局）　　清水温泉（深）（甘肃局）

荆州纪南井（湖北局）　　　忻州鸦儿坑（山西局）

云峰台（深）（吉林局）　　红雁池新 11 井（新疆局）

范县 01 井（河南局）　　　沈家台（深）（辽宁局）

下关团山 34 井（云南局）　　通河 1 号井（黑龙江局）

菏泽鲁 27 井（山东局）　　西宁台井（青海局）

3. 水氡

第一名：北山 2 号泉（甘肃局）

第二名：洱源滇 20 井（云南局）　　定襄七岩泉（山西局）

湟源县泉（青海局）

第三名：聊古一井（山东局）

　　　　　新 10 泉（新疆局）　　　　　宝鸡上王井（陕西局）

4. 气氡

第一名：汤池 1 号井（安徽局）

第二名：怀来怀 4 井（河北局）

　　　　　库尔勒新 43 泉（新疆局）　　平凉安国井（甘肃局）

第三名：盘锦盘一井（辽宁局）

　　　　　聊古一井（山东局）　　　　　格尔木井（青海局）

　　　　　姑咱海子泉（四川局）

5. 水汞

第一名：洱源温泉（云南局）

第二名：平凉北山 1 号泉（甘肃局）　　敦化南沟泉（吉林局）

第三名：延庆五里营井（北京局）　　　定襄七岩泉（山西局）

6. 气汞

第一名：下关团山井（云南局）

第二名：聊城聊古一井（山东局）　　　庐江汤池 1 号井（安徽局）

第三名：延庆五里营（北京局）　　　　九江 2 井（江西局）

　　　　　姑咱海子泉（四川局）

7. 氮气

第一名：白浮台（地质所）

第二名：西昌川 32 井（四川局）

第三名：怀来怀 4 井（河北局）　　　　大庆肇源 1 井（黑龙江局）

8. 氢气（试评）

第一名：夏县台（山西局）

第二名：阿克苏台（新疆局）

第三名：聊城台（山东局）　　　　　　延庆五里营井（北京局）

三、分析预报评估

（一）分析预报综合评估

1. 一类局

第一名：新疆局

第二名：云南局

第三名：辽宁局

2. 二类局

第一名：江苏局

第二名：山西局

第三名：天津局

3. 三类局

第一名：陕西局

第二名：重庆局

第三名：青海局

（二）日常分析预报

1. 一类局

第一名：新疆局

第二名：辽宁局

第三名：四川局

2. 二类局

第一名：宁夏局

第二名：江苏局

第三名：内蒙古局

3. 三类局

第一名：陕西局

第二名：吉林局

第三名：重庆局

（三）年度地震趋势研究报告

1. 一类局

第一名：新疆局

第二名：云南局

第三名：辽宁局

2. 二类局

第一名：安徽局

第二名：山东局

第三名：山西局

3. 三类局

第一名：陕西局

第二名：黑龙江局

第三名：重庆局

（四）异常核实分析报告

1. 测震测项

第一名：

2016 年 9 月 23 日四川理塘 4.9 级、5.1 级地震序列及后续地震趋势分析报告

2016 年 12 月 18 日山西清徐 4.3 级地震序列及后续地震趋势分析报告

第二名：

2016 年 12 月—2017 年 4 月粤桂交界及北部湾地区 $M_L3.0 \sim 4.0$ 地震活动显著增强分析报告

2017 年 3 月 27 日云南漾濞 4.7 级和 5.1 级地震序列及后续地震趋势分析报告

2017 年 8 月 8 日四川九寨沟 7.0 级地震序列及后续地震趋势分析报告

2017 年 3 月 24 日渤海 $M_L4.4$ 显著地震分析报告

2016 年度四川长宁窗口地震活动异常分析报告

第三名：

2015 年 1 月 15 日—2016 年 9 月 22 日四川地区 5.0 级地震显著平静异常分析报告

2016 年 8 月 21 日—今唐山震群分析报告

2014 年 3 月份以来首都圈中区 3.0 级地震显著增强分析报告

2018 年新疆境内 5.0 级和 4.0 级地震平静异常分析报告

2015 年 2 月 5 日—2016 年 12 月 25 日固原窗分析报告

2017 年 1 月新丰江 $M_L2.6$ 级地震活动异常趋势分析报告

2015 年 10 月 1 日至 2016 年 9 月 30 日四川地区地震活动增强异常分析报告

1970 年以来四川三岔口至川滇交界空区嵌套异常分析报告

2016 年 12 月 28 日至 2017 年 1 月 18 日四川筠连震群异常分析及现场调查报告

2017 年 5 月 1 日云南峨山窗异常分析报告

2016 年 5 月 8 日至 2017 年 7 月 19 日甘东南地区 $M_L3.0$ 空区分析报告

2017 年 3 月 3 日长岛 $M_L4.5$ 震群序列分析报告

2017 年 1 月 20 日—2 月 22 日青海称多震群分析报告

2. 形变测项

第一名：

2016 年 12 月 2 日唐山地震台跨断层短基线（更新）异常核实报告

第二名：

2017 年 5 月 23 日云南剑川场地流动跨断层短水准短基线异常核实报告

2016 年 8 月 28 日山东冯家坊子跨断层定点短水准异常核实报告

2017 年 7 月 14 日重庆奉节钻孔应变（第四次）异常核实报告

2017 年 2 月 14 日四川冕宁场地跨断层水准异常核实报告

2017 年 1 月 13 日宁夏海原台钻孔应变异常核实报告

2017 年 8 月 31 日新疆阿勒泰驼峰山台水管仪异常核实报告

2017 年 5 月 12 日山东荣成钻孔倾斜异常核实报告

第三名：

2017 年 8 月 13 日新疆新源台钻孔分量应变异常核实报告

2016 年 11 月 4 日河北永年台水管仪（终稿）异常核实报告

2017 年 2 月 25 日河北赵各庄矿钻孔倾斜（终稿）异常核实报告

2017 年 2 月 17 日陕西宁陕台垂直摆现场异常核实报告

2017 年 5 月 24 日福建漳州台洞体应变现场异常核实报告

2016 年 10 月 11 日天津武清台 GNSS 现场异常核实报告

2017 年 5 月 27 日云南宜良场地流动跨断层短水准短基线异常核实报告

2016 年 12 月 24 日新疆阿勒泰台 GNSS 异常核实报告

2017 年 2 月 27 日广西梧州台连续重力异常核实报告

2017 年 7 月 27 日宁夏固原台泾源伸缩仪异常核实报告

2017 年 3 月 3 日新疆小泉沟台分量钻孔应变（更新）异常核实报告

3. 流体测项

第一名：

2017 年 7 月 18 日甘肃清水水氡（终稿）异常核实报告

第二名：

2016 年 6 月 28 日天津王 3 井水位（补充）异常核实报告

2017 年 1 月 12 日河南邓州 03 井水温异常核实报告

2017 年 1 月 13 日新疆乌苏泥火山喷涌变化（修改）异常核实报告

2016 年 12 月 29 日山西东郭井水位水温（补充）异常核实报告

2017 年 1 月 13 日宝坻新井水位水温（补充）异常核实报告

2017 年 7 月 16 日甘肃武山水氡（终稿）异常核实报告

2017 年 8 月 22 日云南易门、高大、开远水位异常核实报告

2017 年 8 月 22 日宁夏中卫倪滩水位异常核实报告

2017 年 8 月 7 日内蒙古三号地水位（补充）异常核实报告

第三名：

2016 年 10 月 25 日河北黄骅井水位（修改）异常核实报告

2017 年 4 月 6 日辽宁锦州台水氡异常核实报告

2017 年 4 月 12 日江苏丹徒苏 18 井动水位（补充）异常核实报告

2017 年 4 月 17 日新疆乌苏 33 井流量异常核实报告

2017 年 4 月 21 日江苏睢宁苏 02 井静水位、苏 03 井静水位、水温异常核实报告

2017 年 6 月 7 日天津王 3 井水温异常核实报告

2017 年 6 月 13 日新疆乌鲁木齐流体综合台新 10 泉氦气异常核实报告

2017 年 3 月 23 日云南剑川水位（补充）异常核实报告

2017 年 6 月 21 日广东信宜流量、水位（终稿）异常核实报告

2017年5月2日四川甘孜水氡（补充）异常核实报告

2017年3月15日安徽香泉台水氡（补充）异常核实报告

2017年4月14日安徽安庆皖23井水位（补充）异常核实报告

2017年5月5日天津宝坻二氧化碳（补充）异常核实报告

2017年3月2日云南江川渔村水位（补充）异常核实报告

2017年3月2日安徽巢湖皖14井水温（补充）异常核实报告

4. 电磁测项

第一名：

2017年7月28日江苏无锡台、海安台、大丰台地磁异常核实报告

第二名：

2017年7月2日甘肃平凉台地电阻率异常核实报告

2017年7月13日重庆涪陵江东台、武隆仙女山台、石柱黄水台及万州天星台地磁异常核实报告

2017年3月29日江苏盐城台地磁异常核实报告

第三名：

2017年6月26日宁夏海原台地电阻率异常核实报告

2017年8月25日河北昌黎台地电阻率异常核实报告

2017年3月16日甘肃山丹台地电阻率异常核实报告

2017年7月27日广西河池台、邕宁台地磁逐日比异常核实报告

2016年12月29日天津徐庄子台地电场异常核实报告

2016年12月30日河北阳原台地电阻率异常核实报告

2017年5月3日黑龙江德都台、哈尔滨台和通河台地磁异常核实报告

（五）地球物理异常核实分析工作

1. 测震测项

第一名：四川局

第二名：新疆局

第三名：云南局　天津局

2. 形变测项

第一名：新疆局

第二名：云南局

第三名：四川局　山东局

3. 流体测项

第一名：云南局

第二名：天津局

第三名：甘肃局　新疆局

4. 电磁测项

第一名：江苏局

第二名：甘肃局

第三名：宁夏局　河北局

四、信息网络评估

（一）台网中心及区域中心系列

1. 综合排名

第一名：河南局

第二名：陕西局　天津局

第三名：云南局　新疆局　四川局

2. 网络运行单项

第一名：新疆局

第二名：河南局　天津局

第三名：海南局　陕西局　台网中心

3. 信息服务单项

第一名：甘肃局

第二名：河南局　天津局

第三名：陕西局　云南局　安徽局

4. 数据共享单项

第一名：山东局

第二名：河北局　新疆局

第三名：四川局　云南局　山西局

（二）直属单位系列

1. 综合排名

第一名：一测中心

第二名：预测所　二测中心

2. 网络运行单项

第一名：地质所

第二名：一测中心　预测所

3. 信息服务单项

第一名：预测所

第二名：一测中心　地质所

4. 数据共享单项

第一名：一测中心

第二名：二测中心　工力所

（三）市县局与台站节点系列

1. 市县综合评估

第一名：阿克苏台（新疆）

第二名：运城局（山西）　石河子局（新疆）　长治局（山西）

第三名：宜宾局（四川）　龙岩局（福建）　临汾局（山西）

　　　　普洱局（云南）　南京局（江苏）　昆明局（云南）

　　　　安阳局（河南）　许昌局（河南）　乐山局（四川）

　　　　丽江局（云南）　福州局（福建）　青岛局（山东）

　　　　淄博局（山东）　玉溪局（云南）　南平局（福建）

　　　　通海局（云南）　盐城局（江苏）　烟台局（山东）

　　　　潍坊局（山东）　马鞍山局（安徽）

2. 台站节点综合评估

第一名：洛阳台（河南）

第二名：浚县台（河南）　克拉玛依台（新疆）　乌什台（新疆）

第三名：聊城台（山东）　信阳台（河南）　库尔勒台（新疆）

　　　　喀什台（新疆）　红山台（河北）

（中国地震局监测预报司）

2018 年中国测震台网运行年报

一、测震台网概况

1. 台网规模

中国测震台网由 1 个国家测震台网和 31 个省级测震台网组成。全国可实时汇集和交换的地震台站数量达到 1114 个，包括国家台站 166 个，区域台站 938 个，与西藏气象局共址建设台站 10 个。

2. 数据汇集与交换

全国 1114 个国家和区域测震台站的实时观测数据首先汇集到各省级测震台网，然后再通过流服务器汇集到国家测震台网中心。同时，国家测震台网中心向 31 个省级测震台网转发邻省台站的实时数据，向五大区域自动地震速报中心转发其负责区域内台站的实时数据，向中国地震局第二监测中心数据备份中心和广东国家地震速报备份中心实时转发全部固定台站的数据。另外，对于临时架设的流动台站，数据先汇集到省级流动台网中心，再通过国家测震台网中心进行汇集和转发。

国家测震台网中心还接收 4 个境外国家台站（老挝 2 个、缅甸 2 个）和 17 个援建台站（阿尔及利亚 2 个、印度尼西亚 10 个、萨摩亚 5 个）的实时观测数据。此外，实时接收全球地震台网（GSN）103 个台站的实时观测数据。

3. 专业设备配置

中国测震台网现有地震计 1114 台（地面 972 台、井下 142 台），其中超宽带 16 台、甚宽带 230 台、宽频带 730 台、短周期 138 台，共有 6 个厂商的 20 个型号在网运行；数采 1114 台，共有 5 个厂商的 8 个型号在网运行。

二、台网运行维护

1. 国家台站运行情况

国家台站实时数据运行率平均为 98.10%（图 1），其中 2 个台站运行率为 100%，4 个台站运行率为 90.00% ~ 94.99%，2 个台站运行率在 90% 以下，运行率最低的是西藏那曲台站，为 16.14%，具体运行率见表 1。

表 1 2018 年国家测震台站实时运行率

台站代码	运行率 /%	台站代码	运行率 /%	台站代码	运行率 /%	台站代码	运行率 /%
AH/HEF	99.26	HL/BNX	98.26	NM/HLR	99.68	XJ/BKO	99.65
AH/MCG	99.94	HL/HEG	99.76	NM/WJH	99.67	XJ/FUY	99.67
BU/BJT	99.03	HL/HEH	98.78	NM/WLT	99.34	XJ/HTA	99.81
CQ/CQT	99.76	HL/JGD	99.33	NM/XLT	99.04	XJ/KMY	99.84
FJ/FZCM	98.64	HL/MDJ	99.87	NX/GYU	96.15	XJ/KOL	99.89
FJ/NPDK	99.75	HL/MIH	99.84	NX/YCH	99.62	XJ/KSH	99.53
FJ/QZH	99.39	HL/MOH	92.29	NX/YCI	99.66	XJ/KUC	99.93
GD/GZH	97.08	HL/NZN	99.80	QH/DAW	99.90	XJ/QMO	99.05
GD/SHG	99.08	HL/WDL	99.72	QH/DLH	99.93	XJ/RUQ	98.09
GD/SHT	99.66	HN/CNS	99.83	QH/DUL	99.77	XJ/WMQ	99.73
GD/SZN	99.44	HN/JIS	99.90	QH/GOM	99.02	XJ/WNQ	99.95
GD/XNY	99.64	HN/SHY	95.20	QH/HTG	97.76	XJ/WUS	99.82
GS/AXX	99.62	HN/TAY	100.00	QH/HUY	100.00	XJ/XNY	99.85
GS/GTA	99.89	JL/CBS	98.81	QH/QIL	99.90	XJ/YUT	99.53
GS/JYG	99.40	JL/CN2	99.89	QH/TTH	98.77	XZ/CAD	99.81
GS/LZH	99.90	JL/THT	99.86	QH/YUS	99.90	XZ/CHY	99.68
GS/TSS	97.85	JL/YNB	99.84	SC/BTA	97.47	XZ/GZE	26.96
GX/GUL	98.81	JL/YST	99.06	SC/CD2	99.69	XZ/LIZ	99.80
GX/HCS	94.84	JS/LYG	99.38	SC/GZA	99.96	XZ/LSA	99.88
GX/LNS	99.04	JS/NJ2	98.95	SC/LZH	99.67	XZ/NAQ	16.14
GX/PXS	98.77	JX/HUC	99.64	SC/PZH	99.98	XZ/PLA	99.66
GZ/DJT	98.92	JX/JIJ	99.90	SC/SPA	99.01	XZ/RKZ	99.78
GZ/LPS	91.60	JX/NNC	99.53	SC/XCE	98.84	XZ/SQHE	99.91
GZ/XYT	92.44	JX/SHR	99.90	SD/JIX	99.44	YN/EYA	99.82
HA/LYN	99.92	LN/CHY	99.83	SD/QID	99.27	YN/FUN	97.89
HA/NY	99.65	LN/DDO	99.72	SD/TIA	99.90	YN/GEJ	99.59
HA/XY	99.96	LN/DL2	99.98	SD/YTA	99.60	YN/GYA	98.47
HB/ENS	99.85	LN/SNY	99.74	SH/SSE	99.52	YN/KMI	99.78
HB/MCH	99.69	LN/YKO	99.99	SN/ANKG	99.34	YN/MEL	99.51
HB/SYA	99.09	NM/AGL	98.87	SN/HZHG	99.89	YN/MLA	99.02
HB/WHN	99.95	NM/ARS	95.74	SN/XAN	99.96	YN/TNC	99.55
HB/ZHX	99.72	NM/BAC	99.74	SN/YULG	99.15	YN/ZAT	98.88
HE/CLI	98.90	NM/BTO	99.79	SX/LIF	99.71	YN/ZOD	99.92
HE/HNS	99.95	NM/CHF	99.76	SX/SHZ	99.64	ZJ/HUZ	99.90
HI/QZN	98.95	NM/GNH	98.66	SX/TIY	99.37	ZJ/WEZ	99.23
HI/XSA	97.17	NM/HHC	98.77	XJ/BCH	99.65	ZJ/XAJ	99.43

总运行率：98.10%

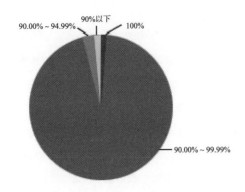

图1　2018年国家台站运行状况统计

2. 省级台网运行情况

全国 31 个省级台网实时运行率平均为 97.89%，其中运行率在 99% 及以上的有 14 个台网，运行率在 95.00% ~ 98.99% 的有 14 个台网，运行率在 95% 以下的有 3 个台网，西藏台网运行率最低，为 84.90%。表 2 所示为省级地震台网实时运行率，图 2 为其统计图。

表 2　省级测震台网实时运行率

台网名称	代码	运行率 /%	台网名称	代码	运行率 /%
北京	BJ	95.22	湖北	HB	99.56
天津	TJ	99.42	湖南	HN	99.68
河北	HE	99.06	广东	GD	96.53
山西	SX	98.94	广西	GX	98.14
内蒙古	NM	98.49	海南	HI	98.57
辽宁	LN	99.56	重庆	CQ	99.61
吉林	JL	98.19	四川	SC	98.59
黑龙江	HL	94.96	云南	YN	98.96
上海	SH	99.48	西藏	XZ	84.90
江苏	JS	97.25	陕西	SN	98.62
浙江	ZJ	99.39	甘肃	GS	97.71
安徽	AH	99.16	青海	QH	99.53
福建	FJ	99.16	宁夏	NX	98.20
江西	JX	98.63	新疆	XJ	99.26
山东	SD	99.37	贵州	GZ	90.66
河南	HA	99.84			
总运行率：97.89%					

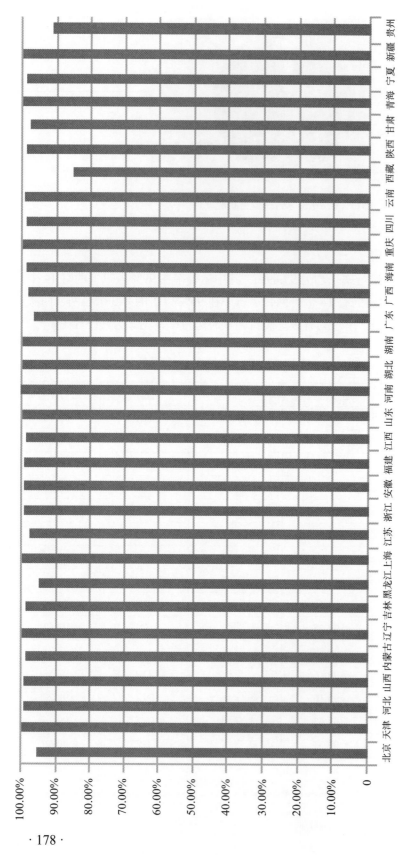

图2 区域台网运行状况统计

（中国地震台网中心）

2018 年中国地震地球物理台网运行年报

一、台网运行概况

我国地震地球物理台网由地壳形变、电磁、地下流体三大学科观测台网组成，涵盖了观测台 / 站、省级区域地震地球物理台网中心、学科台网中心和国家地震地球物理台网中心（以下简称"国家中心"）四级业务管理机构。其主要任务是为地震预报以及相关学科领域的科学研究提供观测数据。

我国地震地球物理台网的观测对象为地球物理和地球化学动态，采样记录方式以数字化自动观测为主。其显著特点是地壳形变、电磁、地下流体三大学科的多个领域、多种观测项目和多种观测方式的相互结合，互为补充。随着近几年观测技术、信息技术的迅速发展，我国地震地球物理台网目前基本实现了数字化、网络化观测。

（一）台站与仪器统计

2018 年全国有 34 个省级地震地球物理台网共 832 个观测台站向国家中心报送数据。其中国家台 237 个，省级台 286 个，市县台 309 个。

全国各区域台网向国家中心报送观测数据的仪器共 3041 套（包含 2897 套每日定期观测仪器、114 套不定期观测仪器和 30 套极低频观测仪器）。其中，十五数字化仪器 2391 套，九五数字化仪器 195 套，人工观测仪器 420 套，模拟观测仪器 35 套。测项数 4620 个，测项分量数 8624 个。

按观测学科统计：

地壳形变观测台网承担着国家大陆地壳形变的监测任务，由形变和重力观测台网组成。其中，形变观测台站 276 个，观测仪器 606 套（占总数的 19.93%），测项分量 2327 个；重力观测台站 47 个，观测仪器 49 套（占总数的 1.61%），测项分量 331 个。

电磁观测台网承担着国家大陆电磁场的监测任务，由地磁和地电观测台网组成。其中，地磁观测台站 167 个，观测仪器 408 套（占总数的 13.42%），测项分量 1250 个；地电观测台站 160 个，观测仪器 245 套（占总数的 8.06%），测项分量 1644 个（注：极低频观测仪器列入了地电统计）。

地下流体观测台网承担着国家大陆地下流体的监测任务。观测台站 495 个，观测仪器 1204 套（占总数的 39.59%），测项分量 1679 个。

综合起来，全国地震地球物理台网观测台站、观测仪器基本情况统计见表 1。

表 1　全国地震地球物理台网观测台站、观测仪器基本情况

学 科		台站数	仪器数					
			十五	九五	人工	模拟	合计	
地壳形变	重力	47	44	5	0	0	49	3041
	形变	276	547	31	21	7	606	
电磁	地磁	167	283	2	123	0	408	
	地电	160	238	7	0	0	245	
地下流体		495	848	93	243	20	1204	
辅助观测		457	431	57	33	8	529	

（二）台网各类运行指标统计

全国各区域台网有 3041 套观测仪器每天向国家中心报送数据，其中有 2613 套观测仪器纳入了区域台网的运行管理评价，占报送观测数据仪器的 85.93%（2017 年为 85.39%）。

2018 年 1—12 月，全国地震地球物理台网的平均仪器运行率为 99.03%（2017 年为 98.72%），平均数据汇集率为 99.18%（2017 年为 99.26%），平均数据连续率为 98.65%（2017 年为 98.15%），总体运行比 2017 年略有提高。其中，全国各区域台网参评仪器的平均运行率为 99.31%（2017 年为 99.07%），平均数据汇集率为 99.55%（2017 年为 99.61%），平均数据连续率为 99.24%（2017 年为 99.05%）。2018 年地震地球物理台网平均运行情况见表 2。

表 2　2018 年地震地球物理台网平均运行情况

序号	统计类别	全台网仪器情况	参评仪器情况	备 注
1	仪器数量	3041	2613	85.93%仪器参评
2	仪器运行率	99.03%	99.31%	
3	数据汇集率	99.18%	99.55%	
4	数据连续率	98.65%	99.24%	

全国地震地球物理台网 2012—2018 年运行情况对比见图 1。

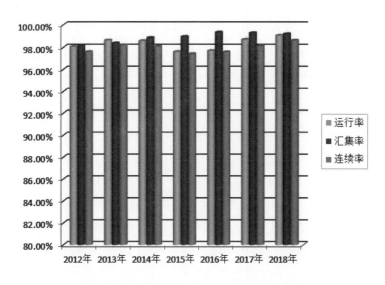

图1　全国地震地球物理台网2012—2018年运行情况对比

二、台网管理概况

2018 年全国地震地球物理台网运行管理工作在中国地震局监测预报司和台网中心领导下，在 2017 年工作的基础上，继续以强化规范台网运行和台网产出为目标，台站、区域中心、学科台网中心和国家中心各环节工作协调配合，积极推进台网观测、台网运行、产出与服务、技术管理等方面的工作。具体有以下几方面：

（一）台网运行管理监控

2018 年，全国地震地球物理台网运行工作继续按照现有运行质量的监控思路，由国家中心负责监控全国区域地震地球物理台网的运行管理工作，各学科台网中心负责台站观测数据质量的监控，区域中心负责本区域台网的运行质量监控。

国家中心和各学科台网中心根据《技术要求》相关规定，每日对各区域地球物理台网的仪器运行、数据汇集、数据质量等进行监控，并将监控中发现的问题以网站、邮件等形式反馈给相关区域台网。

依据《评比办法》对区域地震地球物理台网运行情况进行了评比，评比采用年度评比和月评比相结合的方式。国家中心每月 20 日前完成月评比工作，同时将评比结果在国家中心网站（http://qzweb.seis.ac.cn/DZQZ）上公布。区域台网中心通过月评比报告及时掌握上月本区域台网的总体运行情况，发现运行中存在的问题并及时更正。国家中心 2018 年 5 月份完成了区域地球物理台网的年度评比工作，在评比与培训会上，对评比中存在的问题进行了讲解。

同时各省级地震监测主管部门组织完善区域台网运行管理考评办法，明确奖励与惩罚措施，对台站的技术管理、系统运行和产出应用等工作进行定期检查与年度考评。

2018年，继续推进地球物理台网质量监控体系的建设与完善，在台网运行质量监控方面取得了突出的成绩。

（二）前兆台网监测数据异常跟踪分析工作

根据《关于全面开展地震地球物理台网数据跟踪分析工作的通知》（中震函〔2013〕311号）工作要求，地震地球物理数据跟踪分析工作2014年纳入常态化，经过2014—2017年推进、完善，2018年1—12月全国地震地球物理台网数据跟踪分析工作顺利开展，前兆观测技术人员开展资料分析处理，产出观测事件信息，取得了卓有成效的成绩。

2018年1—12月，全国地震地球物理台网共对2193套仪器进行了数据分析，分析产出各类事件36562条。国家中心按时完成分析质量月评价，分析完整率平均达到99%以上。

随着地震地球物理数据跟踪分析工作的深入开展，逐步实现了地震地球物理台网日常工作的重心从观测为主向观测、应用并重，转变机制逐步建立；数据跟踪工作的稳步推进，进一步提升了地球物理台网的产出与服务能力，同时更大程度的发挥了台站监测人员的智慧和能力，调动了工作积极性；提高了地球物理数据对地震监测预报的服务水平。

（三）专题工作会议

为了规范地球物理台网运行管理工作和提高运行质量，及时纠正运行管理过程中存在的问题，国家中心（邀请学科台网中心专家）定期集中对区域台网技术人员进行技术培训工作。培训内容包括观测技术、数据处理分析、技术系统维护、工作要求等。同时各区域台网根据需要，定期组织台站工作人员进行培训或经验交流。2018年，国家中心在全国范围内组织了3次专题工作培训会议：

（1）2017年度地震地球物理台网工作总结及技术培训班；

（2）2018年度地震地球物理台网运行管理与数据跟踪分析技术培训班；

（3）2018年度地震地球物理台网仪器设备更新升级项目验收会。

（中国地震台网中心）

2018 年地震信息化发展概况

2018 年，中国地震局党组在部署和推进新时代防震减灾事业现代化建设进程中，对地震信息化建设提出了新要求。中国地震局网络安全和信息化领导小组及办公室落实局党组部署，大力推进地震信息化发展，建立日常运行机制，扎实开展工作，大力夯实网络安全基础，组织实施信息化战略，网络安全和信息化各项工作取得良好进展。

一、完成地震信息化顶层设计，
绘就地震信息化发展蓝图

2018 年，中国地震局印发《地震信息化顶层设计》和《地震信息化行动方案（2018—2020 年）》，贯彻局党组关于地震信息化战略部署，提出地震信息化发展的总体目标和蓝图框架，明确了 2018—2020 年地震信息化建设的重点任务、建设目标、实施进度和组织模式，旨在实现数据资源化、业务云端化、服务智能化，充分发挥信息化对防震减灾事业现代化建设的支撑、引领和驱动作用。

二、研究制定地震信息化标准规制体系，
地震信息化治理能力不断提升

组建地震信息化标准框架工作组，研究制定《地震信息化标准体系（2018 版）》，确定了地震信息化标准体系框架，明确了总体标准、基础设施标准、数据资源标准、信息应用平台标准、信息安全标准和信息化管理标准 6 个分体系及首批 223 项标准清单，启动 23 项急需标准规范制定工作。完成地震信息化管理规范调研，启动地震信息化管理规制体系框架研究。

三、实施地震信息网络安全防护项目，
地震网络安全防护能力明显增强

完成"中国地震信息网络安全防护项目"建设，初步建成地震行业网络安全体系。印发《中国地震局网络安全事件应急预案（试行）》，建立健全地震行业网络安全事件应急保障和恢复工作机制，提高应对突发网络安全事件的组织指挥和应急处置能力。组织地震系

统各单位开展网络安全自查，对网络安全主体责任、管理规制、人防技防措施、信息发布管理、信息通报与应急处置能力建设等进行全面梳理整改，地震信息网络安全能力得到明显提升。

四、认真开展地震科学数据共享工作，地震数据与资料管理更加规范

对地震系统数据共享工作进行检查和调研，启动数据共享工作组织架构和运行机制研究，组织编印《国家地震科学数据资源手册》，系统梳理了4大类13项地震科学数据资源。组织地震系统各单位分步骤开展模拟地震历史资料抢救专项行动，摸底调查形成资料清单，启动地震模拟资料抢救试点工作。

五、不断拓宽地震信息服务渠道，地震信息化服务体系进一步完备

坚持需求导向，探索"互联网＋地震"创新服务模式。建立了包括12322传统平台和移动多媒体平台的完整地震信息服务体系，实现了地震速报信息人口覆盖由百万量级到以亿为单位的能力提升，其中速报微博粉丝突破700万，位居全国应急系统首位，微博年度累计阅读量突破14亿，单条微博最高阅读量6500万，地震速报微博连续第5年被人民日报评为"全国十大中央机构微博"。开启智慧服务模式，自主研发的"地震信息播报机器人"正式上线提供服务。

（中国地震局监测预报司）

各省、自治区、直辖市地震监测预报工作

北京市

1. 震情

制定年度震情跟踪工作方案，全年组织周会商 50 次、月会商 12 次，组织召开北京市年中、年度会商会，报送相关地震趋势报告；参加华北、首都圈片区会商 12 次；针对 2 月 12 日河北永清 4.3 级地震召开紧急会商会 1 次；登记处理社会地震预测意见 3 次。落实地震宏观异常 5 次、地震前兆异常 6 次，形成异常核实报告并按规定登记填报。制定《北京市地震前兆观测资料异常及宏观异常核实管理办法》。编制北京市年度地震风险评估报告。组织各区技术培训 2 次。

2. 台网运行管理

测震台网运行率大于 99%，前兆台网运行率平均 99.68%，台网数据汇集率保持 99.65%，数据有效率保持 99.53%。信息网络运行通畅，国家骨干网（北京节点）运行率 100%，21 个网络节点（6 个综合节点、15 个区节点）连通率优于 99.5%，未发生网络安全事件。

3. 台网建设情况

接收中国地震局工程力学研究所所属强震动台站 14 个，使北京市强震动台站总数达到 262 个。建立北京市地震局综合地震台管理制度，进行区域台网运维。开展昌平、平谷、房山、通州综合地震台相关项目改造。昌平区、顺义区、密云区共新建深井监测站点 5 处。妥善解决因举办"北京世园会"进行的建设项目影响延庆地震台监测事宜。组织北京市地震观测资料年度评比。市地震系统在 2017 年度全国观测资料评比中获得好成绩。其中，6 项前兆观测资料获前三名，测震台网地震速报获 3 等奖，强震动台网运行维护获 2 等奖。

4. 信息服务

完成地震速报 22 次，其中北京市 8 次、河北省 14 次；转发地震速报信息 142 次，并按规定向市委、市政府报送地震信息。完成地震事件正式编目 570 个，震相约 3.4 万条。上报宏微观异常零报告表 86 份。产出河北永清 4.3 级地震烈度速报图。加强矿震监测及震相识别。完成 2018 年全国"两会"、中非合作论坛等重大活动的专项地震安保工作，配合相

关单位完成青岛"上海合作组织"峰会、天津达沃斯论坛期间地震安保任务。

5. 基础研究与应用

国家地震烈度速报与预警工程北京子项目进入实施阶段，简易烈度计地震预警试验项目通过中国地震局验收，印发《国家地震烈度与预警工程北京子项目管理实施细则》，完成项目工程设计及施工图预算编制，签订新建基准站观测场地测试项目监理合同，编制实施方案。编写晋冀蒙监测能力提升项目施工方案，协调土地使用等事宜。配合开展新一代监测预报业务一体化应用平台集成研发及联调工作。参加 2018 年度测震台网智能化技术应用重点项目工作。开展首都圈一体化速报编目平台建设，完成设备购置。参与地震分析预报会商系统建设项目，实现京津冀协同会商。落实中国地震局监测预报业务改革项目设计方案，完成测震、强震、烈度计、GNSS 四网融合优化设计。在北京市突发事件预警信息发布平台安装 EQIM 终端机预警信息发布终端，完成《打通预警信息发布最后一公里》调研报告。

（北京市地震局）

天津市

1. 震情

制定并认真落实年度震情监视跟踪工作方案，强化震情分析研判，推进智能化会商系统建设，持续深化会商机制改革，开展京津冀协同工作机制智能化会商系统建设，积极参加京津冀、"北京圈"和十城市联防等区域联防与联席会商，累计组织召开各类会商会 100余次，产出各类会商报告 100 余份，及时提出周月震情趋势判定意见。全年开展异常现场核实 10 次，多途径提高地震预测的科学性、严谨性和准确性，较好地把握天津及周边地区地震趋势，圆满完成 2018 天津夏季达沃斯论坛、中非合作论坛北京峰会等重大活动地震安全保障服务任务。

2. 台网运行管理

不断优化地震台网布局，完成天津市前兆测项布局规划编制。会同京冀地震部门制定《京津冀监测预报业务一体化工作方案》，编制完成京津冀地震监测台网"一张图、N 张网"。印发《天津市地震局关于贯彻落实京津冀协同发展防震减灾"十三五"专项规划 2018 年度专项方案》。严格执行台站故障快速响应维护机制，完成台站现场检查和设备维修 330 次，前兆、测震和 GNSS 台网观测数据连续率分别达 99.9%、99.4%、100%。在年度地震监测预报工作质量全国评比中，获得一等奖 1 项、二等奖 11 项、三等奖 11 项、优秀奖 56 项，创历史最好成绩。

3. 基础研究与应用

超快地震速报系统建设完成，地震速报时间从 2 分钟缩短到 30 秒。启动国家地震烈度速报与预警项目天津子项目的实施，80 个简易烈度计站点投入使用，地震速报信息与全市突发事件预警发布平台对接工作正式完成。

（天津市地震局）

河北省

1. 震情

2018 年，河北省内先后发生 2.0 级以上地震 14 次，最大地震为 2 月 12 日廊坊市永清县 4.3 级地震。永清地震后，中央政治局常委、国务院副总理汪洋，中国地震局局长郑国光、河北省委书记王东峰、省长许勤等领导同志均作出重要批示。郑国光局长同河北省政府常务副省长袁桐利进行视频连线，互通有关情况，部署地震应急相关工作。河北省省长助理江波和孙佩卿局长第一时间带队赴震中开展现场应急工作。河北省地震局同廊坊市、地震系统兄弟单位协同联动，高效完成地震应急处置。8 月 6—7 日，省委书记王东峰带队赴唐山古冶 3.3 级地震震中调研并看望群众。河北省地震局认真贯彻应急管理部、中国地震局和省委省政府领导的指示要求，同震区当地政府各负其责、密切配合，与中国地震局有关直属单位高效协同联动，高效有序地完成历次地震应急处置各项工作。2 月 14 日，张家口市张北县发生 3.2 级地震后，14—17 日正值春节期间，河北省省长助理江波、河北省地震局局长孙佩卿等同志一直坚守在张北地震现场，指导当地做好防震减灾各项工作。河北省地震局加强值班值守和应急准备，确保春节期间的社会安定和谐。

2. 台网运行管理

河北省地震局狠抓监测资料质量，在全国 2017 年度地震监测预报工作质量评比中，共获得学科综合评比和单项评比前三名 50 项，获奖数位于各省地震局前列。年初制定《河北省地震局强化震情监视跟踪和应急准备工作方案》，进一步加强全省震情跟踪和应急准备工作。2018 年联合开展会商 27 次，重点时段加密会商 53 次，向省政府报告震情 40 余次，取得一定减灾实效。

3. 台站建设情况

河北省地震烈度速报与预警台网建设运行正常，石家庄、秦皇岛两市新建强震台及仪器设备采购、通信招标、合同签订、安装调试等工作全部完成，投入试运行。国家地震烈度速报与预警工程（河北子项目）进展顺利，先后召开领导小组会议、项目启动会议、成立项目机构和实施团队、制定项目管理细则和财务报销规定、组织各市地震局、中心台建立项目实施机构并全部完成备案。河北子项目已经完成新建台站场址、进场施工摸底确认、台站征（租）地等工作，组织完成项目设计及监理招标，编制并上报项目实施方案，完成省级中心机房的规划设计、公开招标并签订机房加固施工合同，编制 2019 年度投资计划和采购预算。

4. 基础研究与应用

组建"河北省地震局强震发震构造与机理研究创新团队"和"河北省地震局测震专业仪器系统检测评估与观测场地遴选创新团队"，并给予专项支持。组建河北测震专业仪器系统检测中心，激发创新创造活力。深化全方位开放合作，与河北地质大学、防灾科技学院、河北省地理信息局、河北省水勘院、河北省资源勘查中心等高校和省直企事业加强合作，聘请优秀专家作为河北省地震局科技委委员，并建立合作机制。加强学术交流，邀请中国地质大学、中国地震局地球物理研究所等专家教授作学术报告 7 场次，不定期举办创新团队学术交流活动，示范带动作用明显。加强对外合作，王红蕾高级工程师应美国地质调查局地震科研中心邀请，赴美国访问。5 月，美国查普曼大学拉梅什·辛格教授到河北省永清地震台现场考察并进行学术交流。落实地震科技创新工程，争取河北省科技支撑计划立项1 项、科普活动专项 1 项，继续获得省财政科技创新专项支持，促进地震科研业务融合。

（河北省地震局）

山西省

1. 震情

年度监测预报工作概述。一是强化质量管理，确保台网运行。山西省测震台网运行率99.04％，地球物理台网运行率 99.74％，强震台网运行率 100%，信息网络运行率 99.87％。34 个测项获得全国评比前三名。二是强化震情监视跟踪和会商研判。制定山西省和晋冀蒙交界区震情跟踪方案，加强晋冀蒙、陕晋豫区域联防。三是推进项目建设实施，提高监测系统基础能力。完成国家地震烈度速报与预警工程山西子项目实施方案编制和基准站土建招标。完成地震前兆台网仪器更新升级和离石台优化改造。推进"一市一中心"和"一县一台"建设成效显著。四是深化台站改革，出台《忻州综合地震台改革试点实施方案》，初步完成忻州综合台业务和人员整合。

年度地震趋势会商会情况。制定《山西省 2018 年度震情监视跟踪工作方案》，共召开各类会商会 70 次。积极开展跨部门、跨区域地震异常研判和震情联合会商，共邀请山西省国土资源厅、山西省测绘地理信息局、山西省气象局和地质环境监测中心等单位的 9 名专家参与年中、年度地震趋势会商会。制定《晋冀蒙交界协作区 2018 年度震情监视跟踪工作方案》，建立晋冀蒙交界地区构造片区联合会商机制，召开晋冀蒙协作区震情跟踪专题会商会 3 次。参加陕晋豫交界地区震情跟踪研讨会 2 次。

2. 台网运行管理

运行情况。2018 年，山西数字测震台网运行台站 57 个（不含邻省），全年总体运行率为 99.04%，向中国地震台网中心速报地震 10 次（包括天然地震和非天然地震），其中省内 6 次、邻省 4 次。山西地球物理台网运行台站 39 个，全年平均运行率为 99.74%，数据连续率为 99.47%，完整率为 98.02%，预处理完成率为 100%。山西地震信息台网运行节点 21 个，全年网络综合运行率为 99.87%。山西陆态 GNSS 观测网络直属和托管基准站 5 个，全年平均通信连通率为 99.63%、数据连续率为 100%、有效率为 96.75%。山西强震动台网运行台站 57 个，全年总体运行率为 100%，向中国地震局强震动台网中心速报地震 3 次。

规章制度建立健全情况。制定了《国家地震烈度速报与预警工程（山西子项目）项目管理细则》《山西省地震局联网办公设备网络安全管理办法》；修订了《山西省地震局网络安全应急预案》。

培训情况。组织监测预报业务类培训 5 次，分别为 6 月 11—14 日陆态网络（山西站点）交流学习，8 月 13—16 日地震信息网络综合技术培训班，8 月 26—31 日磁电形变流体及前兆观测技术综合培训班，9 月 17—20 日测震学科综合业务培训班，11 月 4—6 日钻孔应变资料分析与处理方法培训班，累计培训 340 余人次。

观测环境保护。对"蒙西至晋中 1000 千伏特高压交流输变电工程"路径和"忻州繁峙—溏源 220kV 线路工程"路径设计进行了环境干扰判定。协调解决定襄眉音口流动水准测线受损问题。协调解决晋城市地震局测震台站受影响事件。核实"雄安至忻州铁路工程（山西段）"沿线地震设施受干扰情况。解决"京原铁路改造影响代县中心地震台大地电场"问题。

3. 台网建设

截至 2018 年底，国家地震烈度速报与预警工程（山西子项目）30 个新建基准站和 122 个新建基本站的租地手续办理 128 套，新建 27 个基准站土建施工招标方案完成初审。印发《忻州综合地震台改革试点实施方案》。完成离石中心地震台监测中心优化改造项目、地震台站基础设施灾损恢复项目、前兆台站仪器升级改造项目、华北片区（山西）仪器设备更新升级项目。

4. 监测预报基础和应用研究

争取省部级及中国地震局司局级各类科研项目 23 项。承担国家重点研发计划专题子课题 1 项。下达局属科研项目 36 项。承担的 3 项地震科技星火计划项目圆满通过验收,其中《临汾盆地断层气综合观测与短临跟踪方法研究》《海量地震数据存储与服务技术研究》验收结论为优秀等级。1 项山西省科技攻关计划项目通过验收。与南方科技大学地球与空间科学系和海洋科学与工程系签署了战略合作协议。

2018 年,山西省防震减灾工作在应急管理部党组、中国地震局党组和山西省委、省政府的正确领导下,认真学习宣传贯彻党的十九大精神,坚持以习近平新时代中国特色社会主义思想为指导,紧紧围绕防震减灾中心工作,为山西省经济社会发展提供了良好的地震安全保障。

(山西省地震局)

内蒙古自治区

1. 震情

目前,内蒙古自治区地震监测系统共有 200 余台套仪器设备、94 个测点,呼包鄂地区地震监测能力达到 2.0 级以上,其他地区达到 2.5 级以上,基本消除地震监测盲区,大幅缩短地震速报时间。

2. 台网建设情况

加快推进区域地震监测预测研究中心建设,将 23 个小而散的专业地震台站整合成 8 个地震台。创新机制,加强震情值守,建立滚动会商和开放式会商机制,联合周边省区和中国地震局台网中心,共同开展震情动态跟踪和研判。开展重点监视区地震灾害风险点危险源危险点排查。

3. 基础研究与应用

积极推进国家地震烈度速报与预警工程项目在我区的 459 个站点的建设,将在呼和浩特市、包头市、鄂尔多斯市、乌兰察布市建成以地震基准站为主的地震预警骨干台网,为地震预警服务。

(内蒙古自治区地震局)

辽宁省

1. 震情

及时处置春节期间发生在沈阳市法库县 3.1 级、鞍山市 3.2 级有感地震震后应急及震后趋势预测意见等工作，受到省政府领导的高度赞扬。3 月初，针对辽蒙交界及环渤海地区提出的显著震情预测意见，启动短临跟踪工作方案，加密观测，强化异常核实和滚动会商研究，对年初以来在省内及邻区观测到的异常变化作出较好判定，逐步排除了在省内发生强震的可能。

2. 台网运行管理

全省测震、前兆台网运行率分别达 99.52% 和 99.64%，在全国地震监测资料质量统评工作中，全省优秀率达 100%，173 个测项中有 28 个获前三名，全国前兆台网产品应用与产出系列获全国统评第三名；完成速报地震 11 条，在试行国家震级新标准期间，实现速报零错误；全年完成流动重力观测网 68 个常规观测点、83 个测段的测量工作，完成跨渤海重力联测、流动地震地磁野外作业、流动水准测量、GNSS 观测网巡检、郯庐断裂带跨断层土壤气地球化学观测。

3. 基础研究与应用

8 月，国家地震烈度速报与预警工程项目辽宁子项目建设工作正式启动，已完成全省31 个新建基准站、40 个新建基本站点场地确认工作以及租地合同签订、监理招标等，并与铁塔公司签订战略合作协议，落实一般站点勘选工作。

（辽宁省地震局）

吉林省

1. 震情

开展松原市 5.7 级地震及余震监测、震情研判和现场流动监测。开展周月会商。加强重要时段、重要事件的震情保障工作，完成非天然地震事件监测工作。

2. 台网运行管理

2018 年吉林省测震台网运行率 98%，强震台网运行率 99%，地球物理台网运行率97%，信息网络运行率 99%。近震速报、大震速报均达到国家速报要求。11 个测项进入全国观测资料评比前三名。

3. 基础研究与应用

实施国家地震烈度速报与预警工程吉林子项目，完成吉林省 2018 年度预警项目采购预算、2019 年度投资计划建议和 2019 年度采购预算的上报，编制完成《国家地震烈度速报与预警工程吉林省子项目管理细则》。完成延边、敦化、白城 3 个地震台站灾损恢复项目。完成地球物理场台网数据共享平台的建设。组织完成长白山固定 GNSS 连续监测网建设。

（吉林省地震局）

黑龙江省

2018 年，黑龙江省地震监测预报系统各单位，结合具体情况，合理分工，由省地震监测中心负责黑龙江区域测震、前兆、强震台网和应急、信息中心的运行和维护，由省地震分析预报与火山研究中心负责黑龙江省地震分析预报工作，由各有人值守专业台站完成各自地震监测设备维护和资料产出，各学科质量管理组负责监测资料的质量监控和技术支持，完成五大连池地震火山监测站优化改造，实施由牡丹江、五大连池、鹤岗、绥化 4 个地震台站承担的区域仪器维修维护任务，推进有人地震台站规范化和无人地震台站智能化建设。各单位分工合作，较好的完成年度监测预报工作。

1. 震情

黑龙江省测震台网全年共完成 13 次地震速报（其中省内 2 次，省外周边 10 次，国外 1 次）。处理事件 1602 个，提交编目事件 357 个，其中天然地震 318 个，爆破 38 个、矿震 1 个。产出测震数据约 4.02T，备份移动硬盘 2 块，刻录光盘 754 张。

2. 台网运行管理

黑龙江区域地震测震台网按照重点监视、均匀布局、省市共享的原则布设 89 个地震台站，其中参加国家评比台站共 31 个，平均台站间距 70 千米，中部地区地震台站分布密集一些，东南部和北部地区地震台站较少，共享邻省地震台站 15 个，另外还有火山数字地震台、各地市共享地震台站、项目建设地震台站共计 58 个地震台站。数字测震台站技术系统由专业系统：包括地震计、数据采集器、GPS 时钟，智能供电系统：包括供电设备，通信系统：包括数据传输设备，环境和动力监控系统，避雷系统等构成。

3. 台网建设情况

开展五大连池地震火山监测站优化改造、台站技术保障系统改造推广项目、灾损恢复项目、自身建设等项目。完成依兰地震台搬迁工作山洞和办公楼建设、宾县地震台搬迁初步设计。德都、牡丹江镜泊湖、哈尔滨、嘉荫 4 个地震台站的灾损恢复工作。完成东宁、红海林、柳河、通河、延寿、五常、伊春、北林前兆、北林测震、肇源测震、笔架山、团结、北安、逊克、孙吴、五大连池流体共 16 个地震台站综合观测技术保障系统改造工作。开展牡丹江苇芦河子台与小北湖子台迁建工作。

4. 信息服务

2018 年，黑龙江省信息网络的 22 个信息节点基础设施大部分运行正常，嘉荫信息节点因专线接入且缺乏人员维护发生数次中断，连同其他几个相同情况的节点本年度不参加评比；网络通信平台运行基本正常，区域中心网络服务运行正常，未发生重大故障。区域中心 DNS、FTP、NTP、门户网站、数据库等运行正常。门户网站 2018 年访问量 99851 次，更新信息 184 条。2018 年度无网络病毒与木马攻击事件。

2018 年上半年，进行网络安全防护项目全面实施工作，完成防病毒软件、全流量采集分析系统、堡垒机、防火墙、即时通信系统等设备的内网访问控制策略部署，并按要求提交试运行报告。进行网络监控系统技术推广，实现绥化、鹤岗、牡丹江三个运维分中心总计 120 余台套设备仪器的网络监控部署。数据共享工作共完成测震波形 4TB 历史数据整理归档，并将整理后的数据向地球所提供共享服务，并为监测预报、前兆、信息学科提供数据归档空间和服务器运行空间。3 月 5—20 日"全国两会"期间，按照学科组要求每日上报零报告信息。上合峰会期间，按要求完成信息安全技术人员 24 小时值班值守。进行有效的信息系统安全加固和保障，在重点时段安保期间拦截网站非法攻击 11 万余次。黑龙江省地震局作为全国地震系统第一家单位，完成信息安全等级保护定级材料的申报、论证和评审。按照《中华人民共和国网络安全法》等保相关要求，完成信息安全等级保护整改方案设计；对局网络安全进行检查，信息安全等级保护整改方案设计，编写设计方案，之后提交改造建议书。完成佳木斯、五大连池网络故障现场处理和流动地震台网络配置、轮岗调整办公室后的网络配置等工作。

5. 基础研究与应用

黑龙江区域地震前兆台网 2018 年在运行观测仪器总计 97 台套，包括"十五"项目仪器 86 套、模拟仪器 4 套、背景场 7 套。在运行地震台站共计 28 个，测项分量数 262 个。包括 9 个国家地震台、3 个区域地震台、1 个企业地震台、15 个市县地震台；24 个有人值守地震台和 4 个无人值守地震台。其中地形变学科仪器 16 套（2 套重力），77 个测项分量（重力有 20 个测项分量）；流体学科仪器 45 套，45 个测项分量；电磁学科仪器 17 套（3 套十五人工），83 个测项分量（十五人工有 5 个测项分量）；辅助观测仪器 19 套，57 个测项分量。各前兆台站产出每月模拟电子月报、模拟纸介质月报、相关学科观测月报、相关学科月标定检查报表及各学科 2018 年观测年报。前兆台网中心产出每月区域地震前兆台网观测月报、直属台站的学科观测月报及区域地震前兆台网 2018 年年报及直属台站的学科观测年报。前兆台网仪器运行率 97.29%，观测资料的平均连续率 97.22%，完整率 96.38%。按学科统计运行率，形变 99.71%、地磁 79.38%、地电 99.02%、地下流体 98.57%、重力 98.72%、辅助 99.61%。

6. 观测环境保护

黑龙江省各级地震部门积极协调相关部门，依法对地震监测设施和观测环境进行保护。省地震局监测预报处和省抗震设防监督管理站（承担地震台站监测设施和观测环境保护监督检查工作）加强与哈佳铁路、哈牡铁路等建设单位沟通，积极协调观测环境保护事宜。黑龙江省地震前兆台网整体布局不合理，中南部监测能力较强，西北部较薄弱。现阶段前兆地震台网运行以模拟和"十五"仪器为主，有极少部分短临跟踪仪器继续运行，省地震局在国家和省里批复的项目中不断加强本省前兆台网的规模，使地震前兆台网不断完善。但随着城市化的发展与城市的扩大，以及观测环境的破坏，对观测环境的保护问题不容忽视。对于目前的黑龙江省观测台网而言，需要在保护观测环境的前提下，加大各学科观测台站密度，提高观测数据的质量，要把产出的观测数据应用到地震预报及其他科学研究中。

（黑龙江省地震局）

上海市

1. 震情

2018 年度，上海市地震局认真落实震情会商改革方案，加强异常落实和数据跟踪分析，制定年度震情跟踪监视和应急准备方案，扎实做好震情形势研判。继续抓好运维管理，推动各学科观测资料的质量评比和监测预报技能评比。2017 年度监测预报观测质量全国统评中，上海市地震局获得地球物理单项学科评比第三名的好成绩，上海测震台网也取得了历史较好成绩。

2. 台网运行管理

2018 年度，上海台网运行情况良好。测震台网排名处于全国中上游，较上年大幅进步，地球物理台网排名也稳中有升。通过明确岗位职责、规范故障处理流程，及时解决出现的各类仪器、设备故障，按时完成台站脉冲标定、系统标定及噪声谱的计算、复核和各类仪器标定、维修和巡查，2018 年度测震台网运行率达 99%，前兆台网数据汇集率和有效率超过 95%，测震台网和前兆台网全年累计出台维修维护 100 余次。测震台网共处理地震四百余个，其中上海及邻近地区及部分远震 100 个，发布地震信息 50 余条，速报结果无差错。编发统一编目地震事件目录 8 条。前兆台网完成 365 份监控日报、12 份前兆台网月报以及 1 份年报。完善地震速报工作，加强速报演练，做好地震速报与国家突发事件预警信息发布系统对接工作，推进地震信息共享开放。

3. 规章制度建立健全情况

2018 年度，上海市地震局监测预报工作严格按照《上海市地震局测震台网运行管理办法》等 8 项规章制度执行，并逐步开展监测预报类制度清理和修订工作。通过严密实用的制度体系，督促监测预报工作向"体系完整、制度健全、权责明确、运行高效、规范透明、约束有力"的方向前进，确保观测系统稳定运行的同时，进一步夯实监测预报基础，促进观测资料质量的提升。

4. 地震监测预报培训情况

2018 年度，组织上海地震监测中心、地震预测中心、佘山地震台、崇明地震台等监测预报人员参加中国地震局举办的各类业务培训 30 余人次，包括全国年轻地震分析预报人员培训、数据共享及信息服务技术培训、全国前兆台网运行管理培训等业务与岗位培训。使监测预报业务人员更加熟悉各学科评比标准、办法和细则，提升各学科观测人员理论基础和岗位工作实际能力，从而提高台网运营维护管理水平和工作人员的业务水平。

5. 台网建设情况

完成上海地震台阵技术系统升级改造项目方案编写、评审工作；完成上海地震台阵升级改造项目的观测子台综合观测环境改造任务。深入推进地震台站改革，推进台站标准化、智能化建设。推进崇明新井、地磁台阵等台站建设工作，并促进台站业务工作、管理和综合建设水平全面提高。正式启动烈度速报与预警项目等重大项目建设、开展首届进博会地震安全保障服务、组织并参与第十五届长三角科技论坛等工作。

6. 基础研究与应用

利用不同尺度的密集台阵，联合噪声反演的方法，完成上海及周边地区从浅到深的精细三维地壳结构探测。开展上海市高分辨率三维地壳结构成像研究。加强流动地电和流动电磁扰动观测，持续推进地电场点阵观测系统试运行工作。做好"短临地震地电观测新技术研究"和"利用星载红外、电磁、雷达波数据开展上海地区地球物理场观测研究"两项科委项目。完成工程技术大学台 GNSS 仪器墩和设备安装建设。开展上海地区的地震电磁异常检测研究工作，主要以 2000—2017 年全球 TEC 地图为研究对象，基本完成电离层 TEC 异常提取系统开发工作。

（上海市地震局）

江苏省

切实做好震情监视和短临跟踪工作，强化落实责任。制定印发《江苏省 2018 年度震情监视跟踪工作方案》（苏震发〔2017〕71 号）、《关于加强近期全省震情跟踪工作的通知》（苏震函〔2018〕99 号）。根据《江苏省地震局地震预测意见管理办法（试行）》（苏震发〔2013〕75 号）和《江苏省地震局重大震情评估通报制度实施细则（试行）》（苏震发〔2015〕23 号），编制预测意见处置业务流程图、重大震情处置业务流程图和紧急会商启动条件及监测预报人员到岗职责流程图。在 2017 年度全国监测预报评比项目中，江苏省地震局全部达优，有 37 项获得全国前三名，其中监测综合类 5 项，监测单项类 24 项，分析预报类 7 项，信息网络类 1 项。完成徐州地震台优化改造和涟水地震台监测能力提升项目，台站观测条件和办公设施得到全面改善。完成台站视频会商系统建设任务，15 个省属地震台站均实现与省地震局互通视频信号。

1. 震情

2018 年共召开周震情监视会 52 次、月会商会 12 次，加密会商会 18 次，紧急和专题会商会 10 次。编发 64 期周、月会商震情监视报告、18 期加密监视会报告、10 期紧急、专题震情会商报告，上报零异常报告 80 期。按时召开 2018 年度下半年全省地震趋势会商会和 2019 年度趋势会商会。针对黄海地震活动明显增强，从 7 月 13 日开始每周五加密会商一次，密切跟踪黄海震情发展，加密会商持续到 10 月 26 日。精心安排部署，完成高考、上海国际进口博览会及国家公祭日等重要时段的地震安全保障服务工作。

2018 年共完成 9 篇异常核实报告。其中，对苏 16 井水位和水温的同步下降异常、南通地震台短水准 NS 分量年变加速上升异常、海安地电阻率趋势上升异常、宿迁短水准破年变异常、竹矿跨断层水准趋势下降进行现场核实。

2. 台网运行管理

新沂地震台环境保护。正在建设的徐连高铁、规划中的合青高铁避让距离不符合国家标准规定，将会影响新沂地震台地电的正常观测。与徐州铁办协商制定可行的抗干扰方案。组织专家讨论并确定由 GPS 网、断层气观测、深井地震观测、地倾斜观测、地磁观测基本站、强震动观测组成的替代方案。

南京基准地震台环境保护。因宁高城际轨道交通建设运行影响，南京基准地震台高淳观测基地地震观测环境受到严重干扰。与南京地铁运营有限责任公司达成协议，确定增建抗干扰设施，确定新增项目地址仍为南京基准地震台高淳基地，并开展环评、建设等审批程序。

南通地震台环境保护。南通市规划建设的轨道交通 1 号线建成运行后，南通地震台的地磁、测震、形变观测项目将无法正常进行观测。与南通市有关部门协商，制定抗干扰方案，初步方案确定由分量应变观测、GPS网观测、地下流体监测、深井和地面地震观测组成。

茅山地震断裂带薛埠跨断层水准环境保护。茅山旅游度假区 S340 省道规划道路拓宽工程，沿线的跨断层测量辅助观测点即将被破坏。薛埠场地 6 号、8 号基准点附近规划道路进入施工阶段后流动测量监测点也将遭受破坏。与茅山旅游区管委会、常州市金坛区交通运输局等部门多次协商，就观测环境保护以及赔偿相关事宜达成一致意见，与金坛区交通运输局签订《茅山断裂带薛埠跨断层场地观测环境保护协议》。

推进高邮地震台电磁搬迁工作，初步确定搬迁场地。与射阳县政府发函，协商请尽快完成射阳地震台搬迁后续工程，切实履行搬迁协议约定。宿迁地震台地磁搬迁建设项目已办理完成 7 块土地的土地证，磁房正在建设中，扩建 GNSS 的项目正在设计中，与宿迁市有关部门协商，在项目周围划定一定范围的土地作为保护区。

3. 信息服务

建立地震台站观测环境信息查询系统。根据全省各个地震台站所具有的测震、前兆手段，依据相关规定确定地震台站周边保护范围。以离线百度地图为表现形式，直观显示地震台站保护区域，具有地震台站搜索功能，面向不同建设对象。目前查询系统已完成交付，供江苏省地震局驻省政务服务中心窗口人员使用。

4. 基础研究与应用

根据国家地震烈度速报与预警工程项目进展安排，8 月，江苏省地震局调整江苏子项目领导小组和项目工程实施团队，组织召开国家地震烈度速报与预警工程江苏子项目实施启动会，制定印发《国家地震烈度速报与预警工程江苏子项目管理细则》。与设区市地震工作主管部门（地震局）联系确认基本站场址，完成 54 个基本站基本情况摸底。邀请四家公司参与江苏省地震预警中心方案设计。与北京震科工程监理有限责任公司签订委托监理合同，完成对基准站、基本站及预警中心设计招标工作，并赴市县地震台站开展设计调研。

（江苏省地震局）

浙江省

1. 震情

根据浙江省数字地震台网中心测定：2018 年浙江省省域共发生 $M \geq 1$ 地震 5 次，其中 $M \geq 2$ 地震 1 次，最大地震为 2018 年 7 月 21 日浙江杭州上城区 $M2.2$ 地震。浙江省浙江北部地区是本省地震活动的主体地区，本省本年度 5 次 $M \geq 1$ 以上地震均发生在该区域。圆满完成党的十九大、世界互联网大会、全国"两会"、省第十四次党代会、高考等重要时段以及温州珊溪水库、丽水滩坑水库、磐安、天台等重点地区地震安全服务保障工作。全年分析处理和核实数据异常 47 次；现场核实异常 5 次；提交异常现场核实报告 5 份。磐安 3.5 级、临安 4.2 级两次地震震后趋势判定意见正确。全年累计开展各类地震趋势会商会 91 次，向省委省政府提交震情快报 14 份。全省 11 个市积极参与年度地震趋势会商会，舟山、宁波、湖州、丽水等市已与省局建立了视频会商机制。

2. 台网运行管理

按照属地为主的原则，实行台站分级分类管理，省局制定出台《浙江省地震台站分级分类运维管理办法》，进一步规范和加强了全省地震台站的运维管理。省、市县和社会力量三级协同运维体系的初步建立，有力地保障了全省测震台网、前兆台网、强震动台网的正常运行，技术系统总体运行率保持在 95% 以上。每年开展速报地震练兵，全年共完成速报地震 14 次，分析处理国内外地震 342 条，完成编目地震 55 条。观测资料质量进一步提高，测震台网（地震速报、流动观测）、前兆台网、湖州台地壳形变观测、宁波台水氡观测、流体学科前兆异常现场核实报告等 12 个项目在全国评比中获得前三名的好成绩。临安马啸台、景宁渤海台、江山虎山台等 35 个市县台站在全省各类观测项目评比中获得前三名的好成绩。

3. 台网建设情况

杭州地磁台地磁观测迁建工程、浙南地震台网维护中心迁建工程均进入主体工程实施阶段。宁波台基础设施、湖州台测项搬迁等基本建设项目相关前期研究、审批等工作推进顺利。台站"三化"改造试点项目第一批 10 个示范台站已经全部开工建设，部分已经基本完成建设任务。军民融合"泛亚工程"完成宁波、舟山、温州等地的勘选和场址测试工作。

4. 监测预报基础和应用研究工作

组织申报 2019 年度省基础公益研究计划项目和 2019 年度浙江科技厅重点研发计划项目申报。组织申报 2019 年度地震科技星火计划 1 项。刘喜亮"SeisGuard 地震前兆数据分析系统"项目获批立项。组织完成"基于波形拟合反演小震震源机制"等 11 项局科技项目的验收工作。组织开展并完成向浙江省科学技术厅 2018 年度省科学技术进步奖推荐工作。推荐钟羽云团队"温州珊溪水库速度结构反演与反震机理"项目参加 2018 年度浙江省科学技术进步奖评选。

（浙江省地震局）

安徽省

1. 震情

2018 年，安徽省地震局创新建立郯庐断裂带中南段和大别山构造块体震情联防工作机制，深入开展会商制度改革，纵深推进安徽省"十三五"防震减灾重点项目和正式启动国家烈度速报与预警工程安徽子项目建设，完成安徽省地震局台站标准化试点改造任务，推动在庐江地震台建设全国地下流体测汞仪比测基地。在 2017 年度全国地震监测预报工作统评中，安徽省地震局继续保持优异成绩，共 22 项进入全国前三名，其中 4 项获得第一名。

2. 台网运行管理

安装运行地球物理台网监控软件，实现全省 20 个地震台站 29 套地下流体、12 个地震台站 20 套形变和全省辅助观测设备共计 60 台套设备的实时监控。开展测震、电磁、会商报告等观测资料质量评比，坚持每半个月对全省地震台站运行情况进行定期通报，首次对全省测震台网和地球物理各学科运行情况及观测质量进行全面检查评估。推动绩溪、临泉、颍上、石台等 9 个测震台站观测资料纳入中国地震局评比。

2018 年共进行各类设备维修维护 300 余人次，保障全省台网和网络正常运行。据统计，2018 年测震、地球物理、强震台网总体运行率均保持 95% 以上。针对蒙城地震台可能面临的皖北城际铁路影响问题，赴亳州市对接协调和共同研究可替代的建设方案。指导宿州市地震局妥善处理符离集地震台站观测环境保护事宜。

3. 台网建设情况

在协助中国地震局监测预报司开展地震台站标准化设计工作的基础上，完成合肥地震台、九华山地震台站标准化试点建设；组织实施 2017—2018 年地震台站灾害损失恢复项目，完成合肥、泗县等地震台站因灾受损基础设施恢复。

4. 地球物理场综合测量

2018 年累计完成安徽、江西及周边区域 550 点次、628 段次的流动重力观测任务。完成流动地磁矢量测点 166 个。其中，自有测点 79 个，协助中国地震局地球物理研究所完成浙江、湖北等区域测点 50 个，指导内蒙古自治区地震局完成测点 37 个。完成霍山、定远等 8 个跨 6 期、48 场次的观测工作。

5. 信息服务

完成市地震局、地震台站服务器资源虚拟化统一调配。整合安徽省地震局应急指挥中心现有硬件资源，提高资源使用效能。重新配置存储服务器，并利用虚拟机技术对重要系统和数据进行双备份。

开展信息化服务产品研究与应用，研制安徽省有感地震应急专题图自动产出软件、新版市县级地震应急指挥辅助决策系统、基于"互联网＋"的安徽省地震局灾情信息交互及应急调度系统、基于地震应急指挥技术系统产出信息在移动端快速发布与应用软件、基于云平台技术的地震应急基础数据共享服务系统等。

完成地震目录可视化查询系统的研制，实现大规模地震目录的地图展示和查询功能。推进地震台站可视化建设，目前已在安徽省地震局门户网站上线蒙城地震台、黄山地震台、合肥形变台、安庆地震台、肥东地震台、泾县地震台共 6 个台站的全景数据。

6. 地震烈度速报与预警工程项目及地震台站标准化建设

安徽省"十三五"防震减灾重点项目"大别山监测预报实验场及郯庐断裂带探测""安徽省 GNSS 地震前兆观测网建设"获安徽省发展和改革委员会批复立项，完成项目可行性研究报告编写并通过专家论证。启动国家地震烈度速报与预警工程安徽子项目建设任务，已完成项目实施方案编写和点位确认工作，组织实施庐江地震台全国地下流体测汞仪比测基地建设和地震台站优化改造项目。

（安徽省地震局）

福建省

1. 震情

贯彻落实全国地震监测预报工作会议精神，扎实做好年度震情跟踪工作。完成 2019 年度设区市地震趋势会商和 2019 年度福建省地震趋势会商。认真做好全国"两会""上合峰会"等重大活动及特殊时段地震安全保障工作。对台湾 6.0 级以上强震制定新的工作规定，切实提高震情跟踪研判的针对性、科学性、权威性。

2. 台网运行管理

积极探索和研究人工智能在地震预警、烈度速报、波形数据质量检测中的应用，开展地震自动编目实验。研发福建省地震监测台网运行监控平台，有效提升台网运行率。利用动力学特征，对福建省地震台网的观测数据进行质量评估。做好台湾地震监测，针对台湾震级与中国地震台网确定震级偏差进行对比研究。福建省测震台网运行维护产出水平连续 9 年保持国内领先。

3. 信息服务

经福建省政府同意，5 月开始向福建省公众提供地震预警信息服务。省政府下发《关于开展福建省地震预警信息发布的实施意见》，把地震预警信息发布终端作为福建省预警信息发布"一张网"的重要组成部分，到 2020 年将建设完成 18400 处。截至 12 月 31 日，福建省已建成 7492 处，占年度计划数的 135%。"福建地震预警"APP 下载数量达 3 万余次，有效服务社会公众。

（福建省地震局）

江西省

2018 年，江西省地震局以年度监测预报领域重点任务和改革工作要求为目标，加强台网运维保障、提升台网监测效能、推进重点项目建设，较好完成测震、前兆、强震台网运行维护，测震、强震、形变、电磁、流体等学科的运行及质量监控，观测数据产品与观测报告产出，数据处理与报告编制等，测震、前兆测台网连续、可靠运行。

1. 震情

以年度趋势研判为重点，制定印发 2018 年度全省震情跟踪方案，纳入应急准备和舆情导控内容，增强对市县机构工作的整体指导性，强化震情跟踪方案工作目标。5 月 18 日、10 月 30 日分别召开江西省年中、年度地震趋势会商会。会议联合邀请厦门地震勘测研究中心、东华理工大学等多方力量开放会商，丰富拓宽会商视野和方法，各有关单位、设区市防震减灾局、地震台站代表参会，形成《江西省 2018 年年中地震趋势预测意见》《江西省 2019 年度地震趋势预测意见》。

2. 台网运行管理

组织对 2017 年度全省地震观测资料统评，组织各测项参加全国观测资料评比，印发《江西省 2017 年度全国地震监测预报工作质量评估结果的通报》，推进观测效果评估；督导监测质量稳定运行，针对台网中断事件，及时查明情况，印发情况通报；积极协调解决设备采购、调拨，消除薄弱环节；开展对震情值班业务演练的督导，强化业务人员素质。及时上报 2017—2018 年江西省地震监测系统受灾受损情况，推进受损恢复建设。

3. 台网建设情况

组织完成迁建初选专家论证和向市政府报文，密切与地铁公司的沟通、及时提供资料、共同修改完善市政府上会研究的准备材料，在获取相关批示意见后及时与市规划局的进行沟通。组织协调召开石城地震台干扰迁建现场协调会、及时批复，做好相关工作指导。

4. 加强重大项目管理

加强赣南原中央苏区指挥中心项目建设管理，指导开展土石方开挖、道路塌方修缮等工作；组织完成九江地震台2019年度优改项目申报，实施方案的上报，入库立项95万；组织完成上饶地震台建设的专家评审、经费和建设内容的协调以及初步批复；组织完成省内GNSS站点建设的专家评审、形成纪要、印发项目批复；组织赣州地震台优化改造实施，及时建立管理机制、加强管理协调，指导按规范实施项目建设，在中国地震局组织的中期实地检查中获A级好评。

5. 基础研究与应用

成立烈度速报项目组织机构和实施机构，明确各机构职责。加强对项目建设跟踪管理，组织协调项目组开展到铁塔公司相关站点的调研，协调组织项目组配合深圳计通智能有限公司开展智能化试点工作；协助组织召开1次项目推进会议；根据法人单位要求督促项目组推进监理招标、设计招标、施工设计等工作，按时报送工程项目实施月度统计表。派员参加项目实施工作培训，组织项目组到重庆市、四川省地震局调研。协调项目组按年度实施计划稳步推进项目建设工作。

6. 推进监测预报领域改革

组织召开全国监测会专题精神研讨，形成改革共识，为下步实施进行前期准备。聚焦主责主业，优化监测预报目标考核指标，在考核指标中突出质量考评权重，强化监测预报经常性项目管理。以绩效管理为抓好，加强预算统筹执行。开展运维改革，组织召开全省市县地震监测运维机制改革研讨会，改革台站托管机制，将台站运行管理改革成监测中心加专业台站为主，市县防震减灾部门为辅的新机制。对以专业队伍为主，社会力量为辅、市场化供给的观测运维新机制进行初步改革探索。

（江西省地震局）

山东省

1. 震情

根据全国地震趋势判定意见，制定实施年度震情跟踪和重点协作区震情跟踪工作方案，成立鲁东、鲁西南震情联防工作组和3个震情跟踪检查组。开展震情会商改革，建立省市县三级地震部门和台站联合视频月会商机制，加强对气象、水文、测绘、畜牧等部门数据共享和新技术、新方法的应用，推进震后自动会商系统建设，不断完善震例库、预测指标库和典型异常数据库，提升地震预测科技支撑能力，较好把握山东省地震形势。牵头开展山东、辽宁地区震情研判工作。

2. 台网运行管理

积极推进全省地震监测资源整合，启动监测台网效能评估，优化台站布局和监测手段，切实提高地震监测服务能力。强化震情信息服务，圆满完成全国"两会"、上合组织青岛峰会、中非合作论坛、元旦春节、高考、中秋国庆等重大活动和重点时段的地震安全保障任务，及时向省委、省政府值班室和省内各部门报备有关情况，为政府决策和部门工作提供服务。加强地震监测设施和观测环境保护，妥善处置了邹城地震台观测环境受干扰等事件。认真组织开展观测资料检评，26 个测项在全国观测资料质量评比中获得前三名。

3. 台网建设情况

大力推动预警项目山东子项目建设，完成 74 个基本站建设、302 所预警示范学校点位复核和 1230 个一般站点位与铁塔公司的匹配工作。完成中国地震科学台阵山东子项目 91 个台站的建设任务，实现数据共享。积极参与中国地震局信息化试点，开发自动速报短信发送软件。

（山东省地震局）

河南省

1. 震情

加强趋势研判，及时核实地震数据和宏观异常，组织多省联合会商 6 次；强化震情服务，省内 4 次 2.5 级以上地震发生后，及时向河南省委省政府报送准确震情信息和趋势判定意见。圆满完成全国"两会"、高考等重点时段地震安全保障工作。加强监测预报科学研究，2018 年完成星火项目课题 1 项，三结合课题 3 项，测震台网青年骨干专项 3 项，震情跟踪项目 3 项。

2. 台网运行管理

持续提升地震监测预测预警能力。省市地震部门加强统筹协调，确保河南地震台网连续可靠运行，全年测震台网平均实时运行率达 99.78%，数据完整率 99.79%，强震台网抽检率 100%。建立健全地震监测预报质量监控体系，切实加强和规范地震监测预报管理，全国统评成绩连续 6 年取得佳绩，年度评比获 16 项前三名，其中 2 项第一名、1 项连续 9 年和 4 项连续 3 年位居全国前三。

3. 台网建设情况

全省"市县台网建设"项目通过验收，总投资 6114.03 万元，新建台站 61 个、市级台网中心 14 个，全省地震监测能力 M_L 1.5 级以上的国土面积由 44% 提升至 100%，其中 17% 的面积达到 M_L 1.0 级。

4. 监测预报基础和应用研究工作

2018 年，全力推进国家地震烈度速报与预警工程。河南省地震局研究制定预警项目管理办法，组建项目团队，编制实施方案，省市共同努力，各项建设任务顺利推进，实施进度处于全国前列。河南省地震局完成地震科技星火项目 2 项，获批 2019 年度课题 1 项；完成"三结合"课题 3 项，申报 2019 年度"三结合"课题 3 项；完成震情跟踪项目 3 项，申报 2019 年度震情跟踪项目 3 项。出台《河南省地震局科技成果转移转化实施细则》，改进地震科技创新评价机制，每季度开展科技工作部门考核。加强科技创新团队建设，完成 6 个科技创新团队中期考核。对接"解剖地震"计划，开展《丹江口水库诱发地震活动性研究》与《基于机器学习的河南地区地震事件性质自动识别研究》研究。对接"智慧服务"计划，制定公共服务清单，大力推进防震减灾公共服务产品研发和统一发布平台建设，完成 41 项公共服务产品上线。

（河南省地震局）

湖北省

1. 震情

（1）组织震情趋势会商会。

全年组织专家参加华东、华南、西南片区年中震情趋势会商会 3 次，大别山块体联合会商 3 次，全国各类视频会商 9 次，全国震情趋势年度会商会 1 次；组织召开湖北省震情趋势周会商 52 次，月会商 12 次，应急会商 11 次，专题及安全保障加密会商 18 次，年中地震趋势跟踪会商会 1 次，2018 年年度地震趋势跟踪会商会 1 次。

（2）以"震情第一"的理念推进预报工作。

制定《湖北省 2018 年度震情跟踪方案》，对各市州，尤其是重点危险区市州的震情工作提出要求；制定 2018 年重力、GNSS 学科《全国 7.0 级地震强化跟踪和危险区震情监视跟踪工作方案》，做好学科服务于全国的震情工作。

（3）建立健全市县震情会商体系。

印发《关于做好会商考核评分工作的通知》《湖北省地震局关于规范宏观异常零报告制

度的通知》等文件，规范宏观异常零报告制度，建立震情会商评分制度等，健全市州震情会商体系。

（4）社会服务工作。

做好全国"两会"、习近平总书记在湖北考察期间、"上合峰会"和高考期间等特殊时段地震安全保障工作，强化台网运行维护、震情值班和地震舆情监控，组织汛期震情监测跟踪工作。

2. 台网运行情况

全年全省测震台网运行正常，台站平均运行率为99.56%；前兆台网全部仪器产出记录的平均运行率为99.83%、数据汇集率为100%、数据连续率为99.91%、数据完整率为99.99%；地震信息网络实行二十四小时专人管理，系统安全、有效、稳定。

3. 长江三峡和丹江水库地震监测系统运行管理

顺利通过2018年度长江三峡水库地震监测系统运行项目验收，组织完成2018年度各项观测任务，协助长江三峡集团公司修订地震监测系统运行质量评比标准，编制监测系统新购置仪器设备安装与试运行报告；完成2018年度丹江水库地震监测系统运行管理。

4. 信息服务

（1）台站改造与优化。

完成2018年度宜昌地震台优化改造项目及恩施地震台、当阳地震台、钟祥地下流体台灾损恢复建设；应城地震台电磁观测项目顺利通过验收，投入正常运行；完成恩施地震台地磁观测项目搬迁的观测场地勘选；13个省属地震台、10个地方有人值守地震台纳入国家标准化改造计划。

（2）网络安全与信息化。

调整湖北省地震局网络安全和信息化领导与管理机构，明确职责，开展网络安全自查。印发《湖北省地震局网络安全事件应急预案（试行）》，做好网络安全事件的预防工作。

5. 基础研究与应用

调整国家地震烈度速报与预警工程湖北子项目组织管理机构和实施机构，明确各部门职责，明确项目实施团队各个工作组职责。组织各市州、重点市县地震部门负责人，召开项目推进会议，推进台站选址与项目实施。在项目实施组的努力下，2018年项目完成了设计、监理招标，实施方案上报等工作，基准站建设全面展开，项目进展顺利。

（湖北省地震局）

湖南省

1. 震情

认真落实地震趋势会商制度,召开 2018 年年中和 2019 年年度地震趋势会商会,认真开展周震情监视跟踪和月会商,按要求提交会商成果;强化异常跟踪核实和突发震情处置,认真执行零异常报告制度和年度地球物理观测异常的动态跟踪,上报宏观异常信息 6 条,开展 6 次现场核实;快速有效处置 10 月 1 日常德 3.1 级有感地震。做好党和国家重大活动、中央领导人在湘考察及其他特殊时段的地震安全服务保障工作。

2. 台站建设情况

大力推进国家地震烈度速报与预警工程湖南子项目建设,完成项目实施方案设计与预算编制、项目监理单位招标,与省气象局、铁塔湖南分公司等单位达成项目建设合作意向。推进省防震减灾"十三五"规划和省地震监测预报专项规划重点项目实施,建成江华测震台、郴州强震台、益阳台流体观测井;启动怀化台建设;完成郑家河台形变观测井建设;更新升级茶陵、大祥、冷水江、石门 4 个形变台地倾斜仪;完成汨罗台观测井重建与井下地震计更新升级;完成澧县测震台、衡阳形变台台址勘选。

截至 2018 年,湖南省共建成各学科台站 61 个,其中,测震台 25 个(不包括 5 个水库台)、强震台 6 个、地倾斜台站 7 个、水位水温台站 12 个、地磁台 2 个、地球元素化学台 2 个、重力台 1 个(陆态)、GNSS 台 6 个(北斗 4 个、陆态 2 个);建成实体地震台站 43 个。

(湖南省地震局)

广东省

1. 震情

做好重点监视防御区震情跟踪分析,GNSS 观测资料在会商中得到充分应用,广东省内部主要地块之间以及华南地区与东亚其他地区之间的基线变化得到实时监控。全面核实广东省内地震异常,捕捉到 3 月 20 日星湖水库 4.2 级震前异常,为决策提供科学依据,得到当地政府的认可。加强分析预报队伍能力建设,举办全省地震分析预报技术培训班。圆满完成两会期间、上海合作组织青岛峰会、习近平总书记在粤期间等重大活动及特殊时段地震安全服务保障。

2. 台网建设情况

初步建立观测系统标准化和测点测项准入退出机制。"地震台环境监控、视频监控和业务管理系统"正式投入使用，率先实现广东省监测台网运行管理集约化信息化。省台网在全国统评获编目第一名的好成绩。截至 12 月 30 日，省台网记录处理国内外地震事件 6636 个，其中省内地震 5214 个，速报省内及邻区 3.0 级以上地震 9 个。国家地震速报灾备系统自动速报国内外 5.0 级以上地震 1358 个。珠三角预警台网处理地震事件 338 个，发布 74 个地震超快速报信息，超快速报第一报平均用时约为 18 秒，最短用时为 7.6 秒，显著提升区域地震监测预警能力。为全国 JOPENS 系统用户提供台网升级和运维保障服务，超快速报模块在 2018 年 11 月 26 日台湾 6.2 级地震、2018 年 12 月 16 日四川兴文 5.7 级地震等近期强震速报中发挥重要作用。全力推进国家预警工程项目广东子项目建设，联合广东省教育厅转发中国地震局、教育部《关于开展中小学校预警台站和预警信息服务系统试点建设的意见》，完成 1172 个台址确认，95% 新建台站已落实用地协议，正在进行土建招标。组织汕头台、新丰江台等 4 个台站开展现代化示范台站建设。湛江台、肇庆台列入国家地震台站优化改造项目。推进地震信息化建设，加强信息网络安全管理，顺利通过中国地震局网信办的现场检查，信息网络连通率系统排名第一。

（广东省地震局）

广西壮族自治区

1. 震情

2018 年，广西及邻区共发生 2.0 级以上地震 46 次，其中 3.0 ~ 3.9 级 5 次，2.0 ~ 2.9 级 41 次，最大为 3 月 20 日广东阳西 3.7 级地震，广西陆区最大为 12 月 5 日贺州八步 2.8 级地震，地震活动频次和强度均较前两年弱。

2. 基础研究与应用

重点项目完成 311 个新建台站土建工程和部分台站仪器设备安装；"广西地震背景场观测网络项目"完成 21 个台站的系统集成安装，20 个台站的专业设备安装；实现对广西陆地及近海海域地球物理动态场辨识能力的提升，全区地震监测能力从 2.2 级提升到 1.5 级，实现震后 5 分钟产出仪器烈度分布图，极大提升地震应急处置的效率。国家预警工程广西子项目开始实施。

完成广西地震台网中心手机应用 APP 开发验收，实现地震信息手机移动互联网下地震信息的实时自动推送、震中地图显示和应急避难场所的指示等多项功能。

（广西壮族自治区地震局）

海南省

1. 震情

2018 年，海南省地震局坚持 24 小时震情值班，及时开展震情跟踪及宏观异常调查，对重大异常迅速核实、判断，台网数据汇集、处理、入库、上报等工作制度化、规范化。完成琼中台地磁房灾损改造 1 项；推进中国—东盟地震海啸监测预警系统项目柬埔寨分项建设，包括新建柬埔寨 6 个台站和 1 个信息节点，完成项目实施方案；推进国家地震烈度速报与预警工程海南子项目建设。

牢固树立"震情第一"观念，继续完善年、月、周、加密和专题会商 5 大类震情跟踪预测体系，以年度地震趋势会商意见为基础，将年度异常、新增异常作为震情跟踪分析重点，地震预测方法与思想逐渐由经验预测向物理预测转变，年度地震预测研究与实践工作取得明显进展。在每周、月进行例行震情会商的同时，以重要时间节点特别是博鳌亚洲论坛 2018 年年会和海南建省办经济特区 30 周年系列活动、高考等重大活动为监视重点，实行每天 24 小时滚动会商，及时开展宏观异常调查、判断、核实及上报，形成震情快速反应机制，圆满完成重要时间节点的震情趋势研判和地震安全保障服务。加强监测预报技术系统管理，完善监测预报运维体系，建立技术系统日常监督检查机制，推进地震监测预报工作规范化、流程化、智能化。针对测震台网安装的新定位软件系统，多次组织相关人员培训与考核，极大拓展地震信息参数，丰富地震监测资料。

2. 台网建设情况

启动地震烈度速报与预警项目，计划建设地震台站 121 个，其中一般站 71 个、基本台 18 个、基准台 4 个、改造台站 28 个；项目建成后可为全省重点目标提供地震预警服务。

（海南省地震局）

重庆市

1. 震情

2018 年，以年度地震值得注意地区为重点跟踪目标，组织开展震情会商、综合判定、异常落实、震情资料共享工作。全年召开会商会 77 次，现场落实异常 10 次，开展 4.0～5.0 级地震值得注意地区震情跟踪调查 1 次，完成异常报告 6 篇。为全国"两会"、春节、国庆、高考等重大活动和敏感时段提供地震安全保障服务。

2. 台网运行管理

进一步规范台网运行、仪器设备维护、软件系统管理，加强巡检运维、观测环境保护、数字化地震数据产出流程更新等工作，测震台网台站平均运行率 99.46%，数据完整率 99.8%；前兆台网仪器平均运行率 99.59%，观测数据平均连续率 99.65%，数据平均完整率 99.11%。

3. 台网建设情况

启动实施国家地震烈度速报与预警工程项目重庆子项目，确定 19 个基本台站点。调整台网布局，升级技术系统，改造观测环境，完成荣昌盘龙、江津麻柳、垫江新民 3 个地震台站标准化试点改造工作。加强流动测震工作，获得西南片区地震应急流动演练第一名。

按照新震级国家标准更新升级业务系统。编写《武隆 5.0 级地震震例总结》报告，完成"三峡工程生态与环境监测系统重庆地震监测重点站"任务，部分资料被纳入《长江三峡工程生态与环境监测公报 2018》。

（重庆市地震局）

四川省

1. 震情

2018 年，开展甘孜台道路优改和成都、巴塘、乡城、甘孜、姑咱等防雷改造及江油台、松潘台、泸州台、监测中心测震台网、强震台网、自贡形变台灾损恢复等项目实施，开展重点危险区地震设备升级更新，开展电磁扰动、冕宁地电深井改造，推动小庙台、雅安台环境保护，获得赔偿 6000 万元。对每年 2～3 次 5.0 级地震总体把握，以及上半年没来，下半年的危险紧迫程度有强化。全年两次 5.0 级以上地震均落在重点危险区和关注地区。西昌 5.1 级和兴文 5.7 级地震余震趋势判断比较准确，接受媒体采访，及时向社会进行公开，稳定震区秩序。

2. 台网项目建设

预警项目通过努力，得到中国地震局、台网中心、地球所等领导和单位支持，中国地震局把四川省列为"先行先试"，全国支援，省项目顺利立项。参加川藏线地震监测网建设工程建议书编写，已经纳入"陆海一体化监测预警信息化工程"。四川西部能力提升项目，开展多次测试论证、协调多次过程环节，在高海拔地区建设70个台，接入康定重建的30个台，监测能力大幅提升。

3. 台网运行管理

依法加强水库地震监测管理。推动水库台网建设，会同水利厅对黑龙滩、小井沟水库进行专用台网建设必要性评估。加强质量监管，组织全省11个水库地震监测台网观测资料评比。推进数据共享，已有10个水库台网86个台站观测数据共享到省中心。推进完成金沙江上游8个水库台网52个台站的勘选设计，阿坝州狮子坪、毛儿盖、甘孜州确如多水电站监测台网设计方案验收，大渡河猴子岩、金沙江乌东德、白鹤滩、雅砻江中下游水电站地震监测系统二期通过验收。

严格按照相关标准、规范、规程及管理部门的要求开展各项监测工作，全年共分析处理地震31684条，速报地震共126次，3.0级以上地震85次，处理地震目录31684条，发送地震服务短信96.7万条，产出地震数据136016个，数据量3119.004G，刻录光盘2146张。计算了省内191个地震的新参数和15个地震的震源机制解；获取处理3.0级以上强震动记录660条；处理前兆观测数据60万余组，产出数据异常跟踪分析记录8162条；全年维修西南片区测震、前兆仪器127台，维护各类台站202台次，行程6万余千米，测震、前兆、强震3个台网年平均运行率为98.62%、97.77%、91.45%；完成了9月12日陕西省汉中市宁强县5.3级地震、10月31日西昌市5.1级地震、12月16兴文县5.7级地震应急工作。

4. 地震信息服务

根据局党组总体组织策划，加强宣传，全局上下齐心、精心准备，走出去向省政府、省人大、省政协和省发改、民政、国土、应急办领导汇报沟通，向人大代表、企业、农民宣讲，地震信息服务得到肯定。西昌5.1级、兴文5.7级地震超快速报系统发挥出色，7秒预警，5分钟产出仪器烈度图，为应急响应启动、抢险救灾目标等指挥决策提供依据。开展烈度速报和预警发布"首宣"，媒体转载后反响很好。金沙江白格等滑坡后，根据波形产出起始和持续时间，为应急处置决策做好参谋。

5. 监测预报基础和应用研究工作

开展地震预报基础研究，推进地震预测指标体系构建和成果应用。立足四川区域的震情实际，积极推进地震预报实验场建设和实验场相关科研课题与项目实施，进一步加强局所合作项目、新建监测项目成果在地震预测预报中的应用。针对四川及邻区的特殊区域震情，开展了"四川测震、前兆数据自动化处理与信息推送技术研发""四川地区地磁极化方法应用研究""大凉山次级地块及邻区地震危险性判定""基于 FY-3A 的四川及周边多年地震长波辐射的异常研究""新型空间对地观测技术在地震监测预报中的实用化""四川长宁—珙县地区注水诱发地震研究"等专题震情跟踪研究，较好支撑了四川及邻区中强地震中、短期危险性跟踪判断。

（四川省地震局）

贵州省

1. 震情

2018 年，对年度地震重点危险区开展跟踪监视。研究制定贵州地震台岗位职责、值班制度，完成人员调配，设计地震监测预报业务流程、技术规程、系统运维、震情处理，推进地震监测、运维和值守正规化。完成年度全省 518 条地震目录编辑工作。派出调查组现场监测调查松桃县太平营街道白果社区不明振动情况，排除构造地震引起振动可能，向当地政府反馈地震监测及分析意见。10 月 24—25 日，组织召开贵州省地震监测预报业务培训会，市县地震工作主管部门、贵阳水电勘测设计研究院等 20 余个单位 60 余人参训。

8 月 11 日，贵州省地震局针对威宁地区两次有感地震和云南通海地震组织召开临时会商会，向贵州省人民政府报告贵州省近期地震形势分析意见与工作建议。10 月 23 日，组织召开 2018 年度贵州省地震趋势会商会，分析研判贵州省 2019 年地震趋势，评比 2018 年度地震趋势研究报告。启动实施国家地震烈度速报与预警工程贵州分项目。

2. 台网建设情况

建成 3 个强震台、8 个台站完成灾损恢复，勘选 3 个新台址、改造 3 个台站技术保障系统。升级台网数据分析处理系统，分析处理地震事件 1047 次，测震台网运行率达 89%。9 月 13 日，组织对乌江水库地震监测台网运行维护情况现场检查，指导乌江流域一期水库台网建设、站点分布、运行管理及监测成果应用。

（贵州省地震局）

云南省

1. 震情

2018 年，云南省测震台网子台平均运行率为 98.99%。云南台网速报处理触发地震事件 584 次，速报 2.8 级以上地震 119 个，编目地震 30469 个，向 59.6 万余人次发送地震短信息。

将测震台网示范工程新建 20 个测震台纳入地震速报和编目，使云南省地震监控能力从 2.2 级提升至 1.8 级。

实行宏微观异常零报告制度，加强云南省 1671 个宏观测报点动态管理。2018 年云南省地震局共进行各类会商 261 次。

2. 台网建设情况

完成昆明、下关、腾冲、勐腊地震台标准化改造试点工作；完成云南片区 17 个台站 22 套专业设备更新升级、21 个台站综合观测技术保障系统改造；开展云县台地震观测环境改造。

召开国家烈度速报与预警工程云南子项目启动会，印发《国家烈度速报与预警工程云南子项目管理办法（暂行）》《国家地震烈度速报与预警工程云南子项目财务管理细则（暂行）》《国家地震烈度速报与预警工程云南子项目档案管理细则》。完成 264 个新建基准站台址确定工作。签订 258 个台站租地协议。其中，基准站 139 个，基本站 119 个。

（云南省地震局）

西藏自治区

1. 震情

制定印发《西藏自治区 2018 年度震情监视跟踪工作方案》。3 月，组织召开"2018 年震情监视跟踪工作部署会"和"2018 年全区地震台站工作会议"，安排部署 2018 年震情监视跟踪工作重点任务。加强地震监测预报和信息网络工作管理，强化地震监测仪器设备和信息传输系统运行维护，全年仪器设备运行率保持 95% 以上。组织召开西藏自治区 2018 年度及年中地震趋势会商会。在重大节日和敏感时期组织会商，并将会商结论报告西藏自治区党委政府。推进会商机制改革，有人值守台站通过视频会商系统参与会商，拉萨两个地震台参加监测预报中心现场会商。组织完成西藏监测资料和信息网络自评及台站 2018 年度运行质量评比工作。开展 2017 年度地震预测预报项目支出绩效评价和绩效自评工作。

2. 台网运行管理

加强全区台站设备更新和维修改造。4月，架设完成狮泉河地震台视频会商系统，完成狮泉河地震台水管倾斜仪、洞体伸缩仪、宽频带倾斜仪和拉萨地震台相对重力仪维修，恢复察隅地震台 GM4 观测。开展全区台站地震监测设施和观测环境巡检保护工作，完成那曲、曲松台阵巡检和部分无人值守站巡检工作，对双湖、仲巴、改则、墨竹工卡、山南、尼木地震台完成常规检查和设备电源维护工作。

3. 台网建设情况

加强地震监测台网建设。完成尼木、拉孜、日喀则 3 个地磁台站勘选及征租地预审手续报告。编制《国家地震烈度速报与预警工程西藏子项目工程管理办法》，开展国家地震烈度速报与预警工程项目西藏子项目工作，完成 7 个基准站设计、基建和监理招标工作。推进"中国地震背景场探测项目西藏分项曲松小孔径台阵"验收工作。编制完成"建设测震台网"和"建设拉萨地震烈度速报与预警系统" 2 个项目项目建议书和预算书，并协调中国地震局发展研究中心组织完成"十三五"防震减灾规划中 4 个建设项目专家论证。在西藏地区依托国家地面气象观测站共址建设 10 个宽频带地震台，监测数据已接入中国地震台网中心和西藏地震监测预报中心。组织完成"拉萨地磁台观测环境优化改造项目"设计招标和建设工作。配合中国地震局地壳应力研究所在藏东南地区开展地球化学观测。

（西藏自治区地震局）

陕西省

1. 震情

编制陕西省、市 2018 年震情跟踪工作方案。开展典型震例研究和异常总结，初步建立了分学科的中强以上地震预测指标体系。全年落实各类地震异常 38 起，开展震情会商 79 次，处置地震预测意见 2 件。

完成重大活动和节假日期间震情服务保障工作，向省委、省政府报送震情趋势意见 2 次，震情信息 69 期，向社会发布地震速报短信 14.5 万条。

2. 台网运行管理

各类台网运行率达 98％以上，观测质量获全国评比前三名 27 项。全年处理地震事件 2539 个，编目地震 1857 个。宝鸡对岐山—马召断裂沿线附近泉眼（井）持续开展宏观观测。

3. 台网建设情况

开展户县强震台、汉中勉县流体台、宝鸡磻溪地电台、榆林绥德测震台的观测环境保护工作。

（陕西省地震局）

甘肃省

1. 震情

甘肃省地震局 2018 年度完善地震重点危险区震情监视跟踪工作方案，健全了省、市县、台站紧密结合的震情跟踪工作机制，细化任务分解，强化责任落实，开展了 2 次自查、1 次现场检查。强化地震重点危险区震情跟踪与分析研判，组织震情会商 73 次。加强协作与交流，共享了青海、宁夏、陕西等省局和二测中心观测资料，邀请甘肃省气象局等单位参加年度和年中会商会，组织召开了 2 次协作区震情跟踪研讨会，研究部署了震情强化监视跟踪工作措施。围绕甘东南地震重点危险区，组织召开构造片区视频联合会商会 9 次。严格执行宏微观异常零报告制度，接收和处置市州地震局和台站零异常报告 653 份，报送台网中心零异常报告 73 份。开展现场异常落实 19 次，其中宏观异常核实 2 次，提交异常核实报告 18 份。严格执行震情会商机制改革实施方案，进一步完善了测震和地球物理学科强震短临预报指标体系。对省内发生的 9 次 3.0 级以上地震作出了较准确的震后趋势判定意见，为政府应急决策提供了依据。在地震预报各项评比中，获得前三名 7 项。

完成了第三届敦煌文博会期间地震安全保障服务工作，制定了第三届敦煌文博会地震安全保障服务工作方案，组织召开专题会商会 1 次，加密会商 6 次，报送业务系统运行零报告和甘肃省地震局情况通报 6 份，切实保障了文博会期间敦煌及附近地区震情安全。

2. 台网运行管理

地震监测以提高台网运行率为突破口，加强西北片区维修中心建设，确保台网正常运行，维修维护仪器设备 190 多次，测震、前兆、强震动台网和信息网络运行率分别达到 98.01%、99.46%、92.99%、99.9%；速报甘肃省内及边邻地区地震 74 个，实效性、准确性明显提升；落实完成监测预报业务重点任务 23 项。

在陇南市地震台组织开展了一次信息区域节点网络安全事件应急演练，正在起草编写《甘肃省地震局网络安全事件应急预案（试行）》，对我局信息网络安全应急响应工作方案与处置流程进行了修订与完善。

邀请国内知名专家授课，举办一次测震台网技术培训；在陇南市举办了一次全省范围的《甘肃省形变学科观测技术及前兆台网运维技术》的培训工作，40 余人参加。

协调推进"国家地震烈度速报与预警工程甘肃子项目"实施，组织召开了"国家地震烈度与预警工程甘肃子项目"启动会，完成了项目管理和实施团队调整工作，起草了"国家地震烈度速报与预警工程甘肃省子项目管理实施细则"，报送进展情况报告4份。组织完成了2018年度嘉峪关西沟形变观测站优化改造、平凉和临夏地震台灾损恢复专项。依据台站标准化设计总体方案，组织完成了嘉峪关中心地震台标准化台站建设任务。

加大地震监测设施和地震观测环境保护力度。推进兰州观象台电磁观测项目征地手续办理，完成了兰州电磁观测项目临时台站建设工作。组织开展了环县测震台、宁县测震台、天水深井地电观测环境保护工作，完成了通渭地电台观测环境保护工作。

3. 台网项目管理

实施国家地震烈度速报与预警工程项目甘肃子项目，全面完成2018年度站址确认、征租地、土建工程、仪器设备采购等任务。

地震观测资料质量在全国统评中获得前三名41项，位居全国第三名。兰州地震预警示范系统共记录到省内及邻区各类事件197个，其中192个产出了预警触发信息，45个有预警信息发布图，26个产出了烈度速报结果，为地震应急提供技术支持。

4. 监测预报基础和应用研究工作

应用祁连山主动源观测资料，开展数据资料处理系列软件研发工作，同时开展地震预报实践等工作。根据地震信息化发展行动计划，持续以自动化、智能化为重点，积极推进观测数据自动成图、会商报告自动产出、震后服务产品自动产出。在8月中旬举办地震预测业务培训班上，形变观测数据基于GMT的成图软件已初步应用，基于MATLAB测震震后会商自动产出软件，进行了应用培训。

（甘肃省地震局）

青海省

1. 震情

青海省地震局制定2018年度震情跟踪工作方案，牵头组织青藏交界协作区震情跟踪工作，及时开展异常核实和震情研判，与甘肃省地震局开展联合会商和重大异常核实。自筹资金，购置13套异常核实装备，完成5个市（州）和7个台站的视频会商系统建设，配置3台服务器用于海量波形数据实时运算。进一步完善震情会商预测指标体系建设，开展地震风险预测，建立单学科、单方法的预测指标。开展为期两个月的"预报能力提升月"活动，重点构建综合预测预报指标体系和震情短临跟踪综合判定方案，强化对震情形势的研判能力。深化震情会商改革，邀请青海省气象局、测绘局和中科院青海盐湖研究所等单位专家参加会商，交流预测的思路、方法和实例。加强预报科研，组织召开《震后趋势会商技术规程》研讨会和技术报告编写。针对"两会"、上合峰会、"环湖赛"等重大活动和重点时段，开展地震安全保障服务工作。黄南州地震局向州五大班子每月上报"震情报告"，通报每月地震概况；西宁市和海东市地震局每月向市委市政府主要领导报送月会商意见和震情信息，持续做好震情服务保障工作。在年度全国地震监测预报工作质量评估中，获分析预报类前三名2项。

2. 台网运行管理

2018年，青海省地震局加强台网的运维和管理，全年累计运维仪器200余台（套），各监测业务技术系统运行率高于全国平均水平，测震台网和地球物理台网平均运行率达到99%以上，信息网络行业骨干网和应急技术系统运行率达到100%。在门源、共和、玉树、大武架设4套前兆观测仪器，搬迁或原址重建大武、金银滩、德令哈地震台9套地磁观测仪器，不断提升地震监测能力；与西藏5个新建台站资料进行共享，运维保障中国地震局地球物理研究所在甘青川交界部署的10个流动测震台，加大观测资料共享力度；将59个宏观观测点全部纳入日常地震分析研判，规范省内地震宏观观测；组建地磁流动观测队；编制青海省地震监测能力提升工程设计方案和建设方案；加强台站观测环境保护，开展13次观测环境保护协调工作，相关市（州）县地震机构积极协调祁连地震台、德令哈地震台、大武地震台监测环境保护工作；研究制定信息网络7项管理制度，全年无网络安全事件。全年共分析处理并编目地震事件3822条，完成地震速报68次，产出连续波形数据1440GB，地震事件波形数据25.7GB；省内地震正式测报平均用时8～10分钟。青海省地震局2017年度监测工作在全国地震监测预报工作质量评估中，获监测类前三名13项，其中青海台网获"监测单项评估—省级测震台网—省级测震台网流动观测"二等奖，都兰台获"监测单项评估—地壳形变测项—地电场"二等奖。

（青海省地震局）

宁夏回族自治区

1. 震情

制定并落实《2018年度全区震情监视跟踪方案》，密切跟踪年度全区地震重点危险区和值得注意地区的震情发展和前兆异常变化。不断深化会商机制改革，开展联合会商，强化与各级政府、各相关部门动态会商，组织召开2018年中及2019年度全区地震趋势会商会，研讨震情形势，形成地震趋势会商意见。做好甘宁陕及宁蒙协作区的震情跟踪工作及相关会议精神的落实与部署。组织开展地震重点危险区震情监视跟踪工作的督导检查，开展年度震情监视跟踪工作总结。

2. 台网建设情况

对地震台站实行目标跟踪管理，督导检查，年内开展台站检查、指导 14 次。进一步加强地震观测设施和观测环境保护，联合中卫市政府及有关部门查处破坏地下流体观测点环境事件。召开地震台长暨台站工作会议，完善宁夏回族自治区台站视频会议系统。组织编制"宁夏地震台站标准化改造方案""宁夏地震局 2019 年海原甘盐池流体台优化改造方案""宁夏地震局固原地球化学实验室项目建议书"并积极跟踪落实。推进固原双井子流体台优化改造和地震台站受灾恢复项目建设；推进银川基准台小口子综合观测楼翻建项目建设，配合中国地震局完成 FY 工程和子午工程的台点勘选、土地征租地、信息上报等工作。在 2017 年全国监测预报工作质量统评中，全区共有 6 个测项和 5 份异常核实报告获得前三名。

3. 信息服务

制定《宁夏回族自治区地震局网络安全事件应急预案与处置流程》，有效提高应对突发网络安全事件的组织指挥和应急处置能力。根据中国地震局要求，组织开展地震网络安全专项自查整改工作，全面梳理地震网络安全自查整改表，确保核心业务的安全稳定运行。

4. 基础研究与应用

积极推进国家地震烈度速报与预警工程宁夏子项目，按时完成《国家地震烈度速报与预警工程宁夏子项目实施方案设计和实施预算报告》编制和工程监理合同、征地服务合同的签订。与中国铁塔（宁夏）公司签署合作协议，实现宁夏回族自治区地震局与中国铁塔公司预警信息服务对接。

（宁夏回族自治区地震局）

新疆维吾尔自治区

1. 震情

完善会商体制机制，推进重点危险区震情跟踪、危险区协作机制。2018 年共开展各类会商 162 次，其中周会商 40 次，月会商 12 次，加密会商 64 次，紧急会商 26 次，震后应急会商 20 次，开展 25 次地震现场异常核实工作，提交异常核实报告 38 份。举办年中、年度地震趋势会商会、"中国地震预报论坛——2018 学术交流"暨中国地震学会地震预报专业委员会、地震学专业委员会与中国地球物理学会固体地球委员会 2018 年度联合学术交流、天山地区强震趋势专题会商会等业务会议。向自治区党委、政府及中国地震局上报震情专报 14 次，对相关危险区地（州、市）地震局、地震台站进行震情跟踪工作检查。

2. 台站建设情况

重点实施台站优化改造项目、地震重点监视防御区地震监测技术系统升级项目、地震前兆台网仪器设备更新升级项目、地震台站灾损恢复专项及台站综合观测技术保障系统改造等项目，完成自治区"两区一市"项目 2 个测震台、4 个流体观测站建设、设备采购、安装、调试及运行任务，将各地（州、市）和援疆项目建设的台站逐步纳入观测体系，不断优化观测台站布局，提升监测能力。2017 年度在全国地震观测资料评比共获得 78 项前三名，连续 5 年名列全国第一名。

（新疆维吾尔自治区地震局）

台站风貌

赣州地震台

赣州地震台是中国地震局、江西省政府和赣州市政府三方共同投资建设的江西地震台网区域台站，台站代码 GAZ。台址原位于江西省赣州市林业科学研究所大院内，面积约 10 平方米。新建台址利用原址东南侧约 400 米处一废弃采石场建设，占地 5 亩。台站日常工作由赣州地震数字台网中心负责，中心现有在编人员 6 人。

台站始建于 1972 年，1983 年撤销，2000 年 1 月恢复观测。台站观测手段为测震。2010—2015 年该台连续获得江西省区域测震台站测震资料质量评比第二名 3 次、第三名 3 次、二等奖 1 次，2016 年获得江西省区域测震台站测震资料质量评比第一名。

2018 年，中国地震局全国重点台站优化改造项目投入 73.5 万元、赣州市政府配套 7 万元，实施台站优化改造建设。在新址开挖观测隧道 32 米，新建仪器观测记录室三间约 20 平方米、观测用房 28 平方米，铺设简易道路约 300 米。改造后台站具备形变、强震动观测场地条件，台站观测基础条件得到显著提升。

嘉峪关中心地震台

嘉峪关地震台始建于 1970 年，隶属于甘肃省地震局，台站字母代码 JYG，数字代码 62015。该台位于嘉峪关市关城文物景区内，占地面积 38 亩，海拔 1720 米，现有观测与办公用房 1057 平方米，职工 25 人。经过"九五""十五""背景场""台站优化改造""标准化"等项目的建设，目前嘉峪关中心地震台已经发展成为拥有测震、强震动、地电、地磁、气氡、形变、沙层应力、气象三要素、陆态网、电磁扰动等十种观测手段、几十台套仪器的标准化综合台站。

嘉峪关西沟矿形变台，台站代码 62139，该台建于 2004 年，距市区约 43 千米。地处肃南县境内西沟矿。台基岩性为变质灰岩，洞内岩石为灰岩，岩石比较坚硬完整，主体山脉基本无植被。该站于"十五"期间利用矿区废弃山洞改扩建而成，安装有两分向水管倾斜仪和洞体应变仪。

嘉峪关中心地震台自建台以来在多次观测资料全国评比中，均取得了优秀成绩。自

2000 年以来，累计获得观测资料全国评比前三名 45 项；被评为中国地震局系统监测预报先进集体，获中国地震局防震减灾优秀成果三等奖 1 项，甘肃省地震局防震减灾优秀成果奖 3 项，获嘉峪关市科学技术进步二等奖。获得甘肃省地震局文明台站称号，获得嘉峪关市文明单位称号。先后申请完成各类课题 15 项，在各类公开刊物上发表论文 40 篇。

2018 年，由国家财政投资 75 万元对西沟形变观测站进行了台站优化改造项目，被覆山洞 75 米，新开挖山洞 2 米并被覆，整修并拓宽山洞 68 米，洞体防水处理 450 平方米，安装密封船舱门 4 道，埋设避雷接地网 72 平方米，洞内布线、标识和仪器加固均按照标准化建设要求进行改造。同时完成了国家投资 48 万元的嘉峪关中心地震台标准化改造项目，目前嘉峪关地震台已经初步建设成为学科完备、基础扎实、人才发展，标准化、现代化的新型台站。

喀什地震台

喀什地震台位于素有"丝路明珠"之美称的历史文化名城新疆喀什市市区内，台站代码 KSH，地理坐标为北纬 39°27′33″，东经 76°00′55″，海拔 1279 米。该台最早由中国科学院地球物理研究所于 1965 年建立，1971 年 10 月交由新疆地震大队管理。台站原位于喀什地区水利局实验室院内，架设有 SK 型地震仪，摆房为半地下室，后为提高喀什地区地震的监测能力，搬到位于新疆维吾尔自治区喀什地区疏附县荒地乡一大队境内，1971 年 6 月建成并投入使用，当年架设了地震仪、倾斜仪和磁称等开始观测。2002 年开始，为配合南疆军区国防建设的需要，搬迁至喀什地区疏附县栏杆乡沙依村并建设成喀什基准台栏杆前兆观测场。2007 台站办公场所迁至喀什市慕士塔格东路 7 号处，台站占地面积 3160 平方米，办公面积 1472 平方米。2009 年为适应台站改革，巴楚地震台并入喀什基准台。喀什基准台下设前兆组和测震组，共计 19 人，目前拥有测震、电磁、形变、地下流体四大学科观测手段，管辖 70 台套仪器的运维任务，管辖范围东西跨度为 550 千米，南北跨度接近 600 千米。

喀什基准台地磁观测资料 2009—2015 年中连续 7 年获得中国地震局评比前三名的成绩。地磁观测资料分析在 2009—2013 年连续五年获得中国地震局评比前三名，获得新疆地震局防震减灾成果二等奖。2014 年二氧化碳资料连续 6 年获得新疆局资料评比前三名，获得新疆地震局防震减灾成果三等奖。2011—2017 年完成的年度《南天山西段地震趋势研究报告》连续 7 年获得新疆局台站系列评比前两名。2011 年度获得新疆地震局地震短临预报第三名，2012 年度获得新疆地震局短临跟踪第二名，2014 年获得新疆地震局年度趋势预报第二名，2014 年获得新疆地震局防震减灾成果三等奖。2015 年度获得新疆地震局短临预报第一名。

在全国地震台站优化改造中，2018 年度，国家财政部投入 122.96 万元，新疆地震局自筹 36 万元，对台站基础设施和办公环境进行改造，改造办公楼 1400 平方米，改造观测用房 380 平方米，办公条件与观测环境得到了极大的改善和提高

庐江地震台

庐江地震台隶属于安徽省地震局，是中国地震局地下流体基本台。台站字母代码 AHLJ，数字代码 34003。台站位于合肥市庐江县汤池镇，占地面积 7103 平方米，现有职工 6 人。

该台始建于 1983 年，在中国地震局"九五"台网改造规划中，被列为国家地下流体综合监测基本台，2013 年 12 月庐江台升格为正处级台站。目前观测项目有：动水位、水温、气氡、气汞、气氢、水氡、电导率、气相色谱，辅助观测有气象三要素。

台站自建台以来，观测资料在全国统评中均取得优秀等次，共获得前三名 72 项次，其中第 1 名 12 项次，第 2 名 22 项次，第 3 名 38 项次。先后承担各类课题 67 项、获得省防灾科技成果奖 17 项、发表论文 29 篇。

2018 年度全国重点台站优化改造中，中国地震局投入资金 55 万元，对台站基础设施和办公环境实施改造，完成监测楼立面改造、脱气室、井房改造，优改项目于 2018 年 12 月份全部竣工，并通过中国地震局专家组验收。

张家口中心台

张家口中心台是河北省地震局管辖的正处级台站，台站代码 HE5D，数字代码 13019，台站位于张家口桥东区，占地面积 2500 平方米，现有观测与办公用房 2000 平方米，职工人数 36 人。

该台始建于 1979 年，经四十余年发展建设，目前负责张家口区域 4 个定点地球物理台、7 个测震台、28 个强震台的运维工作，观测手段包括测震、强震、形变、电磁、流体等学科，其中地球物理观测总计 47 台套仪器 137 个测项，测震、强震共计 53 台套仪器，烈度预警 100 台套仪器。

张家口中心台观测资料质量优秀，仅 2010 年以来，获全国资料评比中前三名 47 项。获得中国地震局防震减灾优秀成果奖 2 项、河北省地震局防震减灾优秀成果奖 16 项，发表核心期刊论文 31 篇。另在驻地共建工作中，连续多次获得市文明单位奖励和先进基层党组织等称号。

在 2018 年度全国重点台站优化改造中，中国地震局投资 69.78 万，河北省地震局自筹

10万，对张家口中心台下辖的康保台、张北台、阳原台、沙城台、宣化台、沽源台 5 个无人值守台站进行了观测基础设施、工作环境和标准化改造，共改造观测环境面积 296 平方米，硬化、绿化面积 3200 平方米。

（中国地震台网中心）

地震灾害预防

2018 年地震灾害预防工作综述

2018 年，中国地震局较好地完成了 2018 年度震灾预防各项工作，在深化震防体制机制改革、履行抗震设防要求监管职责，服务经济社会发展、提升城乡建筑抗震设防能力，开展防震减灾示范创建、指导防震减灾科普工作等方面取得突出进展。

一、深化震防体制机制改革，履行抗震设防要求监管职责

为落实中央"放管服"改革，主动赴国务院推进职能转变协调小组办公室（以下简称"国务院协调办"）、应急管理部、发展和改革委员会、国家能源局等机构、部门沟通，不断完善地震安全性评价改革方案，并向国务院协调办提交取消"建设工程地震安全性评价结果审定及抗震设防要求确定"行政审批确认单。落实《国务院办公厅关于开展工程建设项目审批制度改革试点的通知》（国办发〔2018〕33 号）文件要求，印发了《关于贯彻落实〈国务院办公厅关于开展工程建设项目审批制度改革试点的通知〉的指导意见》，编制了《区域性地震安全性评价工作大纲》，指导 7 个省出台区域性地震安全性评价管理办法及技术工作大纲。为贯彻落实《中共中国地震局党组关于全面深化改革的指导意见》，编制完成了《震灾预防体制改革顶层设计方案（送审稿）》，待审查通过印发。

全国共开展一般建设工程区划图执行情况专项检查 407 次，开展 13 个地震小区划技术审查。参加海南昌江核电厂、山东潍坊抽水蓄能电站、河北抚宁抽水蓄能电站等 5 项重大工程抗震设计专题审查，指导全国 17 家第三方技术审查机构完成 91 项重大工程场地地震安全性评价报告技术审查。推进港珠澳大桥等 10 余项重大工程布设结构健康监测和诊断技术系统。推进地震安全性评价诚信体系建设，完成 79 家地震安全性评价单位信息汇总和公示公开工作。

二、服务经济社会发展，提升城乡建筑抗震设防能力

服务国家重大战略地震安全。服务雄安新区建设，组织完成河北雄安新区土壤液化风险评估研究，完成《河北雄安新区地震安全专项规划》，推进区域性地震安全性评价工作试

点、编制《雄安新区区域性地震安全性评价工作方案》。服务海南江东新区建设，组织开展江东新区地震安全分析及抗震专题研究，为江东新区国土利用、城市规划提供基础性依据。

推进活动断层探测工作。《活动断层探测》国家标准正式发布实施。全年完成 12 个城市活动断层探测数据入库检测，鉴定断层 90 条，工作区面积约 24000 平方千米。在 2019 年各级政府预算整体压缩背景下，各级政府均对城市活动断层探测工作给予大力支持，中央财政批准"高分辨率遥感解译技术的地震活动断层探测"项目立项。四川省政府批准"四川省活动断层普查"项目，总投资达 2.1 亿元。天津、福建、山东、广东、广西、海南、云南、贵州等省局设立各类活动断层探测项目逾 1.2 亿元，城市活动断层探测由分散实施向规模化、区域化方向发展。安徽省政府办公厅印发《关于推进城市地震活动断层探测工作的通知》，长三角城市群和郯庐断裂带沿线地区活动断层探测工作开创新局面。在台湾海峡组织实施主动源和被动源相结合的三维台阵陆海联测，活动断层探测业务向海域拓展。

推广减隔震等抗震新技术。在全国 1300 余项建设工程中推广应用减隔震技术，推动工程抗震从"硬抗震"到"韧性抗震"的转变。2018 年度完成 175.28 万户农居抗震改造，惠及人口 543.7 万。组织编制出版《华北地区农村民居抗震实用技术》，指导华北地区农居工程建设。联合住建部门指导和培训农村工匠 18.7 万余人。组织实施 43 项基层防震减灾能力建设项目。指导开展各类培训班 2326 期，培训 244613 人次，有效提升了基层工作人员业务能力。

推进地震巨灾保险试点。协助起草全国政协提案《建立健全城乡居民住宅地震巨灾保险制度》。推进建设"中国地震风险与保险实验室"，联合中再集团发布我国首个拥有自主知识产权的地震巨灾模型。2018 年度，全国地震保险保费 1.77 亿元，保额 2234 亿，年度赔付 1992.7 万元，其中吉林 374 万元，云南 1616.2 万元。

三、总结防震减灾示范创建经验，指导防震减灾科普工作

研究新时代防震减灾示范创建工作新思路新举措，认真总结防震减灾示范创建工作经验，做好示范创建顶层设计。推进防震减灾示范城市建设纳入国家安全发展示范城市。与民政部、中国气象局联合印发了《全国综合减灾示范社区创建管理暂行办法》（民发〔2018〕20 号）。指导各省级地震局与地方民政、气象联合印发属地管理办法，开展示范创建工作。2018 年联合认定国家级综合减灾示范社区 1487 个。新认定国家防震减灾科普示范学校 83 所，防震减灾科普教育基地 58 个、示范学校 108 所。合肥市防震减灾科普教育馆等 7 个全国防震减灾科普教育基地被认定为第二批全国中小学生研学实践教育基地。

应急管理部、教育部、科技部、中国科协、河北省人民政府、中国地震局联合组织召开全国首届地震科普大会，出台《加强新时代防震减灾科普工作的意见》。各省积极落实科普大会各项任务要求，安徽、青海 2 省召开地震科普大会并印发实施意见，吉林、陕西等 5 省印发实施意见，内蒙古签署合作框架协议，湖北印发三年行动计划。举办首届全国防震减灾知识大赛、科普讲解大赛、科普作品大赛、"防灾千场科普讲座"等各类大赛和主题

活动累计 2089 场次，联合各级科协举办科普培训班 17 期，培训学员 2440 人。组织创作出版 3 部科普精品图书，25 部针对青少年的防震减灾科普图书作品，各类科普作品产品 129 项。指导第一批全国中小学生研学实践教育基地开展课程设计和研发，各类研学实践活动参与人次 15000 余人次。

（中国地震局震害防御司）

各省、自治区、直辖市地震灾害预防工作

北京市

1. 北京地震安全韧性城市建设取得阶段性进展

经北京市防震抗震工作领导小组会议审议通过《推进北京地震安全韧性城市建设行动计划（2018—2020年）及2018年实施方案》，印发各成员单位分工落实，明确北京市地震局为负责组织推动和协调北京地震韧性城市建设任务牵头单位。完成了《关于推进北京地震安全韧性城市建设的实施意见》政府文件在部分高校、科研、设计等单位征求意见的工作。

2. 认真落实规划和项目审批制度改革要求

加强北京市中心城区和新城控制规划维护管理，在街区和规划实施单元范围内同步开展地震安全性评价，明确防灾分区，划定抗震防灾、应急避难设施选址布局。建立"多规合一"审查机制，强化对实施《地震动参数区划图》的审查监管，年内审查项目369个。积极对接市政府相关部门，改革政务服务体系，简化内容，提高效率，将地震服务事项纳入北京市政务统一受理系统和综合服务窗口，将政务服务事项由原有的12项精简为3项。将重大建设工程抗震设防要求监管纳入北京市建设工程在线审批监管平台和"一会三函"制度，构建全流程覆盖、全方位监管模式，年内联合审查项目218个。编制北京市地震局权力清单、责任清单和防震减灾公共服务清单，在北京市地震局门户网站和首都之窗网站公示。审查开展地震安全性评价单位11个；建立"双随机、一公开"项目库，对地震安全性评价项目实施监管。

3. 将防震减灾纳入城市副中心控制详细规划

在《北京市城市副中心控制性详细规划（街区层面）》中加入了防震减灾相关内容。北京市城市副中心的建设韧性城市目标是：贯彻以防为主、防抗救相结合的方针，强化城市安全风险管理，构筑城市综合应急体系，高标准规划建设防灾减灾基础设施，全面提升地震监测预警、预防救援、应急处置、危机管理等综合防范能力。到2035年紧急避难场所用地面积人均不小于2平方米，固定避难场所和中心避难场所用地面积人均不小于3平方米。构建城市副中心与廊坊北三县（三河、大厂、香河）地区协同、高效的广域防灾减灾体系，建设京津冀区域协同发展示范区，采取综合有效措施，实现区域防灾减灾联防联控，提升

区域韧性发展水平。

4. 活断层探测及成果应用

将北京市城市活断层探测成果纳入北京市总体规划、各街区规划中。完成通州东部活断层探测和地裂缝、地面沉降区探查工作，应用于城市副中心规划建设。推进大兴临空经济区断层探测评估工作，完成大兴东部断裂结构控制性探测项目立项书的编制。开展延怀盆地地震断裂带大比例尺填图和延庆区 5 个新建奥运场馆及综合管廊建设工程地震安全性评价，为 2022 年冬奥会延庆赛区规划建设提供地震安全依据。

5. 稳步推进城乡抗震加固改造

市财政安排统筹资金 10 亿元，用于老旧小区抗震加固等综合改造工作。安排市级补助资金 6.4 亿元，用于 2018—2019 年全市农村危房加固维修和拆除重建工作，包括新建翻建改造 1.8 万户、抗震节能综合改造 3700 户。安排专项经费 7121 万元，用于达不到规范要求学校校舍的抗震加固。全市年内累计完成棚户区改造（征收、拆迁、签订腾退协议）34323户，占全年任务的 146%，涉及人口约 15.2 万人。怀柔区持续推进老旧建筑抗震加固和农村危房改造，年内对 1980 年以前建设的不达标的 4.6 万平方米民居住宅和 298 户农村危房，实施抗震加固或新建翻建改造。密云区完成山区搬迁 428 户 912 人。延庆区开展农村民居"隔震砖"试点建设。

6. 持续推进基础设施、生命线工程、易产生次生灾害工程隐患排查治理

完成地下管线消隐工程 638 项、132 千米。修订地质灾害防汛工作方案，组织近 2000人次，排查各类地质灾害隐患点 2405 处、避险场地 466 处，发现新增地质灾害隐患点 37 处，完成或正在实施的地质灾害治理工程 377 个。加强桥梁改造和道路管养技术研究，以及山区公路地质灾害专项治理。投入 34 万元，用于体育场馆等建筑的隐患排查和加固改造。积极开展长城、古建筑群等文物建筑抗震保护修缮。开展架空输电线路灾害隐患整治。密云区投资 237 万元，完成三座重型水库改造加固。平谷区改造老旧供热管网 30 千米，修复燃气调压箱基台 23 座。

7. 高度重视舆论引导和科普宣传

及时回应 2 月 12 日河北永清 4.3 级地震和 12 月 11 日网民感到晃动，询问是否发生地震等地震或敏感事件，启动政务新媒体矩阵联动机制，市地震局官方微博迅速发布信息，经网络主流媒体协助，及时稳定社会。举办丰富多彩的防灾减灾宣传活动，如"城市与减灾杯"防灾减灾作品大赛、防震减灾科普讲解大赛、中学生防震减灾知识挑战赛、首都防震减灾大讲堂。创作一批防震减灾影视科普作品和益智类游戏。反映地震题材的院线电影《我要去远方》在全国上映。

8. 继续开展防震减灾科普基地与示范建设

年内新增防震减灾科普教育基地 11 个，其中区级 5 个，市级 6 个；新增防震减灾科普示范学校 27 所，其中区级 20 所，国家级 7 所。申报东城区安定门街道国子监社区等 43 个社区为国家级综合减灾示范社区。

9. 全力做好地震应急准备

年内新建地震应急避难场所 39 处 220 万平方米，超额完成市政府年度约束性考核指标。开展中小学和社区应急培训、演练 870 余次 33 万人次。开展应急志愿者培训，建成"市地震应急志愿者培训平台"。交通、通信、环保、食品药品监管、经济信息化等行业开展应急演练，其中交通系统 150 余次 8000 人次，投入装备 1000 台套；西站地区 213 次。研发本地化地震灾害快速评估与辅助决策系统，补充更新应急数据库。完成朝阳、通州两区大震巨灾情景构建示范项目。新建红十字会应急装备库房 3000 余平方米。充实全市医药物资应急储备。强化市级档案数据防灾异地备份。补充更新市级水务防灾物资。建成北京西站应急物资储备库房 6 个，使储备物资总数达到 8 大类 109 个品种。建成人防系统应急物资储备库 32 处，储备应急物资达到 733 种 22 万多件。

（北京市地震局）

天津市

1. 夯实抗震设防基础

全面梳理全市防震减灾工作面临的主要问题，起草《关于进一步加强全市地震灾害防治重点工作的实施意见》。结合全市棚户区"三年清零"行动，实施地震灾害风险排查和隐患治理工程，在宝坻区开展全区建（构）筑物抗震性能调查与评价工作，完成蓟运河断裂探测工程和活动断层探测成果信息化应用服务平台建设。开展第五代地震动参数区划图执行情况专项检查。积极参与天津市工程建设项目审批制度改革和"政务一网通"改革，将地震安全性评价作为公共服务项目纳入市建设工程项目审批流程。加强地震安全性评价管理，推进"多评合一""多规合一"，制定天津市区域性地震安全性评价评估评审指导意见。

2. 开展科普宣传教育

印发《加强新时代天津防震减灾科普工作的实施意见》，制定《天津市防震减灾科普教育基地认定管理办法》。联合研发地震科普机器人。选派 2 支队伍参加全国防震减灾知识大赛北部赛区决赛。以"六进"为抓手，在汶川地震十周年、"7·28"唐山地震纪念日、科技周、科普日等重点时段开展应急避险进校园和社区、专家做客"应急之声""走进科普教育基地"、天津市青少年自护教育实践等系列宣传活动，全年累计举办各类地震科普活动50余场。市自然博物馆防震减灾科普展厅接待人数超过190万人次。组织编印科普图书1本，会同市政府应急管理办公室共同拍摄了学校地震应急避险专题片。

3. 推进法治建设

制定印发《天津市地震局关于加强防震减灾法治建设的实施方案》。积极推进《天津市地震预警管理办法》制定工作，将其纳入天津市年度规章立法调研计划。配合市人大教科文卫委员会就《中华人民共和国防震减灾法》贯彻实施情况开展调研。加强法治宣传教育，积极参加2018年天津市精准普法十大品牌选推活动，被评为"普法责任制落实品牌单位"。

4. 健全工作体制机制

加强全市地震应急预案体系建设，印发《天津市地震应急预案管理办法》，进一步规范全市各级各类地震应急预案管理工作。会同市政府应急管理办公室开展《天津市地震应急预案》修订工作，到湖北省、四川省、云南省开展实地调研，编制形成《天津市地震应急预案》（报审稿），并提请市政府常务会审议。联合市政府应急办、市安监局、民政局、发改委对红桥区、水务局、静海区、蓟州区开展2018年度地震应急工作检查，督促政府责任部门落实地震灾害防范应对主体责任。与市突发公共事件预警服务中心、市便民服务专线建立信息共享机制，实现地震速报信息快速发布。

5. 做好地震应急准备

开展2018年度地震灾害预评估工作，从地质构造背景、经济、人口、处置建议等方面深入进行调研和分析，编制《天津市2018年地震灾害预评估和应急处置要点报告》。编制《天津市地震局2018年度地震应急准备工作方案》。修改完善《天津市地震应急预案管理办法》，以市防震减灾领导小组名义印发各委办局和各区政府。与天津市应急管理局联合开展调研，编制完成《天津市地震应急预案》（征求意见稿）。向各区地震办公室印发《关于开展地震应急避难场所调研工作的通知》，进一步摸清全市各区现有的地震应急避难场所和其他符合紧急避险条件的场所情况。更新天津市应急通讯录信息和12322地震速报短信接收人员名单。

6. 强化地震应急响应

制定并严格落实《2018年天津市地震局地震现场应急工作队轮值工作准备方案》，完成年度全国地震现场轮值任务。聚焦存在问题，制定专项方案，认真开展地震应急响应工作整改。成立地震灾情评估专家组，编制《震后快速响应重要信息上报规程》。完善地震应急基础数据获取更新机制，与京冀两地签订地震应急基础数据共享使用协议。2月12日河北省廊坊市永清县 4.3 级地震发生后，迅速启动应急预案 III 级响应，派出 15 名现场应急工作队队员奔赴震中开展现场工作，圆满完成应急处置任务。有效应对 8 月 16 日蓟州 2.2 级地震。

7. 推进救援队伍建设

联合天津警备区、武警天津总队等单位，召开天津市地震灾害紧急救援队联席会议，研究天津市地震灾害紧急救援队协调联动体制机制建设，安排部署 2018 年重点工作。强化业务培训，组织市地震灾害紧急救援队、区地震救援队和地震现场应急工作队骨干队员，分批赴国家陆地搜寻与救护基地开展现场搜救和应急管理培训共 5 期 82 人次。强化地震现场应急工作队建设，配备完善地震现场灾害调查终端等应急装备，开展现场工作业务培训和体能训练。组织各区政府开展基层应急管理培训，开展应急避难场所工作调研，摸清全市应急避难场所和紧急避险场所底数。

（天津市地震局）

河北省

1. 妥善处置省内地震事件

2018 年以来，河北省内先后发生 2.0 级以上地震 14 次，其中最大地震为 2 月 12 日廊坊市永清县 4.3 级地震。永清 4.3 级地震、唐山古冶 3.3 级地震和张家口张北 3.2 级地震发生后，及时部署地震应急工作，高效有序地完成地震应急处置工作，确保了社会安定和谐。

2. 强化地震应急准备

牵头开展了重点地区地震灾害风险评估，完成了《2018 年度地震重点地区（河北境内）地震灾害损失预评估和应急处置要点报告》。2018 年 3 月 12—16 日，由河北省政府副秘书长带队，河北省政府办公厅、应急办、发改、民政、安监、地震等部门组成检查组，分别赴张家口、邯郸两市开展地震应急工作实地检查并印发通报。8 月 22—23 日，孙佩卿局长和河北省政府应急办主任王云飞带队，河北省政府应急办、地震、民政、住建、安监等部门组成督导组，再次赴张家口市就农村危房、水库、煤矿及非煤矿山尾矿库等重点部位的防震工作进行检查指导。河北省地震局、人防办、住建厅于 2018 年 3 月 1 日正式实施《人民防空工程兼作地震应急避难场所技术标准》，截至目前，全省利用人防工程开辟地震应急避难场所 1229 个，总面积 716 万平方米，灾时可安置 470 万人就近掩蔽。

3. 提升地震灾害风险防范能力

加强防震减灾法制建设，配合做好执法检查。2018年8月7—10日，河北省人大常委会检查组由省人大常委会委员、省人大财经委副主任赵凤楼带队赴张家口市、廊坊市进行防震减灾"一法一条例"执法检查，同时委托市人大对石家庄市、唐山市、秦皇岛市、邢台市进行执法检查。9月19日，河北省人大常委会第五次会议审议通过《关于检查〈中华人民共和国防震减灾法〉〈河北省防震减灾条例〉实施情况的报告（书面）》。创新开展"互联网＋政务服务"，22项公共服务事项全部实现在线服务功能，超额完成了河北省政府年度内上线80%工作目标。组织开展了全省地震系统法制培训班，不断提升基层依法执政能力。做好抗震设防日常监管和服务。对唐山、天津交界的临津产业园等13项工程回复抗震设防意见或提供地震构造等资料。

4. 深入开展防震减灾科普宣传

2018年5月12日，孙佩卿局长参加"防灾减灾 河北力量"长城新媒体5·12高端访谈节目，就防震减灾工作新举措、防灾减灾日宣传活动、减隔震技术等热点话题，与网友开展在线交流。11月30日李广辉副局长主持召开"纪念改革开放40周年暨防震减灾工作成就展示"新闻发布会，河北广播电视台、河北日报、燕赵都市报、人民网河北频道、河北新闻网等11家主流媒体进行多角度报道，为全省防震减灾事业改革发展提供强有力的舆论支持。5月5—6日，河北省地震局同省教育厅、省科技厅、省新闻出版广电局、省科协联合举办全省防震减灾知识竞赛。5月10—11日，河北省地震局同省科技馆、河北地质大学联合举办了"探索地震奥秘 体验地震科技"防震减灾科普宣传参观活动。联合腾讯大燕网制作了"探秘地震"河北省地震局特辑节目，在雄安新区组织中小学地震应急疏散综合演练及科普宣传系列活动。规范开展示范创建工作。联合河北省教育厅、省科技厅、省科协印发《河北省防震减灾科普示范学校认定管理办法》，并认定10所省级防震减灾科普示范学校。联合河北省民政厅、省气象局创建80个综合减灾示范社区，并联合开展了示范创建工作检查。

（河北省地震局）

山西省

1. 积极推进区域性地震安全性评价工作

起草山西省区域性地震安全评价管理办法和区域性地震安全性评价工作大纲，印发《山西省地震局推进城市地震安全工作实施方案》。与太原理工大学签订协议，规范地震安全性评价报告第三方技术审查机构费用的支付管理。3月12—16日，由省政府办公厅、省地震局、省发改委、省教育厅、省住建厅、省公安消防总队等单位组成检查组开展抗震设防监督检查，检查了大同市、朔州市、忻州市及浑源县、山阴县、宁武县的农村危房改造、易地扶贫搬迁、地质灾害治理、采煤沉陷区治理等农村安居工程的抗震设防监管情况。

2. 继续推进震害防御基础探查工作

组织专家对大同市区、朔州市区、忻州市区活动断层探测与地震危险性评价可行性研究报告进行了论证。运城市中心城区地震灾害预测项目、太原盆地田庄断裂探测项目通过验收并投入使用。运城市地震小区划和太原市经济技术开发区地震小区划通过中国地震局评审。

3. 加强基础探测成果的推广应用

临汾市区地震小区划、活断层探测、震害预测项目成果在《临汾市总体规划（2017—2035年）》、河西产业园区建设及多个一般工民建项目中得到了广泛应用。长治市晋获断裂带（长治段）活断层探测成果先后为国家军委国防建设项目、武警支队某建设项目等重点项目提供技术依据。太原盆地田庄断裂探测项目成果在太原市规划、土地利用等工作中开展实际应用。晋获断裂带（晋城段）活断层探测成果为《晋城市城市总体规划（2018—2035）》编制、泽州县政府转型项目选址、晋阳高速改扩建、晋城市机场建设等重点项目提供了技术服务。

4. 升级改造山西省地震应急指挥技术系统视频会议节点

使地震应急视频会议系统覆盖全省地震系统，并实现15个县级视频会议节点的互联互通。

5. 开展地震灾害风险预评估工作

1月23—30日，配合中国地震局在河北省、山西省、内蒙古自治区开展实地调研，重点调查了山西省宁武县、原平市的地理地貌情况、人口密度、建筑物结构类型及抗震能力和地震应急准备能力，重新修订了地震灾害损失预评估结果，完善了应急处置要点报告。邀请中国地震局地震预测所专家组成调研组对朔州市应县4个乡镇12个村庄、怀仁县2个乡镇6个村庄、平鲁区4个乡镇10个村庄进行了实地调研，对房屋结构及年代、建筑抗震性能、道路交通、地形地貌、地质环境、次生灾害、大型企业（大型煤矿、大型危险源、大型输变电网等）等情况进行了数据收集，并对人口稠密的县城和乡镇进行了航拍。

6. 开展地震应急准备工作检查督导

山西省防震减灾领导组三次派出检查组，对大同市、朔州市、忻州市、晋中市、吕梁市的地震应急准备工作进行了检查，抽查了浑源县、山阴县、宁武县、原平市、应县、祁县、孝义市的应急准备工作情况，实地察看了应急物资储备库、应急避难场所、应急救援队伍等 24 个基层点。

7. 组织开展地震应急演练

省、市、县地震部门和各地震台应急人员 600 余人参加了演练，完成了震后应急处置行动和临时设置的 18 个情景应对，共报送演练应急信息 1200 余条。太原市、忻州市、朔州市、运城市分别开展了以地震为背景的各级各类地震应急演练。

8. 加强地震专业救援队伍建设

组织省军区、省武警、省消防和太原、朔州、晋中、阳泉、长治、临汾等六支市级地震救援队队员共 120 人次，分四批赴国家地震紧急救援训练基地、兰州陆地搜寻与救护基地、山东地震应急救援训练基地进行不同级别的地震救援专业培训。

9. 加强应急避难场所建设与管理

截至 2018 年 12 月，山西省已建成 33 个国家标准三类以上室外应急避难场所，有效面积约 282 万平方米，可容纳城镇人口约 75 万人。积极推进室内应急避难场所的建设与认定，阳泉市印发《关于推进室内应急避难场所建设的通知》；晋中市建成顺城街地下空间综合利用工程、晋中市规划展示馆广场地下空间综合利用工程两处室内应急避难场所，总面积达 7 万平方米；忻州原平市政府将 I 类应急避难场所范亭文体广场附属公共场馆认定为室内应急避难场所，总建筑面积约 35745 平方米。

（山西省地震局）

内蒙古自治区

1. 抗震设防要求管理

对内蒙古自治区重点工程、生命线工程和易产生严重次生灾害的工程进行抗震设防专项审查，全区新建工程抗震设防审查率达到 100%。完成呼和浩特市、包头市、乌海市城市活动断层探测工作。

由内蒙古自治区住房和城乡建设厅完成《关于内蒙古自治区城乡建设抗震防灾"十三五"规划中期评估报告》，组织开展对在建重大房屋建筑工程和大型市政公用设施的抗震设防程序性检查、推进减隔震工程的专项检查，要求各盟市严格执行超限高层抗震设防专项审查制度，强化市政公用设施设防监管水平。组织完成内蒙古艺术学院图书馆、呼和浩特振华购物中心 1 号楼、2 号楼、3 号楼及商场及项目的超限审查工作。由人力资源和社会保障部资助会议经费，自治区人力资源和社会保障厅与自治区住房和城乡建设厅联合主办的建设工程抗震设防减震隔震技术应用高级研修班在和呼和浩特市举办。

2. 防震减灾社会宣传教育工作

协同内蒙古自治区民政厅、气象局、教育厅、科学技术厅、科学技术协会开展综合减灾示范社区、防震减灾科普示范学校等创建工作，有 25 个社区被评为全国综合减灾示范社区，19 所学校认定为内蒙古自治区防震减灾科普示范学校。截至目前，全区共创建全国综合减灾示范社区 235 个，各级地震安全示范社区 66 个，防震减灾科普示范学校 94 所。

3. 震灾应急救援工作

2018 年 4 月 23—27 日，根据内蒙古自治区人民政府办公厅印发的自治区 2018 年度防震减灾应急准备工作检查方案要求，自治区人民政府应急管理办公室、地震局、发改委、民政厅、财政厅、卫健委、安监局、气象局、消防总队、网信办等 10 个部门共计 18 人，分 2 组对呼伦贝尔市、通辽市、赤峰市和乌兰察布市、包头市、鄂尔多斯市的防震减灾和应急准备工作开展督查检查。

开展内蒙古自治区地震重点危险区地震灾害预评估工作。制定《内蒙古自治区 2018 年度应急准备工作方案》《内蒙古自治区地震现场工作方案》《2018 年内蒙古自治区防震减灾应急准备工作检查方案》，开展 2018 年晋冀蒙交界区的地震灾害预评估工作。与自治区民航呼和浩特分公司签订提升防震减灾服务保障能力合作协议，与中国铁路呼和浩特局集团公司就为铁路提供速报系统和预警项目建设、地震应急预案修订、应急疏散演练以及应急救援等方面合作达成共识，与自治区卫生健康委员会签订提升防灾减灾救灾通力合作框架协议。

（内蒙古自治区地震局）

辽宁省

1. 进一步提升震灾预防能力和水平

在全省开展《中国地震动参数区划图》（GB 18306—2015）实施情况检查，切实加强全省建设工程抗震设防要求监管力度，确保区划图有效落实；推进"放管服"改革，做好相关地方性法规、规章及规范性文件清理、修订工作。结合行政审批制度改革政策要求，向辽宁省人大建议将地震安全性评价范围、抗震设防要求事中事后监管、地震预警和地震保险等内容列入《辽宁省防震减灾条例》，得到积极响应。完善新的《辽宁省建设工程抗震设防要求管理办法》法律文本，获得省政府批准，以辽宁省人民政府令第 311 号《辽宁省人民政府关于废止和修改部分省政府规章的决定》公布实施。

2. 加强地震安评工作的信息公开和市县指导工作

印发《关于加强地震安全性评价工作监督管理的通知（暂行）》，要求各市地震局加强本区域内地震安全性评价管理，实行地震安全性评价单位和第三方技术审查机构信息备案制；将地震安全性评价单位信息、辽宁省二级地震安全性评价第三方技术审查机构名单及中国地震局关于地震安全性评价改革相关文件在辽宁省地震局门户网站发布，便于企业查询；积极参加辽宁省政务服务办"政务公开日"宣传活动，加深企业和群众对地震安全性评价改革动态和现行政策的了解。

3. 创新防震减灾宣传工作方式，宣传效果良好

（1）为做好纪念汶川地震十周年纪念活动，特邀2017—2018赛季全国CBA总冠军辽宁男子篮球队队长杨鸣担任辽宁省防震减灾公益大使，并拍摄公益宣传片，该宣传片被2018年第七届"平安中国"防灾宣导系列公益活动组委会选为防灾主题文化形式作品，并通过全国震害防御平台推送给全国部分省地震局宣传使用，在辽宁广播电视台包括卫视在内的七个频道及辽宁省内各市广播电视频道、省内城市户外屏幕媒体、地铁公交移动电视以及微博微信等公众平台滚动播出，播出频段频次总价值超过100万元。

（2）2018年5月11日，辽宁省地震局和省民政厅牵头组织的辽宁省"全国第十个防灾减灾日暨汶川地震十周年"防灾减灾大型宣传活动在辽宁省科技馆举行。此次活动得到省委宣传部、省政府应急管理办公室、省科技厅、省公安厅、省卫生计生委、省体育局、省安全生产监督管理局、省通讯管理局、辽宁保监局、省科协等相关部门的参与和支持，近20家新闻媒体参与该活动的采访报道，引起较好的社会反响。

（3）辽宁省地震局和省政府应急管理办公室依托辽宁文化共享频道平台，针对不同年龄、不同群体观众，安排播出一系列防震减灾科普宣传片，全面开展防震减灾教育。

（4）组织开展全省"防灾减灾千场科普讲座活动"，2018年开展科普讲座近40场。利用"5·12"防灾减灾日、"7·28"唐山地震纪念日等重要时段，组织专家进社区开展防灾知识宣传，全省全年科普活动总数超100场。组织全省中学生参加防震减灾知识竞赛，64.7万名中学生参与网上答题活动。网站发布科普文章20余篇。

4. 推进防震减灾示范试点建设

辽宁省地震局、民政厅、气象局联合，以省减灾委办公室名义完成2018年辽宁省综合减灾示范社区检查验收工作，认定沈阳市沈河区新北站街道凯旋社区等39个全国综合减灾示范社区、47个辽宁省综合减灾示范社区。命名丹东市新世纪佳园南区社区、丹东凤城市丁香山社区丁香山小区、丹东宽甸县茂源新村小区为"辽宁省地震安全示范社区"。

5. 完善地震应急预案体系

制定《辽宁省地震局 2018 年应急准备工作方案》，修订《2018 年辽宁省地震局地震现场工作方案》《辽宁省地震局 2018 年度重点危险区地震专项预案》。为切实做好山东半岛北部至辽南地震重点危险区的应急准备工作，应对可能发生的地震灾害事件，制定《辽宁省 2018 年山东安丘至辽宁瓦房店地震重点危险区抗震救灾应对工作方案》。

6. 改进灾情收集方法和灾害快速评估技术

积极推进全省地震应急基础数据共享机制建立工作，制定《辽宁省地震应急基础数据收集与共享管理办法》，收集部分单位负责人姓名、职务、联系电话等信息。深化与测绘部门合作，开展测绘数据梳理、挖掘、应用工作，制定数据挖掘与应用年度计划，完成全省 1529 个乡镇界空间数据的拓扑处理工作。积极推进应急指挥技术系统升级改造工作，并投入使用。

7. 加强应急准备工作

2 月 26 日，辽宁省抗震救灾指挥部组织召开全省防震减灾工作联席会议，贯彻落实国务院 2018 年防震减灾工作联席会议精神，部署全省 2018 年防震减灾工作，副省长、省抗震救灾指挥部指挥长崔枫林到会做重要讲话，各省辖市政府分管副市长或副秘书长参会，确保将防震减灾工作责任落实到基层。

根据中国地震局关于做好 2018 年度地震应急准备工作的通知要求，组织完成辽宁省辖区内的地震应急工作实地调研，并以阜新、朝阳地区作为试点开展市县地震灾害损失预评估工作，形成《2018 年环渤海地区地震重点危险区辽宁地区实地调研报告》《2018 年朝阳阜新抗震能力调查报告》，为地方开展抗震救灾准备工作提供科学参考。

贯彻落实 3 月 8 日辽宁省委书记陈求发、省长唐一军"关于分赴重点区域检查指导相关工作"的指示批示以及落实全省防震减灾工作联席会议精神，3 月 15—22 日，由省政府应急管理办公室、省地震局牵头，省民政厅、水利厅、安全生产监督管理局组成联合检查组，对阜新、朝阳、大连和营口等四个重点地区防震减灾应急准备工作进行抽查检查，形成检查报告上报省政府。4 月 12 日，唐一军在省地震局、省政府应急管理办公室《关于开展地震应急准备工作检查情况的报告》上批示："常备不懈、严阵以待，做好应急准备工作，特别要针对问题短板，采取切实措施，认真加以解决，确保人民群众生命财产安全。"崔枫林批示："省地震局、省应急办认真履行职责、工作深入、扎实有效。请按唐省长要求，坚持问题导向，做到不明确措施不放过、不落实责任不放过、不解决问题不放过，确保应急准备有力有序有效"。该项工作有力推动了相关地区的地震应急准备工作开展。

组织、参与辽宁省市地震应急信息共享演练、省地震局地震演练、东北片区联合演练等多层次应急演练，充分发挥信息服务在地震应急中的作用，细化应急处置流程，完善应急期信息服务联动流程，提升全省地震应急处置能力。完成对全省 14 个市的 6000 多名灾情速报人员和市县、乡镇党员干部的信息更新工作，并对灾情速报人员进行两次工作抽查。

8. 有效开展震后处置工作

2018 年，省地震局启动了 2 月 17 日沈阳市法库县 3.1 级地震、5 月 28 日吉林松原宁江区 5.7 级地震、7 月 12 日抚顺市 2.4 级矿震等共计 21 次地震的应急响应。其中，2 月 17 日沈阳市法库县 3.1 级地震和 9 月 23 日铁岭调兵山 2.9 级矿震分别发生于春节和中秋节期间，省地震局均在第一时间召开紧急会商会，将震后趋势判定意见及时上报中国地震局和省政府，同时加强舆情监控，通过官方微博及时回复网友咨询、密集展开辟谣工作，有效平息地震谣传，确保节日期间辽宁社会的和谐稳定，获得省委省政府好评；5 月 28 日松原市 5.7 级地震后，省地震局派专家接受沈阳电视台直播生活栏目采访，对安抚群众恐慌，稳定社会秩序起到很好的作用。

（辽宁省地震局）

吉林省

1. 震害防御工作

（1）加强重大工程地震安全性评价监督管理。利用吉林省发展和改革委员会投资项目并联审批平台对吉林省省内重大工程建设项目进行监督，对吉林市肿瘤医院扩建等重大建设工程给予抗震设防技术咨询，并提出抗震设防要求，编写《吉林省企业投资项目审批服务指南》。

（2）有序开展"放管服"工作。将 7 项行政处罚类权力和 5 项其他类权力下放到国家级开发区。制定双随机"一单、两库、一细则"，成立"只跑一次"改革工作领导小组，印发《只跑一次改革细化分解方案》，形成吉林省地震局群众和企业办事事项 5 项。

（3）推进震害防御基础研究工作。开展敦化—密山断裂大山咀子段活动断层探查，完成松原市宁江震区地震风险评估项目，成果得到应用。延吉城市活断层探测与危险性评价项目完成了 1：5 万主要断裂分布图编制等四个子项目验收。

2. 防震减灾宣传工作

（1）全面动员部署，确保吉林省防震减灾宣传工作有效开展。与吉林省委宣传部联合印发《关于进一步加强防震减灾宣传工作的意见》，与吉林省教育厅、科技厅、科协联合下发《关于加强新时代吉林省防震减灾宣传工作的实施意见》，部署吉林省 2018 年第七届"平安中国"防灾宣导系列公益活动，对吉林省各市（州）、县地震部门年度宣传工作进行广泛动员。

（2）全面开展"5·12"防灾减灾日防震减灾宣传活动。利用吉林卫视、吉视都市、吉视乡村、吉林人民广播电台、吉林手机报、吉林日报宣传防震减灾知识。向吉林省手机用户发送防震减灾公益短信，利用"吉林地震"微信公众号举办防震减灾知识答题活动，举办吉林省中学生防震减灾知识竞赛，在白城、松原、通化地区开展平安中国防灾宣导系列公益活动，组织千场讲座活动，吉林省地震局获优秀组织奖。吉林省各地以集中宣传、开展地震应急演练、科普知识讲座、媒体等多种形式开展系列宣传活动，使广大公众在潜移默化中学习防震减灾科普知识，提高自救互救技能。

3. 强化地震应急准备

（1）组织召开吉林省防震抗震减灾领导小组联席会议 2 次，部署年度防震减灾工作和迎接全国人大执法检查工作，调整领导小组组成，编制领导小组通讯录。召开联络员会议 1 次，总结松原市 5.7 级地震应急处置工作，通报全国人大常委会执法检查组在吉林省开展防震减灾法执法检查情况。

（2）高效有序开展松原市地震灾害应急处置。成功应对发生的 4.2 级、4.3 级、5.7 级、4.5 级、4.0 级地震，尤其是 2018 年 5 月 28 日松原市 5.7 级地震，吉林省地震局快速响应，启动联动机制，高效开展地震现场工作，发布《吉林松原 5.7 级地震烈度图》，为震区灾后恢复重建等工作提供科学的依据，得到省委省政府和中国地震局领导高度肯定。

（3）开展演练和培训。组织东北协作区应急工作交流和联动演练，来自辽宁省地震局、黑龙江省地震局、内蒙古自治区地震局、中国地震局工程力学研究所、吉林省地震局及吉林省 9 个市州地震局、部分县区地震部门的相关领导和专业技术人员近 100 人参加应急工作交流和演练，组织选派 20 名消防救援骨干赴兰州救援基地开展实训。

（吉林省地震局）

黑龙江省

1. 防震减灾法治建设

修正黑龙江省防震减灾地方性法规《黑龙江省防震减灾条例》，向省政府提交关于农垦、森工行政职能修改的修正案和说明；修改省政府规章《黑龙江省地震安全性评价管理规定》；保留《黑龙江省地震重点监视防御区管理办法》。梳理省地震局起草和组织实施的规范性文件，保留三个规范性文件。认真贯彻落实《中共中国地震局党组关于加强防震减灾法治建设的意见》精神，结合黑龙江省的实际，出台《黑龙江省地震局党组关于加强防震减灾法治建设实施方案》。

协调省法制办公室，举办 2018 年度防震减灾法制工作培训班，各市（地）防震减灾法制工作者 50 余人参训。重点讲解了强化法治思维、提升依法行政能力、行政执法管理、执法工作中常见问题和黑龙江省防震减灾法治现状，组织经验交流和执法业务考试，为黑龙江省执法人员换发执法证。深入推进中央关于宪法学习宣传实施的决策部署贯彻落实，组织局机关 75 人参加 2018 年宪法知识考试。防震减灾科普宣传期间，对学校等人员密集场所抗震设防标准进行宣传，提高公众防震减灾意识。

2. 抗震设防要求管理

全面落实建设单位、安评从业单位、安评结果审查单位抗震设防工作职责，落实行业主管部门抗震设防要求监管责任。严格履行抗震设防监管责任，协调地铁办落实地铁 3 号线配套工程及地上工程设施的抗震设防要求的确定。通联住建、水利等主管部门加强抗震设防责任监管，强化部门间的合作。推进农村民居抗震工作，在高烈度区开展农村民居抽样调查，在依兰推广应用减隔震新材料、新技术。

3. 市县防震减灾

以服务为导向，根据市县业务需求和重点区域工作实际，分别举办防震减灾法制工作培训班和市地局长业务工作培训班，为市县防震减灾工作人员搭建学习业务知识、增进相互交流的平台，促进和提升市县防震减灾干部队伍业务能力和管理水平。

组织带领佳木斯、大庆、鸡西等市地地震局局长前往福建、湖南调研学习，拓宽思路、开阔视野，学习市县工作、政策法规和示范工程创建等方面的先进经验做法。组织市地座谈，积极研究市县震灾预防能力需求，推动和激励黑龙江省防震减灾事业创新发展。

完成市地科普展厅、地震应急指挥系统平台建设。组织齐齐哈尔、佳木斯、七台河、黑河的市县基础能力建设项目建设。结合"十三五"发展规划，完成省财政 2019 年度市县能力提升项目资金申报，共 200 万元。

积极调动和组织市县开展国家综合减灾示范社区和防震减灾科普示范学校的申报工作，与民政、气象部门组成联合检查组，对黑龙江省 150 余个社区进行复核，经综合评定，选出 44 个"黑龙江省综合减灾示范社区"，推荐 40 个社区为 2018 年全国综合减灾示范社区候选单位；推荐国家防震减灾科普示范学校 3 所，其中泰来县实验小学被评为 2018 年度国家级防震减灾科普示范学校。

举办 2018 年度黑龙江省市县防震减灾工作考核会议。严密组织市县工作年度考核工作，哈尔滨、齐齐哈尔、大庆 3 个市，泰来县、汤原县、鸡东县、饶河县、嘉荫县、呼玛县 6 个县报请国家防震减灾先进单位。

4. 地震安全性评价管理

实行地震安全性评价单位信息公示公开。依托中国地震局网站公示公开地震安全性评价单位信息。接收地震安全性评价单位基本信息更新，接受政府主管部门及社会监督。

5. 震后应急响应

5 月 28 日，黑龙江省松原市宁江区发生 5.7 级地震，哈尔滨市震感明显。省委、省政府高度重视地震响应和社会影响，省委书记、省人大常委会主任张庆伟就地震监测、防震减灾工作到黑龙江省地震局调研。张庆伟强调，要以习近平新时代中国特色社会主义思想为指引，深入贯彻落实习近平总书记关于防灾减灾救灾工作重要指示精神，始终把人民群众生命财产安全放在首位，坚持预防为主、防抗救相结合，进一步强化责任、完善体系、提升能力、加强保障，不断提高地震灾害综合防御能力和应急救援能力，为龙江全面振兴发展和人民生活提供更加有力的安全保障。省委副书记、省长王文涛参加调研。

地震部门迅速启动地震应急响应，开展震情监测与趋势研判，派出两批地震现场工作队，及时发布震情信息，要求大庆市地震局做好地震应急处置工作，密切监视震情，强化应急值班，做好应急保障。水利部门立即组织对有可能遭受地震影响的哈尔滨市、大庆市、齐齐哈尔市和绥化市的水库进行排查，未发现因地震引起的大坝裂缝、塌陷等灾害。

6. 地震应急处置中心升级改造

在中国地震局的支持下，黑龙江省地震局应急处置中心改造项目全面实施。项目主要建设内容包括应急大厅环境与基础设施改造、应急指挥系统升级及相关配套工程建设。该项目预留与地震系统内省、市、县视频联动接入接口，增强黑龙江省地震应急技术保障能力，为政府应急决策、灾害评估、灾民安置、灾后重建、相关科学研究提供及时丰富的地震服务。

7. 地震应急救援准备

促使黑龙江省地震局干部职工熟悉和掌握各自的职责和任务，确保震后及时、高效、有序开展应急救灾工作，做好省地震局应急指挥部和现场工作指挥部的协作和配合。5月10日组织省地震局职工开展无脚本地震应急演练，推演地震应急预案启动、应急响应、指挥协调、辅助决策和现场处置的前期应急工作流程。

（黑龙江省地震局）

上海市

1. 夯实震害预防基础，开展小型 MEMS 震动传感器观测系统组网试验

2018 年，在各区代表性建筑、地铁沿线部分车站布设震动传感器进行观测试验。完成《上海市建筑抗震能力现状调查》实施方案的编写和专家评审，根据计划，完成合作单位的合同签订和浦东新区建筑抗震能力数据采集。"上海市地震灾害快速判定"项目通过验收，实现地震发生后 15 分钟内对上海全市建筑物及大型储罐的震害快速判定，并给出 16 个区各自的有感或不同等级破坏面积及其分布图。完成"以精定位背景地震活动性研究中国东部中强地

震活动区隐伏发震构造"课题的验收、结题工作，研究成果在 8 月份新加坡举行的第 14 届亚洲—大洋洲地球科学学会 AOGS（Asia Oceania Geosciences Society）年会上进行了 poster 展示。

2. 开展防震减灾宣传教育

在强化日常宣传的同时，上海市地震局深化"5·12"防灾减灾日、"7·28"唐山地震纪念日等传统重点时段的宣传。据统计，2018 年共开展各类防震减灾活动 2000 多场次，其中举办培训讲座 400 多场，展出展板 6000 余块（按次），悬挂横幅 2000 余副（按次），发放资料书籍 40 多万份。虹口、闵行、奉贤三个区参与由中国地震局主办的 2018 年第七届平安中国防灾宣导系列公益活动——平安中国防灾科普千城大行动。协调各区观看地震题材电影《我要去远方》。开通上海市地震局科普微信公众号"震在发声"，完成"公众展示室"的装修和布展工作。完成"言归震传第 1 季" 5 集科普动画片出版号的取得和正式发行任务。组织参加中国地震局地震科普征文活动，地震科普作品大赛线上、线下作品报送工作，第二届全国防震减灾科普讲解大赛的推送工作。有 3 个科普作品获奖。联合市教委共同完成上海市第 20 届防震减灾知识比赛。一支高中组、一支初中组代表上海市参加东部赛区比赛，分别获得一等奖、二等奖。与上海市民政局、应急管理委员会办公室、气象局、水务局一起组织国家综合减灾示范社区创建工作，有 34 家街镇、社区获得认定。确定普陀区金鼎学校和陆家嘴街道长城家园为"上海市防震减灾科普教育基地"，上海市科普教育基地数量增加至 5 个。

3. 地震应急

（1）应急指挥技术系统建设。

上海市地震局完成指挥大厅视频会议投影系统升级改造工作，增加录播系统、KVM 设备、电子调音台等，并对九楼控制室进行线路整理；完成异构应急基础数据库整合及优化工作，着手建立一套新的上海市地震应急基础地理信息数据库，涵盖原有多个业务系统数据库的所有内容，并对部分数据进行合并清理；完成上海市地震应急辅助决策系统开发工作；开始进行视频会议 MCU 系统建设工作。

（2）地震应急救援准备。

完成上海市地震局预案的修编工作并正式发文，会同浦东新区地震办公室对金茂大厦、环球金融中心以及上海中心三栋超高层建筑的地震应急专项预案进行现场指导，并邀请中国地震应急搜救中心相关专家对上海中心大厦地震应急专项预案的修编进行辅导。上海市地震局于 1 月 8 日邀请市防震减灾联席会议成员单位进行一次联席会议桌面演练，各参演单位对演练提出了意见和建议，为今后组织类似的演练积累了经验。黄浦、嘉定、崇明和奉贤四个区按要求完成 2018 年度区级演练任务。上海市地震局先后派遣上海武警特种救援队等三支专业救援队 9 名业务骨干于 5 月、8 月和 10 月赴北京国家地震灾害紧急救援训练基地和兰州陆地搜寻与救护基地参加中国地震局统一组织的省级救援队中、高级培训班和教官培训班。5月28—30日，市地震局现场队进行2018年度体能、技能训练，邀请中国地震局工程力学研究所和上海市应急管理委员会办公室专家为大家进行现场灾评和应急体系方面的专业授课，邀请市消防局对队员进行队列和绳结等的实操训练，并组织全体队员对地震现场应急相关业务规范、标准进行自学讨论。

为贯彻落实习近平总书记关于自然灾害防治重要讲话精神，11月29日，上海市地震局在上海张江特训基地组织举办主题为"灾害风险防范与处置"的警地社联合集训，邀请多支专业和民间救援队参加。通过一天的授课，提升了参训人员的专业知识，加强了地震应急处置联动机制建设，深化了地震应急军民深度融合发展。

（3）节假日与重大活动期间应急值守工作。

根据中国地震局、上海市政府的要求，上海市地震局在各节假日与重大活动期间启动市地震局现场队和局应急值守人员特殊时段的请、销假制度，进行预案准备、人员准备、装备准备等各项措施，确保节假日与重大活动期间应急值守未发生脱岗等责任事故。10月24日，上海市地震局参加中华人民共和国应急管理部来上海市开展的进博会专项督导工作，按照应急管理部的要求准备了汇报材料，并联系市民政局、市民防办公室等相关单位，确定现场调研的地点及路线，圆满完成任务。做好11月份在上海举行的首届中国国际进口博览会地震安保相关准备工作，编制了《2018年中国国际进口博览会地震应急响应工作手册》（简称《手册》），按照《手册》内容于10月26日组织开展一次全局性的演练。通过演练，进一步检验《手册》的可操作性，提升了各工作组之间的配合协调性和突发事件应对能力。

（上海市地震局）

江苏省

1. 强化地震安全性评价工作和抗震设防要求监管

对1349项一般建设工程《中国地震动参数区划图》（GB 18306—2015）的落实情况、29项重大建设工程强制性评估和抗震设防要求落实情况进行检查，针对检查结果及检查中暴露出的问题进行分析与研究。

2. 在全国率先推进区域性地震安全性评价工作

制定印发《江苏省区域性地震安全性评价工作大纲（试行）》（苏震发〔2018〕4号）和《江苏省区域性地震安全性评价管理办法（暂行）》（苏震规〔2018〕1号）。制定《区域性地震安全性评价实施方案细则》。协调推动高邮市多参数地震小区划项目向区域性地震安全性评价项目变更。2018年高邮市区域性地震安全性评价结果为当地10项重大建设工程提供服务。

协助南京市开展工程建设项目审批制度改革，指导南京市地震局制订《南京市区域性地震安全性评价实施细则（试行）》（宁震〔2018〕44号）。推进南京空港枢纽经济区和南京江北新区区域性地震安全性评价工作。

3. 落实"放管服"改革要求

落实江苏省政府办公厅关于赋权工作的要求，与南京江北新区科技创新局对接，指导协助其规范事项办理流程和技术要点。指导市县开展行政审批工作，2018年共答复各类请示、咨询事项近30件。整合全省城市活断层探测成果和地震安全性评价结果，组织开展震害防御信息系统建设。继续完善地震安全性评价成果转化工作，依建设单位申请，对7项建设工程通过成果转化确定抗震设防要求。

4. 推进城市活动断层探测工作

连云港、盐城、镇江、淮安等设区市及新沂市活断层探测工作有序开展，全年共组织开展12个活断层专题评审和5次野外工作验收，配合中国地震局对淮安市活断层项目的实施方案进行了审查。组织开展茅山断裂带北沿段地壳介质电性结构特征探测和连云港跨烧香河断裂宇成核素测龄工作。推进活断层探测成果应用，对宿迁市活动断层成果应用开展专题研究，与宿迁市、新沂市政府就活断层成果应用进行沟通和协调。

5. 强化城市地震风险防控措施

贯彻落实中共中央办公厅、国务院办公厅《关于推进城市安全发展的意见》，经过3轮征求意见，将"加强地震风险普查及防控，强化城市活动断层探测"内容纳入省政府制定的《关于推进城市安全发展的实施意见》。联合省民政厅、省气象局开展2018年度全国综合减灾示范社区创建工作，对全省108个申报单位开展现场抽查。

6. 进一步加大对市县防震减灾工作的行业管理和指导力度

牵头制定各设区市政府防震减灾年度目标责任书，并就制定情况向省政府形成书面报告。调整市县防震减灾工作年度综合考核工作要点和评分标准，在市县地震部门面临机构改革的不稳定时期，进一步强化考核对市县地震工作的引导作用。在2018年度全国市县防震减灾工作考核中，盐城市、淮安市、扬州市、常州市、南京市、徐州市地震局获评市级先进单位；高邮市、射阳县、新沂市、溧阳市、淮安市淮阴区、邳州市、仪征市、海安市地震局获评县级先进单位。在中国地震局2018年度全国市县防震减灾工作综合考核中，盐城市、淮安市、南京市获得全国地市级防震减灾工作综合考核先进单位，高邮市、射阳县、新沂市、溧阳市、淮安市淮阴区获得全国县级防震减灾工作考核先进单位。

7. 科普宣传教育工作

组织开展防震减灾科普讲解大赛、中学生知识竞赛和科普作品大赛。全省近30名选手参加科普讲解赛选拔；知识竞赛选拔中，共组织80场次（不含网络竞赛）比赛；在全国防震减灾科普作品大赛中，江苏省地震局有3个作品获奖。承办第二届全国防震减灾科普讲解大赛南方区预赛活动，江苏省地震局被中国地震局授予组织奖。与江苏省科学技术协会签订合作框架协议，建立防震减灾科普协作机制。在全省部署开展全国防灾减灾日及2018年第七届"平安中国"防灾宣导系列公益活动，共举办科普知识讲座近300场次，各类宣传活动2500多场（次）。创新科普宣传工作方式，与江苏省民防局等9家省级机关共同举办"江苏省应急科普文艺巡演"活动，编排选送防震减灾小品、情景剧及快板等不同形式的文艺节目，先后在6个设区市进行演出。在全省组织开展防震减灾知识进公交（地铁）活动，全省累计滚动播放科普短视频近万小时。推进周恩来防震减灾科普馆建设。向社会公开征集科普馆展陈设计方案，编制科普馆内容展陈大纲，完成设计方案招标，召开各类协调会16次，并两次与设计方案中标单位就深化设计进行沟通协调。

（江苏省地震局）

浙江省

1. 地震灾害风险防范

浙江省范围内创建全国综合防灾社区81个，建立地震安全性评价中介机构库、专家库。组织浙江省区域地震安全性评价工作现场推进会及嘉兴科技城小区划成果发布会。组织编制完成浙江省地震活动断层探测计划方案。杭州市临安区出台《加强农房建设管理实施细则》和《农村居民住房建设规划技术规定》。宁波市将抗震设防要求及设计规定写入《住宅设计实施细则》地方标准，并作为施工图审查的强制性标准。湖州市依托地震安全示范社区对农村建筑工匠进行培训。嘉兴市南湖区率先印发《人员密集场所的建筑防震减灾有关事项要求》。减隔震技术在宁波、绍兴等地得到推广实施，提高房屋抗震设防水平。金华市印发《关于进一步做好区域地震安全性评价工作的通知》。衢州市印发《关于进一步加强建筑工程抗震设防工作的通知》。台州市将地震安全性评价监管工作纳入建设项目"多评合一"改革中。丽水市积极推进工程建设领域事中事后监管，加强与工程建设项目审批、监管部门的联动。

2. 地震应急准备

浙江省减灾委、省军区、省民政厅、省地震局等在义乌市主办了"2018军地联合抢险救灾演练"，进一步提高军民联合抗震救灾指挥部组织、决策、协调、指挥和部门应急处置联动协作能力。杭州市积极发挥社会和民间救援力量作用，富阳狼群红十字救援队参加"纪念汶川地震十周年社会力量救援技能竞赛"获得第一名，公羊队获得第四届全国119消防奖先进集体。丽水市所有乡镇、社区完成地震应急预案编制，各县（市、区）都完成了地震应急预案桌面推演，实现全覆盖。据统计，2018年全省共开展各种形式的应急演练1504次，参演932588人次，大大提高了应急救援的实战能力和水平。积极处置杭州2.2级有感地震，安抚市民恐慌情绪，维护社会和谐稳定。完成了手机人流热力图全国大震值班系统优化升级，全年服务330余次。

3. 防震减灾宣传教育

省地震局、省应急厅等单位联合印发《浙江省推进新时代防震减灾科普工作的实施意见》。全省上下抓好汶川地震10周年科普宣传以及2018年"平安中国"防灾宣导系列公益活动，同时拓展宣传渠道。据统计，各类防震减灾宣传活动全面覆盖我省89个县（市、区），举办各类活动、演练500余场，发放宣传资料超100万份，直接或间接参与人数超过100万。各市县积极参与防震减灾知识大赛和科普讲解大赛，衢州华茂外国语学校获得全国防震减灾知识总决赛第一名，杭州闻涛小学徐立波、宁波科学探索中心李倩获得全国防震减灾科普讲解大赛二等奖。全国首家地震科普领域院士工作站落户宁波。组织召开第四届浙江减灾之路防震减灾科普论坛，完成科普讲师团成员赴金华磐安等市县开展科普讲座40场，受众人数8000余人。省地震局作为首部反映地震台站的院线电影《我要去远方》的支持方之一，组织全省的观影活动，超过三分之二的市县地震部门参与了观影活动，总计超过4000人次。加强防震减灾科普教育基地建设，2018年我省新增4家省级防震减灾科普教育基地，目前我省共有89家防震减灾科普教育基地，其中国家级防震减灾科普教育基地2家，国家级防震减灾科普教育示范学校4家。

（浙江省地震局）

安徽省

1. 抗震设防要求管理

在全省部署开展第五代地震动参数区划图宣贯工作。将抗震设防要求纳入基本建设管理程序和政府投资项目在线审批平台，2018年共开展新建、改建、扩建建设工程抗震设防要求核定工作895项，通过多种方式建立建设工程联合监管机制，依法开展工程勘查、设计和竣工验收等环节的抗震设防质量监管，加强事前、事中、事后监管。淮北市对全市农村危房、城市老旧区房屋、生命线工程和重要基础设施的抗震性能和安全隐患进行排查；阜阳市完成全市农村危房排查整治工作。强化城市地震风险防控措施，配合安徽省减灾救灾委、省民政厅、省气象局完成"2018年全省综合减灾示范社区"认定和全国综合减灾示范社区创建实地抽查复核工作。

2. "放管服"改革

制定《安徽省区域性地震安全性评价工作管理办法（暂行）》和地震安全性评价项目备案制度，编制省级和市级地震部门关于地震安全性评价项目备案实施清单，为强化地震安全性评价事中事后监管和施行"双随机一公开"监管奠定基础。2018年确定重大建设工程抗震设防要求4项，参加审查引江济淮工程沿线生态保护与旅游总体规划和滁州、阜阳等城市总体规划8个，审查大唐电力宣城核电项目、桐城抽水蓄能电站项目等重大工程抗震专题审查3项。

3. 地震活动断层探测

安徽省政府办公厅制定印发《关于推进城市地震活动断层探测工作的通知》，对全省各地开展活动断层探测工作提出明确要求。积极推动各市特别是长三角城市群和郯庐断裂带沿线地区城市开展地震活动断层探测项目。组织全省各市县地震部门召开活动断层探测工作启动会，举办专题培训，赴江苏省调研学习活动断层探测工作。推动滁州、蚌埠、宿州、芜湖、马鞍山、宣城等市活动断层探测项目立项。安庆市地震小区划通过中国地震局验收。推动五河县地震小区划和凤阳县震害预测项目完成立项并组织实施。

4. 市县防震减灾工作

召开防震减灾示范城市、示范县建设推进会，认定霍山县为全省首个省级防震减灾示范县。完成中国地震局专项经费支持绩溪县防震减灾科普馆和霍山县应急指挥中心建设项目。支持铜陵市防震减灾工作补助经费和泾县防震减灾科普馆部分展品。举办市县防震减灾业务能力提升培训班。实施年度省政府目标考核和市县综合考核工作。

5. 应急救援体系建设

启动安徽省地震局地震应急预案修订。全省认定7个Ⅰ类、40个Ⅱ类、104个Ⅲ类地震应急避难场所。与上海金汇通航安徽分公司合作组建安徽省地震应急救援直升机分队；依托解放军军事交通学院汽车士官学校（蚌埠）共建地震专业队训练基地。与合肥市蓝天救援队合作开展共建工作。加强地震应急救援志愿者工作指导，编辑出版《地震应急救援志愿者工作指南》一书。

6. 震前应急准备

制定2018年度地震应急准备工作方案和地震应急现场工作方案，指导做好各项地震应急准备。联合安徽省教育厅、省卫生计生委开展《中小学校地震避险指南》《医院地震紧急处置》标准宣贯工作。结合"5·12"防灾减灾日、"7·28"唐山地震纪念日等重点时段组织开展"百县（市、区）千校"系列地震应急演练活动。参加华东地震应急联动协作区应急综合演练，选派50名地震应急业务骨干2次赴国家地震紧急救援训练基地参加地震应急救援专业技术培训。举办地震应急业务培训班、地震应急救援"第一响应人"培训班，组织开展应急指挥技术系统演练。2018年安徽省地震应急指挥中心共完成日常运维365次，上报《灾情简报》《值班信息》各365份，辅助决策报告、运维巡检日志各730份，周报52份、月报12份；组织和参加各类演练15次；完成国内真实地震响应25次；组织和参与各项视频会议联调37次。更新行政区划、交通、经济、人口等数据共计13类，核实水库、重点危险源等数据18条，涉及数据量近万条，收集整理40个市县的综合国情数据，制作省级、市级地质构造图、地震分布图、经济密度图等各类专题图300余幅。新建及升级改造市县级应急指挥系统3个。

7. 震后应急响应

2018年安徽省发生2.5级以上地震6次，其中最大震级为4月6日无为县3.6级地震。省委省政府领导先后18次批示部署震情应对工作。安徽省地震局第一时间启动四级应急响应，全员迅速到岗，有序开展应急处置。一是全省地震台网、相关市县地震部门加强震情监测，强化震情会商，做好应急值守。二是迅速与中国地震台网中心视频会商，研究震源机制解，综合研判震情趋势。三是派出现场工作队在震中附近架设3组流动地震监测台，加密24小时连续监测。指导地方政府开展现场应急处置工作，做好地震应急科普宣传。四是通过"两微一端"向社会发布信息，安排专家接受新闻媒体专访，科学防止地震谣传，消除人民群众恐慌情绪。

8. 地震应急技术保障

研发基于"互联网+"的安徽省地震局灾情信息交互及应急调度系统，实现前后方灾情信息交互处理和指挥命令及时传达；研发基于云平台技术的地震应急基础数据共享和快速产出系统，开发数据共享服务系统，实现与地方政府、相关部门的应急基础数据动态共享。开发安徽省有感地震应急专题图自动产出软件，结合地震应急实际需求，实现各类地震应急专题图件快速制作，有效提高震后应急反应速度。开发新版市县级地震应急指挥辅助决策系统。

（安徽省地震局）

福建省

1. 加强抗震设防要求监管

以全国人大执法检查为契机，开展第五代地震区划图贯彻落实情况检查。落实国务院、福建省政府行政审批制度改革和"放管服"要求，与省住建、水利等部门协调推进地震安评工作监管，完善相关工作机制，推进在水利工程项目的工程建设许可、施工许可、竣工验收等阶段的审批事项实行并联审批。福州、漳州、龙岩等地积极落实"双随机、一公开"检查。

2. 努力减轻地震灾害风险

开展福建省城镇"地震灾害隐患排查、地震风险评估"前期调研和资料收集整理工作，编写"福建地区地震灾害风险评估"技术方案。完成"福州新区部分地区地震小区划"项目，完成了闽江断裂带西北段调查，推动厦门区域地震安全性评估全国试点工作。龙岩市城市活断层探测工作获得立项。结合"美丽乡村"、新型城镇化和城乡一体化建设等继续推进农居地震安全工程建设，泉州市石结构房屋改造项目超额完成年度改造任务。推荐45个社区为国家综合减灾示范社区，评审认定泉州、漳州、三明、宁德等地14个社区为福建省地震安全示范社区。开展市县防震减灾工作考核。市县地震部门在地震预警信息发布终端建设、地震应急避难场所建设、第五代地震区划图贯彻落实等方面积极作为、精准发力，有效推动了各项工作落实。

3. 防震减灾科普宣传成绩突出

传达贯彻全国地震科普大会精神，组织两期防震减灾"三网一员"暨科普工作培训班。组织福建省各地在"5·12"防灾减灾日、全国科普日、科技活动周、国际减灾日等重点时段集中开展宣传活动。召开福建省防震减灾能力建设新闻发布会，组织地震预警信息服务体系建设情况新闻发布会和现场采访活动。联合福建省教育厅等单位举办2018年福建省中小学生防震减灾知识电视大赛。在第二届全国防震减灾科普讲解大赛、全国首届防震减灾科普作品大赛中取得优异成绩。评审认定18所学校为福建省防震减灾科普示范学校，厦门、龙岩各有1所学校通过国家级防震减灾科普示范学校评选。莆田、龙岩等地新增防震减灾科普教育基地3处。龙岩市开展地震预警知识普及率调查。

4. 强化应急值班值守

对《福建省地震局机关和事业单位地震应急预案》五级响应启动条件进行修订，完善应急值班制度，规范应急值班流程，做好重要时段和节假日应急值班值守和准备工作。

5. 健全应急支撑体系

组织召开福建省抗震救灾指挥部成员单位联络员会议，更新省抗震救灾指挥部各成员单位及联络员信息。联合省红十字会开展 5 期"生命健康"救护员培训，380 余名志愿者参加培训。按照福建省政府批准的地震应急避难场所建设方案和任务，加强督查督导，截至 12 月 31 日，已完成"十三五"地震应急避难场所规划建设任务 265 处，共建成地震应急避难场所 1017 处。

6. 高效应对 11 月 26 日台湾海峡南部 6.2 级地震

地震发生后立即启动五级地震应急响应，高效有序开展应急工作。地震后，福建省地震局首次依法依规向社会公开发布地震预警信息、自动速报信息和仪器烈度信息；精选专家实名科普文章，通过官方网站、微博等进行权威发布；对稳定社会发挥了关键作用，取得良好的社会效益，得到公众较高评价。

（福建省地震局）

江西省

1. 法治建设

（1）配合完成全国人大执法检查。

7 月 18 日至 21 日，全国人大常委会副委员长艾力更·依明巴海率执法检查组赴江西省对《中华人民共和国防震减灾法》实施情况进行执法检查。检查组听取有关情况汇报，并深入南昌、九江等地，实地考察地震监测台站、重大工程抗震设防、地震应急指挥中心，了解各级政府落实防震减灾责任等情况，听取基层的意见建议。

（2）完善防震减灾法制体系，提高依法行政水平。

按照"放管服"改革决策部署，完成《江西省防震减灾条例》修改工作。按照中国地震局和省政府部署，动态调整权责清单。完成防震减灾公共服务事项和其他行政权力标准化工作。加强地震标准宣贯和执行。开展第五代地震区划图实施情况检查。指导九江、上饶、赣州等地开展防震减灾执法检查工作，督促各级政府贯彻落实防震减灾法律法规和强制性标准，全面落实法定责任。

（3）加强全省重大建设工程地震安全性评价监管。

4 月联合工程研究所赴庐山市鄱阳湖水利枢纽工程现场，开展地震安全性评价工作检查。指导吉安、萍乡、赣州等地强化重大项目地震安全监管。根据江西省政府会议精神，江西省在赣江新区、南昌高新技术产业开发区、赣州经济技术开发区、井冈山经济技术开发区开展企业投资项目承诺制改革试点，把开展地震安全等事项区域评估、明确准入标准作为承诺制改革的首要环节。

2. 市县工作

（1）提升市县防震减灾基础能力。

实施赣江新区地震风险调查、"平安上饶·秀美乡村"防震保安服务工程、彭泽县视频会商系统建设等一批民生项目，提升市县防震减灾基础能力。开展地震小区划、减隔震和抗震加固等工程示范，持续提升城乡地震灾害风险防范能力。

（2）继续抓好市县党政目标考核。

进一步优化防震减灾指数考评指标体系，严格按照省委省政府的要求，做到可核、可查、可控，抓重点抓关键并充分考虑结合近年的工作目标完成情况，充分发挥考核引领事业发展积极作用。

（3）做好年度示范创建工作。

与江西省民政厅、气象局等部门加强合作，整合资源力量，按照《全国综合减灾示范社区创建管理暂行办法》《综合减灾示范社区标准》要求，全力部署推进全省综合减灾示范单位创建工作。8月下旬，联合省民政厅和省气象局组成联合工作组，对创建工作进行检查考核，并联合下文公布全省综合减灾示范社区先进名单。

3. 地震应急工作

（1）做好地震应急处置与地震安保工作。

2018年，江西省共发生2.0级以上地震13次，刘奇、易炼红、刘强等省领导第一时间作出指示批示，全省地震系统联动响应，强化信息发布、趋势研判、舆情导控等工作，有效应对了寻乌县3.0级地震、浮梁县3.6级地震、台湾海峡6.2级地震波及等有感事件。全年共计发送震情短信约12万条，顺利完成了全国两会、博鳌亚洲论坛、上海合作组织峰会、世界VR大会等重大活动的地震安全保障工作，有力保障了社会和谐稳定。

（2）举办2018年度华东片区地震应急演练。

6月28日、11月22日，2018年度华东片区流动测震台网演练、地震应急联动协作演练分别在江西九江市、宜春市举行。安徽省、福建省、江苏省、浙江省、上海市、江西省等六个省市地震部门工作队200余人参与了演练。通过演练，检验了地震部门应急应对、地震现场工作处置能力与华东地区各有关单位的应急协作机制，加强流动测震台网管理，达到锻炼队伍、发现问题、提高地震应急处置能力的目的。

（3）加强预案管理和指导市县应急工作。

会同江西省应急管理厅修订《江西省地震应急预案》，印发社区地震应急预案模板，强化赣鄂皖、赣粤闽等区域联防协作机制。宜春市等地主动运用大数据、无人机等技术开展地震演练。南昌、赣州、宜春、九江、上饶等地结合5G试点城市和智慧城市建设，不断提升应急避难场所标准化、规范化、信息化水平。

4.防震减灾科普宣教

（1）开展重要时段和节点防震减灾科普宣传。

"5·12"防灾减灾活动周期间，在南昌市育新学校举行防震减灾综合应急演练，在南昌市八一广场开展现场防震减灾装备展示、科普宣传活动，副省长胡强等领导出席活动；推出《地震科普馆》《你不知道的地震局》、网络直播《地震和当年的那些事儿》等宣传栏目及产品。全省共举办防震减灾科普宣传活动 340 余场，开展防震减灾科普知识讲座 270 多场，地震应急演练 400 多场，全省各防震减灾科普教育场馆共接待参观人数 70 余万人次。

（2）举办科普讲解和知识大赛。

3 月 30 日，在南昌市举办江西省防震减灾科普讲解大赛决赛，并推荐优秀选手参加全国防震减灾科普讲解大赛，1 人获得二等奖并获最佳形象奖，1 人获得三等奖，同时获得优秀组织奖；选派选手参加省科技厅组织的科普讲解大赛，1 人获得三等奖；选拔优秀选手参加全国防震减灾知识大赛，在中部赛区比赛中取得了高中组三等奖和初中组二等奖。

（3）积极开展"互联网 +"地震科普。

宜春市防震减灾局利用微信公众号举行防震减灾知识竞赛；萍乡市安源区、丰城、定南等地利用微信公众号推送防震减灾科普知识；赣州市各级防震减灾部门利用微信公众号提供新农村建设工程抗震设防宣传公共信息服务。

（江西省地震局）

山东省

1.地震灾害防御

（1）抗震设防要求管理。

印发《关于进一步加强抗震设防要求管理的通知》，指导市县地震部门对辖区内需要开展地震安全性评价的重大建设工程进行全面、实时监管，参与建设工程前期论证，切实抓好第五代区划图贯彻实施情况的检查。认真履行省城镇化和省规委会成员职责，对烟台威海、临沂日照、东营滨州、济宁菏泽 4 个都市区发展规划以及日照、青岛西海岸新区等 7 个城市总体规划的地震灾害防范提出具体建议，推动滨州市、潍坊市、兰陵县开展地震活动断层探测。参与起草《关于推进全省城市安全发展的实施意见》。完成潍坊、泰安等 13 个城区地震小区划成果的复核。开展第一批 5 个防震减灾基层基础强化县创建工作。会同建设部门联合验收并命名 17 个"十三五"第一批省级农村民居地震安全示范工程，大力推广减震隔震新技术在重点地区的应用。印发规范性文件《山东省区域性地震安全性评价管理办法》，全省有 7 个设区市开展了区域性评价工作。

（2）"放管服"改革。

积极参与省工程建设项目审批制度改革、清理规范中介服务、市场准入负面清单、双公示信用、省级政务服务大厅建设，力争做到审批事项"一次办好"，市县地震部门"双随机一公开"执法和"两告知一服务"审批运行良好。加强工程性防御基础数据整合利用，建成包含 83 个城市地震小区划和 5400 余个建设工程地震安全性评价成果的地理信息数据库。

2. 地震应急

（1）地震应急处置。

妥善处置 4 月 11 日平邑 3.1 级地震，及时开展应急处置，平息地震谣传；5 月 28 日吉林松原 5.7 级地震后，作为轮值单位快速响应，按要求完成出队准备。

（2）地震应急救援准备。

制定地震重点危险区抗震救灾应对工作方案和两会、上合峰会等重点时段专项预案，编制局地震应急响应和应急指挥流程图，修订省地震现场工作方案，开展重点危险区灾害风险调查和预评估。会同省应急办等部门对烟台、滨州和部分县（市、区）开展专项检查。召开全省地震应急救援工作会议，将工作重心转移到服务社会、提供应急技术支撑上。与辽宁局、省安监局分别联合印发应急联动方案，东中西 3 个协作区落实联席会议制度，开展演练活动。

（3）应急救援指挥系统建设。

加强应急指挥中心建设，对 13 个市级地震应急指挥中心设备进行更新，新建 4 个直属台和 10 个县应急指挥中心，组织全省应急指挥中心演练，开展地震应急信息联动系统培训。

（4）应急救援队伍建设。

与武警、消防、龙矿三支省级救援队召开联席会，组织省救援队、搜救中心教官和青岛、潍坊等市县地震应急队伍赴国家基地、兰州基地参加培训，组织开展全省地震应急救援第一响应人培训，开展基层应急救援能力调查。发挥山东省地震局应急救援训练基地作用，开展 7 期省级救援队培训。

（山东省地震局）

河南省

1. 抗震设防要求管理

持续提高城市抗御地震风险能力。河南省委办公厅、省政府办公厅联合印发《关于推进城市安全发展的实施意见》，明确将地震安全统筹纳入城市安全源头治理；省地震局对郑州、许昌、商丘及永城等 10 个市县的城乡总体规划或区域专项规划提出审查意见，指导地震安全城市建设；与省发展和改革委员会、省住房和城乡建设厅等部门合作，通过"多评合一、多图联审、区域评估"、企业信用"黑名单"、投资项目在线监管等举措，推动抗震设防协同监管；继续推进农村抗震危房改造，完成改造 17.1 万余户，惠及 50 万人；推进减隔震技术，在郑州等 10 余项重大项目中初步应用。

2. 活动断层探测工作

全省地震构造探查项目进展顺利。实施方案通过中国地震局组织的专家论证并获高度评价，是全国首个启动此类项目的省份。城市活断层探测工作保持全国先进地位，郑州、南阳、安阳、焦作、新乡 5 个省辖市已经完成，洛阳、濮阳、驻马店、三门峡、开封、鹤壁、许昌 7 市正在实施；另有重点监视防御区的 3 个县（市）通过政府立项。

3. 防震减灾社会宣传教育工作

全面落实全国首届地震科普大会精神。河南省教育厅、河南省科学技术厅、河南省科学技术协会、河南省地震局、河南省安全生产监督管理局联合印发《河南省加强新时代防震减灾科普工作实施意见》。推动防震减灾科普内容纳入省科技馆，持续开展"六进"和"平安中国"等科普活动。成功举办纪念汶川地震十周年防震减灾宣传。河南省地震局与河南省委宣传部联合发文，全省统一行动，举办新闻发布会、媒体开放日、媒体吹风会、防震减灾走基层、全省中小学校地震应急疏散演练和防震减灾知识竞赛、"我与汶川地震"征文等系列活动，在全省掀起防震减灾宣传热潮。

积极推进示范创建工作。创建省级综合减灾示范社区 176 个，推荐 74 个社区参加国家级评选。认定省级防震减灾科普示范学校 21 所、省级防震减灾科普教育基地 2 处。指导濮阳、安阳深入开展国家防震减灾示范城市创建工作。

4. 应急指挥技术系统建设

截至 2018 年 12 月，全省已经实现 16 个省辖市建成地震应急指挥技术系统，实现与省地震应急指挥技术系统的互联互通，有效提高了地震应急指挥的保障能力。

5. 地震应急救援准备

持续强化地震应急预案建设。在各省辖市、直管县及指挥部成员单位均建立地震应急预案的基础上，完成《河南省地震系统地震应急预案》修订，制订地震灾情快速收集预案，改进灾情收集方法，提升灾情收集评估时效。全年先后 6 次组织开展省际、省内各类地震应急演练，通过模拟实战，提升应急队伍应急反应能力。继续加强应急避难场所建设。各地将应急避难场所建设纳入城市总体规划或专项规划，郑州市投入 1000 万元用于学校应急避难场所建设。

6. 应急救援队伍建设

努力打造高素质应急救援队伍，河南消防总队增配218名业务骨干、4657套随行装备器材及保障物资，调整充实地震搜救队，建成覆盖18个省辖市的搜救犬队；河南省交通运输厅建成91支公路抗震应急队，由5661人组成；中国共产主义青年团河南省委员会建成2.8万人的防震减灾志愿者队伍，累计开展54.78万小时的防震减灾志愿服务；河南省卫生健康委员会出台标准和管理方案，加强卫生应急队伍规范化建设。

7. 应急救援条件保障

地震应急装备库建设项目完成所有规划建设手续办理，顺利开工建设。

8. 地震应急救援行动

积极应对地震事件。妥善应对2月9日淅川4.3级、7月10日固始3.6级等4次有感地震。及时平息驻马店和南阳市2起地震谣传，有效稳定社会秩序。

（河南省地震局）

湖北省

1. 支持重大项目建设

通过省财政转移支付，全年向宜昌、十堰、黄冈等地下达农村民居地震安全工程专项经费200万元。支持武汉、宜昌、鄂州、襄阳、十堰开展市县基础能力、科普教育基地、地震应急指挥及演练系统、震害防御技术服务系统项目等项目建设。

2. 推进震灾预防体制改革

湖北省发展和改革委员会、湖北省地震局等15个部门联合印发《关于进一步深化投资审批改革的实施意见》，推动行政审批改革工作。制定出台《湖北省区域性地震安全性评价管理办法（暂行）》与配套的试行技术大纲。完成省投资项目审批监管平台、省政务服务网审批事项申报材料清单调整工作；按照统一部署开展证明事项、中介服务收费、示范创建清理工作。市县地震部门积极开展公共服务事项认领、政务服务网行政职权事项信息录入等工作，持续利用政务服务网为社会提供防震减灾公共服务。

3. 妥善处置突发地震事件

2018年，湖北省地震局共处置省内及邻区地震突发事件5次（另外执行国家学科地震应急任务 4 次)，出动现场工作队 2 次。地震发生后，立即启动应急响应，成立省地震局应急指挥部，一方面搜集震情灾情信息，迅速上报省委、省政府、中国地震局，召开紧急会商会；一方面指导震区地震部门开展应急处置工作，维护社会稳定。在 2 月 9 日河南淅川 4.3 级地震、10 月 11 日秭归 4.5 级地震当天，湖北省地震局现场工作队在震后 40 分钟内集结完毕，携带装备赶赴震区，开展现场应急处置和防震减灾宣传工作。按照地震应急预案的要求，处置工作迅速、有力，处置效果显著，震区社情、舆情稳定，生产生活秩序很快恢复正常。

4. 进一步完善地震应急联动机制建设

2018 年，湖北省地震局组织召开 2018 年湖北省抗震救灾指挥部办公室联席会议，会议总结 2017 年的工作情况，对 2018 年省抗震救灾指挥部工作进行部署。4 月，湖北省地震局在甘肃省兰州市举办第四期省抗震救灾指挥部成员单位联络员培训班。6 月，湖北省地震局会同省卫计委、省安监局、省民政厅、省公安厅、省交通厅、省教育厅、省消防总队组成省地震应急工作检查组赴孝感市、仙桃市进行地震应急工作检查。

7 月，按照《鄂豫陕三省地震应急协作联动协议》，在陕西省商洛市商南县召开 2018 年鄂豫陕三省地震应急联席会议，就丹江库区地震应急联动工作进行部署，并开展鄂豫陕三省地震应急协作联动演练。8 月，全省鄂东、鄂西南、鄂西北三个片区形成区域协调联动能力，定期开展演练，有效应对区域内地震事件。同时，湖北省地震局与武警湖北总队、省消防总队座谈，双方就资源共享、预案衔接、演练培训等方面达成进一步共识。

5. 加强地震应急队伍建设

全年分别在孝感、黄冈、荆州、宜昌等地开展地震现场工作队季度综合演练；开展全省地震系统桌面推演；组织开展长江三峡库区 175 米蓄水期间地震应急演练。5 月，开展全省地震现场工作培训。6 月和 11 月，组织湖北省地震灾害紧急救援队骨干人员赴甘肃兰州陆地搜寻基地和山东地震应急救援基地进行应急救援培训，强化应急救援技能。6 月，在孝感举办第四期全省地震现场"第一响应人"培训班，面向乡镇基层普及地震应急技能。

6. 提高地震应急装备水平

按照原中国地震局应急搜救中心下发文件标准，开展全省地震应急服装集中采购工作，统一全省地震现场应急服装标准，解决部分市、县、区自行采购招标困难的问题。着手开展 VR 虚拟现实第一响应人培训系统核心软件的研发工作。

（湖北省地震局）

湖南省

1. 抗震设防监管工作

落实"互联网＋政务服务"工作要求，积极推进抗震设防管理"最多跑一次"。对黄花国际机场 T3 航站楼、长沙地铁 6 号线等全省 20 项重大建设工程和民生工程开展抗震设防要求监管。联合湖南省住建厅开展第五代中国地震动参数区划图实施情况检查。郴州地震局参与政务服务"一次办结"改革，长沙、株洲、常德等市地震局参与当地多规合一平台和"互联网＋政务服务"平台，对建设项目进行联审。株洲、郴州、衡阳、张家界、益阳、娄底等市地震局充分发挥市政务中心服务窗口的作用，开展抗震设防要求行政审批。郴州、湘西、怀化、永州、邵阳等市州地震局及时梳理并公布行政权力事项清单，推进"放管服"改革，有效加强事中事后抗震设防要求监管。

2. 示范创建工作

组织召开湖南省防震减灾示范创建工作推进会议，推进示范创建工作。创建 26 所省级防震减灾示范学校，成功创建国家防震减灾科普示范学校 10 所，占本年度全国创建总数约八分之一。推进省级地震安全示范社区创建，联合省民政厅对 22 个省级示范社区进行认定审核。各市州地震部门创建市级示范学校 60 所，市级示范社区 50 个。

3. 地震科普宣传工作

签订 2 份战略合作框架协议；举办各类宣传活动 10 余次；制作完成 30 集拥有自主知识产权的《你应该掌握的地震知识》防震减灾科普宣传教育动画片。与湖南省教育厅、省科技厅、省科协等单位联合印发文件，在全省举办全省中学生防震减灾知识大赛；参加在安徽省合肥市举办的全国中学生防震减灾知识大赛中部赛区比赛，获得高中组二等奖、初中组三等奖。5 月 12 日，与湖南省减灾委、省应急办、省防震减灾工作领导小组成员单位、长沙市人民政府共同在长沙市雨花区井湘社区举行 2018 年全国防灾减灾日集中宣传活动，并与长沙广电联合打造大型现场直播节目汶川十年。联合湖南广电汽车音乐电台举办亲子科普活动"大自然的公开课——地震来了我不怕"。开展防震减灾知识进党校活动，邀请中国地震局原副局长、研究员刘玉辰，湖南省地震局燕为民局长分别为省委党校、省直党校的学员授课；开展防震减灾"六进"活动，在全省防震减灾科普教育示范学校、地震安全示范社区均开展了此项活动，将防震减灾科普知识送入单位、学校、社区、农村、家庭。

贯彻落实全国地震科普大会精神，联合湖南省教育厅、省科技厅、省应急管理厅、省科协出台《关于加强新时代湖南省防震减灾科普工作的实施意见》，举办全省中学生防震减灾知识大赛、开展汶川地震十周年纪念活动，多部门联合开展地震知识公益宣传，受众累计达 650 万人次。持续推进防震减灾知识进入省市两级党校（行政学院）课堂，提高领导干部防震减灾意识。持续开展"六进"和"平安中国"等系列科普活动。

4. 服务乡村振兴战略

加强对农村民居和城乡保障房工程抗震指导，创建省级农村民居地震安全示范点 6 个；加强对农户建房的抗震设计指导，全省各级地震、住建部门培训农村建筑工匠近 8 万人次，发放农村地震安全民居设计推广图册近 6 万份，着力改变农村民居不设防的状态。农村民居地震安全工程列入《湖南省乡村振兴战略规划（2018—2022 年）》。

5. 应急准备工作

协调推进地震应急准备工作，会同湖南省防震减灾工作领导小组成员单位开展"5·12"全省地震应急宣传。开展地震应急准备督查检查，举办地震现场灾情调查培训和市州地震局应急工作培训。组织湖南省地震灾害紧急救援队赴山东培训。武警湖南省总队应急救援队开展地震应急演练。娄底、邵阳、常德、湘西、长沙、衡阳、株洲、岳阳 8 个市州组织开展了地震应急综合演练。开展湖南省地震局地震现场灾情调查系统建设。

6. 省内外突发地震事件的应对工作

2018 年，湖南省地震局在轮值期间遇到 2 个 5.5 级以上地震，分别为 2018 年 9 月 4 日新疆伽师 5.5 级地震和 9 月 8 日云南墨江 5.9 级地震。湖南省地震局做好充分准备，参与震后地震现场应急工作。

2018 年 10 月 1 日 13 时 9 分，湖南常德市鼎城区发生 3.1 级地震，湖南省地震局与中国地震台网中心开展了紧急视频会商，派出 7 人现场工作队赴地震现场开展地震应急处置工作，协助当地政府做好维护社会稳定和舆情监控工作，确保人民群众安全过节。

（湖南省地震局）

广东省

1. 地震安全性评价的管理

市县防震减灾能力得到加强。举办广东省地震灾害现场评估培训班、全省区域地震安全性评价视频讲座、全省地震系统安全生产工作培训班、市县防震减灾业务能力提升现场教学培训班，累计 260 余人次参加。广东省"三网一员"数量保持稳定，经费得到各地地方财政保障。落实城市安全发展意见，震害防御基础工作有序推进。开展"重构抗震设防监管制度研究"和"网格化管理模式下防震减灾安全社区建设"两个课题研究。继续做好新一代区划图的推广工作。

积极推动改革后地震安全性评价项目实践，对湛江巴斯夫、惠州美孚石化项目等数十个项目进行地震安全性评价工作专题指导。广州、深圳开展区域地震安全性评价试点工作，其中广州区域地震安全性评价已纳入区域评估"多评合一"体系。推进佛山、惠州、江门等创建安全城市，联合民政、气象等部门组织"全国综合减灾示范社区"创建，全省创建97个省级示范社区。

2. 活动断层探测工作

持续推进广东省城市活动断层探测和地震小区划工作，西江、深圳等活断层探测通过验收，佛山7条活断层探测工作已在初步可行性研究阶段。深圳、珠海震害预测工作进入收尾阶段，完成深圳等3市6区地震小区划，成果应用于当地经济建设。为惠州、中山等7市规划提供防震减灾建议。

3. 地震应急准备

高效应对台湾海峡6.2级、阳西3.7级和3.0级等省内外有感地震。修订广东省地震局地震应急预案，建立并完善局领导带班、处级干部24小时在岗值班、关键岗位应急人员24小时值班、节假日加强值班等制度。推进地震应急避难场所建设，深圳市制定并印发市级标准《公园应急避难场所建设规范》（SZDB/Z 305—2018）。进一步完善"灾情快速收集系统"和基础数据库，提高应急处置效率。强化地震应急队伍建设，组织2支省级救援队73人6批次参加地震救援专业培训，每月联合地市地震部门、每季度联合中南五省（区）局开展应急联动演练。举办全国首个面向指挥部的高仿真情景构建、贴近地震应急指挥处置实况的省抗震救灾指挥部2018年省市联合应急演练，得到省领导的充分肯定。特殊环境（高温）地震应急救援专业训练基地建设已竣工。加强与省应急办的业务联系和数据共享，参加全省突发事件风险隐患评估与防范对策会商会，建立与省应急管理厅的地震信息传送和发布工作机制，为省应急管理厅提供地震灾害风险底数，共享地震应急基础数据。

（广东省地震局）

广西壮族自治区

1. 地震安全性评价管理

2018年9月30日，广西壮族自治区第十三届人民代表大会常务委员会第五次会通过第三次修订的《广西壮族自治区防震减灾条例》。印发《中共广西壮族自治区地震局党组关于加强防震减灾法治建设的实施意见》，开展广西 2 项地方地震标准的宣贯。根据国家和中国地震局地震安全性评价工作的改革部署，经与自治区发展和改革委等部门多次对接和反复沟通，自治区发展和改革委同意将地震安全性评价报告纳入项目规划许可审批阶段。自治区编办印发的《广西壮族自治区 354560 治改革专项推进办公室关于明确办公室组成人员及主要职责的通知》（桂编办函〔2018〕984 号），将自治区地震局纳入企业投资项目施工许可专责小组成员，要求对企业投资项目的施工许可必须在 60 个工作日内完成。

2. 防震减灾社会宣传工作

将广西壮族自治区地震局驻自治区政务服务监督管理中心单独窗口撤并到政务大厅综合窗口。在示范工作中，12 个社区被认定为自治区地震安全示范社区，49 所学校被评为自治区防震减灾科普示范学校。综合减灾示范社区创建稳步推进，钦州市防震减灾示范城市创建取得阶段性进展，陆川防震减灾示范县即将验收，钦州市钦南区长融人和春天项目被选入国家地震安全示范社区创建典型案例。年内完成轨道交通 5 号线等重大工程地震安全性评价项目 4 项，断裂活动性鉴定专题研究项目 3 项。协助地市地震局完成为工程场地选址排查断裂工作，共完成包括学校、医院、生命线工程等 63 个重大工程场地断裂排查，为百色、防城港等地市的重要工程排除地震安全隐患。

3. 地震应急救援准备

在地震灾害紧急救援力量方面保持 2017 年的水平。2018 年由广西壮族自治区民政厅、广西壮族自治区地震局和广西壮族自治区气象局组成的联合工作组分赴 14 个地市对各地申报的 347 个城乡综合减灾示范社区创建开展抽查考评和复核工作，加强全区社会减灾资源和力量统筹，提升综合防灾减灾能力。

参加华南地区地震灾害救援实兵拉动联演联训。举办 2018 年度桂北区地震应急区域协作联动暨粤桂交界及邻近地市地震应急演练。参与来宾市举行的 2018 年地震应急野外救护联合演练和玉林市开展的桂东南地震应急联动协作区地震应急流动监测演练。分别派出 36 名广西地震灾害紧急救援队技术骨干赴兰州国家陆地搜寻与救护基地、国家地震紧急救援训练基地开展救援队中、初、高级培训班；组织全区市县地震救援队及地震重点危险区共计 23 名基层救援技术骨干赴兰州国家陆地搜寻救护基地进行培训。举办 2018 年度广西地震系统领导干部新时期地震应急管理专题研修班与广西地震应急救援"第一响应人"培训班。一批应急专业设备通过验收入库。完成黔桂两省区地震现场流动台组网演练。

4 月 16 日印发广西壮族自治区抗震救灾指挥部应急处置工作手册，联合自治区安监局印发《地震灾害风险防范协作联动工作方案》。2018 年结合地震应急避难场所建设标准和管理规范等相关工作提出意见建议，推进地震应急避难场所的规划与建设。2018 年桂林市新增七星区甲天下广场地震应急避难场所，七星区甲天下广场作为桂林市七星区一个拥有应急配套设施的 II 类地震应急避难场所，灾时可安置受助人员 10 ～ 30 天。

（广西壮族自治区地震局）

海南省

1. 抗震设防要求管理

2018 年,海南省各级防震减灾主管部门按照"放管服"改革部署,推进职能转变,强监管、优服务，配合海南省委省政府做好"多规合一"地震行政审批制度改革。加大抗震设防要求监管力度，保证重要工程、一般建设工程达到抗震设防标准。海南地震社会服务工程震害防御系统面向公众服务，持续发挥震害防御基础性作用。建立建设工程抗震设防要求全程监管部门联合检查机制，确保建设工程抗震设防要求事中事后监管落实。三亚市组织辖区设计单位、图审单位开展新区划图使用和抗震设防要求监管培训。

2. 防震减灾科普宣教

2018 年，海南省地震局联合省委宣传部、省教育厅、省民政厅、省科技厅、省科协、海南广播电视总台等单位，多措并举开展防震减灾宣教活动。联合中国地震应急搜救中心在海口市、三亚市和澄迈县的 9 所学校和幼儿园开展校园地震应急避险科普宣教，提升教职工和学生地震应急避险意识、技能和防震减灾实践能力。举办首届全省中学生防震减灾知识大赛，在海口东高铁站、三亚高铁站、南港码头和海南广播电视总台播放防震减灾宣传片等。利用海南省第十四届科技活动月、第十个国有防灾减灾宣传周、第七届"平安中国"防灾宣导系列公益活动和"5·12"汶川大地震十周年防震减灾宣传周、"7·28"唐山大地震纪念日、国际减灾日、全国科普日等重要时段，紧扣公众需求开展防震减灾宣传。举办全省防震减灾科普示范学校创建培训班、市县防震减灾基础能力提升培训班，提高全省防震减灾科普工作人员科普能力和防震减灾科普服务公众意识。全年开展地震应急演练 20 多次、防震减灾科普宣传活动 100 多次、科普讲座和培训 100 多场，发放防震减灾宣传资料和宣传品 7 万多份，宣传受众 74 万余人次。2018 年，海南省地震局自主创作的《防震减灾，安全你我》沙画视频获第四届"城市与减灾"杯防灾减灾作品大赛"视频组"一等奖,《地震应急避险疏散知识点》动画获"视频组"三等奖;作品《海南省地震局防震减灾数字科普馆》在首届全国防震减灾科普作品大赛中获"其他创意类"三等奖。

3. 防震减灾示范创建

2018 年，海南省农居技术服务中心开展抗震农居宣传教育，举办农村建筑工匠、助理员和联络员抗震农居建设技术培训、抗震农居推广培训 9 期，培训农村建筑工匠和助理员、联络员 1600 余人。各市县继续加大抗震农居宣传、培训、推广力度，全省推广建设抗震农居 4317 户。推进海南省地震安全综合示范社区（乡镇）和防震减灾科普示范学校创建，全年创建省级地震安全综合示范社区（村）14 个、国家级防震减灾科普示范学校 4 所和省级防震减灾科普示范学校 18 所。

4. "十三五" 防震减灾规划编制与实施

2018 年，海南省实施 "十三五" 全民防震减灾素质提升工程，全省建设 10 个防震减灾科普馆和 1 个科普宣教基地琼海市地震宏观观测基地。推进国家地震烈度与预警工程海南子项目建设，完成 121 个台站的选址、勘选及征租地等前期工作。组织编制海南省防震减灾 "十三五" 规划重点民生项目——海南省农村民居地震安全推广工程项目建议书，推进高烈度区和贫困地区农居地震安全推广应用工程立项。针对高烈度地区（7 度以上地区）和国家贫困县少数民族地区开展抗震农居指导、技术服务和建设，提高全省高烈度地区及国定贫困市县少数民族地区农村群众的居住安全程度。

5. 地震应急指挥系统建设与运行管理

2018 年，海南省地震局在 2017 年基础上，继续完善应急基础数据库、指挥平台和灾情评估系统建设，更新 18 个市县综合国情数据库，并制作应急专题地图，保障应急系统各类信息、数据、文档等资料产出质量。组织全省市县地震局参加中国地震局应急指挥技术系统演练。开展全省地震指挥技术管理质量评比，确保系统运转正常，初步形成全省联动指挥格局，提高应急指挥能力和水平。与中南五省（区）地震局、各市县地震局联动演练 12 次，远程响应地震事件 24 次；每月按时与中国地震局、省应急办联调联试，检验系统互联互通能力，确保系统稳定性。在全国地震应急指挥技术系统年度考核中，海南省地震应急指挥中心和地震应急基础数据库均获优秀奖。

6. 地震应急

2018 年，海南省地震局健全地震应急预案备案管理机制，推进地震避难场所建设。加强地震专业救援队、地震现场应急队和地震志愿者队伍能力建设。健全全省地震应急救援指挥管理技术系统，推进重点企业、社区和学校等地震应急演练。编制《2018 年海南省地震应急准备方案》和《海南省地震应急预案（修订送审稿）》。开展市县地震预案备案检查，督促和指导市县、乡镇、社区、企业、学校和医院等机构修订预案，完善 "横向到边，纵向到底" 预案体系，备案率达 99%。全省举行各类地震预案演练 91 次，提高政府应急指挥决策能力，公众应急意识和避险技能。琼中、乐东和东方等市县加快地震避难场所建设，三沙市将地震避难场所纳入规划。至年底，全省投入 3540 万元，建成地震避难场所 16 个，总面积 155 万平方米，可安置 50 万人。

2018 年，海南省地震局与武警、消防合作，共同推进省、市县应急救援队伍规范化、标准化建设。海口、三亚等 16 个市县和省救援队完成救援装备购置，组织协调地震救援队进行培训和演练。制定省救援队训练方案并组织实施，强化日常训练，举行 2 次实战演练。选派 50 名骨干队员到山东地震训练基地培训，7 名省地震灾害紧急救援队教官赴北京国家地震紧急救援训练基地参加技术培训，50 名市县地震灾害紧急救援队骨干队员赴兰州国家陆地搜寻与救护基地参加技术培训。举办 2 期全省地震救援技术培训班，120 人参加。组织协调现场应急队举行实战演练 1 次，提高现场应急能力。指导和协助三亚、保亭、陵水、定安、儋州和洋浦 6 个市县举办应急救助技术培训班 6 期，培训 200 人次。督促和指导市县加强现场应急队伍和志愿者队伍建设，结合地震安全示范社区建设，新组建地震志愿者队伍 2 支。至年底，全省组建省级救援队 2 支、市县级 18 支，组建志愿者队伍 49 支。

（海南省地震局）

重庆市

1. 抗震设防要求管理

重庆市人大常委会对全市各级政府履行《中华人民共和国防震减灾法》法定职责情况进行执法检查，《重庆市防震减灾条例》修订纳入市人大五年立法规划，完成《重庆市地震安全性评价管理规定》修订工作。编制完成《重庆市主城区抗震规划》。

重庆市防震减灾工作联席会议办公室组织对市级相关部门及各区（县）实施第五代《中国地震动参数区划图》情况进行调研。检查武隆区、奉节县等区（县）建设工程抗震设防要求落实情况，指导各区（县）开展常态化监管检查。

2. 地震安全性评价的管理

建设、地震部门联合开展农村民居地震安全工程工作。落实工程建设项目审批制度改革工作要求，地震安全性评价作为涉及安全的强制性评估项目，纳入重庆市工程建设项目审批立项用地规划阶段选择性办理事项。组织 18 家地震安全性评价技术机构入驻重庆市工程建设领域网上中介服务超市。推动区域地震安全性评价工作，起草指导意见，强化技术支撑，为民航中长期发展规划、机场选址、重庆自贸区部分地块区域地震安全性评价提供政策咨询和技术服务。

依托中国地震局干部培训中心举办重庆市地震工作管理骨干研修班。指导区县地震部门调查核实更新"三网一员"信息。

3. 地震应急救援准备

开展地震应急处置及应急备勤工作。及时处置重庆北碚 3.1 级地震、綦江 2.1 级地震、荣昌 2.9 级地震、万盛 2.3 级地震，以及湖北秭归 4.5 级地震、四川兴文 5.7 级地震域外有影响地震。做好重点时段地震应急备勤工作。

强化地震应急准备工作检查。编制地震应急准备督查方案，推进区（县）人民政府落实防范和应对地震灾害主体责任。改进灾情收集方法和灾害快速评估技术，开展地震灾害预评估，完成 13 个区（县）地震灾害预评估工作。

修订地震应急指挥部各工作组任务清单和现场工作队人员及任务清单，指导武隆区、大足区、江津区等区（县）完成地震应急预案修订工作。召开地震应急管理工作研讨会，举办地震灾害预评估和应急管理骨干培训、地震应急救援专业技能培训。开展地震应急演练和西南片区地震应急流动演练。

（重庆市地震局）

四川省

1. 抗震设防要求管理

牵头组织防汛减灾和地质灾害防治防范督导工作。四川省地震局作为四川省防汛抗旱指挥部和地质灾害应急指挥部成员单位，2018 年，承担了对攀枝花市汛期防汛减灾和地质灾害防治工作督导检查工作，具体包括：组织召开工作部署会议，编制工作方案，协调驻攀领导，传达最新指示精神，及时向指挥部汇报工作。在人员非常紧缺的情况下，统筹安排全局防汛减灾和地质灾害防范督导工作，抓实抓细督导任务，协同当地党委政府，确保了当地人民群众安全度汛，圆满完成省委省政府交办的任务。

2. 防震减灾社会宣传教育工作

组织举办全省防震减灾知识竞赛、西部赛区预赛。按照中国地震局关于全国防震减灾知识大赛的安排部署，2018 年，四川省地震局作为全国防震减灾知识大赛西部赛区承办单位，先后组织了四川省防震减灾知识大赛省级预赛、决赛，全国防震减灾知识大赛（西部赛区）预赛。防震减灾知识大赛以"防震减灾 知识先行"为主题，精心设计，采用新浪四川进行网络直播，同时在线观看人数逾 10 万人次。四川省高中代表队在全国防震减灾知识大赛（西部赛区）预赛中获得冠军代表西部赛区赴唐山参加全国防震减灾知识大赛总决赛获优秀奖。积极参与"5·12"汶川十周年纪念活动。按照四川省委、省政府印发的《"5·12"汶川特大地震十周年纪念活动方案》，积极参与"5·12"汶川十周年纪念活动筹备组织工作，协助做好会议筹备及会务工作，野外考察路线勘察设计、省内联合筹备单位沟通协调工作。具体负责会后野外考察地震震害遗址和恢复重建成效的路线设计与协调。

3. 协调推进2018年度四川省地震局援藏项目建设

作为编制建设西藏防震减灾宣教基地的可研报告及昌都市地震活断层探测与危险性评价的工作牵头部门，于2018年3月，组织召开了援藏项目西藏防震减灾科普基地建设协调会和援藏活断层项目协调会，中国地震局震害防御司、中国地震灾害防御中心、中国地震局地壳应力研究所，西藏自治区地震局震害防御处、震防中心，四川省地震局应急保障中心、工程地震研究院、宣教中心有关人员参加会议。会议讨论了西藏防震减灾科普基地建设可研报告编制、任务分工等详细内容，研究了西藏昌都活断层项目可研报告的内容框架、时间安排、经费安排进行了详细讨论并对参与单位的工作内容进行细化分工。

目前，局工程地震研究院与西藏自治区地震局已正式签订了昌都活断层合作协议，并于11月中旬派出由刘韶、王世元、马超同志组成的首批现场调研工作组奔赴昌都市开展前期工作，力争保质、保量、按时完成该项目；地震应急保障中心、宣教中心人员收集并深入研读相关政策法规和情况介绍资料，增强了对西藏自治区区情的认识，为西藏自治区地震局编写了《西藏防震减灾宣教基地科普馆建设思路》，并根据中国地震灾害防御中心、西藏自治区地震局的反馈意见完善了建设思路，编写了《西藏防震减灾宣教基地建设项目建议书》。

开展2018年脱贫攻坚住房建设质量安全专项督查。按照四川省农房建设统筹管理联席会议要求，认真落实联席会议成员单位的职责任务。2018年，牵头开展阿坝、绵阳、巴中、甘孜州等市州的脱贫攻坚住房建设质量安全专项督查，深入到乡、进村实地查看易地扶贫搬迁、农村危房改造、藏区新居、地灾避险搬迁、水库移民避险搬迁等农房建设项目实施情况，聚焦主体责任落实、房屋实体质量、属地监管责任落实等方面，督促相关单位高质量推进脱贫攻坚住房建设。

4. 活动断层探测项目

协调推进四川省活断层探测项目工作。按照职责分工，2018年，承担大量四川省活断层探测项目协调推进工作，包括：向中国地震局请求支持四川省活断层普查项目建设1400万；多次召集活断层项目工作推进会议，商议项目建设；组织接待中国地震局地质研究所、中国地震局地壳应力研究所、贵州省地震局等多家单位洽谈局所合作有关事宜；派员赴三州地区就活断层项目建设进行沟通协调；制定《四川省活断层项目实施管理办法》、成立四川省活断层项目领导小组、四川省活断层项目领导小组办公室、制定活断层项目8个子项目实施方案。

指导各相关市州开展项目实施落地工作。10月22—26日，组织召开了南河断裂现场论证和核查咨询会，邀请中国地震局地震预测研究所、中国地震局地壳应力研究所、中国地震局地质研究所、中国地震灾害防御中心等单位有关专家共同就安宁河断裂带南河断裂延伸、走向相关问题进行核查。以中国地震局地震预测研究所研究员田勤俭为组长的专家组首先对南河断裂南段、北段进行了为期两天的野外详细勘查，并查看了探槽。专家组认真听取了四川省地震局工程地震研究院工作组前期研究成果汇报，对南河断裂延伸展布、活动性等问题进行了咨询论证并提出了下一步工作建议。

5. 地震应急准备

基本情况。2018年以来，在局党组的正确领导下，深入贯彻落实国务院防震减灾联席会议精神和全国地震局长会议要求，高度重视防范化解地震灾害重大风险工作，各项工作部署早、行动快、措施实、效果好，深刻践行了防震减灾根本宗旨。

应急处置。持续完善省、市、县各级地震应急指挥技术系统，建立纵横畅通的应急指挥体系。2018年，四川震情形势较为平稳，发生5.0级以上地震2次（西昌5.1级地震和兴文5.7级地震），受邻省地震影响1次。四川全年无人因震遇难，受伤人数累计21人，均为轻微伤。地震发生后，应急救援处立即启动处置，组织队伍赶赴现场，组织力量开展震害调查，全面开展烈度调查，按时完成现场应急工作。

预案编制。督促市州政府及省级部门强化落实。年初，按照省委办公厅、省政府办公厅的任务部署，牵头编制了《防范化解重大地震灾害风险任务清单》，督促各市州政府和省级部门强化落实，并将工作完成情况报告省政府，得到省领导的充分肯定。牵头编制了《2018年度四川省地震重点危险区应急防范工作方案》，以省抗震救灾指挥部名义下发至有关市州人民政府及省级成员单位。全省应急准备工作做到有案可循、全面强化。

6. 地震应急救援行动

再次以省抗震救灾指挥部名义举办了全省抗震救灾综合演练，主演练场地设在德阳市广汉市中国民航飞行学院广汉分院。省政府副省长、省抗震救灾指挥部指挥长尧斯丹，西部战区空军副参谋长程晓健、省军区副政委陈宝明等亲临现场观摩指导。演练按照"省级统筹、市县负责、军地联动、社会参与"的应急响应模式，突出空中应急救援，体现空地协同联动，展示应急科技装备等。本次演练共投入各种装备约600台（套、架）、参演人员约4000人。特别是空中应急抢险救援，既有伞兵部队、运输机部队和陆航部队的飞机，又有依托西林凤腾通航、驼峰通航、西华通航空、路正通航4家省内通航企业组建的四川省通用航空应急抢险救援队的飞机，以及森林防火的直升机参演，充分展示空中应急救援的独特优势和不可替代的作用。

业务培训。多次赴省地震灾害紧急救援队及省武警应急救援队协调、检查、指导救援队训练、演练、装备等工作，对地震应急救援工作及任务提出明确要求。5月、11月两次从省地震灾害紧急救援队与省地震灾害紧急救援队选派骨干力量，赴北京国家地震灾害紧急救援基地和山东基地参加培训，参训学员受训后进一步发挥技术专长，成为队伍骨干。

7. 应急救援队伍建设

保障服务。加强地震现场工作队伍建设，做好省地震局现场应急工作队日常管理工作。12 月份，组织全局 60 余名现场队员开展地震应急综合演练。督促保障中心组织对应急人员的业务培训。编制地震应急汇报模板，开展领导干部应急管理培训。组织保障中心按照中国地震局地震应急轮值安排，做好应急值守。

风险评估。组织专业团队做好中国地震局地震应急试点任务工作，开展四川重点危险区和试点市县地震灾害损失预评估工作，强化风险评估报告的应用。加强灾情基础数据库建设，开展灾情速报系统评估工作，完善省、市、县灾情速报的协同联动机制。

项目建设。积极协调项目难点，加快推进救援基地建设。为确保全面建成省级救援队伍训练基地，协调解决了基地引桥建设问题，得到双流规建局许可暂缓建设引桥工程；推动监理单位补充协议的签订，确保工程建设稳定进行。督促保障中心着手开展建成后的宣传、培训前期工作。

（四川省地震局）

贵州省

1. 活动断层探测工作

组织开展垭都—紫云断裂带活断层探测前期工作，到六盘水市、安顺市实地探勘，编制活断层探测项目建议书。开展地震安全性评价改革试点工作。调整完善省市县三级防震减灾部门权责清单，建立公共服务清单和办事指南。全面实施第五代地震动参数区划图。为三穗县垃圾发电厂、纳雍县通用机场等一批重大建设工程选址提供咨询服务。

2. 防震减灾社会宣传工作

组织开展防震减灾示范创建工作，认定省级防震减灾科普示范学校 21 所、省级防震减灾科普教育基地 2 个、省级地震安全示范社区 3 个。组织完成 3 个市县能力建设项目检查验收。

3. 地震应急救援准备

制定年度地震应急准备工作方案和地震现场工作方案，指导各市州制定地震应急准备工作方案和地震现场工作方案。对威宁、罗甸和望谟等县开展应急准备工作检查。落实贵州省汛期地震应急准备工作，制定印发《关于加强汛期地震应急防范工作的通知》。完成贵州省地震应急指挥大厅改造项目设计、设备招投标、地震应急移动协同指挥平台和专题图系统采购。配备现场工作装备，组织开展贵州省地震紧急救援队员培训。指导市县做好地震应急预案修订与演练工作，完成全年 4 个季度的西南片区演练。处置完成 3 月 15 日剑河3.2 级地震和 8 月 15 日威宁 4.4 级地震。

（贵州省地震局）

云南省

1. 地震安全性评价的管理

云南省地震局加强"地震安全性评价强制评估"与"建设工程抗震设防要求审核"规范化管理，指导 11 项重大建设工程地震安全性评价工作。

评选省级地震安全示范社区（村、小区）共 24 个；继续开展大理国家防震减灾示范州和镇康、西盟、绥江、陇川 4 个地震安全示范县创建工作。联合相关部门开展农村危房改造和抗震安居工程。

2. 防震减灾社会宣传工作

印发《落实全国首届地震科普大会任务分工方案》。制作云南防震减灾科普民歌 6 首，在曲靖、楚雄、大理举办推广活动。组织开展云南省防震减灾科普讲解大赛，推荐其中 1名选手参加全国防震减灾科普讲解大赛获二等奖。举办云南省中学生防震减灾知识竞赛，推荐其中 2 支参赛队参加全国防震减灾知识大赛南部赛区比赛获三等奖。举办云南省防震减灾科普宣讲员培训班。云南省地震局制作防震知识进部队进高校课件被选为全国地震科普精品课件。组织开展以"不忘初心，防灾为民"为主题"平安中国，千场报告"宣讲活动 70 余次，受众 6 万余人。

3. 地震应急救援准备

组织完成 2018 年度重点危险区地震灾害风险预评估工作，提出灾害预评估和抗震救灾对策建议。分别举办 1 期云南省防灾减灾专题培训班、云南省地震应急技术能力培训班、地震现场灾害调查与烈度评定培训班和 2 期救援能力中高级培训班，完成 12 期地震应急救援"第一响应人"培训，指导大理开展 6 期"地震应急救援第一响应人"培训。

4. 地震应急救援行动

完成两次通海 5.0 级地震、墨江 5.9 级地震应急响应、烈度评定及损失评估、震情研判及舆情引导处置工作。2018 年云南省地震局共启动三级响应 2 次、四级响应 3 次，累计派出现场工作队员近百人次。

5. 其他工作

云南省地震局继续承担中国地震局地震保险政策研究课题，发挥地震风险管理创新实验室作用，开展专题技术研究。玉溪市成为地震保险试点，玉溪市在 8 月 13 日和 14 日云南省两次通海 5.0 级地震后共获赔 1600 万元，玉溪市元江县受 9 月 8 日墨江 5.9 级地震波及获赔 16.2 万元。

（云南省地震局）

西藏自治区

1. 防震减灾社会宣传教育工作

制作完成《地震来了怎么办》藏语版动漫画宣传制品；编写了《西藏自治区地震监测设施和地震观测环境保护办法》藏汉文版，并印刷发放台站和地市地震局。编制发放《防震减灾宣传挂图（校园版）》科普宣传材料。开展防震减灾题材影片《我要去远方》宣传推广工作。在西藏自治区党校开展领导干部地震应急救灾与管理知识培训。宣贯《第五代地震动参数区划图》《西藏自治区实施〈中华人民共和国防震减灾法〉办法》。推进"昌都市地震活动断层探测与地震危险性评价"项目。西藏自治区地震局为樟木口岸恢复通关、因灾倒损民房恢复重建、扶贫搬迁、城市规划提供技术服务。指导地市地震局做好"十三五"防震减灾规划编制实施工作。

组织开展防灾减灾宣传进学校、进机关、进寺庙、进社区活动。指导拉萨市江苏中学、堆龙德庆区中学开展防震减灾宣传和地震应急演练系列活动。累计发放《中华人民共和国防震减灾法》《西藏自治区实施〈中华人民共和国防震减灾法〉办法》《防震减灾知识读本》（藏汉文版）《地震知识百问百答》1500 余册，发放宣传折页 1000 余张。组织拉萨市北京中学、江苏中学代表西藏自治区参加全国防震减灾知识大赛西部赛区决赛，取得初中组第二名、高中组第三名。参加西藏自治区公民科学素养电视知识竞赛活动获一等奖。指导山南市第二实验幼儿园创建为国家防震减灾科普示范学校。

2. 地震应急救援准备

制定《西藏自治区 2018 年地震重点危险区抗震救灾应急准备工作情况报告》《西藏自治区 2018 年地震重点危险区抗震救灾应急准备工作方案》《西藏自治区 2018 年重点危险区专项地震应急预案》《西藏自治区地震局 2018 年度地震现场工作方案》。完成西藏地震应急指挥能力建设项目建设验收并投入使用。做好春节、藏历新年、全国"两会"等重大节日和重要时段地震安全保障和值班工作。统计上报 2100 余名西藏地震灾情速报人员信息。与武警西藏总队、地震灾害紧急救援队建立地震信息共享机制。

开展地震灾害损失预评估工作。7月3—12日，牵头组织中国地震局地质研究所、青海省地震局共同组成专家组，赴青藏交界地区西藏那曲至青藏交界北部地震重点危险区开展实地调研，形成《2018年度（青藏交界地区）西藏那曲至青藏交界北部地震重点危险区现场调研与考察报告》。

3. 地震应急救援行动

处置12月24日日喀则市谢通门县5.8级地震，启动地震应急预案Ⅳ级响应，派出现场工作队，开展余震监测、震情趋势研判、地震灾害调查和烈度评定、信息报送和舆论引导工作，完成《西藏谢通门5.8级地震烈度图》。

（西藏自治区地震局）

陕西省

1. 地震灾害预防工作

强化抗震设防要求管理，省级投资项目抗震设防在线审批监管平台完成抗震设防要求备案1539项。开展第五代《中国地震动参数区划图》落实情况检查，陕西省共检查建设工程500余项。防震减灾示范社区纳入综合减灾示范社区创建，2所省级防震减灾科普示范学校获评全国示范。完成8个市县基础能力项目立项工作，3个项目纳入中国地震局基础能力建设项目。组织开展减隔震技术考察、宣传和推广应用。

2. 地震应急工作

在陕西省开展地震应急准备工作检查，推动地震灾害预评估工作向重点地区毗邻地区延伸。铜川、咸阳修订政府地震应急预案。开展2018年陕西省地震应急预案演练、鄂豫陕联动演练、陕西省高校地震火灾应急示范演练，陕西省各地开展地震应急演练共2万多场次。《西安市应急避难场所分布图》通过验收。与西北大学联合开展地震应急第一响应人培训研究。4批55名救援队伍技术骨干赴北京、济南开展技术培训。不断完善应急指挥技术系统功能，补充更新基础数据库，加强灾情速报平台建设。推进无人机等新技术应用于灾情获取和实时分析处理，抗震救灾指挥部成员单位和各市地震局配备信息服务终端。

宁强5.3级地震应急处置。2018年9月12日陕西省宁强县发生5.3级地震，汉中等地震感强烈，造成一定影响。地震发生后，陕西省地震局及时启动了Ⅱ级应急响应，按照应急管理部、中国地震局、省委、省政府部署和应急预案要求，及时收集、整理、上报相关震情、灾情和应急处置工作信息，安排部署全省地震系统应急工作，组织会商研判省内震情发展趋势，通过省地震局门户网站、官方微博和各新闻媒体发布地震信息及地震应急应对工作情况，派出了由 27 人组成的现场工作队赶赴灾区，与四川省、甘肃省地震现场工作队联合开展灾害调查和烈度评估工作，对 61 个抽样点开展调查，迅速编制完成地震烈度分布图，于 9 月 14 日下午 2 时，联合四川省地震局通过陕西地震信息网向社会发布了《陕西宁强 5.3 级地震烈度图》。

（陕西省地震局）

甘肃省

1. 抗震设防要求管理

认真落实中央和省上行政审批制度改革和"放管服"改革相关要求，依法加强建设工程抗震设防要求监管，积极推进防震减灾行政审批制度改革，将抗震设防要求监管事项纳入全省投资项目并联审批平台。搭建了建设工程抗震设防要求监管等 4 项行政许可事项"网上行权"平台，落实了甘肃省委、省政府"一窗办、一网办、简化办、马上办"具体要求和"全流程"效能监管。印发《关于开展抗震设防要求监管工作检查的通知》，对各市州抗震设防要求监管和第五代区划图应用落实情况开展检查。甘肃省各级党委、政府依托灾后重建、移民搬迁、危旧房改造、新农村建设、美丽乡村建设、下山入川工程等项目，结合精准扶贫、精准脱贫部署，各地、各部门严把宣传培训关、规划选址关、结构设计关、材料进场关、质量监督关，加强农居建筑抗震技术指导与服务、建筑工匠抗震施工技术培训，全力推进抗震安全农居建设，甘肃省共培训农村工匠 6000 余人次。新建抗震安全农居约 16 万户，特别是宁强 5.3 级地震，陇南 9 个县区均有震感，抗震安全农居经受了考验，房屋完好。

2. 地震安全性评价管理

2018 年内对金山 1 号水库、兰州桑园子大桥、武威民用机场、兰州中川机场三期扩建工程等重大建设项目依法依规开展地震安全性评价强制评估，通过事中事后监管，有力保障了重点项目的地震安全。

3. 震害预测工作

甘肃省地震局牵头完成甘青交界、甘青川交界、甘宁陕交界 3 个危险区资料准备、实地调研、评估报告编写工作，完成 2018 年度甘肃省重点危险区地震灾害损失预评估和应急处置要点报告，提交中国地震局应急救援司，4 月通过验收。

4. 活断层探测工作

完成嘉峪关城市活断层探测项目的 1∶1 万活断层填图与数据库建设、断裂隐伏段浅层人工地震勘探和断层隐伏段钻孔勘探等工作，完成项目集成和综合分析工作，并完成项目验收工作。全面开展武威城市活断层探测项目工作，并完成人工地震探测工作。

5. 防震减灾社会宣传教育工作

联合甘肃省科技厅、教育厅、科协等单位下发《关于加强新时代甘肃省防震减灾科普工作的意见》和签订《共同推进新时代防震减灾科普工作合作框架协议》。组织召开纪念汶川地震十周年市县防震减灾工作研讨会，总结交流 2008 年以来甘肃省市县防震减灾工作取得的经验和成果。组织完成甘肃省市县防震减灾管理业务培训班和市县地震应急救援（第一响应人）培训班。完成永靖县地震科普馆设计方案的修改完善工作。5 月 12 日当天，甘肃省地震局、武警甘肃省总队协调有关省直单位，在兰州国家陆地搜寻与救护基地举办"5·12"防灾减灾日公众开放日活动。活动受到社会公众的广泛关注和赞誉，6 千多人参与了相关活动。

甘肃省地震局联合甘肃省教育厅和省科协联合主办了"首届甘肃省中学生防震减灾知识大赛"活动，大赛分初中组和高中组两组进行，甘肃省代表队获"全国防震减灾知识大赛"西部赛区（成都）初中组冠军，并参加了"全国防震减灾知识大赛"总决赛。

6. 应急指挥技术系统建设

甘肃省地震局根据实际地震应急工作，对现有地震应急中心日常工作制度、应急响应流程进一步规范修改，明确技术人员职责分工，保障地震应急工作有力有序；完成地震应急工作手册中数据的更新（区县、乡镇、地震预评估等）。

完成防震减灾大厦地震应急指挥技术系统的维护。完成三大通信运营商尽线路接入防震减灾大厦。

完成防震减灾大厦地震应急指挥技术系统的维护。

7. 地震应急救援准备

针对 2018 年度重点危险区震情动态发展，组织对 4 个市州、10 个县区市开展了应急准备检查、落实了整改措施，对 2018 年度危险区内的 8 个县区市开展了风险评估、编制了应对方案。

协同甘肃省级救援队开展了 1 次跨区域拉动演练，指导 2 支省级区域救援队开展了 2 次拉动演练，组织 6 支民间救援队开展了 1 次拉动演练。

8. 应急救援队伍建设

组建了玛曲、灵台县两个县级救援队，配备了 500 多台（套）装备设备，着力提高基层救援能力。

9. 应急救援条件保障建设

甘肃省地震局兰州国家陆地搜寻与救护基地贯彻军民融合发展，继续加强与武警的协调联系，双方合作关系得到了进一步加强。给武警救援队进行了救援技术培训，补充、配备了一些救援装备和办公设备。

兰州国家陆地搜寻与救护基地更新了展板、标牌、标识，对救援设施进行了完善，加强了安全防护措施，对训练废墟进行了清理搭建，提高了培训水平和宣教水平；对各类装备、车辆已进行了一次系统维护保养；

加强合作与交流，基地派出 2 名教官参加了北京凤凰岭地震救援技术培训、3 名教官参加北京凤凰岭基地组织的教官高级培训班。

10. 地震应急救援行动

2018 年 6 月 17 日 11 时 12 分，甘肃阿克塞发生 4.5 级地震，甘肃省地震局启动四级响应。9 月 12 日 19 时 06 分，陕西宁强发生 5.3 级地震，甘肃省地震局启动三级响应。在甘肃省委省政府和中国地震局的领导下，甘肃省地震局在甘肃阿克塞 4.5 级地震、陕西宁强 5.3 级地震发生后，积极开展震情监视、余震趋势判定、灾害损失调查等工作。

（甘肃省地震局）

青海省

1. 活动断层探测工作

2018 年，青海省地震局开展都兰、乌兰地震小区划和格尔木、德令哈活断层探测与地震小区划等项目成果的推广应用，对门源、柴达木地区进行活动构造探测。组织第五代区划图的宣贯工作，强化市（州）防震减灾目标责任考核，将第五代区划图落实情况和重大建设工程抗震设防要求落实情况纳入考核范围。

2. 防震减灾社会宣传教育工作

2018 年度全国市县防震减灾工作考核，青海省海东市、海西蒙古族藏族自治州被评为全国地市级防震减灾工作综合考核先进单位，格尔木市、玛沁县被评为全国县级防震减灾工作综合考核先进单位。强化示范创建，认定 2018 年度青海省级防震减灾示范学校 12 所、社区 6 个、企业 1 个，玉树市第三完全小学、海西州高级中学获评国家级示范学校。果洛州藏语版《地震小常识》及防震减灾宣传橱窗通过验收，海北州门源县地震应急指挥大厅项目完成验收并投入使用，海东市循化县自然灾害综合风险与减灾能力调查项目和玉树州地震科普展厅多场景避震逃生虚拟现实项目通过验收。

3. 地震应急救援准备

2018 年,青海省地震局起草的《全省地震趋势和进一步做好防震减灾工作的实施意见》,由青海省政府正式下发至各有关单位;同时,制定印发《做好全省地震应急准备工作的通知》《地震重点危险区抗震救灾专项应对工作方案》等文件。组织青海省财政、省应急办公室、民政厅等 24 个部门组成省政府专项督导组,对全省各市(州)地震应急准备工作进行专项督导检查,做到 2018 年度地震重点危险区检查全覆盖,并向国务院抗震救灾指挥部办公室提交《加强 2018 年地震重点危险区抗震救灾应急准备》工作报告。同时,指导各市(州)分别对辖区内的地震应急工作进行督导检查。联合地震系统专家完成全省地震重点危险区应急准备实地调研。

4. 地震应急救援工作

推进地震应急演练常态化,扩大演练目标人群,青海省共开展各类演练 11000 余次。西宁市大通、湟源两县政府开展地震应急桌面演练,西宁市地震局召开防震减灾助理员灾情速报模拟演练;黄南州政府印发 2018 年度地震应急准备工作方案,同仁、尖扎、泽库、河南四县政府组织开展地震应急救援演练活动;海西州针对重点部门、特殊行业开展专项应急演练,并举办地震应急预案备案管理与执行系统培训班;海南州组织地震、人防开展社区地震应急能力提升培训和地震应急响应演练。黄南州应急避难场所建设工作取得突破,同仁热贡广场等应急避难场所建设稳步推进。有力有序有效应对玉树州称多县 5.3 级、治多县 5.1 级等省内及邻近地区的多次地震应急处置工作。组织青海省地震应急管理培训班和地震现场工作队员的训练工作。

(青海省地震局)

宁夏回族自治区

1. 抗震设防要求管理

按照中国地震局和宁夏回族自治区人民政府行政审批改革安排,严格执行《中国地震局关于贯彻落实国务院清理规范投资项目报建审批事项实施方案有关要求的通知》《地震安全性评价管理办法(暂行)》要求,研究制定宁夏回族自治区建设项目区域性地震安全性评价工作管理规程,贯彻落实安评改革部署,全面杜绝各种形式的审批。

2. 群测群防

安排防震减灾群测群防工作经费，加强对自治区级地震宏观观测点、防震减灾乡镇助理员的培训、考核。各地按照自治区群测群防工作要求，做好辖区内群测群防工作管理和培训，指导"三网一员"履行好地震宏观异常测报、地震灾情速报、防震减灾科普宣传、社区地震应急和乡（镇）民居抗震设防的岗位职责。

3. 重点项目

继续推动中卫市沙坡头区活动断层探测工作，完成浅层地震勘探、卫宁北山南缘断裂的钻孔联合剖面探测工作、探测数据入库等工作；黄河断裂灵武段和崇兴隐伏断裂探测项目获始实施。

4. 防震减灾宣传教育工作

利用"5·12"防灾减灾日、"7·28"唐山地震纪念日、"12·6"海原大地震纪念日、"科技宣传周""平安中国"等节点，组织全区广泛开展防震减灾科普宣传活动，据统计全区开展活动近2000场次，累计受众达50多万人次。联合自治区教育厅、科技厅、科协开展全区中学生防震减灾知识竞赛活动，选拔出固原市第一中学和中卫市第四中学代表宁夏回族自治区参加全国防震减灾知识大赛西部片区竞赛并取得良好成绩。"5·12"期间免费开放全区所有国家级、自治区级和市级的防震减灾科普教育基地。在宁夏政务服务中心和部分宾馆商场、医院等147个单位295个移动多媒体展播宣传片和海报，通过农村电影放映推送防震减灾宣传公益宣传片共500多场次，受众达10余万人。宁夏回族自治区地震局、银川市地震局联合银川市人大法治工作委员会举办银川市活动断层探测及成果应用新闻发布会，就推动活动断层探测及成果应用等工作情况向社会作了全面介绍。银川市建设五位一体地震公园的模式作为典型经验在全国首届地震科普大会上进行典型发言，引起强烈反响和广泛关注。

5. 预案管理

各设区市政府和自治区部门共20多个成员单位修订地震应急预案或方案，完成《宁夏地震局地震事件应急预案》修订；各地抗震救灾指挥部办公室认真履行职责，组织辖区成员单位、医院、学校、社区和大型石化、工矿企业等，重新修订或制定针对性较强的地震应急预案；开展各成员单位分管领导、联络员和灾情速报人员信息更新工作，建立自治区抗震救灾指挥部专家组，为抗震救灾提供科技支持。

6. 应急救援准备工作

制定了地震应急准备方案、地震现场工作要点等，对全区地震系统应急准备和应对处置等工作进行部署安排；加强现场工作队伍管理，制定现场工作队出队方案、全国轮值方案、地震灾评科考设备轮值办法，明确主副班轮值人员及职责，对节假日期间队员动态进行跟踪管理；加强地震应急值守，严格执行局领导带班、行政系统和业务系统岗位 24 小时值班制度。

7. 地震应急救援行动

积极履行抗震救灾指挥部办公室职责，及时制定印发地震应急准备方案，对各级指挥机构建设、预案修订、地震应急演练、灾情速报等工作进行部署。统一部署安排各级组织和单位广泛开展地震应急演练活动。演练形式多样，既有地震应急综合演练、疏散演练、防震减灾知识宣传，又有桌面推演、重点行业和企业地震应急演练、研讨式演练等，全区全年累计开展演练 1000 余场次，参与人数达数十万人次。加强与宁夏武警、宁夏消防总队合作交流。建好宁夏消防、武警 2 支专业地震应急救援队，加强与减灾救灾志愿者队、蓝天、丽景等救援队沟通协作，应急救援力量不断充实。在全区范围内开展防震减灾知识、地震应急管理、应急救援、灾情速报等培训。开展第一响应人本地化工作，共培训地震应急救援第一响应人师资力量 370 人次；组织自治区抗震救灾指挥部成员单位在四川省北川县举办了 2018 年度宁夏防震减灾业务能力培训班。

（宁夏回族自治区地震局）

新疆维吾尔自治区

1. 抗震设防工作管理

将第五代地震区划图落实情况和重大建设工程抗震设防要求落实情况纳入地震危险区和重点监视防御区应急工作检查、全国人大执法检查和贯彻落实自治区防震减灾领导小组会议情况的检查中，2018 年开展集中检查 4 次。《新疆维吾尔自治区地震预警管理办法》纳入 2018 年自治区人民政府立法计划预备项目。乌鲁木齐市城市活动断层探测成果用于城市规划，开展玛纳斯县、呼图壁县、新源县和额敏县水利枢纽，新疆医科大学等项目的活动断层探测工作。继续实施农村民居和棚户区改造工程，开展隐患排查和治理，推广使用区划图查询软件，将抗震设防要求落实情况纳入地（州、市）年度考核。高烈度区 700 多个新建学校、幼儿园、医院等工程使用减隔震技术，技术推广程度在全国居于前列。

2. 防震减灾社会宣传教育工作

继续发挥全民科学素质办公室成员作用，深化与各厅局、媒体的合作，开展大规模、多部门联合防震减灾宣传活动。协调教育、科技、科协等部门积极动员社会力量参加全国首届科普大会。联合新疆电视台播放防震减灾科普短片，播出 231 次。联合教育部门举办新疆首届防震减灾知识竞赛,2 支优胜队代表新疆参加全国防震减灾知识大赛西部赛区预赛,分获二等奖。组织科普讲解、科普征文、科普作品推荐评比等活动,参评的科普书籍荣获首届全国防震减灾科普作品大赛科普图书类二等奖。组织宣讲人员分赴学校、社区、机关、部队、农村、企业开展 70 余场防震减灾科普知识讲座。联合晨报开展以"感受人工地震,增长防灾减灾知识"为主题的专题科普宣传活动。联合乌鲁木齐市公安局向便民警务站投放 7 万份维汉双语科普宣传折页。新疆维吾尔自治区地震局官方微博全年共发布 5500 余条微博,粉丝量从 110 万增加到 128 万,有效处置舆情 7 次,获得"2018 年度影响力应急管理微博"奖,蝉联"全国十大地震微博"影响力排行榜第二名,在"新疆十大政务机构微博"排行榜中排名第一。

3. 提升基层综合减灾水平

各地（州、市）地震局按照 2018 年度防震减灾工作考核目标要求,结合当地实际,有序有效推动地方工作。乌鲁木齐市、昌吉州、和田地区地震局配合当地政府完成全国人大常委会执法检查组的实地检查。积极完成贯彻落实《中华人民共和国防震减灾法》实施情况报告,并按照检查反馈意见推动整改落实。昌吉州、巴州、乌鲁木齐地震局成功承办全疆首届防震减灾知识预、决赛。乌鲁木齐市等 4 地（州、市）举办"平安中国"防灾宣导系列公益活动。阿勒泰地区地震局协助中央电视台《地理中国》栏目完成富蕴断裂带、农村安居工程等拍摄。全疆 36 个社区获得"国家级综合示范社区"命名,1 所学校（乌鲁木齐市第十八小学）获得"国家级防震减灾示范学校"命名。2018 年度全国市县防震减灾工作考核,新疆维吾尔自治区克拉玛依市、乌鲁木齐市、昌吉州被评为 2018 年度全国地市级防震减灾工作综合考核先进单位；乌鲁木齐市头屯河区、精河县、呼图壁县、奎屯市、拜城县被评为 2018 年度全国县级防震减灾工作综合考核先进单位,有 8 位同志被评为 2018 年全国市县防震减灾工作综合考核先进工作者。

4. 切实做好灾前预防工作

（1）完善应急救援机制。

先后修订完善新疆地震局《年度重点危险区地震应急专项预案》《地震现场工作方案》和《2018 年度新疆维吾尔自治区抗震救灾指挥部应急准备工作方案》《新疆维吾尔自治区地震局地震应急工作流程》。参与编制、印发《新疆应急避难场所建设技术标准》。各地（州、市）政府（行署）积极落实自治区人民政府关于防震减灾工作相关要求,及时修订地震应急预案,为高效开展地震应急处置工作提供制度和机制保障。

（2）开展灾害风险评估。

结合年度地震趋势判定结果,配合中国地震局应急专家组通过实地调研,编制完成《2018 年度新疆地震应急风险评估与应急救援对策研究报告》《2018 年度新疆地震重点危险区灾害损失预评估与应急处置要点研究报告》。组织开展卡兹克—阿尔特断裂东南段地震灾害风险深入研究工作,为各级政府有效开展地震应急准备工作提供科学依据。

（3）提升应急救援能力。

年初召开自治区地震灾害紧急救援队联席会议，完善军地协作联动工作机制，协调消防救援队、"红十字"蓝天救援队参与地震应急救援"第一响应人"培训。完成消防紧急救援队在北京凤凰岭基地二批次40人的培训。各地（州、市）组织开展形式多样的地震应急演练活动。

（新疆维吾尔自治区地震局）

重要会议

2018年国务院防震减灾工作联席会议

2018年1月9日，中央政治局常委、国务院副总理、抗震救灾指挥部指挥长汪洋主持召开国务院防震减灾工作联席会议，听取中国地震局党组书记、局长郑国光代表国务院防震减灾工作联席会议办公室作的年度工作报告，以及中国地震台网中心专家关于2018年地震活动趋势会商分析意见汇报，回顾总结近年来防震减灾工作，安排部署下一阶段防震减灾重点工作。国务院副秘书长江泽林，国务院抗震救灾指挥部各成员单位负责同志，以及中央编办、法制办、国研室有关负责同志出席会议。

汪洋副总理强调，要认真学习领会、深入贯彻落实习近平总书记关于防灾减灾工作作出的系列重要指示，坚持以防为主、防抗救相结合的工作方针，坚持常态减灾与非常态救灾相统一的工作思路，形成政府主导、军地协调、专群结合、全社会参与的防震减灾工作格局。牢固树立综合减灾理念，统筹城乡防震减灾，强化综合治理，全面提升全社会抵御地震灾害的综合防范能力。

汪洋副总理指出，要坚持关口前移，强化震前防灾措施，落实全面防御要求，明确防震减灾责任制，提升基层防震减灾能力和水平。要坚持问题导向，抓关键部位、薄弱环节和重点地区，切实消除地震灾害风险隐患，做好重大工程的地震安全性评价工作，加强地震科普知识宣传，提高公众避险技能。要突出创新驱动，提高对地震灾害风险的识别水平和预警能力，健全风险防范机制、协同联动机制等，激发社会和市场活力。要形成减灾合力，健全"分级负责、相互协同"的抗震救灾工作机制，强化区域、军地、部门间信息沟通和应急联动，确保防震减灾各项任务落实到位。

（中国地震局办公室）

汶川地震十周年国际研讨会
暨第四届大陆地震国际研讨会

2018年5月12—14日，应急管理部、四川省人民政府和中国地震局联合举办的汶川地震十周年国际研讨会暨第四届大陆地震国际研讨会（以下简称"研讨会"）在成都召开。国家主席习近平向研讨会致信，国务委员王勇莅临研讨会并发表重要讲话，应急管理部党组书记黄明主持开幕式，并就防灾减灾救灾工作提出明确要求。应急管理部副部长，中国地震局党组书记、局长郑国光做题为《中国防震减灾回顾与展望》的大会主旨报告。四川省省长尹力等省领导、12个国外减灾机构主要负责人、7个国际组织的高级别官员以及国内外17位院士出席会议。来自49个国家和地区以及16个相关国际组织共计1408名专家学者及官员出席了开幕式，其中境外代表301名。

本次研讨会的主题是"与地震风险共处"（Living with Seismic Risk），下设5个专题：透明地壳、解剖地震、韧性城乡、智慧服务、地区国际合作。研讨会深入宣传了习近平总书记关于防灾减灾救灾工作的重要论述，充分展示了我国防震减灾、抗震救灾、灾后恢复重建，以及地震科技等领域取得的瞩目成就，广泛交流了地震科技前沿研究成果，讲好中国故事，形成多方共识，有力促进了防灾减灾救灾领域的国际合作，取得圆满成功，赢得广泛赞誉，在国内外产生了积极而深远的影响。

（中国地震局办公室）

全国首届地震科普大会

2018年7月28日，由应急管理部、教育部、科技部、中国科协、河北省人民政府和中国地震局联合主办的全国首届地震科普大会在唐山召开。会议得到中央领导的高度重视，国务委员、国务院党组成员王勇会前专门听取应急管理部党组成员、副部长，中国地震局党组书记、局长郑国光关于这次大会筹备情况的汇报，为会议召开和推进防震减灾科普工作作出重要指示。

会议总结近年来防震减灾科普工作经验，分析防震减灾科普工作新形势新要求，部署今后一个时期的防震减灾科普工作。主办部门联合印发《加强新时代防震减灾科普工作的意见》（简称《意见》）。会后，中国地震局紧紧围绕大会和《意见》精神，编制印发《贯彻落实全国首届地震科普大会任务分解方案》，统筹谋划科普重点工程，推进《全国防震减灾科普工作规划》编制并征求系统各单位意见。各地积极贯彻落实科普大会各项任务要求，安徽、青海 2 省召开地震科普大会并印发实施意见，吉林、陕西等 5 省印发实施意见，内蒙古自治区签署合作框架协议，湖北省印发三年行动计划。

（中国地震局办公室）

2018 年全国地震局长会议

2018 年 1 月 24—25 日，2018 年全国地震局长会议在京开幕。会前，国务院总理李克强对地震工作作出重要批示，国务院副总理汪洋专门听取地震工作汇报，专门主持国务院防震减灾工作联席会议，对一年来地震工作取得的成绩给予了充分肯定，对做好新时代防震减灾工作提出了明确的要求，对广大地震工作者寄予了殷切的期望。会议强调，要认真学习，深刻领会，准确把握，抓好贯彻落实。

会议的主要任务是以习近平新时代中国特色社会主义思想为指导，全面贯彻落实党的十九大精神，认真贯彻中央经济工作会议和国务院防震减灾工作联席会议精神，总结 2017 年和党的十八大以来防震减灾工作，谋划新时代防震减灾事业现代化建设思路举措，部署 2018 年工作。中国地震局党组书记、局长郑国光在会上作了题为《凝心聚力 改革创新 全力推进新时代防震减灾事业现代化建设》的工作报告。

中国地震局党组全体同志，各省、自治区、直辖市地震局，各直属单位党政主要负责人和有关负责人，各副省级城市和新疆生产建设兵团地震部门主要负责人，中国地震局机关各司室主要负责人，以及中国灾害防御协会和中国地震学会有关同志参加会议。中组部、国务院办公厅有关部门、中央纪委驻国土资源部纪检组有关负责人，发展改革委、工业和信息化部、民政部、财政部、国土资源部、交通运输部、水利部、卫生计生委、安全监管总局、气象局、吉林大学、南京大学、四川大学、天津大学等有关方面代表应邀出席会议。

（中国地震局办公室）

2019 年全国地震趋势会商会

会议目标：准确把握全国地震形势及未来强震趋势，科学研判 2019 年度全国地震重点危险区，研究部署监测预报工作措施。

会议时间：2018 年 12 月 5—6 日

会议地点：北京万寿庄宾馆

参会人员：应急管理部副部长，中国地震局党组书记、局长郑国光，党组成员、副局长阴朝民，各省、自治区、直辖市地震局、各直属单位和新疆生产建设兵团地震局有关人员，局机关各部门负责人，17 家高校、科研院所的 30 余位院士和教授，2019 年度中国地震预报评审委员会全体成员。

会议内容：

（一）主题报告

1. 2019 年度全国地震大形势跟踪与趋势预测研究报告；

2. 2019 年度全国地震重点危险区汇总研究报告；

3. 中国地震预测咨询委员会报告；

4. 2018 年度地震趋势及重点危险区预报总结。

（二）专题报告

1. 中国科学院大学、北京大学、中国科学技术大学、武汉大学、中国地质大学、云南大学、吉林大学、中国科学院地质与地球物理研究所、中国科学院测量与地球物理研究所、中国科学院青藏高原研究所、国家气候中心专题报告；

2. 2019 年度全国地震重点危险区专题讨论；

3. 中国地震预报评审委员会评审论证《2019 年全国地震趋势预报意见》。

会议产出：

1.《2019 年度全国地震趋势预报意见》；

2. 国务院防震减灾工作联席会议材料——《2019 年我国地震趋势和地震重点危险区》；

3.《关于做好 2019 年度全国震情跟踪工作的通知》（中震测发〔2018〕83 号）。

（中国地震局监测预报司）

北京市防震抗震工作领导小组会议

2018 年 2 月 26 日，北京市政府召开 2018 年度北京市防震抗震工作领导小组会议。学习贯彻习近平总书记两次视察北京和听取北京城市总体规划编制工作汇报的重要讲话精神，传达 2018 年国务院防震减灾联席会议精神，总结 2017 年全市防震减灾工作完成情况，研究部署 2018 年的各项工作任务，审议通过《推进北京地震安全韧性城市建设行动计划（2018—2020 年）及 2018 年实施方案》。北京市防震抗震工作领导小组组长、副市长隋振江主持会议并讲话，北京市防震抗震工作领导小组办公室主任、北京市地震局局长任利生做工作报告，市属47个委办局、16个区政府，以及市应急办、市地勘局等单位出席会议。

会议着重对推进北京地震安全韧性城市建设作出研究和部署。会议认为，北京地震安全韧性城市建设要对接北京城市总体规划三个阶段目标，在提升三个维度（工程韧性、社会韧性、制度韧性）上设计指标体系，在提高三个能力（抵抗能力、快速恢复能力和适应能力）上细化工作措施，创新实践、综合施策、统筹推进。要推动落实地震安全韧性城市建设三年行动计划，将实施北京城市总体规划、打好防范化解重大风险攻坚战，作为重中之重的政治任务，精心组织好。要做好防范化解重大地震灾害风险准备，推进实施北京地震安全韧性城市建设三年行动计划（2018—2020年）和年度任务。为此，要加强组织领导。各成员单位、各区要进一步提高思想认识，落实好各项工作任务；领导小组办公室要发挥好牵头推动和统筹协调作用，加强督促检查；要做好规划中期检查。要积极推进落实好《北京市"十三五"时期防震减灾规划》重点任务和项目建设，确保时间过半、完成任务过半；要加强调查研究。积极谋划好地震安全韧性城市建设阶段目标和任务措施。

（北京市地震局）

天津市防震减灾工作联席会议

2018年3月13日，天津市政府召开2018年防震减灾工作联席会议。天津市政府副市长金湘军出席并作重要讲话，中国地震台网中心副主任刘桂萍对全国尤其是天津及邻近地区震情形势做了分析报告，天津市防震减灾工作领导小组办公室主任、市地震局局长李振海作工作报告。市防震减灾工作领导小组成员，各区政府负责同志及地震工作部门主要负责同志参加会议。

金湘军在讲话中充分肯定了2017年天津市防震减灾工作成绩，深刻分析了面临的形势和存在的问题，对做好2018年防震减灾工作做了部署要求。会上，李振海传达了国务院防震减灾工作联席会议精神，代表市防震减灾工作领导小组全面总结了2017年和部署了2018年天津市防震减灾工作，提出要切实加强防震减灾组织领导，进一步做好震情监视跟踪、震灾风险防范、地震应急应对准备、地震科技创新、防震减灾宣传教育和规划实施等各方面工作。

（天津市地震局）

山西省防震减灾领导小组会议

2018年2月5日，山西省防震减灾领导小组召开会议，贯彻落实党的十九大和国务院防震减灾工作联席会议精神，总结山西省2017年防震减灾工作，安排部署2018年工作。山西省人民政府副省长贺天才出席会议，会议由山西省政府副秘书长高建军主持，各市人民政府分管领导、山西省防震减灾领导组部分成员单位分管领导参加。贺天才向各市下达了2018年防震减灾目标责任状，山西省地震局局长郭星全代表省防震减灾领导组办公室作了工作汇报，忻州市人民政府、山西省国土资源厅、山西省公安消防总队代表作了交流发言。贺天才指出，要做好防震减灾各项准备，有效防范地震灾害的发生；要加强应急演练，提高自救互救能力；要切实提升地震监测预测预警能力，做好震情监视跟踪和分析研判，提高预测预报的及时性和准确度；要切实提升城乡震灾防御基础能力，围绕推进城市安全发展战略和乡村振兴战略，加快"韧性城乡"建设。要切实提升地震应急处置能力和民众防震减灾意识，抓好防震减灾宣传；要切实加强组织领导，把防震减灾责任落实到位，确保各项工作取得实效。

（山西省地震局）

内蒙古自治区防震减灾工作联席会议

2018年1月12日下午，内蒙古自治区党委副书记李佳主持召开内蒙古自治区防震减灾工作联席会议，传达贯彻2018年国务院防震减灾工作联席会议精神，落实内蒙古自治区党委书记李纪恒在自治区地震局上报的《关于2018年内蒙古自治区震情形势报告》上的批示意见，通报2018年度内蒙古自治区地震趋势意见，总结2017年、部署2018年防震减灾工作。

（内蒙古自治区地震局）

辽宁省防震减灾工作联席会议

2018 年 2 月 26 日，辽宁省人民政府组织召开 2018 年辽宁省防震减灾工作联席会议。会议在辽宁省政府省长办公楼常务会议室举行，辽宁省副省长、省抗震救灾指挥部指挥长崔枫林出席会议并讲话，省政府副秘书长段君明主持会议。段君明传达了国务院防震减灾工作联席会议精神，辽宁省地震局预报研究中心主任焦明若通报了全国以及辽宁省的震情形势，辽宁省地震局局长李志雄代表省抗震救灾指挥部办公室做 2017 年工作总结和 2018 年工作建议的汇报。

崔枫林对辽宁省地震局在春节期间有效应对海城和法库 2 次地震给予充分肯定并提出表扬，同时要求各单位要切实强化责任落实，同步联动，全力补齐辽宁省防震减灾工作存在的短板和弱项，提升应急防范意识和能力，完善地震应急预案，扎实做好 2018 年防震减灾的各项工作。各市政府分管防震减灾工作秘书长、各市地震局局长、省抗震救灾指挥部成员单位负责同志、省地震局领导班子成员参加了会议。

（辽宁省地震局）

吉林省防震抗震减灾工作领导小组会议

2018 年 2 月 6 日，吉林省防震抗震减灾工作领导小组召开 2018 年度第一次会议。会前，吉林省省长景俊海对防震减灾工作作出重要批示，吉林省政府应急办、松原市政府及领导小组 47 个成员单位负责人参加会议。吉林省副省长、吉林省防震抗震减灾工作领导小组组长侯淅珉出席会议并作重要讲话，会议由吉林省政府副秘书长金喜双主持。

吉林省地震局王建荣局长代表领导小组办公室汇报吉林省防震减灾工作进展和 2018 年工作部署建议。侯淅珉强调，一是要坚持关口前移，夯实"防"的基础，要进一步加强监测预报能力建设，强化信息合作与资源共享，落实健全风险防控体系，强化震前防灾措施；二是坚持问题导向，强化"抗"的能力，要完善抗震设防全程监管机制，加强排查整治，深入推进农村民居地震安全建设，加强科普宣传，增强公众的减灾意识，提高避险技能；三是突出创新驱动，提升工作水平。深化互联网、大数据等新技术在防震减灾领域的推广和应用，建立健全风险防范机制、协调联动机制，建立健全突发事件信息发布联动机制，大力提升震情灾情快速评估能力，维护人心安定和社会稳定。

2018 年 7 月 20 日，吉林省防震抗震减灾工作领导小组召开年度第二次会议。44 个成员单位负责人参加了会议。吉林省副省长、吉林省防震抗震减灾工作领导小组组长侯淅珉出席会议并作重要讲话，会议由吉林省政府秘书长主持。吉林省地震局局长王建荣代表领导小组办公室作工作汇报，介绍各成员单位完成松原5.7级地震应急处置情况和下一步工作措施和建议。侯淅珉强调，各地各部门务必牢固树立狠抓落实工作导向，直面矛盾、勇于担当，注重整体推进、形成合力，扎实做好防震减灾各项工作。

2018年7月27—30日，全国人大常委会副委员长、民进中央主席蔡达峰率全国人大常委会执法检查组一行来吉林省，就《中华人民共和国防震减灾法》贯彻实施情况开展执法检查。蔡达峰指出，吉林省高度重视防震减灾工作，在防震减灾的法治建设和地震监测预报、震害防御、应急救援体系建设等方面都取得明显成效，积累了宝贵经验，值得借鉴。

（吉林省地震局）

江苏省防震减灾工作联席会议

2018年5月4日，江苏省政府召开防震减灾工作联席会议，深入贯彻落实2018年国务院防震减灾工作联席会议精神，总结回顾2017年江苏省防震减灾工作，分析2018年形势，研究部署重点任务。江苏省政府分管副省长出席会议，省防震减灾工作联席会议成员单位负责同志参加会议，13个设区市地震局负责同志列席会议。

会议对2017年江苏防震减灾工作表示肯定，要求各地各有关部门要抓好"五项重点"工作：进一步加强震情监视，提升地震监测质量和预测预报水平；突出预防的作用，坚持问题导向和源头治理，切实消除地震灾害风险隐患；强化应急准备，推进应急预案、救援队伍、物资储备等建设，加强应急演练，提高实战能力；全面深化江苏省防震减灾体制机制改革，着力解决事业发展的重点和难点问题；加强协同联动，形成整体合力。

（江苏省地震局）

浙江省防震减灾工作领导小组会议

2018年7月24日，浙江省政府副省长彭佳学主持召开2018年省防震减灾工作领导小组会议，会议通报了浙江省震情形势，传达了2018年国务院防震减灾工作联席会议主要精神，总结回顾近年来浙江省防震减灾工作情况，对下一阶段防震减灾重点工作作出部署。

彭佳学指出，一要坚持以防为主，努力提升观测预测预警能力；二要坚持基础先行，努力提升城乡震灾防御能力；三要坚持群测群防，努力提升公众防震避险能力；四要坚持依法履职，努力提升防震减灾工作能力；五要加强资源共享，开展多部门综合演练。

浙江省防震减灾工作领导小组副组长、省地震局局长宋新初汇报了2017年度防震减灾工作情况及2018年度工作部署建议。浙江省建设厅等10多个成员单位相关负责同志作了交流发言，浙江省政府办公厅副主任蒋珍贵和领导小组成员单位相关负责同志参加会议。

（浙江省地震局）

安徽省防震减灾工作电视电话会议

2018年5月25日，安徽省防震减灾工作电视电话会议在合肥召开。安徽省政府副省长、省防震减灾工作领导小组组长李建中出席会议并讲话。安徽省政府副秘书长刘定明主持会议。会议传达了国务院防震减灾工作联席会议精神，通报了2018年安徽省震情形势，听取了安徽省地震局局长刘欣关于2018年重点工作安排建议。安徽省防震减灾工作领导小组成员单位负责同志在主会场参加会议。16个市政府分管负责同志及市防震减灾工作领导小组成员单位在各市分会场参加会议。

（安徽省地震局）

江西省防震减灾工作领导小组会议

2018年3月6日，2018年江西省防震减灾工作领导小组会议在南昌召开。江西省政府副省长、省防震减灾工作领导小组组长吴晓军主持会议，江西省军区副司令员方建华、省防震减灾工作领导小组全体成员参会，江西省政府副秘书长陈敏主持会议，江西省地震局副局长柴劲松代表领导小组办公室报告工作。会议传达国务院联席会议精神，回顾总结过去工作，听取震情形势报告，研究部署2018年重点工作安排。

（江西省地震局）

山东省防震减灾工作领导小组扩大会议

山东省委、省政府领导同志高度重视防震减灾工作，将防震减灾工作纳入经济社会发展总体布局，多次召开会议部署。山东省副省长孙继业、刘强多次听取防震减灾工作汇报，对防震减灾工作作出批示。2018年3月26日，山东省防震减灾工作领导小组扩大会议在济南召开，孙继业出席会议并讲话。孙继业强调，要按照国家部署要求，结合山东省实际，坚持问题导向，创新开展工作，着力提高监测预报能力、抗震设防能力、应急救援能力、防震避险能力等"四个能力"，打牢工作的基础；要聚焦新旧动能转换重大工程、乡村振兴战略、安全生产攻坚战等重点工作，进一步拓宽防震减灾工作领域，更好服务经济社会发展；要扎实推进省政府和中国地震局防震减灾能力现代化合作框架协议，组织实施好防震减灾重点项目，推动任务落地落实，为现代化强省建设提供有力安全保障。2018年5月15日，山东省防震减灾工作领导小组印发了年度防震减灾工作部署文件。

2018年11月29日，刘强在省政府听取了山东省地震局局长倪岳伟的工作汇报。刘强指出，山东省地震局要积极参与自然灾害防治系列工程，大力推进地震灾害风险管理现代化建设，加强防震减灾科普宣传教育，为山东经济社会发展提供坚强的地震安全保障。

（山东省地震局）

河南省防震抗震指挥部会议

2018年2月8日，河南省政府在郑州召开2018年防震抗震指挥部会议，河南省副省长霍金花出席会议并讲话。会议贯彻国务院防震减灾联席会议精神，回顾总结2017年防震减灾工作，安排部署2018年河南省防震减灾重点工作，听取河南省地震局震情形势分析报告。会议指出，河南省各级人民政府要把防震减灾工作列入政府工作重要的议事日程，纳入各级人民政府目标考核，做到年初有要求、年终有检查、奖罚要分明。各成员单位要各司其职，做到防之有效，切实做到宁可"备而不震"，决不可"震而不备"或"备之不足"。河南省防震抗震指挥部要把防震减灾工作放在河南省经济社会发展的大局中去定位、去谋划，各级各部门要把防震减灾工作融入到本部门总体工作中，同安排、同部署，共同推进。河南省防震抗震指挥部47个成员单位负责同志参加会议，18个省辖市、10个省直管县（市）地震部门主要负责同志列席会议。

（河南省地震局）

湖北省防震减灾科普工作电视电话会议

湖北省地震局、教育厅、科学技术厅、科学技术协会联合转发应急管理部等部委《加强新时代防震减灾科普工作的意见》，并结合湖北省防震减灾宣传实际，联合制定了《湖北省防震减灾知识普及三年行动计划（2018—2020年）》，联合召开了湖北省防震减灾科普工作电视电话会议。

2018年，湖北省地震局组织召开了2018年湖北省抗震救灾指挥部办公室联席会议，会议总结了2017年的工作情况，对2018年湖北省抗震救灾指挥部工作进行了部署。2018年4月，湖北省地震局在甘肃省兰州市举办了第四期省抗震救灾指挥部成员单位联络员培训班。2018年6月，湖北省地震局会同湖北省卫生健康委员会、应急管理厅、民政厅、公安厅、交通运输厅、教育厅、消防总队组成湖北省地震应急工作检查组赴孝感市、仙桃市进行地震应急工作检查。

（湖北省地震局）

湖南省防震减灾工作领导小组会议

2018年3月30日，湖南省政府召开省防震减灾工作领导小组会议，传达学习2018年国务院防震减灾工作联席会议精神，安排部署2018年湖南省防震减灾重点工作。湖南省副省长、省防震减灾工作领导小组组长陈文浩出席并讲话，省防震减灾工作领导小组副组长、省地震局局长燕为民作工作报告，省政府副秘书长黎咸兴主持会议。湖南省防震减灾工作领导小组成员单位和长沙、株洲、湘潭、常德市等市政府分管领导及地震部门主要负责人参加会议。

会议总结了党的十八大以来湖南省防震减灾工作成就，部署了2019年及今后一段时期湖南省防震减灾工作。会议要求，要推进全面深化改革，推进湖南省防震减灾"十三五"规划落实，全力提升地震监测预警预测能力，提升震灾综合防御能力，有效提升震灾应急管理能力，深入开展防震减灾科普宣教工作。

（湖南省地震局）

广东省防震抗震救灾工作联席会议

2018年6月7日，广东省召开防震抗震救灾工作联席会议，学习贯彻国务院防震减灾工作联席会议精神，部署广东省2018年防震减灾重点工作任务。广东省副省长叶贞琴出席会议并讲话。会议强调，各级、各部门一是强化抓好防震减灾现代化试点省建设；二是强化责任落实，加强督查考核，用严格的考核保障工作任务落实；三是强化震情监测预报，不断加强地震监测台网建设和运行管理，提高监测站点密度；四是强化抗震设防监管，确保所有新建工程和重大工程100%进行抗震设防要求审批及地震安全性评价；五是强化应急救援能力；六是强化宣传教育，切实增强公众防灾减灾意识。会后，举行了广东省抗震救灾指挥部2018年省市联合应急演练。

（广东省地震局）

广西壮族自治区防震减灾工作领导小组会议

2018年3月28日，广西壮族自治区防震减灾工作领导小组全体（扩大）成员会议在南宁召开。广西壮族自治区副主席、领导小组组长黄俊华出席会议并讲话。会议总结回顾2017年广西壮族自治区防震减灾工作，安排部署2018年广西壮族自治区防震减灾重点任务尤其是年度地震危险区应急防范工作。领导小组27个成员单位的成员、联络员参加会议，14个市地震局局长和广西壮族自治区地震局内设机构主要负责人列席会议。

广西壮族自治区地震局作2017年广西防震减灾工作进展报告，对2018年重点工作提出建议，并就《自治区抗震救灾指挥部地震应急处置操作手册》进行说明。广西壮族自治区地震局研究员周斌作2018年地震形势报告及风险评估分析。广西壮族自治区科学技术厅、自然资源厅、住房和城乡建设厅分别就科技发展、地质灾害防治和抗震设防等工作进行经验介绍。4月，《广西壮族自治区副主席黄俊华在2018年自治区防震减灾工作领导小组全体（扩大）成员会议上的讲话》在广西壮族自治区政府办公厅内部情况通报（第23期）印发，广西壮族自治区防震减灾工作领导小组印发《2018年广西防震减灾工作实施方案》。

（广西壮族自治区地震局）

重庆市防震减灾工作联席会议

2018年3月21日，重庆市人民政府召开2018年重庆市防震减灾工作联席会议，重庆市副市长李明清出席会议并讲话。会议总结回顾党的十八大以来和2017年全市防震减灾工作推进情况，研究部署2018重点工作任务。重庆市地震局局长王志鹏代表联席会议办公室作工作汇报。重庆市防震减灾工作联席会议40个成员单位相关负责人参会。重庆市发展和改革委员会、教育委员会、住房和城乡建设委员会、交通局，武警重庆市总队先后交流发言。

（重庆市地震局）

四川省防震减灾工作专题会议

2018年1月19日，四川省政府副省长尧斯丹主持召开防震减灾工作专题会议，传达贯彻国务院防震减灾工作联席会议精神，通报2018年全省地震活动趋势会商分析意见，回顾总结2017年防震减灾工作，研究部署2018年度工作任务。省抗震救灾指挥部成员单位及成都、乐山等13个市州政府分管领导参加会议。

尧斯丹充分肯定了党的十八大以来四川防震减灾工作取得的成绩，他指出，党的十八大以来，四川深入贯彻习近平总书记防灾减灾救灾新理念新思想新战略，更加突出灾前预防，更加重视风险防范，更加强化综合治理，工作机制更加健全完善，监测预报能力较大提升，综合防范减灾成效明显，减灾教育日益广泛深入，全省防震减灾综合能力不断提升，先后应对处置了芦山7.0级地震、康定6.3级地震、九寨沟7.0级地震以及12次5.0～5.9级地震、81次4.0～4.9级地震，夺取了抗震救灾重大胜利，取得了显著的减灾成效。

尧斯丹指出，党的十九大精神和习近平总书记防灾减灾救灾新理念新思想新战略是做好新时代防震减灾工作的行动指南，我们要深入学习领会，认真贯彻落实，要提高政治站位，进一步增强工作的责任感使命感；充分把握形势，进一步认识工作的紧迫性艰巨性；树立科学理念，进一步落实"两个坚持、三个转变"，扎实推进新时代四川防震减灾事业现代化建设。

尧斯丹强调，防震减灾工作是一项没有终点的工作，是贯彻以人民为中心发展理念的具体体现，丝毫不能松懈。2018年，各地区各有关部门要扎实抓好防抗救各领域各环节工作，确保全省防震减灾工作取得新成效、新进展。一要抓好重大项目实施。抓紧推进九寨沟地震恢复重建，加快四川省地震烈度速报与预警工程、地震活断层普查项目建设。二要抓好防范风险工作。深入贯彻《中国地震动参数区划图》和建筑抗震设计标准规范，认真落实《农村住房建设管理办法》《"农村土坯房改造行动"实施方案》，推广应用减隔震技术，做好地震应急准备检查、重点城市活断层探测等工作。三要抓好震情监测，提升地区地震监测能力，依法督促水库、油气田等业主建设和运维好专用台网。四要抓好地震科技创新，以"透明地壳"等四项科学计划为依托，集中攻关当前最紧要、最迫切的关键问题，并建设好川滇国家地震监测预报实验场。五要抓好防灾减灾宣传教育。将防震减灾知识教育纳入中小学公共安全教育、国民素质教育计划和党政干部培训内容，坚持开展各层级防震减灾演练，建立地震舆论应对机制，不断提升四川综合防范地震灾害能力。

会上，四川省政府副秘书长严卫东传达了国务院防震减灾工作联席会议精神，四川省地震局局长皇甫岗汇报了 2017 年度全省防震减灾工作及 2018 年度工作建议，四川省地震预报研究中心研究员杜方通报了全省地震趋势会商意见，省发改、民政等部门和市州负责同志作了交流发言。

（四川省地震局）

贵州省防震减灾工作联席会议

2018 年 3 月 15 日，贵州省召开贵州省防震减灾工作联席会议，传达贯彻李克强总理、谌贻琴省长关于防震减灾工作批示精神，回顾总结党的十八大以来贵州防震减灾工作，听取 2018 年贵州地震活动趋势会商分析意见汇报，安排部署贵州省防震减灾工作。

会议要求，一要加快规划实施，强化大型桥梁、水库大坝地震监测和地震资料大数据研究与应用，实施好国家地震烈度速报与预警工程项目建设；二要紧盯重点地区，积极开展地震灾害风险评估，及时开展地震应急准备督导检查，加强重大工程地震灾害风险隐患排查，开展好年度地震应急救援综合演练，明确防震减灾责任，切实做好风险防范；三要强化地震安全服务，开展活断层探测、地震小区划和地震灾害风险评估，推广减隔震等抗震新技术应用，将抗震设防与有财政投入的农村民居建设相结合，将防震减灾与城镇规划建设相结合，将重大工程建设和地震安全评价相结合，不断提升防震减灾服务经济社会发展能力；四要进一步加强宣传引导，充分利用重要节点，做好防震减灾知识宣传教育，不断提升公众防震减灾意识；五要形成工作合力，牢固树立"一盘棋"的思想，发挥好各级党委、政府地震灾害应对的主体作用和主体责任，在资金投入、项目审批、科技支撑、法制保障、人才队伍建设等方面加强防震减灾能力建设。

（贵州省地震局）

云南省防震减灾工作会议

2018年2月7日，2018年云南省防震减灾工作联席会议在云南省地震局召开。云南省人民政府副省长和良辉出席会议并讲话。会议总结了云南省2017年防震减灾工作，明确了2018年工作要求和重要任务。和良辉要求要扎实做好2018年防震减灾工作，要进一步增强地震监测预报、灾害防御、应急救援能力，进一步提高公众防震避险意识和防震减灾协同作战能力。

2018年6月28日，云南省地震局长会在昆明市召开，会议进一步研究部署云南省防震减灾工作。云南省地震局党组书记、局长王彬指出，要进一步强化地震监测预报、震灾预防、应急救援、防震减灾科普宣传等工作。就实施好新一轮"10项重点工程（2019—2023）"，要求认真编制规划，仔细筛选项目，提前做好准备，分解工作任务，多种渠道筹资。

2018年7月24—26日，由云南省委组织部主办，云南省委党校、民政厅、地震局共同承办的云南省防灾减灾救灾专题培训班在昆明市举行。培训班邀请应急管理部、中国科学院、省减灾委、省地震学会的领导、专家进行授课，重点讲解"重大自然灾害应对和处置""突发事件和应急管理""加强防震减灾能力建设"等知识。

（云南省地震局）

西藏自治区防震减灾工作联席会议

2018年4月11日，西藏自治区人民政府组织召开了2018年西藏自治区防震减灾工作联席会议，传达国务院防震减灾工作联席会议精神，总结党的十八大以来西藏自治区防震减灾工作，安排部署2018年重点工作任务。西藏自治区副主席多吉次珠出席会议并做重要讲话，西藏自治区人民政府副秘书长达瓦次仁主持会议。会议听取了2018年西藏地震趋势报告，西藏自治区地震局党组书记李炳乾传达了国务院防震减灾工作联席会议精神，局长索仁汇报了2017年西藏防震减灾工作情况，并对2018年防震减灾工作提出了建议。

多吉次珠强调，2018年西藏自治区防震减灾工作要突出抓好五个方面的工作：一是充分发挥抗震救灾指挥部作用；二是加快推进"十三五"规划重点项目实施；三是做好地震监测、风险防范、应急准备工作；四是落实好地震系统援藏各项政策部署；五是加强组织领导，形成减灾工作合力。西藏自治区防震减灾工作联席会议各成员单位、七地（市）分管领导及各地（市）地震局、民政局主要负责同志参加了会议。

（西藏自治区地震局）

陕西省防震减灾工作联席会议

2018年3月21日，陕西省人民政府召开2019年度全省防震减灾工作联席会议，传达国务院防震减灾工作联席会议精神，安排部署2018年重点工作。陕西省副省长魏增军与各设区市、杨凌示范区及韩城市签订2019年度防震减灾工作目标责任书并讲话。

会议要求，要进一步适应应急管理体制的新变化，突出灾前预防，强化综合治理，构建科学有效的地震灾害风险防控体系，不断提升地震灾害风险综合防治能力；要加强震情监测和趋势研判工作，完善地震应急救援和协调联动机制；要加快推进地震灾害防治工程建设，全面开展各类隐患排查工作，切实夯实城乡抗震设防基础；要加大宣传教育力度，普及防震减灾知识，增强公众自救互救技能。

（陕西省地震局）

甘肃省防震减灾工作领导小组会议

2018年2月7日，甘肃省人民政府在兰州召开甘肃省防震减灾工作领导小组会议。会议传达学习了国务院防震减灾工作联席会议精神，全面总结了甘肃省2017年防震减灾工作，分析研判了2018年甘肃省地震活动趋势，并安排部署2018年全省防震减灾重点工作。甘肃省委相关领导出席会议并作重要讲话。

会议强调，各有关部门要积极做好监测预报工作，着力提升震灾预防能力，扎实做好应急救援各项准备，不断提高公众防震减灾意识。要加强领导，确保防震减灾各项部署落到实处。各成员单位要继续绷紧防震减灾这根弦，落实工作责任，做好协调配合，加大监督检查，以更加认真负责的态度、更加深入扎实的作风、更加周密细致的部署，全力做好防震减灾各项工作，不断开创防震减灾事业新局面。

（甘肃省地震局）

青海省防震减灾工作领导小组会议

2018年2月6日，青海省副省长、青海省防震减灾工作领导小组组长匡湧在西宁主持召开青海省防震减灾工作领导小组扩大会议。各市（州）人民政府、省防震减灾工作领导小组成员单位、各市（州）地震局相关负责同志参加了会议。会议上，省地震局通报了2018年全国和青海的震情形势，青海省地震局副局长哈辉同志就青海省近年来防震减灾工作进行了总结，对2018年防震减灾工作作出安排。

会议强调，地震频发是青海多年未变的基本省情，要充分认识做好防震减灾工作的重要性。要大力推进地震科技创新，提高地震预警能力。充分调动社会和市场活力，使其积极参与到防震减灾工作中来。创新地震科普知识宣传方式，利用好自媒体等新技术、新手段，使社会公众对防震减灾相关工作有更加客观、准确的认识。探索新型有效减轻灾民地震损失方式方法，加大地震保险推广力度，鼓励单位和个人加入地震灾害保险，扩大全省农房保险试点范围，发展有财政支持的地震灾害保险事业，提高青海省应对巨灾风险的能力。

（青海省地震局）

宁夏回族自治区地震局长会议

2018年3月20日，宁夏回族自治区地震局长会议在银川召开。传达国务院防震减灾工作联席会议和自治区防震减灾领导小组（扩大）会议精神，总结2017年全区防震减灾工作，研究部署2018年重点任务。会议对2018年防震减灾工作作出部署，一是打牢基础强化根本，力争地震监测预报工作上台阶；二是纵横发力联合联动，构建震害防御工作新局面；三是注重实战着眼长远，实现地震应急准备能力新提升；四是加大改革力度，积极推动体制机制创新；五是强化全面从严治党政治责任，构建风清气正的良好政治生态；六是加强科技引领，强化人才队伍支撑能力建设。

（宁夏回族自治区地震局）

新疆维吾尔自治区防震减灾工作电视电话会议

2018年9月9日，新疆维吾尔自治区防震减灾工作电视电话会议在乌鲁木齐市召开。自治区副主席吉尔拉·衣沙木丁出席会议并作重要讲话。自治区人民政府副秘书长卜志勇，自治区地震局党组书记、局长张勇参加会议。自治区防震减灾领导小组成员单位有关负责人，乌鲁木齐市分管防震减灾工作的领导及防震减灾领导小组成员单位有关负责人等200余人在主会场参加了会议。全疆其他13个地（州、市）、96个县（市、区）分管防震减灾工作的领导、防震减灾工作领导小组成员单位有关负责人在分会场参加了会议。

会议强调，各地、各部门一定要牢固树立"宁可千日不震，不可一日不防"的意识，实施《中华人民共和国防震减灾法》《新疆维吾尔自治区实施〈中华人民共和国防震减灾法〉办法》，继续强化"党委领导、政府主导、部门协同、社会参与、法制保障"的防震减灾工作格局，进一步抓好防震减灾工作，为新疆社会稳定和长治久安总目标作出更大贡献。

（新疆维吾尔自治区地震局）

科技进展
与成果推广

本部分主要刊载获国家级、省部级、中国地震局局级科技成果奖项及通过中国地震局、省部级鉴定的项目；中国地震局授权发明专利及实用新型专利；重大科技项目及科技成果的推广及应用情况。

2018 年地震科技工作综述

2018 年，地震科技工作坚持以习近平新时代中国特色社会主义思想为统领，贯彻落实习近平总书记关于防灾减灾救灾与科技创新重要论述和自然灾害防治重要讲话精神，贯彻落实国务院防震减灾工作联席会议、全国地震局长会议、贯彻落实局党组重大决策部署。夯基础、抓重大、促改革、强合作。

一、成功发射"张衡一号"卫星，打造首个地震立体观测天基平台

2 月 2 日,中意合作研制的"张衡一号"电磁监测试验卫星在酒泉卫星发射中心成功发射，国家主席习近平与意大利总统马塔雷拉互致贺电，高度评价中意两国在电磁监测试验卫星项目方面的合作。卫星历经 10 年艰苦攻关、5 年工程研制，总体技术指标达到国际先进水平，部分技术指标达到国际领先水平。在轨 9 个月以来，观测到墨西哥、巴布亚新几内亚、委内瑞拉等国强震期间的电离层变化过程，捕捉到多次强磁暴活动引起的电离层异常现象，与国外同类卫星观测数据产品比对一致性良好，圆满完成在轨测试任务，我国成为世界上少数拥有在轨运行高精度地球物理场探测卫星的国家之一。9 月，电磁监测 02 卫星工程总指挥郑国光局长组织召开工程启动会，标志着我国地球物理探测新的卫星系列开始正式建立。

二、启动中国地震科学实验场，
构筑中国特色国际地震科技创新高地

借鉴国内外地震实验场建设经验，坚持自主创新道路，筹划在我国川滇地区建设世界首个系统研究大陆型强震、涵盖"从地震破裂过程到工程结构响应"全链条的地震科学实验场。5 月 12 日，国务委员王勇同志在汶川地震十周年国际研讨会上正式宣布建设中国地震科学实验场。11 月 29 日，印发《中国地震科学实验场设计方案》，郑国光局长任管理委员会主任。未来，将以中国地震科学实验场建设为龙头，打造地震科学中心和创新基地。

三、落实重点项目，实施国家地震科技创新工程

依托直属研究所等单位，建立国家地震科技创新工程"四大计划"牵头协调机构。完成重点研发计划年度项目推荐立项，落实 15 个项目，总经费达 2.96 亿元。地震科学联合基金首批项目成功立项，取得良好反响。地震科技获得国家重大科技项目资助经费比 2017

年翻了一番。其中，局属各单位承担项目数量过半，其余项目由清华、北大、中科大和科学院等国内一流科研团队承担。首次在渤海—北黄海海域布设大规模海底宽频带地震台阵，开展海洋地震观测和科学研究。

四、扩大开放合作，促进协同创新

与中国铁路总公司合作研制的自主知识产权高铁地震预警系统顺利转入工程应用阶段，工力所成为全国获得市场准入资格的 3 家单位之一，首批技术成果服务京张高铁建设。与科研院校、地方、行业部门等各类创新主体开展务实合作，2018 年成为联合建设协同创新平台最多的一年，天津局与天津大学合作建立中国地震局首个联合重点实验室，深研院与中科院半导体所共建联合实验室，广东局与中山大学、广州大学等高校联合建设省级科技协同创新中心，防灾科技学院与中冶总局共建城市安全与地下空间研究院。

五、谋划重大项目，强化科技管理

按照应急管理部要求，组织开展"重大灾害事故防治"科技重大专项地震部分的立项建议书编制。配合自然资源部，组织开展"地球深部探测"重大科技项目立项。做好科技项目管理服务，完成 3 项国家科技支撑计划项目结题验收、1 项国家重大科学仪器设备开发专项初步验收和最后一批 12 项地震行业科研专项综合验收。地震科技星火计划 2018 年度 60 个项目验收通过，2019 年度 72 个项目完成立项。

六、科技改革取得新进展

贯彻落实局党组关于全面深化改革的工作部署，针对直属研究所和区域研究所科技体制改革工作，推进改革试点，联合深圳市政府成立深研院，支持建设中国地震局深圳软件研发基地。组建中国地震局厦门海洋地震研究所，打造国家级海洋地震科学研究试验平台。召开区域研究所改革推进会议，湖北局、广东局、甘肃局、云南局和新疆局加快编制组建方案。工力所将改革试点作为年度首要工作任务，聚焦"韧性城乡"方向布局，打破原有研究室建制。做好顶层设计，激发创新活力。印发《〈地震科技体制改革顶层设计方案〉任务落实分工方案》，确保改革顶层设计重点任务落实落地；出台《关于促进地震科技成果转化指导意见》，下放科技成果管理权限，激发科技人员创新创业热情；编制《中国地震局研究所管理办法》，规范局所两级事权，扩大研究所自主权，实行符合科技创新规律的研究所管理机制，营造有利于创新的制度环境。

（中国地震局科学技术司）

科技成果

2018年中国地震局获得国家级、省部级科技奖励项目

一、国家重点研发计划
"不同构造类型活动断裂三维建模关键技术及应用"专项

项目负责人：徐锡伟

利用高分辨率、高精度空间对地观测技术，发展基于多源遥感技术的活动断裂带地表精细结构与活动性参数提取技术，建立融合地表地形地貌、活动断层精细结构、运动学参数的活动断裂带地表三维可视化模型，形成一套适用于不同类型地震构造区和不同断层类型的活动断裂带地表结构定位和填图、活动性参数提取与近地表三维建模技术应用规程。

发展基于多种不同地球物理数据综合研究活动断裂地下几何结构形态提取技术。收集整理九个示范区已有的深反射地震，大地电磁，天然地震、勘探地震数据等，进行密集地震台阵观测，并对郯庐断裂带宿迁段补充浅层反射地震和高密度电法观测。发展利用浅层反射地震、高频主被动源面波和高密度电法确定0~500米深度范围内活动断裂三维几何形态的联合成像算法。利用密集地震台阵记录的连续背景噪声数据，基于地震体波和面波、大地电磁测深数据、高精度地震定位和震源机制解等多种数据，发展确定活动断裂0.5~15千米深度范围内中深部结构成像技术。利用多尺度模型融合算法，确定9个示范区活动断裂地下断层面三维几何结构形态，解决活动断裂深浅构造关系问题，为探讨不同类型活动断裂几何结构与地震破裂分段成因联系提供深部依据。

开展野外流动台站的勘选、布设及数据采集工作，获得龙门山逆冲构造带东北段和东昆仑断裂带接触区大地电磁三维探测结果，并采用固定地震台站数据得到郯庐断裂带及其邻区上地幔顶部Pn波速度结构。

基于1：50万活动构造图，建立9个典型示范区包括地形地貌、主要活动断裂地表迹线、地震目录、活动断裂地下三维结构的统一断层模型数据库；初步揭示主要活动断裂在三维空间的几何结构。基于SKUA-GoCAD平台进行断层三维结构的可视化，实现多源数据的整合以及坐标系的转换和统一；通过定义科学的数据格式，实现数据库的可输出、可移植性，以及与其他软件兼容的可编辑图件成图。

项目年度重要进展及成果，分课题具体如下：

课题一：①收集九个示范区断裂研究成果，整理已有资料和数据库建设；②开展野外考察，选取典型断错地貌区域，进行高精度地形数据采集和典型地貌面采样；③基于高精度地形地貌数据进行断错地貌的位错测量，获取大量不同时代断错地貌的位错数据，重建断裂带的同震位移及累积位移分布特征；开展典型断错地貌的测年工作，为获取活动断层的滑动速率、限定古地震发生年代以及分析位移丛集特征提供时间信息。

课题二：①采集了6个示范区密集地震台阵一个月的连续地震数据，完成郯庐断裂带宿迁段高密度电法和浅层反射地震观测。②初步完成了包括宿迁、龙门山地区的背景噪声面波成像，获得了两个区的地下三维速度结构；完成独山子区域面波格林函数的提取；获得了宿迁5条主动源反射地震的反射剖面以及6条高密度电法勘探的电阻率剖面；通过速度成像获得了郯庐断裂宿迁段的断层空间展布形态。③完成了被动源面波与大地电磁、主动源与被动源的基于结构约束的地球物理联合成像算法；初步完成了基于天然地震结构成像算法。

课题三：为获得"郯庐断裂带宿迁段"和"银川盆地贺兰山东麓断裂"深部速度结构，以及贺兰山东麓断裂带地下介质三维电阻率结构，开展了野外流动台站的勘选、布设及数据采集工作。获得龙门山逆冲构造带东北段和东昆仑断裂带接触区大地电磁三维探测结果，并采用固定地震台站数据得到郯庐断裂带及其邻区上地幔顶部 Pn 波速度结果。

课题四：收集整理各类数据，搭建龙门山地区、天山北麓活动断裂带、郯庐断裂带（江苏段）、河套盆地大青山断裂、海原断裂带天祝空区的三维建模工区和平台；研究了活动断层匹配技术；建立龙门山断裂带、郯庐活动断裂带（江苏段）的三维断层初步模型。

课题五：在网格天地研发的透明地球系统上改进了三维建模展示平台，其是集活动断裂模型数据的存储、管理、展示于一体的互联网平台，解决了海量数据与海量用户下的三维模型存储与可视化问题。调研、收集了各课题现有数据情况，分析了各课题在项目执行期应入库存储数据内容，开展了三维建模软件和数据库技术培训课程，制定并发放了数据库模板。

（中国地震局地壳应力研究所）

二、国家重点研发计划
"井下地震监测设备研发"专项

项目负责人：李宏

1. 项目年度总体进展情况

项目按照任务书的年度计划目标和各项主要指标要求，各课题按照计划任务完成了全年的研发任务，主要技术指标达到年度考核的要求，取得的总体进展情况如下：

（1）完成深井宽频带地震计、深井加速度计、井下测斜侧倾系统的样机研制，初步测试表明性能指标满足任务书要求。

（2）完成高温环境下各传感单元电子器件及零部件选型。完成实验样机和关键部件研制。完成具有量程扩展功能的应变传感器设计调试。对应变、倾斜传感单元进行了洞室试验。

（3）完成总场磁力仪实验样机研制。对地磁三分量磁力仪关键技术进行研究，提高了磁力仪的长期稳定性、可靠性和噪声水平。完成套管磁屏蔽作用及无磁干扰隔离距离的仿真分析方法研究。

（4）形成了总体集成方案，进行了密封筒机械结构设计与制作、密封压力和温度测试。开展基于 CAN 总线的井下数据采集公共技术研发，形成样机两套。研制具有双备份的井下大功率、耐高温电源，已初步通过实验室测试。研制完成深井数据采集与服务装置的智能管理电源和数据采集与服务主板模块。完成深井综合数据收集与服务单元控制软件和深井综合观测系统远程管理系统软件的前期设计工作。完成深井综合观测技术标准相关内容的技术调研和技术资料整理。

（5）完成深井综合观测实验站的台站勘选，钻孔的结构与施工设计，地球物理综合测井技术要求、岩石力学实验技术要求和深孔原位测试技术要求的设计。完成"国家重点研发计划深井综合观测实验和应用示范钻井项目"的招投标工作。完成深井综合观测系统数据分析软件的前期设计工作。对地震波和应变地震波联合数据分析提取面波相速度的方法进行初步研究和数据试算。

2. 人才培养情况

培养博士研究生 6 人和博士后 2 名，主要参与理论研究、方案制定、仪器设计等工作；硕士研究生 6 人，主要参与电路焊接调试、样机性能测试等工作。

3. 发表文章与申请专利情况

完成投稿的文章 11 篇，其中 SCI 文章 5 篇，EI 和核心刊物文章 6 篇；申请专利 13 项，获得授权 4 项；获得软件著作权 4 项。

4. 项目年度人员及经费投入使用情况

2018 年 12 月项目到位资金 1100.00 万元，其中直接经费 920.00 万元，间接经费 180.00 万元。课题人员投入情况与任务书基本相符。项目牵头单位向课题承担单位、课题承担单位向课题参与单位拨付中央财政专项资金情况。

（中国地震局地壳应力研究所）

三、国家重点研发计划

"张衡一号 ZH-1（01）电磁监测试验卫星工程"专项

项目类型：国家民用基础设施"十三五"项目

项目总经费：53941 万元

执行期：2013 年 8 月—2018 年 11 月

项目负责人：申旭辉

项目承担单位：中国地震局

1. 工程简介

"张衡一号 ZH-1（01）电磁监测试验卫星工程"是我国地球物理场探测计划的首个卫星工程。是申旭辉研究员科研团队，经过 15 年酝酿准备，2013 年 8 月工程批复立项，于 2018 年 2 月 2 日在酒泉成功发射入轨。习近平总书记和马卡雷拉总统互致贺电，祝贺中意合作的电磁监测试验卫星（张衡一号）发射成功。

该工程由中国地震局作为工程大总体负责工程组织实施和协调工作，航天科技集团五院总体部作为工程大总体支撑单位，航天东方红卫星有限公司作为卫星系统研制单位，航天八院 805 所作为运载火箭系统研制单位，20 和 26 基地分别负责测控系统和发射场系统研制单位，中国科学院遥感所和中国资源卫星应用中心负责地面系统研制，中国地震局地壳应力研究所负责应用系统研制。同时，有多家单位参与载荷的研制，包括北京航空航天大学负责感应式磁力仪、中国科学院空间中心负责等离子体分析仪、朗缪尔探针、高精度磁强计载荷，中国科学院高能物理所负责高能粒子载荷，航天科技集团 503 所负责 GNSS 掩星接收机、510 所负责电场探测仪，中国电子科技集团第 22 所负责三频信标机载荷。搭载的意大利高能粒子载荷由意大利国家核物理研究院牵头负责研制。

2. 建设目标和重大意义

科学目标：在实时监测空间电磁环境状态变化的基础上，初步探索地震前后电离层响应变化的信息特征及其机理，研究地球系统特别是电离层与其他相关圈层相互作用及其效应。

工程目标：建设重点监测中国全境，并能获取全球电磁信息的试验卫星及其地面、应用系统，检验卫星电磁监测新技术设备的效能和空间适应可靠性。

应用目标：对中国及其周边邻近区域开展电离层动态实时监测和地震前兆跟踪；开展全球 7.0 级以上地震、中国 6.0 级以上地震电磁信息分析研究，总结地震电离层扰动特征，开展大地震短临预报的判定指标研究，为大震预测研究、预报实践提供有价值的前兆信息；向国家安全、航空航天、导航通信等相关领域提供空间电磁环境监测数据应用服务。

重大意义：该工程的实施，使得我国在地球物理场空间探测方面迈出了第一步，为我国独立自主获得空间地球物理场观测数据和进一步建立独立自主的地球物理场模型奠定了坚实的基础。

3. 工程建设进展情况

该工程自 2013 年批复以来,2013 年 11 月工程转初样,2016 年 8 月通过工程鉴定件评审,2017 年 6 月完成卫星和火箭的出厂评审,2017 年 12 月卫星和火箭转场,2018 年 2 月 2 日卫星发射入轨以来,2018 年 11 月 3 日经在轨测试结果评审,认为工程取得圆满成功。

从 2018 年 8 月开始,根据国家航天局和中国地震局联合发布的《关于加强电磁监测试验卫星数据管理的通知》,中国地震局地壳应力研究所开始逐步共享电磁卫星标准产品,并于 2018 年 11 月在第三届电磁监测卫星计划国际学术研讨会上正式公布数据共享网页,实现了数据资源的共享,为相关领域的科学研究提供支撑和服务。

4. 科学研究进展和已解决的问题

作为我国地球物理场探测卫星的首发星,首次获取了我国自主知识产权的全球地磁图和电离层状态,填补了国内地球物理场探测领域的空白,使得我国成为继美国、俄罗斯和欧盟之后第四家能够独立获取全球磁场的能力。工程获得电离层观测结果,得到了国内外同行的高度认可,欧空局和 IUGG 地震与火山电磁学联合工作组 EMSEV 专家评价认为总体达到国际同类卫星同期水平,部分数据达到了国际领先水平。

基于一年多的在轨数据分析和使用,目前已经取得了如下结果:

(1)基于电磁监测试验卫星的磁场数据,得到的全球磁场观测结果,达到了国际同类卫星的水平,目前基于该数据获得了全球磁场数据和建立全球地磁场模型;

(2)基于原位电离层观测获得的全球电离层基本参量,与国际参考模型和类同时段的卫星观测结果趋势一致,与地基观测结果比较近似,可以用于准实时的电离层监测,以及空间天气预警及区域增强型电离层建模;

(3)自卫星发射以来全球已经发生了近 30 次 7.0 级以上地震,对这些地震前的电离层信息的回溯震例分析,初步发现了一些共同的特征,为后续地震监测预测工作和电磁监测 02 卫星的业务化运行奠定了基础。

(中国地震局地壳应力研究所)

四、国家重点研发计划
"地震预警新技术研究与示范应用"专项和"城市及城市群地震重灾区现场人员搜救技术研究"专项

2018 年,根据中国 21 世纪议程管理中心《关于国家重点研发计划重大自然灾害监测预警与防范重点专项 2018 年度项目立项的通知》(国科议程办字〔2018〕26 号),工力所牵头申报的 2018 年度国家重点研发计划"重大自然灾害监测预警与防范"重点专项"地震预警新技术研究与示范应用"(项目编号:2018YFC1504000,项目负责人:李山有,项目总经费 2142 万)和"城市及城市群地震重灾区现场人员搜救技术研究"(项目编号：2018YFC1504400，负责人：戴君武，项目总经费2135万）2个项目获批立项。

"地震预警新技术研究与示范应用"项目将紧紧围绕国家重大建设项目《国家地震烈度速报与预警工程》实施中的关键科技问题，本着"应用一代、储备一代、研发一代"的战略理念，按照"理论研究—技术研发—系统研制—示范应用"的一体化实施路线，以"新观测手段、新预警方法、新处理技术、新发布技术"的"四新"作为创新点，发展依据多源观测数据、基于人工智能的震源机制以及大地震破裂特征秒级测定方法；探索基于多源观测手段的自组网现地地震预警技术；发展基于震源理论、人工智能与大数据分析等的地震预警参数快速确定新方法；研发面向地震预警的场地校正技术及风险评估模型；研究海量数据秒级处理关键技术，研发智能化地震预警处理软件系统；研究海量用户亚秒级信息发布技术，研发地震预警信息发布软件系统；开展地震预警系统整体示范应用。项目在带动学科和产业发展的同时，也会产生重大的社会经济效益，支撑国家区域地震预警系统建设和重大工程地震预警系统建设，助力国家地震科技创新工程"韧性城乡"和"智慧服务"科技计划的实施，促进多学科协同合作、科技创新人才培养，实现地震科技创新的跨越式发展和可持续发展。

"城市及城市群地震重灾区现场人员搜救技术研究"项目将构建基于地震构造背景、强地震动时空场和主余震连续作用效应的典型城市及城市群7.0级以上地震巨灾情景动态模拟系统；构建城市群地震巨灾救援资源动态优化配置决策成套模型和调度技术；研发夜间和云雾遮挡环境下废墟及表层埋压人员快速大面积精准搜索定位成套技术；研发倒塌建筑物生命通道优选技术；搭建典型城市大规模现场救援三维仿真场景模拟系统，建立具备搜救效能动态评估功能的"搜、救、医"一体化、"学—研—练—考—评"全过程现场救援行动指挥培训演练模拟系统。通过系列关键技术研发，为显著提升我国城市及城市群大震巨灾应急救援能力提供技术支撑，将在带动学科和产业发展的同时，产生重大的社会经济效益。

（中国地震局工程力学研究所）

五、国家重点研发计划
"区域三维精细壳幔结构研究与巨震震源识别"专项

项目编号：2017YFC1500200

所属专项：重大自然灾害监测预警与防范

项目负责人：丁志峰

项目牵头单位：中国地震局地球物理研究所

参与单位：中国地震局地球物理勘探中心、南方科技大学、中国地震局地震研究所、中国地震局地质研究所、珠海市泰德企业有限公司。

经费：2125万元

执行周期：2018年1月—2022年12月

项目简介：

该项目是国家重点研发计划"重大自然灾害监测预警与防范"重点专项的研究项目。项目围绕解剖强震震源区深部构造特征的目标，在京津冀城市群及环渤海地区开展综合地球物理探测研究，在三河—平谷和唐山强震发生区对强震震源区的深部细结构进行高分辨率成像，探索华北地区强震发震构造的介质物性特征及其强地震动效应。

项目的研究内容包括在研究区的高分辨率宽频带地震台阵观测，超密集地震台阵探测系统的研发，雄安、通州等沉积盆地浅层精细结构的探测，巨震震源区的介质速度、密度和电性结构特征的综合地球物理探测，三维地壳上地幔速度结构精细成像技术的研究，研究区强震活动的长周期强震地面运动的模拟。

（中国地震局地球物理研究所）

2018 年中国地震局防震减灾科技成果奖名单

序号	成果类别	成果名称	主要完成人		主要完成单位	推荐单位	获奖等级
1	基础研究与应用基础研究	破坏性地震震源破裂过程反演方法及其应用研究	陈运泰 张勇 张旭 李春来 付真 赵华	许力生 周云好 杜海林 许康生 王永哲 张新东	中国地震局地球物理研究所	中国地震局地球物理研究所	1
2	应用研究与技术开发	地震现场调查评估工作技术标准体系构建及应用	孙柏涛 郭恩栋 杨国宾 孙景江 袁一凡 温增平 刘洁平 王艳茹	戴君武 张令心 林均岐 陈洪富 杨玉成 张敬军 张桂欣	中国地震局工程力学研究所 北京市地震局 中国地震局地球物理研究所	中国地震局工程力学研究所	1
3	基础研究与应用基础研究	青藏高原地震地表破裂习性、发震构造模型与灾害效应	徐锡伟 谭锡斌 李康 任俊杰 郑荣章	陈桂华 鲁人齐 许冲 于贵华	中国地震局地质研究所	中国地震局地质研究所	2

序号	成果类别	成果名称	主要完成人	主要完成单位	推荐单位	获奖等级
4	应用研究与技术开发	甘肃地震应急指挥关键技术研究与应急处置应用	张苏平 陈文凯 何少林 高安泰 孙艳萍 周中红 习聪望 李 英	甘肃省地震局	甘肃省地震局	2
5	基础研究与应用基础研究	全国地震重点监视防御区制度实施现状、成效及对策研究	高孟潭 伍国春 朱 泽 晁洪太 李 健 申文庄 哈 辉 吴荣辉 续新民	中国地震局地球物理研究所 山东省地震局 中国地震灾害防御中心	中国地震局地球物理研究所	2
6	基础研究与应用基础研究	基于类临界点模型的地震预测实用技术研究	蒋长胜 吴忠良 李宇彤 韩立波 尹凤玲 来贵娟	中国地震局地球物理研究所 中国地震局地震预测研究所 辽宁省地震局	中国地震局地球物理研究所	2
7	应用研究与技术开发	2010—2014年我国地震趋势预测研究	张永仙 蒋海昆 薛 艳 李 纲 黎明晓 宋治平 晏 锐 周龙泉 牛安福	中国地震台网中心	中国地震台网中心	2
8	应用研究与技术开发	多因素影响的房屋建筑和人口时空分布方法	窦爱霞 丁 玲 袁小祥 丁 香 王晓青 杨海霞 李振敏 王书民 崔丽萍	中国地震局地震预测研究所	中国地震局地震预测研究所	2
9	基础研究与应用基础研究	水库地震发生环境和特征研究及其应用	赵翠萍 王勤彩 华 卫 周连庆 陈 阳	中国地震局地震预测研究所	中国地震局地震预测研究所	3
10	基础研究与应用基础研究	大地震周边地区重力均衡与构造环境研究	付广裕 张国庆 高尚华 佘雅文 刘 泰	中国地震局地震预测研究所	中国地震局地震预测研究所	3

序号	成果类别	成果名称	主要完成人	主要完成单位	推荐单位	获奖等级
11	基础研究与应用基础研究	汶川地震中小型水库震害现场调查及预测和评估方法	景立平 陈国兴 李永强 梁海安 高洪梅	中国地震局工程力学研究所 南京工业大学	中国地震局工程力学研究所	3
12	基础研究与应用基础研究	西南天山现今变形活动与区域强震关系的地震大地测量研究	李 杰 乔学军 刘代芹 杨少敏 王 琪	新疆维吾尔自治区地震局 湖北省地震局 中国地质大学（武汉）	新疆维吾尔自治区地震局	3
13	基础研究与应用基础研究	汾渭断陷带及邻区现今三维地壳变形及动力学机理研究	崔笃信 郝 明 胡亚轩 李煜航 李长军	中国地震局第二监测中心	中国地震局第二监测中心	3
14	应用研究与技术开发	大地形变流动观测数据库建设	杨 勤 周 辉 郭啟倩 刘文义 马 亮	中国地震局第二监测中心	中国地震局第二监测中心	3
15	应用研究与技术开发	交城断裂晋祠段岩溶井水位巨升型异常成因及性质研究	张淑亮 杨军耀 宋美琴 刘瑞春 李 丽	山西省地震局	山西省地震局	3
16	基础研究与应用基础研究	时域地震反应分析方法及在场地地震动参数确定中的应用	荣棉水 卢 滔 李小军 迟明杰 喻 烟	中国地震局地壳应力研究所 防灾科技学院 中国地震局地球物理研究所	中国地震局地壳应力研究所	3
17	应用研究与技术开发	河南省地震现场移动指挥平台	王勤忠 寇曼曼 高冠龙	河南省地震局	河南省地震局	3

（中国地震局科学技术司）

科技进展

国家重点研发计划项目启动

2018 年度"大地震监测预警与风险防范"国家重点研发计划，启动了"地震构造主动源监测技术系统研究"等 15 个项目。针对重大地震灾害监测预警与防范中的核心科学问题，在成灾理论、关键技术、仪器装备、应用示范、技术及风险信息服务产业化等方面进行研究，力争取得重大突破，形成并完善从全球到区域的多尺度多层次重大自然灾害监测预警与防范科技支撑能力，推动关键技术，信息服务、仪器装备的标准化、产品化和产业化，为我国经济社会持续稳定安全发展提供地震科技保障。

2018 年度"大地震监测预警与风险防范"国家重点研发计划项目

序号	编号	名称	负责人	承担单位	中央财政经费/万元
1	2018YFC1503200	地震构造主动源监测技术系统研究	王伟涛	中国地震局地球物理研究所	2168
2	2018YFC1503300	地震亚失稳阶段识别的实验、理论与野外观测研究	何昌荣	中国地震局地质研究所	1882
3	2018YFC1503400	基于断层带行为监测的地球物理成像与地震物理过程研究	吴建平	中国地震局地球物理研究所	2089
4	2018YFC1503500	地球物理探测卫星数据分析处理技术与地震预测应用研究	申旭辉	中国地震局地壳应力研究所	1564
5	2018YFC1503600	综合利用空间观测技术的大地震孕育发生变形时空特征研究	姜卫平	武汉大学	1714
6	2018YFC1503700	高精度地球物理场观测设备研制	胡祥云	中国地质大学（武汉）	2466
7	2018YFC1503800	新型便携式地震监测设备研发	欧阳飚	中国地震局地球物理研究所	2072
8	2018YFC1503900	井下地震监测设备研发	李　宏	中国地震局地壳应力研究所	2472
9	2018YFC1504000	地震预警新技术研究与示范应用	李山有	中国地震局工程力学研究所	2142
10	2018YFC1504100	不同构造类型活动断裂三维建模关键技术及应用	徐锡伟	中国地震局地壳应力研究所	2521

序号	编号	名称	负责人	承担单位	中央财政经费/万元
11	2018YFC1504200	多概率宽频带地震危险性分析方法研究	储日升	中国科学院大学	1596
12	2018YFC1504300	城市典型场地与建构筑物地震损伤破坏效应研究	杜修力	北京工业大学	2184
13	2018YFC1504400	城市及城市群地震重灾区现场人员搜救技术研究	戴君武	中国地震局工程力学研究所	2135
14	2018YFC1504500	地震应急全时程灾情汇聚与决策服务技术研究	姜立新	中国地震台网中心	1299
15	2018YFC1504600	地震保险损失评估模型及应用研究	左惠强	中国财产再保险有限责任公司	1336

（中国地震局科学技术司（国际合作司））

启动中国地震科学实验场建设

2018 年 11 月 29 日，印发《中国地震科学实验场设计方案》，启动中国地震科学实验场建设，2018 年 5 月 12 日，在汶川地震十周年国际研讨会暨第四届大陆地震会议上，王勇国务委员代表中国政府向世界宣布建设中国地震科学实验场。建设好中国地震科学实验场，是大力推进新时代防震减灾事业现代化建设、实施国家地震科技创新工程的重要内容，应急管理部副部长，中国地震局党组书记、局长郑国光亲自担任实验场管理委员会主任。实验场以深化地震孕育发生规律和成灾机理的科学认识、提升地震风险的抗御能力为目的，建设集野外观测、数值模拟、科学验证及科技成果转化应用为一体，具有中国特色、世界一流的地震科学实验场。秉承开放合作，突出机制创新，吸引国内外专家，利用大数据、超算模拟等新技术新方法，发展地震科学理论与基础模型，产出一批具有国际影响的原创成果，引领地震业务转型升级，提升防震减灾综合能力。

（中国地震局科学技术司（国际合作司））

国家重点研发计划项目年度进展

2018 年，国家重点研发计划"重大自然灾害监测预警与防范"重点专项首批项目陆续启动实施，其中与地震相关共计 9 个项目，中央财政经费 1.6 亿元。

（一）项目主要任务布局

地震领域项目布局重点考虑当前地震灾害防治工作最为迫切大城市 / 城市群地震灾害的监测预测预警、风险评估与应急处置中面临的重大科技需求，其中"区域三维精细壳幔结构研究与巨震震源识别（2017YFC1500200）"研发适合我国大城市环境和复杂构造背景、基于宽频带地震台阵的精细结构探测、建模技术和大震震源识别技术；"川滇地区多尺度高分辨率结构模型与变形特征及强震孕育发生背景研究（2017YFC1500300）"重点研发适合我国西部复杂孕震环境、满足危险性分析判断的多尺度速度结构建模和时变分析技术，"基于密集综合观测技术的强震短临危险性预测关键技术研究项目（2017YFC1500500）"重点研发适合我国断裂带特点、基于密集观测台阵的地震短临预测预报技术系统，提升国家年度地震危险区确定的科技水平，二者均需要在川滇地区开展应用示范，服务南北地震带南段的成都、滇中城市群地区重大地震灾害的监测预警；"区域与城市地震风险评估与监测技术研究（2017YFC1500600）"研发适合我国地震环境和城市建筑与基础设施特点的、满足高分辨率地震风险评估技术和动态监测系统，"大型关键工程结构地震成灾机理与减隔震技术（2017YFC1500700）"研发适合我国城市群与大城市特点的重大基础设施抗震、减震、隔震新技术，二者均瞄准城市各类大型复杂工程结构开展地震成灾机理与灾害风险防范开展相关关键技术研发；"重大工程地震紧急处置技术研发与示范应用（2017YFC1500800）"研发适合我国复杂地震环境和轨道交通及燃气管网等重大城市基础设施紧急处置特点的技术系统和仪器设备，"星机地协同的大地震灾后灾情快速调查关键技术研究（2017YFC1500900）"研发适合满足我国大地震现场特点、不同灾害情景下的地震灾情调查系统和指挥决策系统，上述二者将为现代化城市环境下重特大地震灾害的紧急应对和应急处置提供关键技术支撑。在关注城市灾害的同时，还重点关注重大国家需求，安排"鄂尔多斯活动地块边界带地震动力学模型与强震危险性研究（2017YFC1500100）"，以建立基于活动地块理论和地球动力学模型以及我国构造环境的地震危险性预测理论和技术方法为目标，重点关注丝绸之路经济带的起点鄂尔多斯块体周边地区，安排"海域地震区划关键技术研究（2017YFC1500400）"研发适合我国近海及邻近海域地震构造环境、地震波传播特点的概率危险性分析方法和地震区划关键技术，二者将共同为"一带一路"的实施提供地震安全保障。

（二）地震领域项目年度实施进展

1. 解决的关键科学问题

在地震孕育发生机理方面建立基于活动地块理论和地球动力学模型以及我国构造环境的地震危险性预测理论和技术方法，在地震检测预测预警方面研发适合我国大城市环境和复杂构造背景下基于宽频带地震台阵的精细结构探测建模技术和大震震源识别技术、研发适合我国西部复杂孕震环境下满足危险性分析判断的多尺度速度结构建模和时变分析技术、研发适合我国断裂带特点且基于密集观测台阵的地震短临预测预报技术系统，在地震灾害风险识别与评估方面研发适合我国近海及邻近海域地震构造环境和地震波传播特点的概率危险性分析方法及地震区划关键技术、研发适合我国地震环境和城市建筑与基础设施特点的满足高分辨率地震风险评估技术和动态监测系统、研发适合我国城市群与大城市特点的重大基础设施抗震与减隔震新技术，在地震灾害应急救援与紧急处置方面研发适合我国复杂地震环境和重大工程紧急处置特点的技术系统和仪器设备、研发适合满足我国大地震现场特点及不同灾害情景下的地震灾情调查系统和指挥决策系统。

2. 主要年度成果

地震灾害中，在原有相对零散的研究基础上初步建立了首都圈地区、青藏高原东北缘、龙门山构造带、中国东部海域等研究区的基础地球物理及深部构造科学数据，建立了响应的基础科学数据库。在已有工作基础上，获得了青藏高原东北缘系列大型活动构造带、龙门山构造带等地震活动及地球动力学的新认识；建立了青藏高原东北缘地区的高精度地壳速度结构模型 NETRA2018；初步提出了提出针对大陆型强震的物理预测方案并形成现有条件（断层结构、分段、应力模型）下的强震概率预测模型；初步揭示了我国近海域不同构造环境下的强震发生构造背景、强震与俯冲带构造关系，建立海域地震区划基础性技术体系；探索了城市地震风险评估与监测技术，初步构建建筑结构抗震形态及韧性能力评价指标体系，基本建立韧性指标计算方法；完成了基于运营性能的城市轨道交通地震报警阈值研究，同时开发了车—地无线通信系统向列车群发布地震紧急处置信息技术方案，研制开发了两种型号的燃气地震紧急处置开关装置样机；研发了基于多平台多传感器协同观测数据的震后灾情信息快速提取技术中的地震次生地质灾害的模式识别及评价技术，融合星机地多源灾情信息进行烈度的实时动态修正研发现场地震烈度图动态快速生成技术和模式，大幅度提高能大大缩短海量数据处理的时间，能尽早为典型灾情要素及地震次生地质灾害信息自动提取提供高质量的灾区影像数据。

3. 项目成果对地震部门支撑情况

部分成果已经开始业务化应用，直接提升了行业部门业务能力，例如"基于密集综合观测技术的强震短临危险性预测关键技术研究"（2017YFC1500500）成果"中国大陆年尺度和短期地震风险概率预测"已经应用于中国大陆年尺度和短期地震风险概率预测分析，"海域地震区划关键技术研究"（2017YFC1500400）成果"珊瑚砂岛礁场地的地震动响应特性"已经应用于远海岛礁建设。

4. 突出性成果

成果一：基于密集综合观测技术的强震短临危险性预测关键技术研究项目（2017YFC1500500）成果"中国大陆年尺度和短期地震风险概率预测"

初步完成了中国大陆年尺度和短期地震风险概率预测分析方法，目前每月产出未来3个月中国大陆地震风险概率图，每季度产出未来1年中国大陆地震风险概率图，并应用于中国地震台网中心滚动会商中。2018年2—8月份中国地震台网中心产出的7期未来3个月我国大陆的地震风险概率预测结果检验显示，每期 $M_S \geq 5.0$ 地震命中数（概率 >1%）平均约72%（图1）。

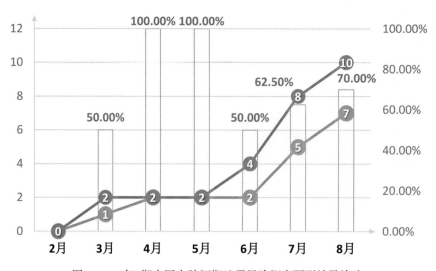

图1　2018年7期中国大陆短期地震风险概率预测效果检验

成果二："海域地震区划关键技术研究"（2017YFC1500400）成果"珊瑚砂岛礁场地的地震动响应特性"

如图2、图3所示，以某南海珊瑚岛礁为研究对象，开展了16组饱和珊瑚砂试样的动三轴试验，发现采用修正 Matasovic 本构模型描述珊瑚砂的动剪切模量折减和阻尼比增长特性是适宜的，并给出了相应的模型参数。详细考虑岛礁场地的工程地质特性和珊瑚砂的动力非线性特性、自由场非均匀网格划分和人工边界条件，尤其强调了土体应力—应变滞回曲线的不规则加卸载准则，建立珊瑚砂岛礁场地的二维非线性地震反应分析模型，分析了珊瑚岛礁场地峰值加速度放大系数的空间变异特征、地表加速度反应谱的谱形与持时特征。结果表明：①峰值加速度随地高程的增加总体上呈增大的趋势，10m 以浅放大效应显著，灰砂岛和港池区域尤为显著；②基岩输入地震动频谱特性对珊瑚岛礁地表谱加速度的谱形影响显著，地表谱加速度在周期小于 0.7s 部分的反应非常显著。③地表地震动持时较之输入地震动持时均有所减小，地形地貌特征对地表地震动持时有一定程度的影响。

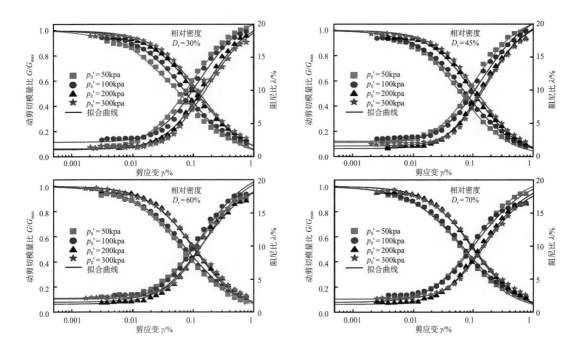

图2 珊瑚砂动三轴试验结果及修正Matasovic本构模型拟合曲线

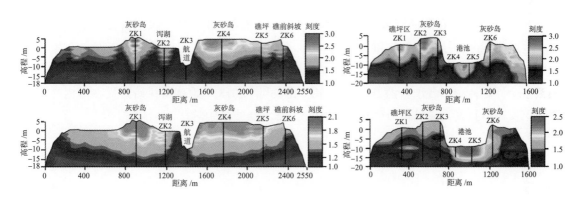

图3 输入 Hualian 波时岛礁剖面的PGA放大因子分布

（中国地震局地质研究所）

中国地震局地球物理研究所年度重要科技进展

1. 中国地震局防震减灾科技成果获奖项目

"破坏性地震震源过程反演方法及其应用研究"科研成果获中国地震局 2018 年防震减灾科技成果一等奖。该项目是陈运泰院士及其率领的科研团队多年来潜心开展的研究领域和方向。陈运泰院士等从地震学基本原理和震源基础理论出发，发展了多种震源机制反演方法、震源时间函数提取方法以及破裂过程反演方法。研究团队坚持自主创新，设计算法，编写软件，利用地震波形和大地测量（GPS+InSAR）资料，反演研究了大量破坏性地震的震源过程，在 *Geophysical Journal International*、*Journal of Geophysical Research*、《中国科学》等国内外专业学术期刊上发表论文 100 多篇，其中多篇论文获奖。同时研究团队将基础研究成果及时转化为应用技术，服务于大震应急。尤其是 2008 年四川汶川 M_S8.0 级地震以及 2010 年青海玉树 M_S7.1 级地震发生后，研究团队及时提供的震源破裂过程快报为挽救灾区民众生命、减轻损失所作出的贡献得到上级部门的积极肯定和行业的广泛认可。该项科研成果获得中国地震局 2018 年防震减灾科技成果一等奖。

2. 中国地震科学台阵探测项目

聚焦"透明地壳"计划，牵头组织实施"中国地震科学台阵探测"项目第三期工作任务。在华北东部和中部布设了 700 多个地震台阵观测点。开展海洋地震观测实验研究，2018 年与泰德公司合作在渤海—北黄海海域布设了 28 个海底宽频带地震台阵观测点，这是我国首次针对海域的大规模宽频带地震台阵探测工作。

3. 在研的国家级竞争性科研项目（课题）

2018 年地球所在研的国家级竞争性科研项目（课题）114 项，包括科技部重点研发项目及政府间国际科技创新合作重点专项 6 项、重点研发计划重点专项课题 17 项、国家重大科学仪器设备专项课题 6 项，国家自然基金课题 78 项、中国博士后基金项目 3 项、北京市自然基金课题 4 项。各项目课题任务工作进展顺利。2018 年地球所科研人员在国内外重要期刊上发表科技论文 73 篇，其中 SCI 收录 55 篇，EI 收录 18 篇。

（中国地震局地球物理研究所）

中国地震局地质研究所年度重要科技进展

1. 积极推进国家级科研项目的申请和实施

2018 年中国地震局地质研究所积极参加国家重点研发计划项目、国家自然科学基金等国家级项目的申报。在重点研发计划项目申请中，作为项目负责人牵头的 1 项、作为课题负责人参加的 5 项申请获得资助；在国家自然科学基金申请中，目前已获得资助项目 19 项（其中面上基金 10 项、青年基金 6 项、地震联合基金 2 项、国际合作 1 项）。上述项目实际获得的经费超过 4500 万元，是近年来获得国家科研经费最多的一年。

承担包括国家重大科学工程、国家自然科学基金、地震行业专项等国家级科研项目100余项，各类科研项目进展顺利。其中重大科学工程项目——极低频探地工程地震预测分系统完成了技术成果验收，其在技术上的创新性获得了评审专家的高度评价，24项国家自然基金项目顺利完成结题验收，2项地震行业专项完成了项目验收工作。

2. 继续保持科技论文发表的良好态势

2018年中国地震局地质研究所科研人员和研究生以第一作者发表学术论文188篇，其中，SCI收录101篇（国际SCI收录74篇）、EI收录53篇。各类论文数量均为5年来最高，国际SCI收录论文数创新高。发表在影响因子2.0以上期刊的SCI论文达60篇，其中数十篇论文发表在Nature Communications、EPSL、JGR、GRL等国际著名期刊上，进一步提升了研究所在国内外学术界的影响力。特别是青年博士陈进宇和导师团队将实验室测量结果、大地电磁测深数据与野外构造现象相关联，探究喜马拉雅造山带的地质演化过程，取得了新认识，研究成果发表在Nature Communications上，引起国内外学者广泛关注。

（中国地震局地质研究所）

中国地震局地壳应力研究所年度重要科技进展

1. "十三五"国家级竞争项目

2018年地壳所牵头组织申报国家重点研发计划专项"同构造类型活动断裂三维建模关键技术及应用""地球物理探测卫星数据分析处理技术与地震预测应用研究"和"井下地震监测设备研发"3项获得资助，总经费6557万元，排名全国高校科研院所第六，中国地震局系统第一。参与2项重点研发课题，获资助经费355万元。

2. 国家自然科学基金项目

2018年获国家自然科学基金资助项目14项，其中青年基金5项，面上基金9项，资助经费915万元，获资助项数和经费均创历史新高。地震联合基金项目"阿尔金断裂东段大地震复发模型及其力学机理研究"获批，资助经费228万元。

3. 张衡一号 ZH-1（01）电磁监测试验卫星工程

作为中国地球物理场探测计划的首发星，2018年2月2日电磁监测试验卫星"张衡一号"发射成功，国家主席习近平和意大利总统马卡雷拉互致贺电。该卫星的发射为我国独立自主获得空间地球物理场观测数据和进一步建立独立自主的地球物理场模型奠定坚实基础。

在中国地震局和中国国家航天局的共同支持下，亚太空间合作组织理事会于 2018 年 11 月批准由地壳所牵头组织实施亚太地震二期项目"地震前兆特征的星地一体化观测研究"，立项经费 143.5 万美元。

4. 综合科技实力稳步提升，各项科研成果显著

2018 年，地壳所共承担纵向科技项目 139 项，项目经费总额 14474.8 万元，到款科研经费 8946.5 万元。横向科技项目 114 项，总合同额为 3965.6 万元，全所横向科技项目总到款额为 4765.5 万元。

2018 年，研究所获得中国地震局防震减灾科技成果奖一等奖 1 项、三等奖 1 项。获得中国岩石力学与工程学会"专岩杯"第三届全国青年岩石力学与岩土工程创新创业大赛三等奖 1 项。公开发表学术论文 139 篇，其中 SCI 收录 34 篇，EI 收录 23 篇；完成行业标准 2 部；出版专著 3 部；获得国家发明专利 8 项、实用新型专利 20 项、软件著作权 27 项。

（中国地震局地壳应力研究所）

中国地震局地震预测研究所年度重要科技进展

在科研项目方面，研究所紧紧围绕"解剖地震"的国家地震科技创新工程目标，积极组织参加国家重点研发计划、国家自然科学基金、地震科学联合基金等国家级重大、重点项目。目前在研科研项目 165 项，总经费 1.48 亿元。其中国家重点研发计划项目、课题、专题共 5 项，总经费 2918 万元。"基于密集综合观测技术的强震短临危险性预测关键技术研究"项目，为落实郑国光局长提出的预测所"长中短临都要研究"的任务提供了坚实的科学基础和清晰的发展路线图。研究所通过基本科研业务费专项、修缮购置项目、中国地震局运维项目的实施，持续提升研究所的科技能力。继续做好科技援藏、援疆工作，完成援藏项目《藏东南地区地震危险性研究》立项，牵头精河地震科学研究。

在科研成果方面，截至目前，研究所专家以第一署名单位发表科研论文 75 篇，其中 SCI 收录论文 27 篇，EI 收录论文 17 篇，核心 29 篇，发表论著 1 部。研究所主办的《地震》杂志编辑出版"汶川地震十周年纪念专辑"。研究所专家在汶川地震十周年国际研讨会暨亚洲地震委员会（ASC）第 12 届大会、第二届世界无人机大会等国际性学术会议上做特邀报告。

在科技交流合作方面，研究所协调科技、外事、监测、财务等方面的工作，积极参加汶川地震十周年国际研讨会暨第四届大陆地震国际研讨会的组织，受到中国地震局领导和

国际合作司的表扬。国际合作项目"强震发生模型与天地一体化监测技术"和"中国东北边界区构造活动与地震危险性的研究"完成财务验收。局所合作项目"海城地震发震背景及辽南地区地震活动研究"立项。2018年研究所接收6名国内交流访问学者,派出3名高级访问学者。截至11月1日在所内共举办39场82人次学术报告,其中国外专家报告31人次。

在科技基础条件平台建设方面,依托中国地震科学实验场项目,落实"解剖地震"科技创新计划,开展地震预测预报理论方法和观测技术研发,为科技创新和科技合作夯实"硬件"基础。2018年完成该项目的立项申报和实施准备工作。依托十三陵地震科学观测实验基地建设中国地震科学实验场国际合作交流基地。依托黄村科学观测实验基地建设中国地震局科学实验场国家中心、地震预测重点实验室和地震观测技术和装备研发试验基地。完成与大兴区政府和京创公司置换协议签署和黄村科学观测实验基地新址的设计工作。

(中国地震局地震预测研究所)

中国地震局工程力学研究所年度重要科技进展

科研成果取得突破,"韧性城乡"科学计划实施顺利,科技平台建设日益完善。

牵头承担的两项2017年度国家重点研发计划"重大自然灾害监测预警与防范"重点专项"区域与城市地震风险评估与监测技术研究"和"重大工程地震紧急处置技术研发与示范应用"顺利启动并通过实施方案论证,正按计划有序推进;2018年度再次获批2项国家重点研发计划项目"地震预警新技术研究与示范应用"和"城市与城市群地震重灾区现场人员搜救"。2018年度获批立项国家自然科学基金项目8项,其中面上基金5项,青年基金3项,组织申报2019年度黑龙江省科学基金项目30项;基本科研业务费专项立项32项,其中重点项目2项,面上项目9项,国际合作专题项目1项,专题项目1项,实验室开放研究专项项目19项。大中城市地震灾害情景构建项目立项7项,重点支持四川局、广东局、北京局开展不同层次、区域的韧性城乡示范研究。组织报送了地震科学联合基金重点需求建议、地震科学试验场建设计划及研究计划。

推荐申报2018年度中国地震局防震减灾科技成果奖2项,获奖2项,其中一等奖1项,三等奖1项。提名推荐2019年度国家科学技术进步奖二等奖1项。参与重庆大学牵头的教育部科技进步一等奖的申报工作,以及重庆市科技进步奖、环境保护科学技术奖的申报工作。其中参与完成的"装配式钢—混凝土混合结构建筑及其信息化建造成套技术"获得2018年度重庆市科技进步一等奖,参与完成的《钢管约束混凝土结构的理论、技术与工程应用》获得2018年度教育部科技进步一等奖。

2018 年中国地震局工程力学研究所科研人员共计发表 SCI 检索期刊文章 37 篇，EI 检索期刊文章 37 篇，出版专著 3 部，取得国家发明专利 22 项，取得实用新型专利 55 项，参编国家标准 2 部，取得软件著作权 29 项，主持获得省部级一等奖 1 项，三等奖 1 项，参加获得省部级一等奖 2 项。

组织编制了《"韧性城乡"科学计划实施方案》1.0 版本，初步确定了拟解决的重点科技问题、预期目标、主要任务和组织管理模式等，并积极组织实施。联合国内数十家土木工程和防灾减灾领域的知名科研院校，成立"中国灾害防御协会城乡韧性与防灾减灾专业委员会"，搭建抗震韧性科技合作与学术交流的全国性平台，于 11 月 29 日在北京召开"城市与减灾论坛·中国灾害防御协会城乡韧性与防灾减灾专业委员会成立大会暨第一届学术研讨会"，大会选举产生了首届专委会委员会。委员由来自 64 个高校、科研院所等企事业单位的 134 人组成，孙柏涛所长被选举为首届专委会主任委员并致辞。在谢礼立院士等众多专家倡议下，大会形成了重要成果——《韧性城乡科学计划北京宣言》。与哈尔滨工业大学联合承办由国家自然科学基金会主办的"抗震韧性城市建设的关键前沿基础科学问题"双清论坛。主办了我国地震工程和工程抗震防灾方面最高层次的学术盛会—第十届全国地震工程学术会议（上海），谢礼立院士、孙柏涛研究员应邀分别做了《韧性城市：从结构抗震到城市防灾》和《韧性城乡科学计划中的关键问题讨论》大会主题报告。

积极强化科技平台建设，努力奠定科技创新试验条件和成果转化硬件基础。多次研讨中国地震局工程力学研究所地震科技基础条件平台顶层规划与布局，重点实验室发展方向，逐步细化了实验室管理制度建设方案，出台了《重点实验室建设与运行管理办法》及配套制度。建立和完善研究所、重点实验室两级管理制度体系，构建责权统一、职责明确、流程清晰、管理规范的运行机制。同时，有效保障了小基建项目（工程减隔震技术开发检测系统平台建设）、修缮购置项目顺利实施。

（中国地震局工程力学研究所）

中国地震台网中心年度重要科技进展

中国地震台网中心围绕业务发展需求，认真谋划科技创新布局，进一步拓展科研项目申报渠道，积极申报国家重点研发计划专项，2018 年国家重点研发计划项目申报取得重大突破，牵头申报的 1 个项目、2 个课题和 2 个专题获得资助，总资金 2040 万元。积极组织申请国家自然基金、地震联合基金，各类项目申报热情高涨。星火项目获得 4 项资助，结题验收的 2 个项目被评为优秀，形成良性循环发展态势。台网中心业务人员全年共发表论文近百篇。不断增强地震数据资源共享和服务能力，为国家重点工程项目提供有效服务支撑。

推进地震监测预报分标委员会的建设工作，全年报批归口标准 5 项，审查归口标准 9 项。

（中国地震台网中心）

中国地震灾害防御中心年度重要科技进展

国家重点研发计划："城市及城市群地震重灾区现场人员搜救技术研究""中国海域及邻区活动构造框架研究""海域地震动传播规律及场地影响模型研究"子课题"海域区划场地地震动调整方法"，以及"地震及地震滑坡危险性分析方法研究及算法研究"子课题"地形地震动参数研究"获批。

北京市科委重大项目："穿越东非大裂谷铁路设计和建造关键技术研究"子课题"东非大裂谷内马铁路地震危险性分析和安全性评价关键技术研究"获批。

地震星火计划项目："基于震后修复效益的建筑物经济损失多精度评估方法研究"和"地震灾评推演训练中主要情景的客观度优化研究"获批。

完成"雅鲁藏布江下游区域构造稳定性研究"，在对喜马拉雅东构造相关区域地震构造模型、区域主要大地震发震断裂活动性参数、潜在震源区划分及活动性参数等进行综合研究的基础上，采用概率地震危险性分析方法进行地震危险性分析和地震动参数区划，开展雅鲁藏布江下游区域构造稳定性研究，为雅鲁藏布江下游水力资源开发利用、合理选择工程场址和拟定规划方案提供支撑依据。

利用我国海洋地质调查资料，尤其是丰富的石油地质勘查资料，编制了我国东部海域活动构造框架图，并对相关主要构造单元的第四纪活动性、地震活动特点进行研究，为海域地震区划奠定基础。

完成"大连市主城区典型建筑物抗震性能评估及防震减灾系统建设项目"中建筑物震害预测、地震次生灾害评估、经济损失和人员伤亡评估和基础数据库建设四个专题工作。

参与中英合作的国家自然基金项目"鄂尔多斯地区地震灾害风险的参与式评估与治理（PAGER-O）（中国国家自然科学基金编号为 41661134013），完成渭南市地震灾害情景构建建筑物普查数据分析计算。

重点承担了大中城市地震灾害情景构建项目"甘肃武威市地震灾害情景构建及示范"应用研究。

地震星火科技项目"地形地震动效应经验预测模型研究""基于特定地震三维地震动场的隧道地震反应分析方法研究""阿尔金断裂索尔库里段古地震强度研究"和"基于统计学角度的时域模态识别方法精度比较研究"均按照年度的工作计划完成相关工作。

（中国地震灾害防御中心）

成果推广

中国地震局地球物理研究所

大力推进科研成果转化，服务国家战略性重大工程

1. 重视促进科技成果服务于国家重大战略、经济建设、社会发展，以及国土地震安全

2018 年，为国家重大科技基础设施"加速器驱动嬗变装置（CiADS）"、国家科技创新工程"中国铅基快中子反应堆"、国家绿色发展战略工程的清洁供暖项目低温核供热堆工程选址、国家可持续发展战略工程的清洁能源项目贵州福建海南等地核电选址，提供地球物理地震安全工程技术服务。特别是在 2018 年 4 月 13 日习近平总书记在庆祝海南建省办经济特区 30 周年大会上郑重宣布"党中央决定支持海南全岛建设自由贸易试验区"后，研究所承担了海南核电场址地震调查与评价技术服务项目，为海南自贸区清洁能源建设提供地震方面的技术支持，坚守了研究所以科技服务于国家和社会经济发展重大战略的使命感和历史传承。

2. 加强震灾预防科技支撑能力，实现基础研究与防灾减灾实际应用的紧密结合

研究所牵头完成的"十二五"国家科技支撑计划"城镇地震防灾与应急处置一体化服务系统及其应用示范"项目成果直接服务于市县防震减灾能力建设，项目实施期间即在四川省 10 余个县进行了部署，九寨沟防震减灾局在九寨沟 7.0 级地震应急工作中，通过该系统完成了灾情快速评估，生成了一系列辅助决策文档和建议，为黑箱期地震应急处置提供了科学参考；通过灾情动态采集 APP 获取了数百条灾情信息，经省中心支撑系统供省局技术专家进行灾情动态研判，提供了全时程的地震应急信息服务。

（中国地震局地球物理研究所）

中国地震局地质研究所

积极促进科技成果转化和支撑服务

1. 努力推进科技成果转化和科技服务

2018年中国地震局地质研究所职工注重发挥活动构造研究等学科优势,推进科技成果服务于国民经济建设和"一带一路"等国家战略,承担了川藏铁路、西气东输等重大工程的活动断层鉴定和地震安评、多个城市活断层探测、核电站等重大工程地震安评等科技服务项目20余项。注重发挥实验测试技术优势,服务系统内外相关的科学研究。各类科技服务到账经费超过2500万元,是近年科技服务创收最高的一年,为事业发展提供了不可缺少的经费保障。

2. 积极开展地震监测预测工作

安排专项经费持续支持地震监测预测研究和日常业务,通过地壳形变、热红外遥感、极低频电磁、地下流体、基岩地温等手段对重点区域进行持续监测,为震情趋势判定提供科学依据。组织编写国家地震预测地质学科中心发展规划,积极开展地震趋势会商并提交会商和危险区判定意见。先后举办"分析预报地震地质基础理论和方法培训班"和"中国地震局火山监测预警技术培训班",为全局监测预报队伍人才培养贡献力量。

3. 持续加强防震减灾科普宣传

依托地震动力学国家重点实验室,围绕汶川地震十周年、"5·12"防灾减灾日、"7·28"唐山地震纪念日及国际减灾日宣传周等重要时间节点,开展形式多样的防震减灾科普宣活动。与中央电视台和当地有关部门共同开展了火山科普宣传工作,与北京市地震局"地震三点通"联合开展反映"青藏高原东北缘晚新生代构造变形与演化"研究成果的科普视频,与《城市与减灾》杂志社合作,分别制作"活动断层探测与应用专刊"和"火山资源与灾害专刊"。

4. 扎实做好地震应急工作

有序、高效地应对和处置突发地震事件,2018年开展了12次中强地震的应急工作,及时提出震情研判的意见建议、产出地震应急产品。按照应急部和地震局的要求,积极参与印尼、阿拉斯加等境外强震震情报告编写和舆情回应。同时为了更好地履行地震应急响应职责,修订《中国地震局地质研究所地震应急预案》。

5. 继续加强与省局的合作

中国地震局地质研究所一直把与省级地震局的合作作为服务地震业务体系的重要手段。切实推动援疆援藏工作，9 月与新疆地震局签署第二期援疆工作框架协议，通过基本科研业务专项支持西藏地震局的人才培养和业务工作。与甘肃局合作开展科技扶贫工作。10 月与河南省地震局签订科技合作协议，通过基本科研业务专项与多个省局围绕区域防震减灾关键科技问题开展合作研究。

（中国地震局地质研究所）

中国地震局地壳应力研究所

服务行业，引领和支撑防灾减灾事业发展

1. 加强监测预报基础，做好地震监测预报业务工作

编制《中国地震局地壳应力研究所地震预测预报科技发展研究报告》，建设完成中国地震局系统第一个汞检测平台实验室、第一个地电观测仪器检测平台，这些平台作为中国地震局标准体系建设的一部分，为观测仪器的研制、生产、入网检测、台站试验和运行维护等提供完备的计量检测条件和方法。

2. 提升震灾预防科技支撑能力，做好科技成果转化和防震减灾科普宣传工作

继续实施内蒙古乌海市、江苏省盐城市与淮安市活动断层探测项目。开展丽江—小金河断裂（丽江盆地段）地质填图工作。承担南通市轨道交通 2 号线、川藏线第八标段、福厦高铁重点桥梁、川西气田产能建设项目、渤海湾导管架平台、合肥轨道交通 6 号线等多项地震安全性评价项目。

开展防震减灾科普宣传工作，组织开展"5·12"防灾减灾日宣传、"4·24"中国航天日系列宣传活动，参加汶川地震十周年国际研讨会暨第四届大陆地震国际研讨会防震减灾成果展，参加全国首届地震科普大会地震科普展。

3. 发挥研究所科技力量，做好重大灾害事件应急处置工作

参与河北永清 4.3 级、青海称多 5.3 级、吉林松原 5.7 级、西藏丁日 5.2 级、云南墨江 5.9 级、新疆精河 5.4 级等地震应急工作。

"11·3"金沙江白格山体滑坡引发地质灾害，国家减灾委、应急管理部启动了 IV 级应急响应。2018 年 11 月 30 日，地壳所组成应急工作组，分 4 批 13 人次赴四川甘孜对金沙江

白格滑坡开展应急监测工作，为应急管理部地质灾害应急管理提供有力的技术支撑。

4. 开放合作，积极推进地震科技国际交流

2018年，地壳所全年出访近60人次，邀请法国、美国、日本、意大利等10多个国家38名专家来我所合作交流。陈虹研究员应联合国人道主义事务协调办公室邀请，作为专家参加INSARAG指南审查与修订，作为测评专家组组长对新加坡救援队开展测评，提高了我国在国际救援领域的地位和影响。

地壳所与IUGG地震与火山电磁学跨协会工作组签订张衡一号卫星数据合作研究协议，标志着我国利用"张衡一号"卫星数据开展广泛国际合作研究迈出重要一步。实施印尼雅加达至万隆高铁、莫桑比克Save河特大桥等地震安全性评价工作，确保"一带一路"的重大基础设施和重大工程的地震安全。

（中国地震局地壳应力研究所）

中国地震局地震预测研究所

大力提高震灾预防和应急救援能力与服务效益

一是完善《研究所地震应急预案》；制定《实验场区重要地震事件应急预案》。二是发挥地震应急遥感协调组牵头单位的作用，开展震后遥感地震灾害评估，为印尼7.4级地震灾情判定提供了技术支撑。三是完成震后应急地震学参数产出工作。四是针对2018年全球发生的9次显著地震事件，组织目标地震对地震趋势影响的会商研判12次。五是协同推进水库地震灾害风险隐患排查6次。六是组建地震科普团队；推动面向公众科普宣传，吴忠良所长编写的科普读物《菜鸟地震学》出版发行，在《中国应急管理报》刊发两篇科普署名文章《防震减灾如何科普才"靠谱"》和《地震预测研究与应用要与时俱进》；更新门户网站的科普专栏；积极配合参加全国地震科普大会的准备工作；接受应急管理报记者专访，召开媒体记者咨询会。七是推动地震标准化工作，《DB/T22—2007地震仪器入网技术要求地震仪》《DB/T34—2009地震地电观测方法 地电场观测》两项标准修编稳步推进。

（中国地震局地震预测研究所）

中国地震局工程力学研究所

科技成果转化效率稳步提升

《科技成果转化管理办法》出台后，中国地震局工程力学研究所结束了对外科技服务的休眠状态，2018 年，在抗震分析、试验测试等领域签订技术服务合同 16 项，合同额比去年同期增长 1 倍以上，并与深圳防灾减灾技术研究院等研发机构和企业签订了十余项减隔震方面专利转让意向协议。中国地震局工程力学研究所研发的"高速铁路地震预警监测系统现场监测设备和前端预警服务器"顺利通过中国铁路总公司技术评审，获得铁路市场准入资格。工力所自主研发的软件"HAZChina 灾害损失评估系统 V1.0""城市震害模拟器 V1.0—建筑群模块"和"土层地震反应分析软件"已经在网上向社会开放，开启了科技成果服务产品化的新局面。

（中国地震局工程力学研究所）

中国地震台网中心

中国地震台网中心出色完成非天然事件快速处置，完成西藏达江县、米林县派镇加拉村 3 次山体滑坡、河北张家口爆炸等事件的快速判定、处理和上报。实时接收共享 10 个位于西藏气象站的援藏台站数据，有效提升西藏地震监测能力。

不断加强应急产品产出能力，研发余震精定位图、中强地震震源机制解、震源深度精确确定图、遥感影像图、破裂过程等产品产出。全面开展监测业务的新媒体宣传，开通"地震监测人"微信公众号，以新媒体形式，对地震监测业务进行有效宣传，发布每周震情信息和应急数据产品图集，为服务社会和政府防灾减灾救灾作出努力。

（中国地震台网中心）

中国地震灾害防御中心

2018年8月，雅鲁藏布江下游区域构造稳定性研究课题，通过中国电建集团水利水电规划设计总院验收。这项研究由中国电建成都院、中国地震灾害防御中心和中国地震局地震预测研究所联合承担。该项目开展了喜马拉雅东构造结相关区域地震构造模型研究、区域主要大地震发震断裂活动特征及活动性参数评估、规划河段近区域断裂发育特征及活动性研究、区域概率地震危险性分析研究、区域构造稳定性评价研究等工作。其研究结果，已作为雅鲁藏布江下游水利水电规划的依据。

承担《海口市江东新区用地适宜性评价（地震小区划）项目》，承担场地反应计算部分工作。完成了《厦门新机场地震安全性评价》《福建漳州古雷石化码头后方罐区及管线工程地震安全性评价》、《福建漳州古雷炼化一体化项目百万吨级乙烯及下游深加工装置地震安全性评价》《江汉盐穴天然气储气库一期工程场地地震安全性评价》《曹妃甸LNG油库地震安全性评价》《防城港核电厂多方案概率地震危险性分析专题》《辽宁徐大堡核电厂一期工程地震危险性分析时程确定》《青藏管道地震安全性评价项目》《八宿海螺水泥有限责任公司项目工程场地地震安全性评价》等科技开发类项目，为机场、核电、输油输气等重大工程提供设计地震动参数。

（中国地震灾害防御中心）

中国地震局地球物理勘探中心

提供高质量探测成果和服务

中国地震局地球物理勘探中心科技人员以第一作者身份发表论文23篇（其中4篇SCI，3篇EI），获国家发明专利3项、河南省第四届自然科学学术奖4项。产出防震减灾社会服务产品"华北克拉通中东部地壳三维速度结构模型"、"川滇三维地壳结构模型"。建立全国规模最大的深地震测深探测节点式仪器系统，形成国内先进的综合地球物理探测技术系统，建成人工地震数据成果存储和共享平台，实施新型地震观测仪器研发和技术升级。地震科学台阵仪器运维良好，运行率90%以上，为多个重点项目提供了仪器装备和技术服务支撑。

（中国地震局地球物理研究所）

中国地震局第一监测中心

基于自身平台优势，不断提升科技服务水平

弥蒙铁路沿线工程场地地震安评项目、广梅汕铁路地震安评项目通过评审，三门峡城市活断层探测项目顺利开展，完成中期检查及相关专题咨询会，"安庆市中心城区地震小区划"项目顺利完成准备验收。与中国地震局地球物理研究所合作开展"空客天津 A330 项目地磁测量"技术服务工作。合作完成天津市地面沉降一等水准测量及 2018 年 CORS 站数据解算工作，为天津市控沉工作提供了基础保障。三门峡地区流动地震台阵观测与研究项目方案通过专家论证。

（中国地震局第一监测中心）

科学考察

中国地震局工程力学研究所地震现场科学考察

2018年5月28日，吉林松原（北纬45.27°，东经124.71°）发生5.7级地震，震源深度13千米。中国地震局工程力学研究所孙柏涛所长带领黄勇、张昊宇、闫培雷、周宝峰、陈永盛、陈相兆、单振东等科技人员，分乘3辆汽车，从哈尔滨赶赴松原地震现场，支援吉林省地震局开展地震烈度评定、砂土液化调查以及直接经济损失评估工作。国家强震动学科中心和有关课题组及时启动震后应急科技支撑工作，开展强震动观测数据应急处理工作，在接收到吉林省地震局上传的强震动数据后半小时内，即向上级部门提交了仪器地震烈度分布图、峰值加速度分布图、峰值速度分布图、加速度反应谱等图件。同时相关课题组迅速开展地震灾害评估工作，快速产出各类应急专题图件。

（中国地震局工程力学研究所）

陕西省地震局地震现场科学考察

2018年9月12日，陕西省宁强县发生5.3级地震，陕西省地震局迅速派出了由副局长王恩虎带队，27人组成的现场工作队赶赴灾区，与四川省、甘肃省地震现场工作队联合开展灾害调查和烈度评估工作，陕西局主要对宁强县广坪镇、青木川镇、安乐河镇、燕子砭镇等地进行灾害调查和烈度评定。陕西局和四川局现场工作队，对61个抽样点开展调查，并迅速编制完成地震烈度分布图，经中国地震局震害防御司审核后，9月14日14时，联合四川局通过陕西地震信息网向社会发布了《陕西宁强5.3级地震烈度图》。

（陕西省地震局）

机构·人事·教育

本部分主要收载机构设置及领导名单，人事教育工作，地震系统院士、有突出贡献中青年专家、享受政府特殊津贴人员简介，入选跨世纪人才名单和新通过评审的研究员名单，以及表彰情况等。

机构设置

中国地震局领导班子成员名单

党组书记、局　长：郑国光
党组成员、副局长：闵宜仁
党组成员、副局长：阴朝民
党组成员、副局长：牛之俊

中国地震局机关司、处级领导干部名单

（截止时间：2018 年 12 月 31 日）

部　门	职　位	姓　名	处　室	职　位	姓　名
办公室	主　任 副主任 副主任 副巡视员	李永林 张　敏 康小林 王　峰 吴　昭	秘书处 （值班室）	处长	高光良
				副处长 兼党组秘书	曹　帅
			文电信息化处	处长	冯海峰
				副处长	姚奕婷
			新闻宣传处	处长	韩　磊
			综合治理处	处长	康　建
				调研员	王　军
				副调研员	陈宇鸣
			行政事务处	处长	许　权
				调研员	董　军
			机关财务处	处长	张琼瑞

部　门	职　位	姓　名	处　室	职　位	姓　名
政策法规司	司　长 副司长 副司长	（空缺） 陈　锋 李成日	法规处	处长	（空缺）
				副处长	刘　强
			政策研究处	处长	陈明金
				副处长	张文杰
			法治监督处 （综合处）	处长	彭汉书
				调研员	郑　妍
			标准化处	处长	林碧苍
发展与财务司	司　长 副司长 副司长	方韶东 韩志强 田学民	发展规划处	处长	（空缺）
			预算处	处长	李羿嵘
			投资处	处长	黄　蓓
				副处长	赵俊岩
			财务处	处长	牟艳珠
			国有资产处	处长	周　敏
				调研员	张淑丽
人事教育司	司　长 副司长 副司长 副巡视员	唐景见 米宏亮 熊道慧 杨心平	干部一处	处长	（空缺）
			干部二处	处长	赵广平
			人才教育处	副处长	刘　双
			机构工资处	处长	吴　晋
				副处长	徐　鑫
				副调研员	陈　香
			干部监督处	处长	徐　勇
				调研员	李　鑫
科学技术司 （国际合作司）	司　长 副司长 副司长 副巡视员	胡春峰 王满达 周伟新 田　柳	基础研究处	处长	（空缺）
				调研员	齐　诚
				副处长	张海东
			应用研究成果处	处长	（空缺）
				调研员	谢春雷
				调研员	陈　涛
			双边合作处	处长	朱芳芳
			多边合作处	处长	郑　荔
				副处长	姚　妍

部 门	职 位	姓 名	处 室	职 位	姓 名
监测预报司	司 长 副司长 副司长	孙建中 余书明 马宏生	监测处	处长	刘豫翔
				副处长	张 勇
			预报处	处长	（空缺）
				调研员	黄蔚北
				副处长	张浪平
				副调研员	梁毅强
			预警处	处长	黄 媛
				副调研员	熊建伟
			信息处	处长	王春华
				调研员	唐 毅
震害防御司	司 长 副司长 副司长	孙福梁 韦开波 关晶波	防灾基础处	处长	王 飞
				副调研员	冷 崴
			抗震设防处	处长	高亦飞
				调研员	卢大伟
				副处长	王 龙
			社会防御处	处长	刘小群
				副处长	岳安平
			社会宣教处	处长	马 明
直属机关党委	常务副书记 副书记兼纪委书记（机关正司级） 副巡视员	唐景见 兰从欣 孙为民	组织部	部长	（空缺）
			宣传部 （党校）	副处长	李明霞
			统战群团工作部 （直属机关工会、妇工委、团委）	部长	刘秀莲
			纪检监察处	副处长	刘耀玲
			审理处（综合处）	处长	（空缺）
			审计处	处长	王晓萌
离退办	主 任 副主任	王 蕊 刘铁胜	综合处	处长	李国舟
			教育活动处	处长	张立军
				调研员	王瑜青
				副处长	唐 硕
			机关离退休处	处长	王 羽
				调研员	席琳琳

（中国地震局人事教育司）

中国地震局所属各单位领导班子成员名单

（截止时间：2018 年 12 月 31 日）

单 位	姓 名	党政领导职务
北京市地震局	任利生	党组书记、局长
	谷永新	党组成员、副局长
	吴仕仲	党组成员、副局长
	张大维	党组成员、党组纪检组组长
天津市地震局	李振海	党组书记、局长
	聂永安	党组成员、副局长
	何本华	党组成员、党组纪检组组长
	陈宇坤	党组成员、副局长
河北省地震局	孙佩卿	党组书记、局长
	高景春	副局长
	张 勤	党组成员、副局长
	李广辉	党组成员、副局长
	马兆清	党组成员、党组纪检组组长
	翟彦忠	党组成员、副局长
山西省地震局	郭星全	党组书记、局长
	郭君杰	党组成员、副局长
	李 杰	党组成员、副局长
	史宝森	党组成员、党组纪检组组长
	田 勇	党组成员、副局长
内蒙古自治区地震局	戴泊生	党组书记、局长
	卓力格图	党组成员、副局长
	刘泽顺	党组成员、副局长
	弓建平	党组成员、副局长
	韩成太	党组成员、党组纪检组组长
辽宁省地震局	李志雄	党组书记、局长
	卢 群	党组成员、副局长
	廖 旭	党组成员、副局长
	孟补在	党组成员、副局长
	温 岩	党组成员、党组纪检组组长

单 位	姓 名	党政领导职务
吉林省地震局	王建荣	党组书记、局长
	孙继刚	党组成员、副局长
	杨清福	党组成员、副局长
	李 强	党组成员、党组纪检组组长
黑龙江省地震局	张志波	党组书记、局长
	赵 直	党组成员、副局长
	张明宇	党组成员、副局长
	郭洪义	党组成员、党组纪检组组长
上海市地震局	吴建春	党组书记、局长
	李红芳	党组成员、副局长
	王硕卿	党组成员、党组纪检组组长
	李 平	党组成员、副局长
江苏省地震局	刘尧兴	党组书记、局长
	刘建达	党组成员、副局长
	刘红桂	党组成员、副局长
	付跃武	党组成员、副局长
	鹿其玉	党组成员、党组纪检组组长
浙江省地震局	宋新初	党组书记、局长
	赵 冬	党组成员、副局长
	陈乃其	党组成员、副局长
	王 剑	党组成员、党组纪检组组长
安徽省地震局	刘 欣	党组书记、局长
	张有林	党组成员、副局长
	李 波	党组成员、党组纪检组组长
福建省地震局	金 星	党组书记、局长
	朱海燕	党组成员、副局长
	龙清风	党组成员、党组纪检组组长
	林 树	党组成员、副局长
江西省地震局	（空缺）	党组书记、局长
	柴劲松	党组成员、副局长
	熊 斌	党组成员、党组纪检组组长
	陈家兴	党组成员、副局长

单 位	姓 名	党政领导职务
山东省地震局	倪岳伟	党组书记、局长
	姜金卫	党组成员、副局长
	姜久坤	党组成员、副局长
	李远志	党组成员、副局长
	刘希强	党组成员、副局长
	程晓俊	党组成员、党组纪检组组长
河南省地震局	王合领	党组书记、局长
	王士华	党组成员、副局长
	王维新	党组成员、党组纪检组组长
	王志铄	党组成员、副局长
湖北省地震局	晁洪太	党组书记、局长
	秦小军	党组成员、副局长
	李　静	党组成员、党组纪检组组长
湖南省地震局	燕为民	党组书记、局长
	罗汉良	党组成员、副局长
	刘家愚	党组成员、副局长
	张彩虹	党组成员、党组纪检组组长
	曾建华	党组成员、副局长
广东省地震局	（空缺）	党组书记、局长
	梁　干	党组成员、副局长
	吕金水	党组成员、副局长
	钟贻军	党组成员、副局长
	何晓灵	党组成员、副局长
	吕至环	党组成员、党组纪检组组长
广西壮族自治区地震局	（空缺）	党组书记、局长
	李伟琦	党组成员、副局长
	陈晓发	党组成员、党组纪检组组长
	黄国华	党组成员、副局长
海南省地震局	陶裕禄	党组书记、局长
	李战勇	党组成员、副局长
	陈　定	副局长
	闫京波	党组成员、党组纪检组组长

单　位	姓　名	党政领导职务
重庆市地震局	王志鹏	党组书记、局长
	陈　达	党组成员、副局长
	张林范	党组成员、党组纪检组长
四川省地震局	皇甫岗	党组书记、局长
	雷建成	党组成员、副局长
	李　明	党组成员、党组纪检组长
	吕志勇	党组成员、副局长
贵州省地震局	（空缺）	党组书记、局长
	尹克坚	党组成员、副局长
	陈本金	党组成员、副局长
	延旭东	党组成员、党组纪检组长
云南省地震局	王　彬	党组书记、局长
	毛玉平	党组成员、副局长
	解　辉	党组成员、副局长
	王希波	党组成员、党组纪检组长
西藏自治区地震局	李炳乾	党组书记
	索　仁	党组副书记、局长
	哈　辉	党组成员、副局长
	张　军	党组成员、副局长
	和宏伟	党组成员、党组纪检组长
陕西省地震局	吕弋培	党组书记、局长
	刘　晨	党组成员、副局长
	王恩虎	党组成员、副局长
	王彩云	党组成员、副局长
	刘　毅	党组成员、党组纪检组长
甘肃省地震局	胡　斌	党组书记、局长
	石玉成	党组成员、副局长
	袁道阳	党组成员、副局长
	王立新	党组成员、党组纪检组长
青海省地震局	杨立明	党组书记、局长
	王海功	党组成员、副局长
	赵　冬（挂职）	党组成员、副局长
	马玉虎	党组成员、副局长

单　位	姓　名	党政领导职务
宁夏回族自治区地震局	张新基	党组书记、局长
	金延龙	党组成员、副局长
	侯万平	党组成员、党组纪检组组长
新疆维吾尔自治区地震局	张　勇	党组书记、局长
	王克宁	党组成员、副局长
	李根起	党组成员、党组纪检组组长
	郑黎明	党组成员、副局长
中国地震局地球物理研究所	欧阳飚	党委书记、副所长
	丁志峰	副所长
	张周术	纪委书记
	张东宁	副所长
	李　丽	副所长
中国地震局地质研究所	马胜利	所长、党委副书记
	孙晓竟	党委书记、副所长
	万景林	副所长
	李丽华	纪委书记
	单新建	副所长
中国地震局地壳应力研究所	徐锡伟	所长、党委副书记
	刘宗坚	党委书记、副所长
	陈　虹	副所长
	杨树新	副所长
	刘凤林	纪委书记
	申旭辉	总工程师
中国地震局地震预测研究所	吴忠良	所长、党委副书记
	张晓东	党委书记、副所长
	汤　毅	副所长
	车　时	副所长
	任　群	纪委书记

单　位	姓　名	党政领导职务
中国地震局工程力学研究所	孙柏涛	所长、党委副书记
	李　明	党委书记、副所长
	张孟平	纪委书记
	李山有	副所长
	孔繁钰	副所长
中国地震台网中心	王海涛	主任、党委副书记
	孙　雄	党委书记、副主任
	陈华静	副主任
	刘桂萍	副主任
	王保国	纪委书记
	刘　杰	副主任
中国地震灾害防御中心	杜　玮	主任、党委副书记
	潘怀文	党委书记、副主任
	王　英	副主任
	王继斌	纪委书记
	吴　健	副主任
中国地震局发展研究中心	武守春	主任、党委副书记
	李　健	党委书记、副主任
	吴书贵	纪委书记、副主任
中国地震局地球物理勘探中心	王夫运	主任、党委副书记
	（空缺）	党委书记
	刘保金	副主任
	杨振宇	副主任
	李文利	纪委书记
中国地震局第一监测中心	宋彦云	党委书记、主任
	宋兆山	副主任
	董　礼	副主任
中国地震局第二监测中心	（空缺）	主任
	杜瑞林	党委书记、副主任
	王庆良	副主任
	熊善宝	副主任
	陈宗时	副主任
	范增节	纪委书记

单　位	姓　名	党政领导职务
防灾科技学院	齐福荣	党委书记
	姚运生	院长、党委副书记
	刘春平	副院长
	陈　光	党委副书记、纪委书记
	石　峰	副院长
	李　军	党委副书记
	梁瑞莲	总会计师
地震出版社	张　宏	党委书记、社长、总编辑
	高　伟	副社长
	王琳琳	纪委书记
中国地震局机关服务中心	张　敏	党委书记、主任
	徐铁鞠	纪委书记、副主任
中国地震局深圳培训中心（驻深办）	黄剑涛	党组书记、主任
	庞鸿明	党组成员、党组纪检组组长、副主任

（中国地震局人事教育司）

2018 年中国地震局局属单位机构变动情况

1. 批准河北省地震局设立雄安新区震灾防御中心。

（中震人发〔2018〕37 号，2018 年 6 月 8 日）

2. 批准中国地震局厦门海洋地震研究所职能配置、机构设置和人员编制规定。

（中震人发〔2018〕67 号，2018 年 11 月 30 日）

3. 批准中国地震局黄金海岸科技教育活动中心 10 名在职人员和 3 名退休人员划转防灾科技学院。

（中震人函〔2018〕200 号，2018 年 12 月 12 日）

人事教育

2018 年中国地震局人事教育工作综述

2018 年，中国地震局认真贯彻全国组织工作会议精神，在中央组织部、应急管理部有关部门指导下，自觉践行新时代党的组织路线，深入贯彻党组部署，认真履行岗位职责。

把政治建设摆在首位，提高组织人事工作站位。深入贯彻《局党组关于坚决维护党中央权威和集中统一领导的实施意见》《关于构建地震系统风清气正的良好政治生态的实施意见》，制定《局属单位领导班子履职规范》《机关干部履职规范》，助推政治生态建设。

建强干部队伍，提高选人用人进人质量。激励干部新时代新担当新作为，制定领导干部能上能下、干部培训、干部挂职、干部交流、年度考核、进人、任期制等政策文件，规范干部管理。选拔党组管理干部 46 名，交流 18 名，调训 37 名，挂职 5 名。选派扶贫、援藏干部。推荐优秀年轻干部。公开进人计划，举办多场人才招聘会。抽查个人事项 535 人。函询 7 个单位、20 人。

优化人才工作，激发事业发展活力动力。落实人才意见、人才工程，推荐 5 名专家申报国家领军人才，申报"千人计划"4 人，推荐享受政府特殊津贴 8 人，34 个单位组建创新团队 169 个，推荐国家级创新团队 1 个，通过地震英才项目选派 40 名专家开展国际交流。通过人才专项支持 13 个单位人才建设。支持 55 名基层骨干进行交流访学。出台职称评聘改革政策，下放评审权限，27 人通过正高评审，8 人通过二级岗位资格评审。推进专技岗位因事设岗、评聘分离、动态管理。执行培训计划 47 个，培训 3000 余人次。

全面深化改革，优化事业发展布局。落实机构改革决策部署，完成相关机构、职责、人员转隶。出台《推进行政管理体制改革实施方案》，明确机关、省局、直属单位、地震台站、政策制度体系 5 方面改革任务。组建深研院，批复厦门海洋所、雄安新区震灾预防中心，争取中编办增加 1 名编制。完成 8 个事业单位、5 个研究所分类，完善省局事业单位分类，推进台网中心、发展研究中心、机关服务中心率先进行体制和机构改革取得实质进展。出台事业单位实施绩效工资政策，落实养老保险制度，46 个单位完成登记，27 个单位完成参保。

夯实基础工作，提高组织人事工作水平。对国家组织人事政策制度进行全面梳理，形成系列制度选编。对组织工作进行系列调研，形成 13 个专题报告。对新任人事机构负责人进行审核和任职谈话，选拔交流 12 人。促进人事政策解读和交流，编印《人事工作信息》

31 期。稳妥落实 9 名院士离退休工作，审核 8 个单位处级干部选拔方案，审核局管干部调资 242 人次，接收军转干部 4 人。

（中国地震局人事教育司）

2018 年中国地震局系统学历、学位教育和在职培训统计

2018 年国家下达中国地震局年度招生计划的指标数为：博士 65 名，学术硕士 182 名，专业硕士 40 名，本科生 2300 人。

一、博士招生录取情况

单位代码	单位名称	招生计划	录取人数
85401	中国地震局地球物理研究所	22（含联合培养博士2名）	22
85402	中国地震局地质研究所	20	20
85406	中国地震局工程力学研究所	23	23

二、硕士招生录取情况

单位代码	单位名称	招生计划	录取人数
85401	中国地震局地球物理研究所	25	25
85402	中国地震局地质研究所	20	20
85403	中国地震局兰州地震研究所	16	16
85404	中国地震局地震研究所	20	20
85405	中国地震局地震预测研究所	22	21
85406	中国地震局工程力学研究所	64	64
85407	中国地震局地壳应力研究所	15	15
11775	防灾科技学院	40	40

三、本科招生录取情况

单位代码	单位名称	招生计划	录取人数
11775	防灾科技学院	2300	2199

2018 年局级培训项目 46 期，培训人数 2778 人次。各局属单位举办各类培训班 467 期，培训人数达 22904 人次（其中市县 6276 人次）。中国地震局干部培训中心全年共举办完成各级各类班次共计 23 期，培训 1049 人次。

（中国地震局人事教育司）

2018 年中国地震局干部培训中心教育培训工作

一、教育培训工作概况

全年举办完成各级各类班次共计 24 期，其中计划内班次 13 期，人社部高研班 1 期，计划外班次（外协培训）10 期，共培训学员 1145 人次，天数 178 天，培训总量达 8431 人天。积极扩大地震局培训中心的品牌影响，承接了 2 期中联部安排的越南、老挝党政领导干部考察团的考察任务，周到的安排和优质的服务得到了外方领导的赞许与认可。

2018 年干部培训中心办班一览表

序号	类型	培训班名称	日期	天数	人数	主办单位
		计划内				
1	专技类—中级	地震信息网络安全技术培训班	5.21—26	6	56	监测司
2	计划内培训	2018年防震减灾政策法规培训班	8.27—31	5	44	法规司
3	计划内培训	城市活断层数据库建设培训班	8	7	64	震防司
4	计划内培训	2018年中国地震局处级干部任职培训班（第4期）	9.1—20	20	53	人教司

序号	类型	培训班名称	日期	天数	人数	主办单位
5	计划内培训	地震标准制修订全过程质量提升	9.17—21	5	58	法规司
6	计划内培训	2018年中国地震局中青年干部培训班（第13期）	10.9—11.7	30	39	人教司
7	计划内培训	地震灾害评估技术培训班	10	5	60	震防司
8	计划内培训	2018年地震应急遥感技术培训班	11.13—17	5	49	震防司
9	计划内培训	2018年人社部科技人员高研班	11.18—24	7	54	人教司、科技司
10	计划内培训	2018测震台网培训班	11.26—12.2	7	44	监测司
11	计划内培训	2018数据共享及信息技术服务培训班	12.4—10	7	54	监测司
12	计划内培训	2018年全国台长班	12.1—10	10	56	监测司
13	计划内培训	第6期全国测震台网技术骨干培训班	12.12—20	9	46	监测司
14	计划内培训	地震系统老干部统计工作培训班	12	4	50	离退办

外协培训班

序号	类型	培训班名称	日期	天数	人数	主办单位
1	外协培训	省级新国标班	1.8—13	6	68	中国地震台网中心
2	外协培训	越南党政干部考察团	4.11—14	4	33	云南民族干部学院
3	外协培训	老挝党政干部考察团	4.23—26	4	43	云南民族干部学院
4	外协培训	青海省地震应急培训班	4.23—27	5	45	青海局
5	外协培训	青海省防震减灾科普宣传能力提升班	6.5—8	4	49	青海局
6	外协培训	重庆市震害防御及地震应急管理研修班	6.11—15	5	41	重庆局
7	外协培训	陕西省市县防震减灾管理培训班	6.19—24	6	51	陕西局

序号	类型	培训班名称	日期	天数	人数	主办单位
8	外协培训	2018年青海省市州地震局长应急管理培训班	7.2—6	5	32	青海局
9	外协培训	青海省示范学校社区培训班	9.25—29	5	36	青海局
10	外协培训	2018年包头市地震应急及防震减灾工作培训班	10.28—11.3	7	20	包头局

二、网络学院工作

完成了"中国地震继续教育网""继续教育网络学院"的网页改版和功能提升。通过对版块的整合与优化，美工设计与布局重组，提升了网站的视觉品质与用户体验；更好地展现地震系统教育培训的成果。新增了培训班"在线报名"功能，实现了面授培训班的线上报名与学员信息汇总，进一步提升了培训管理的信息化能力，节省了人力资源，提高效率。这一功能已在2018年的国家局计划班次中推广应用。

干部教育网络学院和中国地震局老年大学网络学院（简称"两网两院"）2018年新增课程700门，自制专业课件20门。累积课程数量2596门，注册学员9755人，访问学习次数600.5万次。增设"党的十九大""2018全国两会""宪法修订"等专题课程。

开设"中国地震局震苑大讲堂"在线学习栏目，同步制作大讲堂论坛课件8期，点击量3.84万次，实现了震苑讲堂品牌教育资源的共享，地震系统内网络学习的传播效益日益凸显。

三、重点班次组织实施

9—11月，培训中心精心策划，组织完成"中国地震局第4期处长任职培训班""中国地震局第13期中青年干部培训班"2期重点班次。

认真贯彻落实新出台的《中国地震局培训管理办法》，主体班次紧紧围绕防震减灾事业发展、全面从严治党和队伍建设，突出政治站位，突出主责主业，突出学用结合，切实增强地震系统干部的八种本领，适应新时代防震减灾事业现代化建设需要。培训班呈现新的特点：一是政治站位高，进一步强化政治性是第一属性的培训要求。课程设计中加大政治理论教育和党性教育的占比，由过去的20%提高到40%。着重加强习近平新时代中国特色社会主义思想、马克思主义科学世界观与方法论、历史唯物主义和辩证唯物主义、新修订的党员纪律处分条例的学习和研讨。在赴瑞金、古田苏区红色圣地的补钙之行中接受不忘初心，牢记使命的思想洗礼和革命理想大于天的精神震撼。二是"四个意识"强，紧跟上级精神部署，及时将应急管理部和国家局的重要会议转化为教学课程。三是主动思考多，学习成效实。围绕新时代防震减灾事业改革发展的"四梁八柱"学思践悟，引导学员博学之、审问之、慎思之，组织 13 期中青班学员以问题为导向，一个月培训期间密集开展了 8 场防震减灾事业改革发展的大讨论，集思广益，建言献策。四是教学成果丰，学员收获多。培训班共产出 39 份学习体会文章、28 份分组研讨报告、4 份小组调研报告、4 期班级简报、50 余份信息稿件、宣传展板 9 块、视频片 1 部、专题网页 1 期、《软科学》1 期、汇编 1 本。

（浙江省地震局）

局属各单位教育培训工作

北京市地震局

2018 年，制定《北京市地震局培训管理办法》，编制《北京市地震局 2018 年度培训计划》，制定实施人才培养、培训等政策措施和规章制度。组织开展网宣培训、现场工作队培训、职工素质素养教育培训、党务干部培训，市地震系统法制培训等培训和科技讲座。共组织各类培训 18 项（次），投入培训经费 53.11 万元，参加培训人数 1488 人（次）。另外，选派 1 名后备干部参加中国地震局中青年干部培训，1 名事业单位处级干部参加 2018 年中国地震局处级干部任职培训，2 名青年业务骨干参加中国地震局 2018 年处级干部新闻宣传培训；派出 6 名青年业务骨干到外省地震局、地震台站交流。

（北京市地震局）

河北省地震局

2018 年河北省地震局举办自主培训班 18 个，主要涉及思想教育、业务培训、宣传工作和岗前培训四方面，先后划拨专项经费 52 万余元，重视业务培训，参加培训人员覆盖局参公人员、专技人员和市县地震工作人员，合计约 500 人次。

在本年度的培训工作中，河北省地震局始终把培训工作作为加强干部队伍建设、提高干部队伍素质的一个重要环节来抓，做到措施有力，工作到位。坚持领导带头学、干部自觉学；严格执行相关政策要求，强化管理，确保办班质量；及时做好总结反馈工作，确保培训精神得到贯彻落实，同时也为今后的培训提供经验。

（河北省地震局）

内蒙古自治区地震局

2018 年全年内蒙古自治区地震局累计组织 700 余人次参加了各类教育培训,在线学习 240 人,党建培训 274 人次,业务培训 347 人次,各项培训有序开展。

积极参加中央党校、中国地震局、北京师范大学等中央一级的厅局级干部专题培训 3 人次。

自主举办 15 期培训班,其中党建专题 2 期,财务专题 1 期,台站自主专业培训 6 期。特别是在国家地震紧急救援训练基地举办第二期全区基层地震应急管理干部和社会救援力量培训班,共计 50 人参加。举办了全区抗震设防管理和防灾基础管理培训班,继续加大第五代地震动参数区划图宣贯力度,组织盟市地震局和工程院有关业务人员参加全国第五代区划图宣贯培训班。积极组织开展"专家台站行"活动。组织局内科研专家 20 余人次赴各地震台站对台站科技人员进行专业知识和课题指导。加大台站一线人员的业务培训。积极组织台站一线人员参加中国地震局、防灾科技学院等机构举办的各类专业培训,派遣 8 名基层台站人员,分 4 批次参加防灾科技学院举办的为期一个月以上的台站监测岗位资格培训班。

(内蒙古自治区地震局)

辽宁省地震局

2018 年,辽宁省地震局职工参加各类党政培训、业务学习等约为 235 人次。其中,各级党政教育培训 5 人,中国地震局业务培训 11 人,交流访问学者 5 人。全局 358 名职工均参加网络学习,在线学习覆盖率为 100%,人均达 50 学时以上。

2018 年,辽宁省地震局下发了《辽宁省地震局人才发展规划(2018—2022 年)》,大力实施地震人才工程,统筹推进各类人才队伍建设;创新地震人才工作体制机制,积极探索更加高效灵活的用人机制。营造浓厚学习氛围,打造学习型团队。以局学术沙龙为载体,通过聘请国内知名专家来局讲学,组织收看高水平视频课件,加强干部职工政治理论、业务知识、政策法规等学习。

(辽宁省地震局)

吉林省地震局

2018 年，吉林省地震局围绕政治理论、专业技能、党风廉政等方面开展培训。围绕学习贯彻习近平新时代中国特色社会主义思想、党的十九大精神和党的十九届二中、三中全会精神、吉林省十一次党代会精神、吉林省两会和全国两会精神，结合遵守党章党规党纪等，举办副处级以上干部培训班 1 期，39 名副处级以上干部参加培训。在四川北川县组织开展吉林省市县防震减灾工作培训班，全省市县地震机构 64 人参加培训。邀请吉林省委党校教授进行宪法培训。

2018 年，吉林省地震局参加各类教育培训 138 人次，人数 117 人。其中，机关人员参加各类培训 43 人次，人数 33 人；事业单位人员参加各类培训 95 人次，人数 84 人。

（吉林省地震局）

上海市地震局

2018 年，上海市地震局职工参加组织调训、业务培训、任职培训、在线学习等各类培训 1095 人次，人均学时 168.5，全局网络在线学习覆盖率为 99.2%。局内举办各类讲座 31 场，组织培训班 2 个。

本年度有 1 人攻读中国科技大学 2018 年在职专业硕士研究生。安排 3 名青年科技人员赴南方科技大学交流学习。

（上海市地震局）

山东省地震局

2018 年，山东省地震局自主举办了市县地震局长防震减灾基本知识培训班等 7 个培训班次，省局参训人员 193 人次，市县参训人员 77 人次，此外举办了 10 余次专题讲座和学术报告会。

科学选派人员参加中国地震局、省委、省政府等上级举办的脱产培训，其中厅局级干部 5 人次、处级干部 40 余人次、机关科级及以下干部 20 余人次、事业单位专业技术人员 40 余人次。干部职工认真参加中国地震局干部教育网络学院学习，年度总学分 21552.03 分，居全国地震系统第 3 名。

自行研发运行了教育培训管理系统，通过系统实现培训信息发布、培训活动执行情况报告、培训情况查询等功能，对全局干部职工教育培训进行信息化管理。

（山东省地震局）

湖北省地震局

2018年，湖北省地震局围绕提高公务员的素养和能力、党性党风党纪教育培训、学习党的十九大精神，开展机关公务员及处级干部培训、学习贯彻"党的十九大精神"培训、学习习近平总书记视察湖北重要讲话精神培训、学习习近平总书记关于全面深化改革的重要论述培训以及"大力推进新时代湖北防震减灾事业现代化建设"培训，培训共计400多人次；同时以提高领导干部、专业技术人员业务水平的培训为辅，开展湖北省地震应急和台站数据处理培训、防震减灾执法研讨、连续重力观测数据培训以及相关专业技术培训，培训300人次左右。2018年，湖北省地震局1名局领导参加2018年中央和国家机关司局级干部专题研究班，2名处级干部参加中国局杭州培训班，4名科级干部参加2018年中国地震局科级公务员培训班，2名科级人员参加了湖北省委组织部组织的科级干部党校培训，2名机关干部参加新闻宣传培训等。

（湖北省地震局）

湖南省地震局

2018年，湖南省地震局着眼提升干部职工综合素质，举办了学习贯彻党的十九大精神、党员党的知识、党务工作者暨兼职纪检监察员，政务工作、保密密码工作等培训班，共计培训227人次。努力提升专业技术人员业务能力，在全省范围内举办了地震现场灾情调查系统应用、信息网络管理与技术、前兆观测技术、地震灾害紧急救援、市县防震减灾能力提升、测震观测技术、市县应急工作等培训班，共计培训260人次。充分利用外部资源，积极组织干部职工参加中国地震局和省委、省政府有关部门组织的培训。其中，参加中央和国家机关司局级干部专题研修班培训1人，参加中国地震局举办的处干班培训1人、中青班培训1人、新任公务员培训班1人，参加省直党校处干班培训1人、科干班培训3人。全年培训经费共计79.6万元。

（湖南省地震局）

海南省地震局

2018 年，海南省地震局参加地震系统培训 70 人次，系统外培训 32 人次，自主举办地震灾害防御、应急救援、政务信息、党务干部培训班等 62 人次，累计培训 5400 学时。海南省地震局鼓励在职干部职工参加各种与业务相关的继续教育学习，2018 年度，1 人正在攻读硕士研究生学历，1 人作为普通访问学者到其他省局参加访学。

2018 年，海南省地震局在教育培训方面坚持以防震减灾"三大体系"建设为核心，加强部门间联合协作，紧抓防震减灾业务不放松，与海南省教育厅联合举办全省防震减灾科普示范学校创建培训，相继举办各市县防震减灾基础能力提升培训、地震灾害紧急救援队成员及教官培训、公文写作及党务干部等业务培训 6 期，培训人数 457 人，并将学习习近平系列讲话精神、党的十九大及党的十九届二中、三中全会精神、"勇当先锋做好表率"专题教育贯穿其中，通过一系列学习培训，使广大干部职工业务得到锻炼提高，思想得到升华。

（海南省地震局）

四川省地震局

2018 年，贯彻"中国局干部培训计划"，实施各类业务培训 22 个班 1125 人次；积极选派各级干部参加中国局培训，强化专业能力素养提升；通过培训专项，鼓励支持部门业务培训和干部继续教育学习，提高专业化能力。加强网络学习督促，完成规定任务 93%。大力推进人才培养：积极推荐了 5 名领军人才、骨干人才、青年人才；积极争取上级支持，引进 18 名预警专家到川指导项目建设。

四川省地震局系统学历、学位教育和在职培训情况统计参见表 1 和表 2。

表 1　管理人员

参加培训人员合计	累计培训时间			参加培训总人次	培训类型		
	出国出境培训	90学时（不含）以内	90学时（含）以上		政治理论	专业知识	学历学位教育
37		7	30	37	16	20	1

表 2　专业技术人员

参加培训人员合计（含继续教育）	累计培训时间			参加培训总人次	培训类型		
	出国出境培训	90学时（不含）以内	90学时（含）以上		政治理论	专业知识	学历学位教育
185		50	135	185	16	169	

（四川省地震局）

贵州省地震局

2018 年，贵州省地震局全局干部职工积极参加上级组织的调训、各业务部门培训和网上在线学习，实现学习要求和学习形式全覆盖。

组织开展了贵州省地震监测预报业务培训会等形式多样的市县防震减灾知识培训，并对 2018 年新入职人员进行了为期 5 天内容丰富的业务培训。

（贵州省地震局）

云南省地震局

2018 年，云南省地震局职工参加各类调研、培训、学习 1244 人次，网络学习覆盖率99.8%。

云南省地震局组织举办"云南省防灾减灾专题培训班""地震救援第一响应人培训""云南省地震应急技术能力培训班"等 23 个地震业务和管理培训班。组织开展云南省防震减灾科普讲解大赛，推荐优秀选手参加全国比赛，其中 1 名选手获全国二等奖。

选派国内普通交流访问学者 4 人，攻读硕士研究生 2 人，博士研究生 1 人。1 人享受国务院政府特殊津贴，1 人享受云南省政府特殊津贴，1 人获云南省有突出贡献优秀专业技术人才。

开展第二批传帮带培养工作，8 名专家作为导师，培养 15 名青年科技人员。

（云南省地震局）

陕西省地震局

2018 年，陕西省地震局共举办培训班 11 期，培训干部 562 人次，培训市县地震机构工作人员 239 人次。全年共选派 22 名机关干部、53 名专业技术人员外出参加各类培训。

组织开展"不忘初心、牢记使命——党的十九大精神网络学习竞赛活动"，共有 212 人参加学习活动，完成总学分 6856 分。陕西省地震局在中国地震局干部教育网络学院在线学习排名第二，同比提升 1 个位次。

联合二测中心开展创新团队和培训合作，开展合作座谈会、邀请专家进行学术讲座、合作开展新人入职培训。推进创新团队和培训交流领域深化合作，聘请中国地震局地质研究所闻学泽教授为活动构造基础研究团队指导老师，为科技人员开展专业培训教育。丰富新进人员培训形式，联合社会专业培训机构开展拓展训练。

（陕西省地震局）

甘肃省地震局

2018 年，甘肃省地震局举办各类培训班共 23 期，培训内容涵盖学习贯彻党的十九大精神、党组织建设、提升干部素质能力、防震减灾与应急救援能力建设、地震应急管理等，1140 人参加（含市县地震局人员），机关工作人员 118 人次，事业人员 541 人次，2 人参加了中国地震局组织的交流访问者学习，3 人到国外参加进修学习，4 人获得硕士、4 人获得博士学位，2 人硕士在读，8 人博士在读，职工队伍的整体素质和业务水平得到了极大的提高。

甘肃省地震局依托兰州国家陆地搜寻与救护基地对全省 20 多支安全生产应急救援队 240 多名骨干队员进行了救援培训；完成了 14 期 820 多人省外专业救援队培训、16 期共 1300 多人短期省内外社会救援力量培训、接待省内外 11000 人参观考察，很好地发挥了窗口作用。

（甘肃省地震局）

新疆维吾尔自治区地震局

2018 年，新疆维吾尔自治区地震局职工参加各类教育培训 146 人次，人数 105 人。其中，机关人员参加各类培训 54 人次，人数 35 人；事业单位人员参加各类培训 92 人次，人数 70 人；参加中国地震局组织培训 86 人次，参加自治区组织培训 60 人次；参加疆内培训 27 人次，疆外培训 119 人次。取得各类结业证书 45 人次，网络教育在线学习覆盖率 99.3%，学习各类网络教育课程 11046 次。

9 月在那拉提举办了新疆片区测震及前兆维修中心培训，16 人的授课团队全部由中国地震局有经验的事业单位专家组成，主要面向中国地震局台站及地州地震局维护保养测震设备的技术人员，培训方法上更加注重贴近实际，更加注重培养维修技术人员的实践操作技能，效果良好。

（新疆维吾尔自治区地震局）

中国地震局地球物理研究所

2018 年 11 月中旬，中国地震局地球物理研究所以"深入学习贯彻习近平新时代中国特色社会主义思想和党的十九大精神 推进研究所全面从严治党向纵深发展"为主题，举办了 2018 年度副处以上领导干部和支部书记、支部委员培训班。

党委书记欧阳飚同志主持开班仪式并讲话。欧阳飚同志指出，在研究所各项工作非常紧张的情况下，安排一周的时间集中组织干部培训，是为了进一步深入学习贯彻习近平新时代中国特色社会主义思想和党的十九大精神，深刻领会习近平新时代中国特色社会主义思想的核心要义和丰富内涵；进一步提高对大力推进新时代防震减灾事业现代化建设重要性和迫切性的认识；进一步推进研究所全面从严治党工作向纵深发展。培训班上，通过专家报告、视频录像多种形式深入学习了习近平新时代中国特色社会主义思想和党的十九大精神、中国共产党纪律处分条例、新时代防震减灾事业发展重要文件等内容。培训班还结合研究所正在进行的科技体制改革工作、干部个人事项报告和推进 OA 办公系统实施等工作内容组织了专题交流研讨。

中国地震科学台阵探测项目组织设备安装技术培训班：2018 年 1 月 16 日，由中国地震局地球物理研究所牵头组织的中国地震科学台阵探测（山东地区）项目设备安装培训班在东营市地震局举行。中国地震科学台阵探测项目是目前全球规模最大的地下深部结构探测项目之一，旨在通过大规模布设宽频带流动地震科学台阵、利用地震成像技术研究地下深部空间的精细速度结构。这次正在进行观测点布设的是《中国地震科学台阵探测——华北地区东部》项目，将在华北地区东部布设 342 个陆地宽频带流动地震科学台阵探测点，覆盖山东、辽宁、北京、天津全境及河北、内蒙古东部地区。

本次现场培训班的参加人员包括山东省多个地、市地震局的测震骨干人员，中国地震局地球物理研究所专家全面讲解了台阵探测项目的总体计划和现状、地震科学台阵监测设备工作原理，就前期台址勘选工作进行了交流总结，就观测设备的安装、设置维护等方面进行培训，并在东营市东南部的 37321 观测点进行了现场实际示范架设及培训。

（中国地震局地球物理研究所）

中国地震局地质研究所

2018 年，中国地震局地质研究所干部职工积极参加各类调训、党政培训、业务学习、在线学习累计 239 人次，达 8944 学时。

中国地震局地质研究所举办极低频电磁数据处理分析培训、首届地震地质学位课程等培训班，邀请了 20 多名研究员进行集中授课培训。多名局级、处级干部赴中央党校、延安干部学院、杭培中心等开展学习。

（中国地震局地质研究所）

中国地震台网中心

2018 年，中国地震台网中心组织干部职工积极参加相关培训班学习。1 名局管干部参加了中央党校"习近平新时代中国特色社会主义思想"专题班学习；1 名局管干部参加为期 3.5 月的中国干部网络学院的"学习贯彻党的十九大精神"网上专题班学习；1 名局管干部参加 2018 年中国浦东干部学院全国新闻发言人研讨班学习；1 名局管干部参加人社部专业技术人才知识更新工程"国家地震科技创新工程实践"高级研修班学习；2 名新提拔处级干部参加"2018 年中国地震局处级干部任职培训班"学习；1 名处级干部参加"中国地震局党校 2018 年春季处级干部进修班"学习；2 名处级干部参加"中国地震局会计制度培训班"学习；1 名处级干部参加中国地震局中青年干部培训班学习；5 月份完成中国地震台网中心处级干部集中轮训；管理及专技人员参加其他单位举办的各类培训共计 50 余人次。3 名党支部书记参加"直属机关党支部书记培训班"学习；3 名处级干部参加"直属单位党办主任培训班"学习。中国地震台网中心共备案单位自主举办的培训班 10 个。

（中国地震台网中心）

中国地震局第二监测中心

2018 年，加强干部理论素质培养，召开学习党的十九大精神专题座谈会 4 次，理论中心组学习 8 次，参加应急管理部集中学习视频会 5 次，参加中国地震局和陕西省委科技工委学习研讨 12 人次。

开展科技人员对外交流。2018 年推荐 2 名科技人员赴国外学习，2 人赴系统内单位交流。

开展新入职职工岗前培训 1 次。举办"二测大讲堂"6 期，组织举办各类培训班 33 个。

（中国地震局第二监测中心）

防灾科技学院

2018 年，深入学习贯彻习近平新时代中国特色社会主义思想和党的十九大精神。把持续深入学习习近平新时代中国特色社会主义思想和党的十九大精神作为首要政治任务，切实做到学懂弄通做实。通过党委中心组学习、专家报告、专题党课、专题网页、互联网＋等多种形式深入学习，推进习近平新时代中国特色社会主义思想进教材、进课堂、进头脑。

主办 2018 年防灾减灾学术研讨会等 25 次重要活动。先后派出 20 多名教师赴境外开展科技合作与交流，邀请 10 多位境外专家学者来校访问交流。

制定《关于进一步加强继续教育工作的意见》，编制教育培训计划。依托北川培训基地，与省市局联合举办结构抗震技术与灾害性地震应对策略培训班；构建课程体系、教材体系及网络教育平台，进一步完善地震继续教育培训体系，推进信息化建设。

（防灾科技学院）

人　物

2018 年中国地震局享受政府特殊津贴人员名单及简介

付　虹　女，1963 年生，1984 年毕业于云南大学，获学士学位，地球物理专业。现任云南省地震局二级研究员。1999 年入选"国家地震局跨世纪科技人才第一层次人选"，2003 年入选"中国地震局新世纪优秀人才百人计划"，2011 年获得云南省人民政府授予的"云南省中青年学术和技术带头人"。

雷建设　男，1969 年生，2001 年毕业于中国科学院研究生院（北京），获博士学位，固体地球物理专业。现任地壳应力研究所研究员，博士生导师。中组部"万人计划"科技创新领军人才，科技部"创新人才推进计划"中青年科技创新领军人才，中国地震局防震减灾优秀人才"百人计划"。

黄文辉　男，1973 年生，1993 年毕业于防灾科技学院，地球物理专业。现任广东省地震局正研级高级工程师。2013 年获得全国地震系统先进工作者。2016 年获得广东省科学技术进步一等奖（排名第一）、广东省五一劳动奖章、2018 年获全国五一劳动奖章。

郭　迅　男，1966 年生，1996 年毕业于中国地震局工程力学研究所，获博士学位，防灾减灾工程及防护工程专业。现任防灾科技学院研究员，博士生导师。中国地震局防震减灾优秀人才"百人计划"。获 2015 年度防震减灾科技成果奖一等奖（排名第 3）。

王宝善　男，1976 年生，2003 年毕业于中国科学技术大学，固体地球物理专业，博士学位。现任地球物理研究所研究员，博士生导师。科技部"创新人才推进计划"中青年科技创新领军人才，中国地震局防震减灾优秀人才"百人计划"。

戴君武　男，1967 年生，2002 年毕业于中国地震局工程力学研究所，防灾减灾工程及防护工程专业，博士学位。现任工程力学研究所研究员，博士生导师。2007 年入选"中国地震局新世纪优秀人才百人计划"。

李正媛　女，1959 年生，2005 年毕业于同济大学，测量学专业，博士学位。现任中国地震台网中心研究员。

王　涛　男，1977 年生，2006 年毕业于日本京都大学，获博士学位，建筑工程专业。现任工程力学研究所研究员。获 2016 年国家科技进步二等奖（排名第 1），中国地震局防震减灾科技成果一等奖 2 项（排名 1 和 6）。"百千万人才工程"国家级人选。中国地震局防震减灾优秀人才"百人计划"。

2018 年获得
专业技术二级岗位聘任资格人员名单

序号	姓名	单位	专业领域
1	邢成起	北京市地震局	地震地质
2	易桂喜	四川省地震局	地震预报
3	俞言祥	中国地震局地球物理研究所	防灾减灾工程与防护工程
4	甘卫军	中国地震局地质研究所	大地测量
5	申旭辉	中国地震局地壳应力研究所	固体地球物理
6	田勤俭	中国地震局地震预测研究所	地震地质
7	李山有	中国地震局工程力学研究所	防灾减灾工程与防护工程
8	姚运生	防灾科技学院	防灾减灾工程与防护工程

2018 年通过地震专业正高级
专业技术职务任职资格人员名单

序号	姓名	所在单位	申报任职资格
1	刘子维	湖北省地震局	研究员
2	谢俊举	中国地震局地球物理研究所	研究员
3	陈学良	中国地震局地球物理研究所	研究员
4	王伟涛	中国地震局地质研究所	研究员
5	王丽凤	中国地震局地质研究所	研究员
6	张国宏	中国地震局地质研究所	研究员
7	袁仁茂	中国地震局地质研究所	研究员
8	任俊杰	中国地震局地壳应力研究所	研究员
9	付媛媛	中国地震局地震预测研究所	研究员
10	李乐	中国地震局地震预测研究所	研究员
11	谢志南	中国地震局工程力学研究所	研究员

序号	姓名	所在单位	申报任职资格
12	林旭川	中国地震局工程力学研究所	研究员
13	王多智	中国地震局工程力学研究所	研究员
14	李美	中国地震台网中心	研究员
15	王志铄	河南省地震局	正研级高级工程师
16	陈志高	湖北省地震局	正研级高级工程师
17	叶秀薇	广东省地震局	正研级高级工程师
18	廖华	四川省地震局	正研级高级工程师
19	金明培	云南省地震局	正研级高级工程师
20	陈鲲	中国地震局地球物理研究所	正研级高级工程师
21	李琪	中国地震局地球物理研究所	正研级高级工程师
22	胥广银	中国地震局地球物理研究所	正研级高级工程师
23	赵刚	中国地震局地壳应力研究所	正研级高级工程师
24	李峰	中国地震灾害防御中心	正研级高级工程师
25	高战武	中国地震灾害防御中心	正研级高级工程师
26	潘素珍	中国地震局地球物理勘探中心	正研级高级工程师
27	胡卫建	中国地震应急搜救中心	正研级高级工程师

（中国地震局人事教育司）

合作与交流

主要收载地震系统一年来双边、多边国际合作项目，以及重要学术活动概论，是了解国内外地震领域科研进展，学术交流的窗口。

合作与交流项目

中国地震局 2018 年对外合作与交流综述

2018 年，中国地震局国际合作坚持贯彻党的十九大精神，以习近平新时代中国特色社会主义思想为统领，落实党中央、国务院加强和改进因公出国（境）管理精神和政策，坚持以"两个服务"为基本原则，严格控制因公出国（境）团组数量和规模。严格控制和规范国际会议、论坛等活动。统筹安排、突出重点、务实节俭、合作共赢，防震减灾国际合作与交流工作有序开展。

一、成功举办汶川地震十周年国际研讨会 暨第四届大陆地震国际研讨会

国家主席习近平专门致信，强调人类对自然规律的认知没有止境，要科学认识致灾规律，有效减轻灾害风险，实现人与自然和谐共处。国务委员王勇莅临研讨会并发表重要讲话，应急管理部党组书记、副部长黄明主持开幕式，应急管理部副部长，中国地震局党组书记、局长郑国光做大会主旨报告，12 家国外减灾机构主要负责人、7 个国际组织的高级别官员，以及国内外 17 位院士出席会议，来自 49 个国家和地区以及 16 个相关国际组织的 1408 名专家学者和官员出席开幕式。研讨会期间，由国际著名学者组成的决议委员会高度评价了习近平总书记防灾减灾救灾重要论述，一致决定《汶川启示》原文摘录相关内容。会议通过了《汶川启示》，发起了"一带一路"地震减灾合作倡议，向国际社会公布了我国首颗电磁监测试验卫星"张衡一号"的初步研究成果和数据共享方案，展示了近年来我国在防震减灾实践中取得的成就及各类科技成果。本次研讨会是我国防震减灾历史上规格最高的国际会议，也是 10 年来中国地震局发起并牵头组织的规模最大的一次国际会议，产生了积极而深远的影响。

二、服务外交大局，拓展"一带一路"地震减灾合作

12 月 12 日，国家主席习近平同厄瓜多尔总统莫雷诺举行会谈，表示中方将继续支持厄方震后重建和防灾减灾，见证了郑国光局长与厄方代表签署《关于地震和火山灾害风险

管理谅解备忘录》。援外台网建设稳步推进，援尼泊尔地震监测台网完成 6 个站点建设，援老挝、援肯尼亚项目进展顺利。成功举办中北亚地震观测与防震减灾技术培训班和东盟地区论坛城市搜索与救援高级培训课程，培训"一带一路"沿线 15 个国家近 60 名技术人员。编制《"一带一路"地震减灾发展规划（2018—2030 年）》。

三、服务事业发展，加强国际地震科技合作

郑国光局长率团访问日韩，参加第 11 届中韩地震合作工作组会议，与日本气象厅进行磋商。召开中美地震和火山科技合作协调人会晤，确定合作重点方向。与德国、日本等 21 个国家相关机构开展双边高层会谈。选派 19 名管理人员和专家赴美培训。组织南南合作项目、政府间科技创新合作重点专项和亚专资项目申报，完成国际科技合作项目验收。对洪都拉斯、美国、阿富汗等 7 个国家的 10 余次地震（火山）事件和中国台湾花莲地震进行应急响应。参与老挝水库溃坝和印尼苏拉威西地震出队应急响应。中国地震局科研人员参加重要国际学术会议和国际组织活动约 500 人次，港澳台交流合作不断深化。

（中国地震局国际合作司）

2018 年出访项目

1 月 3 日—7 月 8 日
中国地震局地球物理研究所博士研究生李昌珑赴意大利与全球地震模型组织（GEM）开展合作研究。

1 月 11—31 日
中国地震局地球物理研究所研究员李丽等一行 3 人赴尼泊尔执行援建地震监测台网建设项目（2017 年项目延期）。

1 月 14—20 日
中国地震局地质研究所研究员王萍和助理研究员胡钢 2 人赴孟加拉国对瓦里—贝塔斯沃考古遗址点进行地层年代学工作。

1 月 18 日—2 月 8 日
中国地震局地质研究所研究员甘卫军等一行 3 人赴缅甸进行 GPS 流动观测站勘选、建造和地壳运动观测。

1 月 21—26 日
中国地震局地壳应力研究所助理研究员苏哲赴日本东京参加日本航天局"2017 年全球环境监测项目学术研讨会"。

1月28日—2月2日

中国地震应急搜救中心副主任王志秋等一行4人赴法国桑宽观摩城市搜索和救援联合演练。

2月5—10日

中国地震局地壳应力研究所研究员陈虹和局国际合作司主任科员郑凯二人赴瑞士日内瓦，参加联合国人道主义网络伙伴系列会议暨"联合国灾害评估协调队（UNDAC）2018年年会"和"联合国国际搜索咨询团（INSARAG）2018年年会"。

2月23日—3月6日

中国地震局地质研究所助理研究员王恒和张金玉2人赴缅甸队石皆断裂开展古地震野外考察。

2月24—28日

中国地震台网中心研究员张永仙赴巴布亚新几内亚参加"亚太经合组织下属机构科技创新政策伙伴关系机制工作会议"。

3月2日—6月30日

中国地震局地球物理研究所助理研究员范小勇等一行5人赴尼泊尔开展援建地震台站建设工作。

3月10—18日

中国地震局地球物理研究所研究员边银菊赴奥地利维也纳参加全面禁止核试验条约筹委会核检查组第50次会议第一周相关活动。

3月12—15日

中国地震局地壳应力研究所高级工程师胡哲赴日本东京参加"第七十三届欧洲非相干散射协会科学咨询会议"。

3月15日—6月13日

中国地震局发展研究中心高级工程师邹锐赴老挝执行援老挝国家地震监测台网项目技术援建任务。

3月19—23日

广东省地震局副局长吕金水等一行6人赴柬埔寨金边，与柬埔寨矿产和能源部商谈中国—东盟地震海啸监测预警系统地震台站建设方案和实施计划。

3月21日—4月11日

中国地震局地球物理研究所研究员李丽和杨大克2人赴尼泊尔执行援助尼泊尔地震监测台网项目野外台站建设任务。

3月26—30日

辽宁省地震局处长王连全等一行4人赴韩国大田，与韩国的资源研究院讨论中韩合作地震台网运维、交流数据质量和台站改进措施等问题。

4月3—5日

中国地震局国际合作司主任科员张沉赴韩国首尔参加"东盟地区论坛第17届救灾间会。

4月4—10日

中国地震局地质研究所研究员单新建等一行3人赴丹麦和奥地利，分别与丹麦地质调查局和奥地利科学院进行合作交流。

4月7—13日

湖北省地震局副研究员江颖等一行3人赴奥地利维也纳参加"欧洲地球物理学会（EGU）2018年年会"。

4月7—14日

中国地震局地质研究所研究员周永胜等一行8人赴奥地利维也纳参加"欧洲地球物理学会（EGU）2018年年会"。

4月7—14日

中国地震局地壳应力研究所高级工程师何仲太等一行4人赴奥地利维也纳参加"欧洲地球物理学会（EGU）2018年年会"。

4月7—14日

中国地震局地球物理研究所研究员贺传松等一行4人赴奥地利维也纳参加"欧洲地球物理学会（EGU）2018年年会"。

4月8—15日

四川省地震局高级工程师陈维锋等一行3人赴奥地利维也纳参加"欧洲地球物理学会（EGU）2018年年会"。

4月8—15日

中国地震局地质研究所研究员陈九辉等一行5人赴奥地利维也纳参加"欧洲地球物理学会（EGU）2018年年会"。

4月14—21日

中国地震局地壳应力研究所研究员陈虹赴瑞士日内瓦参加"联合国国际搜索与救援咨询团（INSARAG）指南审查与修订工作组会议"。

4月18—27日

中国地震局地球物理研究所研究员王健赴英国访问，推进中英国际合作研究项目。

4月22—26日

广西壮族自治区地震局副局长黄国华等一行4人赴韩国忠州参加"火山地震减灾国际研讨会"。

4月25日—5月22日

中国地震局地震预测研究所研究员高原赴美国密苏里科技大学分析青藏高原东南部流动地震台阵数据，开展壳幔地震各向异性研究。

4月27日—5月6日

中国地震局地质研究所研究员许冲等一行5人赴尼泊尔开展地震滑坡勘查及无人机野外测量。

5月10—18日

中国地震局工程力学研究所研究员袁晓铭赴美国杨百翰大学进行合作研究。

5月13—18日

中国地震局工程力学研究所副研究员陶冬旺赴美国迈阿密市参加"美国地震学会（SSA）2018年年会"。

5月13—20日

中国地震局地壳应力研究所研究员朱守彪和陆鸣2人赴美国迈阿密市参加"美国地震学会（SSA）2018年年会"。

5月14—19日

中国地震局地球物理研究所研究员李小军等一行7人赴美国迈阿密市参加"美国地震学会（SSA）2018年年会"。

5月19—24日

中国地震局地震预测研究所副研究员欧阳新艳和赵庶凡2人赴日本千叶市参加"2018年日本地球与行星科学联合大会"。

5月19—25日

中国地震局地壳应力研究所研究员雷建设和副研究员颜蕊2人赴日本千叶市参加"2018年日本地球与行星科学联合大会"。

5月19—25日

中国地震局地球物理研究所副研究员李平恩和廖力2人赴日本千叶市参加"日本地球科学联合会（JPGU）2018年年会"。

5月20日—6月3日

中国地震局国际合作司主任科员赵瑞华赴奥地利维也纳参加"全面禁止核试验条约科学外交研讨会"。

5月21—25日

新疆维吾尔自治区地震局研究员王晓强和高级工程师李杰2人赴吉尔吉斯斯坦比什凯克开展天山地区GPS运动观测交流和野外观测点位勘察。

5月22—28日

中国地震局地壳应力研究所研究员申旭辉赴日本千叶市参加"2018年日本地球与行星科学联合大会"。

5月22日—7月21日

中国地震局地球物理研究所研究员李丽等一行2人赴尼泊尔执行"援助尼泊尔地震监测台网"台站建设任务。

5月28日—6月1日

中国地震应急搜救中心高级工程师杨新红赴蒙古开展蒙古救援队能力建设工作。

5月29日—8月22日

中国地震局地质研究所工程师王英赴英国苏格兰大学环境中心进行学术交流合作研究。

6月2—7日

中国地震局地质研究所研究员屈春燕等一行7人赴美国火奴鲁鲁市参加"第十五届亚洲大洋洲地球科学学会（AOGS）年会"。

6月2—9日

中国地震局地壳应力研究所副研究员周新和苏哲2人赴美国火奴鲁鲁市参加"第十五届亚洲大洋洲地球科学学会（AOGS）年会"。

6月2—10日

中国地震局地质研究所研究员周永胜和助理研究员李康2人赴美国火奴鲁鲁市参加"第十五届亚洲大洋洲地球科学学会（AOGS）年会"。

6月3—8日

云南省地震局高级工程师常祖峰和研究员赵慈平2人赴美国火奴鲁鲁市参加"第十五届亚洲大洋洲地球科学学会（AOGS）年会"。

6月3—9日

中国地震局地球物理勘探中心研究员段永红和高级工程师潘素珍2人赴美国火奴鲁鲁市参加"第十五届亚洲大洋洲地球科学学会（AOGS）年会"。

6月3—9日

中国地震局地球物理研究所副研究员谢俊举赴美国火奴鲁鲁市参加"第十五届亚洲大洋洲地球科学学会（AOGS）年会"。

6月3—9日

中国地震局地壳应力研究所研究员徐锡伟等一行3人赴美国火奴鲁鲁市参加"第十五届亚洲大洋洲地球科学学会（AOGS）年会"。

6月3—9日

湖北省地震局副研究员韦进和助理研究员周宇2人赴美国火奴鲁鲁市参加"第十五届亚洲大洋洲地球科学学会（AOGS）年会"。

6月3—10日

中国地震局地球物理研究所研究员吴庆举等一行4人赴美国火奴鲁鲁市参加"第十五届亚洲大洋洲地球科学学会（AOGS）年会"。

6月3—10日

四川省地震局研究员易桂喜赴美国火奴鲁鲁市参加"第十五届亚洲大洋洲地球科学学会（AOGS）年会"。

6月3—10日

中国地震局地壳应力研究所研究员朱守彪赴美国火奴鲁鲁市参加"第十五届亚洲大洋洲地球科学学会（AOGS）年会"。

6月4—10日

中国地震台网中心研究员黄辅琼和研究实习员赵静2人赴美国火奴鲁鲁市参加"第十五届亚洲大洋洲地球科学学会（AOGS）年会"。

6月4日—9月2日

中国地震台网中心高级工程师李建勇和冯志军2人赴老挝执行援建地震监测台网任务。

6月16—22日

中国地震局地壳应力研究所地球物理王建新和研究员郭啟良2人赴美国参加西雅图"第五十二届美国岩石力学研讨会"。

6月16—23日

中国地震局地球物理研究所副研究员王玉石和助理研究员李昌珑（已在意大利）2人赴希腊塞萨洛尼基参加"第十六届欧洲地震工程大会"。

6月17—23日

甘肃省地震局研究员王兰民赴希腊塞萨洛尼基参加"第十六届欧洲地震工程大会"。

6月17—23日

中国地震局工程力学研究所研究员孙柏涛等一行9人赴希腊塞萨洛尼基参加"第十六届欧洲地震工程大会"。

6月18—22日

中国地震局深圳防灾减灾科技交流培训中心主任黄剑涛等一行4人赴英国格鲁普系统公司开展地震仪器开发、测试和生产合作洽谈与交流。

6月18日—7月31日

中国地震局地球物理研究所副研究员谢凡赴法国勒芒大学进行合作研究。

6月23—30日

中国地震应急搜救中心高级工程师刘亢赴菲律宾克拉尔参加联合国搜救与救援咨询团（INSARAG）第七届亚太地区地震应急演练。

6月23日—7月1日

中国地震局地壳应力研究所副研究员任俊杰和黄学猛2人赴希腊波塞蒂市参加"第九届古地震、活动构造和地震考古学国际研讨会"。

6月23日—9月2日

中国地震台网中心高级工程师李建勇和山东省地震局高级工程师冯志军2人赴老挝执行援建地震监测台网项目。

6月24—29日

中国地震局地球物理研究所副研究员赵旭东和助理研究员何宇飞2人赴奥地利维也纳参加"第十八届国际地磁台站仪器与数据获取处理研讨会"。

6月24—30日

中国地震应急搜救中心副主任王志秋等一行7人赴菲律宾克拉尔参加联合国搜救与救援咨询团（INSARAG）第七届亚太地区地震应急演练。

6月24—30日

中国地震局工程力学研究所研究员戴君武等一行3人赴美国洛杉矶参加"第十一届美国地震工程大会"。

6月26日—7月5日

中国地震局第二监测中心副研究员季灵运赴美国南卫理公会大学进行学术交流。

7月2—6日

中国地震局震害防御司处长刘小群赴蒙古乌兰巴托参加"2018年亚洲部长级减灾大会"。

7月2日—9月27日

中国地震局地壳应力研究所研究员朱守彪赴日本神户大学开展地震数值模拟合作研究和学术交流。

7月3—12日

中国地震局局长郑国光和中国地震局国际合作司处长朱芳芳2人赴蒙古乌兰巴托参加"2018年亚洲部长级减灾大会";赴韩国首尔参加"第十一届中韩地震科技双边会晤";赴日本东京商讨中日地震监测预警、灾害防御、地震科研等领域合作事宜。

7月5—7日

中国地震局地质研究所研究员许建东赴韩国首尔参加"第十一届中韩地震科技双边会晤"。

7月5—12日

中国地震局国际合作司司长胡春峰等一行2人赴韩国首尔参加"第十一届中韩地震科技双边会晤";赴日本东京商讨中日地震监测预警、灾害防御、地震科研等领域合作事宜。

7月6—12日

中国地震局工程力学研究所助理研究员马加路赴匈牙利布达佩斯参加"第八届国际工程结构失效分析会议"。

7月8—14日

防灾科技学院教授廖顺宝赴美国圣地亚哥参加"美国环境系统研究所2018年用户大会"。

7月15日—8月5日

防灾科技学院副教授李海燕等一行4人赴英国雷丁大学参加2018中青年骨干教师研修。

7月15日

中国地震局地壳应力研究所高级工程师彭艳菊赴美国肯塔基大学开展海域场地对地震动参数的影响方面的学术交流。该交流持续到2019年1月10日。

7月16—28日

中国地震局工程力学研究所副研究员徐俊杰和王多智2人赴美国波士顿和纽约分别参加"国际薄壳与空间结构学术会议"和"第十三届世界计算力学大会"。

7月21—28日

中国地震局地质研究所助理研究员焦中虎赴西班牙巴伦比亚参加"国际地球科学与遥感学会2018年年会"。

7月21—28日

中国地震局地震预测研究所助理研究员袁小祥赴西班牙巴伦比亚参加"国际地球科学与遥感学会2018年年会"。

7月21—28日

中国地震局地壳应力研究所助理研究员罗毅赴西班牙巴伦比亚参加"国际地球科学与遥感学会2018年年会"。

7月30日—8月5日

中国地震台网中心研究员张永仙赴智利圣地亚哥参加亚太经合组织"科技创新与灾害韧性政策研讨会"。

7月31日—9月27日

中国地震局地质研究所副研究员鲁人齐赴美国休斯敦大学就"川滇地区活动构造变形样式，建立活动断裂带三维模型进行合作交流。"

8月1—30日

中国地震局地震预测研究所研究员泽仁志玛赴美国得克萨斯大学达拉斯分校开展"电离层嘶声的产生机制及传播模型模拟"的合作研究。

8月6日—9月30日

中国地震局地球物理研究所研究员鲁来玉赴挪威奥斯陆大学进行学术研究。

8月11—18日

中国地震局地震预测研究所研究员李营等一行3人赴美国波士顿参加"2018年国际地球化学年会"。

8月12—21日

中国地震局地质研究所研究员陈小斌等一行8人赴丹麦赫尔辛基参加"第二十四届地球电磁感应学术研讨会"。

8月17—26日

中国地震台网中心高级工程师张锐和邹锐耳2人赴老挝进行台站维护。

8月19—23日

应急管理部副处长隋建波和中国地震应急搜救中心处长贾群林2人赴澳大利亚观摩昆士兰国际重型队复测。

8月19—25日

中国地震应急搜救中心工程师李立赴澳大利亚布里斯班参加联合国人道主义事务办公室2018年国际重型救援队复测评估。

8月20日—9月18日

中国地震局地球物理研究所研究员陈石和助理研究员张贝2人赴日本统计数理研究所开展重力平差贝叶斯算法高性能程序设计研究。

8月22—26日

防灾科技学院研究员郭迅等一行4人赴日本名古屋工业大学执行国家重点研发计划"重

大港口工程地震破坏机理及防控技术研究"项目。

8月26日—9月1日

防灾科技学院教授蔡晓光等一行3人赴法国斯特拉斯堡参加"第十六届国际地质灾害与减灾学术会议"。

8月26日—9月1日

中国地震局地质研究所研究员许冲和博士田颖颖2人赴法国参加"第十六届国际地质灾害与减灾学术会议"。

8月26日—9月1日

防灾科技学院教授廖顺宝赴澳大利亚墨尔本参加"第十届国际地理信息科学大会"。

8月26日—9月1日

中国地震局工程力学研究所助理研究员高桂云赴塞尔维亚贝尔格莱德参加"第二十二届欧洲断裂国际会议"。

8月26日—9月2日

中国地震局地球物理研究所副所长张东宁研究员赴奥地利维也纳参加"全面禁止核试验条约组织筹委会核查工作组第51次会议"。

8月27日—11月24日

中国地震台网中心高级工程师韩宇飞和湖北省地震局助理研究员汪健2人赴老挝执行援建地震监测台网项目开工仪式筹备、货物进场、样板站施工等工作任务。

8月29日—9月1日

应急管理部巡视员尹光辉和中国地震局国际合作司处长郑荔2人赴日本东京参加联合国国际搜索与救援咨询团（INSARAG）2018年亚太地区年会。

9月1—9日

中国地震局地球物理研究所研究员王健赴马耳他瓦莱塔参加"第三十六届欧洲地震委员会学术大会"。

9月1—9日

中国地震局地质研究所研究员许建东等一行7人赴意大利那不勒斯参加"第十届国际城市火山学术大会"。

9月1日—10月30日

中国地震局地球物理研究所副研究员石磊赴美国罗德岛大学开展合作亚久。

9月2—8日

中国地震应急搜救中心处长宁宝坤等一行6人赴新加坡参加国际重型救援复测相关活动。

9月2—8日

中国地震局地壳应力研究所研究员陈虹作为评测专家赴新加坡参加国际重型救援队能力分级复测。

9月2—13日

中国地震局地震预测研究所研究员高原赴马耳他瓦莱塔参加"第三十六届欧洲地震委

员会学术大会"，并赴德国地学研究中心进行学术交流。

9月7—12日

中国地震台网中心研究员张永仙赴美国棕榈泉市参加"南加州地震中心（SCEC）2018年年会"。

9月7—14日

中国地震局地质研究所研究员刘静和陈杰2人赴美国棕榈泉市参加"南加州地震中心（SCEC）2018年年会"。

9月7—17日

中国地震局地震预测研究所研究员张晓东等4人赴美国加州大学洛杉矶分校开展学术交流。

9月8—14日

防灾科技学院教授迟宝明等一行4人赴韩国大田参加"第四十五届国际水文地质大会"，并赴首尔与延世大学开展学术交流。

9月9—15日

中国地震局地球物理研究所研究员谢俊举赴美国加州大学洛杉矶分校开展学术交流。

9月10—17日

中国地震局地球物理研究所研究员李丽等3人赴尼泊尔开展援建地震监测台网台站建设工作。

9月10—18日

中国地震局地质研究所研究员李传友和副研究员张竹琪2人赴英国对中英合作项目"鄂尔多斯西南缘的构造活动与地震危险性评估"进行执行情况检查与学术交流。

9月10—18日

陕西省地震局研究员冯希杰赴英国牛津大学执行中英合作项目，并交流合作项目的进展情况。

9月12—18日

甘肃省地震局研究员袁道阳赴英国牛津大学执行中英合作项目"鄂尔多斯西南缘的构造活动与地震危险性评估"，进行学术交流。

9月14日—12月10日

中国地震局地球物理勘探中心副研究员田晓峰赴美国地质调查局开展学术交流。

9月15—19日

中国地震局地壳应力研究所研究员陈虹赴罗马尼亚布加勒斯特参加"INSARAG指南修订工作组会议"。

9月16—21日

防灾科技学院教授蔡晓光赴韩国首尔参加"第十一届国际土工合成材料会议"。

9月16—22日

中国地震局地壳应力研究所研究员申旭辉赴德国参加"第四十七届国际非相散射雷达网

科学会议"；赴意大利参加"国际大地测量和地球物理联合会（IUGG）地震地磁年会"，并与意大利航天局共同召开"中意电磁卫星工作会议"；还赴瑞典就地面接收系统合作进行会谈。

9月16—23日

中国地震局科技发展司处长谢春雷赴意大利参加"国际大地测量和地球物理联合会（IUGG）地震地磁年会"，并与意大利航天局共同召开"中意电磁卫星工作会议"；还赴瑞典就地面接收系统合作进行会谈。

9月16—23日

中国地震局地壳应力研究所副研究员颜蕊等一行3人赴意大利参加"国际地震和火山电磁研究联合工作组（EMSEV）2018年国际研讨会"。

9月16—24日

中国地震局地质研究所副研究员马严和工程师庞建章2人赴德国柏林参加"第十六届国际热年代学术会议"。

9月16—29日

中国地震局地震预测研究所研究员张学民赴意大利参加"国际地震和火山电磁研究联合工作组（EMSEV）2018年国际研讨会"，并开展学术交流。

9月16—29日

中国地震局地壳应力研究所副研究员黄建平赴意大利参加"国际地震和火山电磁研究联合工作组（EMSEV）2018年国际研讨会"，并开展学术交流。

9月17—28日

广东省地震局高级工程师林伟等一行4人赴泰国之行地震台站勘选和调查工作。

9月19日—10月19日

中国地震局地震预测研究所研究员李营赴意大利国家地球物理和火山研究所开展野外调查采样和样品分析，探讨地震活动断裂带的土壤和气体在地球化学领域的研究进展。

9月20—24日

中国地震局地壳应力研究所研究员朱守彪赴日本福冈市参加"2018年慢地震国际研讨会"。

9月20—28日

中国地震局地球物理研究所研究员杨大克等一行4人赴加拿大耐诺公司就地震计、加速度计和数据采集器等多种地震仪器开展技术交流。

9月20日—12月23日

河北省地震局高级工程师王红蕾赴美国地质调查局地震科研中心了解加州地震预警软件系统的建设和算法，讨论台网布设和信息发布形式。

9月22—28日

甘肃省地震局研究员王兰民赴日本参加北海道6.9级地震灾害科学考察工作。

9月24—29日

中国地震台网中心研究员张永仙赴日本南淡路市参加"亚太经合组织地震科学国际研

讨会"。

10 月 1 日—11 月 30 日

中国地震局地震预测研究所研究员孟国杰赴俄罗斯远东联邦大学开展合作研究和学术交流。

10 月 1 日—12 月 29 日

中国地震局地震预测研究所助理研究员苏小宁赴俄罗斯远东联邦大学就"郯庐断裂远东地区的活动特征,联合处理双方数据并编写反演断层活动程序"开展合作研究和学术交流。

10 月 6—14 日

云南省地震局局长王彬赴尼泊尔、孟加拉国、巴基斯坦交流防震减灾工作。(云南省人民政府外事办公室组团)

10 月 7—13 日

中国地震应急搜救中心副处长孙刚等一行 5 人赴瑞士参加"2018 年倒计时地震救援模拟演练"。

10 月 7—14 日

中国地震局地壳应力研究所研究员申旭辉等一行 3 人赴意大利弗拉斯卡蒂市参加"欧洲空间局 SWARM 卫星数据质量研讨会"。

10 月 10—18 日

中国地震局副局长阴朝民率团一行 6 人赴厄瓜多尔建立地震减灾合作关系,并赴墨西哥深化在地震监测预警领域合作事宜。

10 月 14—19 日

中国地震局地壳应力研究所副研究员龚丽霞和助理研究员焦其松 2 人赴马来西亚吉隆坡参加"2018 年亚洲遥感会议"。

10 月 15—22 日

中国地震台网中心研究员游新兆等一行 3 人赴阿尔及利亚调研援阿地震台网运行情况,并了解阿方台网升级需求。

10 月 15—22 日

广东省地震局研究员黄文辉赴阿尔及利亚调研援阿地震台网运行情况,并了解阿方台网升级需求。

10 月 20—27 日

中国地震应急搜救中心研究员曲国胜赴约旦安曼参加国际重型救援队复测工作。

10 月 22—28 日

中国地震局地球物理研究所研究员杨大克等一行 4 人赴加拿大温哥华,与加拿大自然资源部太平洋地球科学中心及加拿大英属哥伦比亚大学就"野外宽频带流动地震观测技术"等进行合作交流。

10 月 22—25 日

内蒙古自治区地震局工程师安全赴加拿大温哥华,与加拿大自然资源部太平洋地球科学中心及加拿大英属哥伦比亚大学就"野外宽频带流动地震观测技术"等进行合作交流。

10 月 22 日—11 月 2 日

中国地震局工程力学研究所研究员戴君武赴意大利那不勒斯费德里科二世大学进行合作交流。

10 月 28 日—11 月 3 日

广东省地震局高级工程师黄文辉等一行 3 人赴马来西亚开展地震数据中心建设工作。

10 月 29 日—11 月 2 日

中国地震局国际合作司副司长王满达赴日本京都参加"地球观测组织第十五次全体会议"。

10 月 29 日—11 月 4 日

中国地震局地壳应力研究所研究员谢富仁等一行 3 人赴新加坡参加"第十届亚洲岩石力学研讨会"。

10 月 31 日—11 月 3 日

中国地震局国际合作司副处长姚妍赴印度新德里参加"上合组织成员国城市地震搜索联合演练筹备会"。

10 月 31 日—11 月 3 日

中国地震应急搜救中心工程师李立赴印度新德里参加"上合组织成员国城市地震搜索联合演练筹备会"。

11 月 1—10 日

吉林省地震局研究员刘国明等一行 3 人赴美国佐治亚理工学院和迈阿密大学交流、探讨火山监测技术进展。

11 月 3—11 日

中国地震局副局长闵宜仁率团一行 6 人，赴埃及推进地震监测、震灾预防、古迹抗震等领域合作，并赴阿尔及利亚探讨地震台网第二期合作方案。

11 月 4—10 日

中国地震局地球物理研究所副研究员郝春月等一行 4 人赴美国阿尔伯克基地实验室就"全球地震台网数据传输、数据归档、数据处理的新进展"进行学术交流。

11 月 4—10 日

中国地震局地震预测研究所研究员高原赴以色列耶路撒冷参加"第十八届地震各向异性国际研讨会"。

11 月 4 日—12 月 25 日

中国地震局地质研究所副研究员郭志赴法国斯特拉斯堡大学就"1920 年海源大地震震源机制及历史地震图建模并解释"等进行合作研究。

11 月 10 日

中国地震局地球物理研究所助理研究员李璐赴美国佐治亚理工学院进行"基于图形处理器（GPU）的模板匹配滤波技术及断层带震识别技术"等方面的合作交流，并参加"2018

年美国地球物理学年会"。该活动持续至 2019 年 1 月 21 日。

11 月 11—18 日

中国地震局地球物理研究所副研究员郝春月和甘肃省地震局高级工程师张淑珍 2 人赴奥地利维也纳参加全面禁止核试验条约组织筹备委员会"第六届国际监测系统操作与维护讲习班"。

11 月 11—18 日

中国地震台网中心高级工程师邹锐和李建勇 2 人赴老挝参加地震台网建设开工仪式及地震合作洽谈。

11 月 13 日—12 月 14 日

中国地震局地球物理研究所工程师范晓勇和周建超 2 人赴尼泊尔开展"援建地震监测台网"项目台站建设工作。

11 月 14—18 日

中国地震台网中心副主任刘杰和高级工程师张锐 2 人赴老挝参加地震台网建设开工仪式及地震合作洽谈。

11 月 17—25 日

中国地震台网中心研究员黄辅琼赴德国慕尼黑参加"国际大陆深钻计划 2018 大陆深钻技术培训"。

11 月 18—26 日

中国地震应急搜救中心工程师何红卫等一行 6 人赴新加坡参加"东盟地区论坛国际城市搜索和救援高级培训"及全球消防与救护队员挑战赛等系列活动。

11 月 19—24 日

中国地震局地球物理研究所研究员高孟潭和副研究员伍国春 2 人赴日本名古屋大学进行学术访问。

11 月 25 日—12 月 1 日

中国地震应急搜救中心高级工程师谢霄峰赴以色列特拉维夫市参加联合国重型救援队分级测评。

11 月 25 日—12 月 8 日

中国地震局第一监测中心主任宋彦云等一行 19 人赴美国加州州立大学长滩分校参加地震监测预报模型研究与技术培训。

11 月 28 日—12 月 5 日

中国地震局副局长牛之俊率团一行 5 人赴德国进行交流合作,并赴克罗地亚商讨合作事宜。

12 月 1—7 日

中国地震局地壳应力研究所研究员杨多兴赴日本筑波日本产业技术综合研究所,就"孔隙岩石里的耗散波理论与岩石渗流声发射光纤观测试验"进行合作交流。

12月2—8日

中国地震局地球物理研究所研究员温增平等一行3人赴意大利帕维亚市全球地震模型组织进行访问和学术交流。

12月5—8日

中国地震局地震预测研究所所长吴忠良研究员赴日本东京参加日本科学技术创新委员会"战略性创新计划研讨会"。

12月8—15日

湖北省地震局副研究员胡敏章等一行5人赴美国华盛顿参加"美国地球物理学会（AGU）2018年度秋季会议"。

12月9—13日

甘肃省地震局高级工程师陈继锋赴美国华盛顿参加"美国地球物理学会（AGU）2018年度秋季会议"。

12月9—13日

上海市地震台副研究员于海英赴美国华盛顿参加"美国地球物理学会（AGU）2018年度秋季会议"。

12月9—14日

中国地震台网中心副研究员孟令媛等一行3人赴美国华盛顿参加"美国地球物理学会（AGU）2018年度秋季会议"。

12月9—15日

中国地震局地球物理勘探中心研究员杨卓欣和高级工程师刘巧霞2人赴美国华盛顿参加"美国地球物理学会（AGU）2018年度秋季会议"。

12月9—15日

中国地震局地震预测研究所研究员付广裕等一行4人赴美国华盛顿参加"美国地球物理学会（AGU）2018年度秋季会议"。

12月9—15日

中国地震局地球物理研究所研究员张瑞青等一行8人赴美国华盛顿参加"美国地球物理学会（AGU）2018年度秋季会议"。

12月9—16日

中国地震局地壳应力研究所研究员徐锡伟等一行13人赴美国华盛顿参加"美国地球物理学会（AGU）2018年度秋季会议"。

12月9—16日

中国地震局地质研究所研究员蒋汉朝等一行10人赴美国华盛顿参加"美国地球物理学会（AGU）2018年度秋季会议"。

12月9—16日

上海市地震台副研究员朱爱斓赴美国华盛顿参加"美国地球物理学会（AGU）2018年度秋季会议"。

12 月 10—16 日

江苏省地震局工程师吴珍云赴美国华盛顿参加"美国地球物理学会（AGU）2018 年度秋季会议"。

12 月 10—16 日

中国地震局地球物理研究所研究员温增平等一行 5 人赴美国华盛顿参加"美国地球物理学会（AGU）2018 年度秋季会议"。

12 月 11—25 日

中国地震局台网中心助理研究员李瑜和工程师王坦 2 人赴缅甸进行境外地震台站运行维护和相对重力联合测试。

12 月 14 日

中国地震局地球物理研究员常利军赴南极进行科学考察。（自然资源部组团）

（中国地震局国际合作司）

2018 年来访项目

2 月 4—5 日

中国地震局地壳应力研究所接待意大利核物理研究院德·多纳托·钦齐亚研究员等 14 人来访。

2 月 8—11 日

福建省地震局接待台湾"中央"大学地球科学学院郭陈澔副教授访问。

3 月 17—22 日

中国地震局地球物理研究所接待日本名古屋大学高桥诚教授等 5 人来访。

6 月 4—17 日

中国地震局地壳应力研究所接待台湾大学陈于高教授等 3 人访问。

6 月 16—19 日

中国地震局地质研究所接待法国国家科学中心塞西尔拉塞尔研究员来访。

6 月 19 日—7 月 19 日

中国地震局工程力学研究所接待美国风险管理软件公司董伟民博士来访。

6 月 28 日

中国地震局地壳应力研究所接待日本北海道大学日置幸介教授来访。

7 月 1—4 日

中国地震局地球物理研究所接待亚洲地震委员会主席帕拉美什·巴纳吉来访。

7月2—4日

中国地震局地球物理研究所接待英国伦敦大学大卫德美瑞特教授等3人来访。

7月5—15日

中国地震局地质研究所接待以色列地质调查局阿米特·穆斯金研究员等5人来访。

7月8—15日

青海省地震局接待中国台湾"中央"大学刘正彦教授来访。

7月16—19日

中国地震台网中心接待台湾专家现任中国地质大学（武汉）博导陈界宏教授访问。

7月19—22日

中国地震局工程力学研究所接待美国阿姆斯风险管理软件公司副总裁克里斯琴·皮埃尔·莫得盖特和高级总监增学田来访。

7月20—26日

中国地震局工程力学研究所接待英国谢菲尔德大学大卫·瓦格教授来访。

7月20日—8月13日

中国地震局地质研究所接待日本嶋本利彦教授来访。

7月20日—8月23日

中国地震局工程力学研究所接待美国伊利诺伊大学香槟分校维杜斯阿努帕马·霍斯克尔博士来访。

7月21—28日

吉林省地震局接待美国地质调查局地震和地质灾害高级科学顾问威廉·利思博士等7人来访。

7月23—27日

中国地震局地壳应力研究所接待澳大利亚气象局空间气象服务数据中心王克和主任来访。

7月29日—8月3日

中国地震局工程力学研究所接待日本东京大学地震研究所纐缬一起教授来访。

7月30日—8月3日

来自俄罗斯、美国、西班牙、意大利等国家和地区相关领域的37位专家参加湖北局于在云南昆明举办国际大地测量与地球动力学学术研讨会。

7月31日—8月7日

湖北省地震局接待美国加州大学伯克利分校罗兰·伯格曼教授来访。

8月3日—9月3日

中国地震局地壳应力研究所接待德国波茨坦大学爱德华·索贝尔教授等4人来访。

8月20—25日

中国地震局地球物理研究所接待美国加州大学洛杉矶分校乔纳森·斯图尔特教授来访。

8月20—25日

中国地震局地质研究所接待韩国釜山大学张哲宇助理教授来访。

8月30日—9月7日

地质所接待日本产业技术综合研究所宫城矶治主任研究员来访。

9月12—16日

中国地震局工程力学研究所接待美国瓦里德斯保险咨询公司王自法研究员等2人来访。

9月18—20日

中国地震局工程力学研究所接待日本东北大学五十子幸树教授来访。

9月22—24日

中国地震局地球物理研究所接待美国地质调查局乔纳森·格伦教授来访。

9月23—28日

中国地震局地质研究所接待韩国气象厅火山特别研究中心尹成孝教授等6人来访。

10月11—12日

中国地震局工程力学研究所接待日本小堀铎二研究所中岛正爱教授来访。

10月13—20日

新加坡南洋理工大学保罗·塔普尼亚教授来访。

10月15—31日

中国地震局地质研究所接待美国内华达大学伊恩·皮尔斯博士来访。

10月22—28日

中国地震局地震预测研究所接待意大利的里亚斯特大学法比奥·罗曼内利教授来访。

10月23—26日

中国地震局地球物理研究所接待韩国地质资源研究院地震研究中心车一永等4人来访。

10月23—28日

中国地震局地球物理研究所接待亚洲地震委员会主席帕拉美什·巴纳吉博士访问。

10月23—28日

中国地震局地球物理研究所接待亚洲地震委员会（ASC）主席帕拉美什·巴纳吉博士访问。

10月23—28日

中国地震局地震预测研究所接待俄罗斯科学院弗拉基米尔·科索波科夫教授来访。

10月26日—11月2日

中国地震应急搜救中心接待新加坡民防部队分区司令阿兰·唐和澳大利亚北海岸昆士兰消防应急服务助理局长约翰·考克来访。

10月30—31日

中国地震局工程力学研究所接待日本东京工业大学吉敷祥一副教授来访。

11月5—11日

广东省地震局接待印尼气象气候与地球物理局班邦·瑟提优·普拉伊蒂诺等11名学员

来访。

11月7—10日

福建省地震局接待台湾"中央大学"王乾盈教授等一行5人访问。

11月17—21日

来自俄罗斯、美国、意大利、法国等国家和地区相关领域的36位专家参加地壳所在北京举办中国电磁监测试验卫星工程第三届国际学术研讨会。

11月20日

北京市地震局接待美国地质调查局门洛帕克科学中心地震与火山灾害研究组的鲁弗斯·卡钦斯教授等2人来访。

11月26—29日

中国地震局地质研究所接待英国南安普敦大学自然与环境科学学院保罗·卡林教授来访。

11月26—30日

中国地震局地球物理研究所接待亚美尼亚共和国教育与科学部科学委员会主席萨姆威尔·哈如图尼亚等4人来访。

12月7—9日

防灾科技学院接待美国新墨西哥大学土木工程系马哈茂德·里达·塔哈教授来访。

12月9—16日

中国地震局地壳应力研究所接待意大利特兰托大学罗伯特·巴蒂斯通教授等2人来访。

12月17—21日

中国地震局地球物理研究所接待韩国地质资源研究院地震研究中心金根永博士等4人来访。

（中国地震局国际合作司）

2018年港澳台合作交流项目

3月24—28日

新疆维吾尔自治区地震局研究员王晓强等一行三人赴香港参加"呼图壁储气库地震活动暨诱发地震机理研讨会"。

3月24—28日

中国地震局地球物理研究所研究员王宝善等一行八人赴香港参加"呼图壁储气库地震活动暨诱发地震机理研讨会"。

6月26—28日

中国地震局国际合作司副主任科员石娜娜赴澳门参加"第八届粤港澳地区地震科技研

讨会"。

8月21日—10月14日

中国地震局地球物理研究所副研究员杨微赴香港中文大学进行学术访问。(持因私证照)

9月4—8日

中国地震局工程力学研究所副研究员林旭川赴香港参加"2018钢结构工程研究与实践国际会议（ICSC2018）"。

9月17—19日

广东省地震局副局长吕金水等一行四人赴澳门参加"居安思危——抗震防灾研讨会"。

12月2—6日

防灾科技学院副教授郭晓云赴香港参加"第六届应用在建筑材料的纳米技术国际研讨会"。

（中国地震局国际合作司）

学术交流

中国地震局地球物理研究所学术交流活动

1."中北亚地区国家地震观测与防震减灾技术培训班"

2018年4月15日—5月14日，为推动由中北亚地区地震台网建设和防震减灾技术普及，促进中北亚国家之间及与我国在防灾减灾领域的合作，中国地震局地球物理研究所在北京、珠海和成都成功举办了由财政部亚洲区域合作专项资助的以地震观测技术为主辅以地震学原理和防震减灾技术的"中北亚地区国家地震观测与防震减灾技术培训班"。参加培训班的代表共21人，来自中亚、中北亚及欧洲6个国家，其中亚美尼亚3人、哈萨克斯坦4人、吉尔吉斯斯坦3人、塔吉克斯坦4人、蒙古4人、俄罗斯3人，来自亚美尼亚地球物理与地震工程研究所、哈萨克斯坦地震研究所、吉尔吉斯斯坦科学院下属地震研究所、塔吉克斯坦科学院下属地质、地震工程及地震学研究所、蒙古科学院下属天文与地球物理中心、俄罗斯科学院地球物理调查局共6个机构或部门。此次培训是我国首次主持举办中北亚地区地震观测与防震减灾技术培训，在增强"一带一路"倡议下的区域地震科技合作、共建防震减灾区域信息共享平台、推进我国地震观测技术国际化等方面发挥了重要的作用，也为全球地震台网计划奠定了坚实的技术基础和合作基础。

2."莫桑比克 Save 河大桥及旧桥加固项目"地震危险性分析任务

地球物理研究所承担与中国路桥工程有限责任公司签署的"莫桑比克 Save 河大桥及旧桥加固项目"商务合同中地震危险性分析任务，派出专家赴莫桑比克开展现场调查工作，建立工程场地地震活动性模型、地震构造模型和场地土层地震反应模型。为保证重大建设工程"肯尼亚内罗毕至马拉巴铁路工程"的顺利实施，研究所专家于2018年6月赴肯尼亚对施工场地中发现的地质裂缝开展现场调查工作，就地震地质、场地条件和后续工作进行补充调查。

3. 南极地震科考

2018年12月13日—2019年2月20日，在第35次南极科学考察期间，地球物理研究所专家按照地震观测标准结合南极极端气候条件对长城站地震台的摆坑和观测房进行了彻底改造，布设了新购置的甚宽带低温地震仪，设计和制造了新的地震观测房，将长城站地震台改造成新一代的现代化地震台，兼顾了实用、坚固、耐久、美观和先进的特点，背景噪声低，具有远程实时监控能力和数据传输功能，具备长期无人值守情况下正常运行的能力。这次科考成果作为我国第 35 次南极科考主要成果得到包括央视、新华网、人民日报等各大媒体的关注。

4. 承担重要国际会议任务

在中国地震局指导下，地球物理研究所专家在于 2018 年 5 月 12—14 日举办的"汶川地震十周年国际研讨会暨第四届大陆地震国际研讨会"学术秘书组中发挥了重要作用，研究所承担了会务组织，经费统筹等主要工作。同期，作为亚洲地震委员会（ASC）秘书处挂靠单位，组织筹办了"亚洲地震委员会第十二次学术大会"。

5. 参与国际组织活动

李丽研究员被推选为亚洲地震委员会（ASC）新任秘书长，蒋长胜研究员被推选为 IASPEI 教育科普委员会（Ed_and_Out Comm.）委员，王健研究员被推选为 IASPEI 地震风险与强地面运动委员会（SHR）委员。刘瑞丰担任美国地震学联合研究体（IRIS）国外联合成员机构中国地震局地球物理研究所代表。

6. 与全球地震模型基金会合作

2018 年 12 月，地球物理研究所与全球地震模型基金会签署科技合作备忘录，促进研究所在地震灾害风险管理领域的学科建设，推动战略合作伙伴关系建议，并派员在其总部开展为期半年的交流访问，就落实备忘录中条款开展实质工作。

（中国地震局地球物理研究所）

中国地震局地质研究所学术交流活动

1. 举办"构造变形和地震机理研讨会"

为促进地震动力学国家重点实验室的学术交流和国际合作，2018 年 5 月 9—10 日，实验室在京举办了"构造变形和地震机理研讨会。来自日本、荷兰、新加坡、俄罗斯、加拿大、法国、美国、中国香港地区和国内地震系统、中科院系统以及高等院校的 100 多名科研人员和研究生参加了研讨会。来自国外和香港地区的 14 位学者以及来自重点实验室的 6 位学者应邀做专题报告。与会代表围绕地球内部介质物理力学性质、断层力学与地震机理的实验研究、地表构造变形和深部地球物理等方面的问题进行了研讨和交流，境外专家还参观了地震动力学国家重点实验室构造物理实验设备。

2. 服务"一带一路"工程建设

"一带一路"沿线地区部分国家地处环太平洋地震带和欧亚地震带上，历史地震灾害严重，存在着较高的地震安全风险。近年来，地质研究所积极配合国家相关企业，承担完成境外重大、重点工程项目的地震安全性评价工作，工作范围遍布包括"一带一路"沿线的东南亚、中亚、东非、西非及中美洲 10 余国。

2018 年 9 月，地质研究所冉洪流研究员、陈杰研究员、尹功明研究员、任治坤研究员、博士生刘金瑞和博士生郭鹏等一行 6 人在印度尼西亚苏拉威西帕卢盆地以南开展拉利昂彼力水电站坝址周边断裂活动性鉴定工作，对现今左旋走滑速率高达 35mm/a 的帕卢断裂带进行野外考察。9 月 28 日他们亲身经历了 6.1 级地震及随后的 7.4 级强烈地震与海啸，6 名科研人员死里逃生，所有野外装备、护照及鞋帽等行李均被埋压在倒塌的宾馆中。为了更好地应对所面临的危局，他们成立了临时党支部，在震后停水断电、强余震不断、通讯时断时续、无任何换洗衣物，吃饭饮水勉强供应、燃油等物资极度短缺的艰苦条件下，他们放弃了提前撤离灾区的机会，不顾伤痛，冒着酷暑，穿着拖鞋在震区开展了地表破裂带及地震灾害的初步调查，利用仅剩 4 块电池的无人机获取了约 3 ~ 4km 长地震地表破裂带及沿线震灾损失的高分辨率影像数据。在异国他乡他们更加深切地感受到祖国的强大，印尼人民的友好，他们表示将认真总结本次地震的经验，为今后更好地服务"一带一路"倡议、减轻地震灾害贡献自己的力量。

3. 赴尼泊尔执行国家国际合作项目

2018 年度是许冲研究员负责的国际合作项目（2015 年尼泊尔主震、强余震与震后强降雨诱发滑坡继发性规律研究）执行的第 2 年，目前取得如下进展：建立了同震滑坡数据库。项目组基于地震前后的高分辨率卫星影像，利用人工目视解译方法，结合野外实地调查，建立了这次地震触发的同震滑坡数据库。该数据库共包含约 47200 条滑坡记录，总面积约 110km^2。滑坡在空间上大体呈 NWW 向展布，与地震发震构造的位置和走向基本一致。这是目前最详细完整的尼泊尔地震同震滑坡数据库成果。开展了尼泊尔地震滑坡的野外考察与数据采集工作。2015 年 6 月、2017 年 11—12 月、2018 年 4—5 月，项目组 3 次奔赴尼泊尔震区，对中尼贸易交通要道—阿尼哥公路（加得满都—樟木口岸）和沙拉公路（加德满都—吉隆口岸）开展了滑坡野外考察工作。进行了公路沿线的大型滑坡调查，地震滑坡解译结果验证、典型滑坡震后的演化趋势的调查与测量等工作。地震滑坡的继发性规律与演化研究。项目组建立了长时间序列、多期次的滑坡数据库，包括 2015 年 M_W7.8 主震、M_W7.3 强余震、2015—2018 年降雨因素触发，并开展不同类型滑坡的发生机制以及演化规律分析，深化对地震滑坡及其震后效应的认识与理解。

4. 赴英国执行国家国际合作项目

地质研究所由国家自然科学基金委员会（NSFC）与英国自然环境研究理事会（NERC）、英国经济社会研究理事会（ESRC）共同资助的中英合作项目鄂尔多斯西南缘的构造活动与危险性评估。按照项目计划安排，进入总结阶段，项目各合作单位一起开展一系列工作，推进了项目研究内容的综合与应用，为项目中英双方科学家未来开展进一步合作研究奠定了基础。9月10—18日，应英国合作方牛津大学拜瑞·帕森斯教授邀请，项目骨干成员地质所李传友研究员、张竹琪副研究员、中山大学郑文俊教授和甘肃局袁道阳研究员、陕西局冯希杰研究员等一行5人，赴英国牛津大学参加该项目总结交流会。访问期间，中方项目组与英方牛津大学研究团队，重点围绕近三年来取得的重要研究成果进行了汇报与交流讨论。中方成员分别就中方研究组的活动构造研究成果、中国大陆地区动力学数值模拟、鄂尔多斯周缘地震危险性方面的结果和问题进行了总结，还详细介绍了陕西、甘肃、宁夏和青海四省（区）古文献中地震记录的考证研究成果，以及公元前780年陕西岐山地震震中位置考据与野外调查情况。英方研究组组长Philip England教授介绍了英方团队在包括本项目等自然灾害领域中英合作研究取得的成绩，并以欧洲地区为例说明了团队研究方法在预防地震灾害方面的应用。英方团队介绍了卫星影像解译和模拟地震学数据等资料在新疆呼图壁地震、甘肃昌马地震和宁夏海原地震等多次历史大震地表破裂带研究中的应用和研究结果。访问期间，中方访问组成员参加了RAS与COMET联合举办的地球深部动力学、空间测量与地震学合作研讨会，听取了来自中国、英国、法国、澳大利亚和日本等国家的地球科学不同领域学者的研究报告并进行了交流讨论。

（中国地震局地质研究所）

中国地震局地壳应力研究所学术交流活动

1. 参加第十届亚洲岩石力学大会

2018年10月，第十届亚洲岩石力学大会在新加坡举办，此次会议由国际岩石力学与岩石工程学会主办，国际岩石力学与岩石工程学会中国国家小组和新加坡国家小组共同承办。地壳所作为国际岩石力学学会地壳应力与地震专业委员会的挂靠单位，组织国内4名专家参会。专委会主任谢富仁研究员除了参加国际岩石力学学会的理事会议，还组织了"地壳应力与地震"专题研讨并做主题报告。与会专家分别介绍了地壳所在地应力以及应力测量等方面的研究进展和成果，并与国际同行进行交流，学习了解地应力研究及技术的新动态，提高了我所在相关领域的研究水平，进一步加强了我所在国际地应力研究领域的联系和影响。

2. 联合国应急救援相关活动

受联合国人道主义事务办公室现场协调支持部门及中国地震局应急救援司委托，地壳应力研究所陈虹研究员于2018年2月5日至10日赴瑞士日内瓦参加由联合国人道主义事务办公室组织的联合国人道主义网络和伙伴关系周（Humanitarian Networks and Partnerships Week,

简称 HNPW）活动。HNPW 为全球各国的人道主义行动者提供一个协作、交流经验和促进共同合作的平台。陈虹受邀在该活动上介绍了中国国内地震灾害紧急救援的建设及其国内开展的救援队能力测评工作，并与联合国商谈获得联合国授权在国内开展 INSARAG 国内救援队测评认证资质事宜，对中国国内救援队队伍体系建设和能力提升产生了重要影响。

受联合国 INSARAG 秘书处邀请，中国地震局应急救援司和国际合作司委托，地壳应力研究所陈虹研究员于 2018 年 4 月 15 日至 21 日赴瑞士日内瓦参加 INSARAG 指南审查与修订专家组工作。2018 年 2 月在日内瓦召开的 INSARAG 年会上联合国确定并宣布了指南修订专家组，成员由来自亚太、美洲、欧洲、非洲和中东地区的 14 位专家，我所陈虹研究员应邀作为专家参加此次指南审查与修订工作。

受联合国人道主义事务办公室现场协调支持部门委托和新加坡民防部队总监的邀请，地壳应力研究所陈虹研究员于 2018 年 9 月 3 至 9 月 9 日作为国际救援队分级测评专家组组长，赴新加坡参加由联合国及国际搜索与救援专家咨询团秘书处组织的对新加坡国际城市搜救队进行的国际重型救援队的能力分级复测。新加坡搜救队，是亚太地区第 1 支获得国际重型救援队资格的队伍。队伍建设标准高，队伍管理规范，是代表世界一流水平的救援队。本次陈虹研究员作为测评专家组组长，代表联合国 INSARAG 对其开展测评，既提高了中国国际救援队在国际救援领域的地位，也学习到了先进的救援技术和管理模式，事后获得了联合国专门来信感谢。

受联合国 INSARAG 秘书处邀请，应急管理部地震与地质灾害救援司委托，地壳应力研究所陈虹研究员于 2018 年 9 月 15 日至 22 日赴罗马尼亚布加勒斯特参加 INSARAG 指南审查与修订专家组工作。国际搜救领域的技术和方法随着国际救援工作进展十分迅速，2017 年底，联合国 INSARAG 秘书处准备启动 INSARAG 指南 2015 年的修订工作，并决定将于 2020 年推出新版 INSARAG 指南。为此需要在全球各个区域内推荐具有丰富国际搜救理论和经验的专家参加。陈虹研究员作为代表亚太地区的专家参加指南修订专家组，对于及时了解国际搜救最新发展和能力要求，推动中国国际救援队 2019 年复测，以及应急管理部今后要推动的全国各个区域的国家级救援队的测评具有非常重要的意义。

3. 电磁卫星国际合作

2018 年，我所与 IUGG 地震与火山电磁学跨协会工作组（EMSEV）签署了"张衡一号"卫星数据合作协议。2018 年 5 月 12 日，恰值汶川地震十周年纪念日，张衡一号在轨运行第 100 天之际，中国地震局地壳应力研究所所长徐锡伟研究员与 IUGG 地震与火山电磁学跨协会工作组（EMSEV）主席亚克·兹洛特尼克（Jacques Zlotnicki）教授在成都签署了张衡一号卫星数据合作协议，标志着我国迈出利用"张衡一号"卫星数据开展广泛国际合作研究的重要一步。

"张衡一号"发射入轨以来，目前在轨测试工作过半，初步分析认为已经完成的各项测试功能性能指标总体满足工程设计要求。为加强数据分析和应用研究能力，中国地震局地壳应力研究所与 EMSEV 围绕张衡一号卫星数据分析处理技术、数据在地震与火山监测等方面的潜在应用等进行了长期深入交流，并于 2017 年初形成完整的合作意向并最终签署合作协议。EMSEV 集聚了国际上 30 多个国家和地区地震电磁学领域的顶级专家，是推进地震电磁学研究和国际合作发展的一支重要科技力量，建立与该国际学术组织稳定密切的合作关系，有利于进一步吸收和学习国际地震电磁学积累，提高张衡一号数据应用能力、有效发挥数据应用效果。

　　地震电磁卫星发射后，意大利载荷研制团队派 14 名科研人员，到我所开展了 3 个多月的在轨测试工作。

（中国地震局地壳应力研究所）

中国地震局地震预测研究所学术交流活动

1. 地震科学实验场地震危险性估计国际研讨会

　　2018 年 10 月 26 日组织召开"地震科学实验场地震危险性估计"国际研讨会，邀请意大利的里亚斯特大学法比奥·罗曼内利（Fabio Romanelli）教授、俄罗斯科学院地球物理研究所弗拉基米尔·卡姆佐尔金（Vladimir Kamzolkin）教授、阿列克谢·扎维亚洛夫（AlekseiZavialov）教授、俄罗斯科学院地震预报理论与数学地球物理研究所弗拉基米尔·科索波科夫（Vladimir Kosobokov）教授参加。预测所与俄罗斯科学院大地物理研究所正式签署合作备忘录，双方将在地震预测和减轻灾害风险方面促进联合申请研究项目，在两国的数据政策框架内共享数据和数据产品，可接受和交换来自对方研究人员等方面开展合作。

2. "地震科学实验场：科学、技术和组织与面临的挑战"研讨会

　　汶川地震十周年国际研讨会闭幕后，应中国地震局地震预测研究所邀请，参加专题的美国南加州地震中心主任 John E. Vidale 教授、俄罗斯前欧洲地震委员会主席 AlekseiZavialov 教授、国际大地测量地球物理学联合会（IUGG）意大利国家委员会主席 Giuliano Panza 教授和美国南加州地震中心计算委员会主席崔一峰教授一行 9 人顺访预测所，就地震科学实验场和地震预测预报科技发展开展了研讨，研讨会后预测所与南加州地震中心草签了合作备忘录。

　　根据中国地震局监测预报司《落实郑国光局长 2018 年度地震趋势会商会工作部署的函》要求，由预测所牵头开展地震预报科技总体发展深入研讨。本次研讨会以"基础研究在地震危险性评估和可操作地震预报中的作用"为专题安排了 7 个专题报告。

3. 与美国南加州地震中心合作

　　2018 年 9 月 7 日至 12 日，预测所张晓东副所长一行 4 人参加南加州地震中心年会，会议期间与美国南加州地震中心主任约翰·艾米利奥·维代尔（John Emilio Vidale）教授进

行了地震科技合作的深入交流，9月14日预测所与美国南加州地震中心（SCEC）正式签署合作备忘录，合作备忘录的正式签署标志着预测所正式成为南加州地震中心合作会员。中国地震局被南加州地震中心列为正式会员。对提高我国地震科学研究的国际影响力，对推动中国地震科学实验场的工作科学研究工作具有重要的意义。

（中国地震局地震预测研究所）

中国地震台网中心学术交流活动

美国地质调查局（USGS）地震科学中心教授、中美地震科技合作美方协调人 Walter D. Mooney 于 2018 年 1 月 23 日上午顺访中国地震台网中心，进行中美合作项目九寨沟地震活动性研究交流，并做"美国地质调查局地震研究概况"的学术报告。Mooney 教授作了题为《美国地质调查局地震研究概况》的学术报告。介绍了美国地质调查局对地震和火山研究的现状，并对具有防震减灾实效的多个研究进行了阐述，例如 USGS 研究产出的地震烈度图为美国建筑标准提供了科学依据；PAGER（Prompt Assessment of Global Earthquakes for Response）可以提供全球地震灾害的快速评估，包括人员伤亡和财产损失等；ShakeAlert 提供地震早期预警结果。最后，他详述了近几年在红海附近及非洲南部等多个地方开展的火山和地震研究工作，介绍了非洲地幔柱可能的演化过程。Mooney 教授特别介绍了他们研究获得的地幔中（深约 50 千米）存在微震活动的新发现，并探讨了可能的成因。他认为这将是一个新的研究领域，并推测中国东北地区可能存在地幔震，希望中国地震学家参与到这一问题的研究中。

报告会后，参会人员就加州地震与墨西哥地震频发的危险性、地幔演化和地幔地震可能的成因进行了交流讨论。张永仙研究员就中国地震台网中心与美国地质调查局正在开展的九寨沟地震前后中等地震活动特征的合作研究等工作进行了初步结果的交流，并初步商定了下一步合作工作计划。

（中国地震台网中心）

计划·财务·纪检监察审计·党建

主要收载中国地震系统年度的事业发展计划与财务工作综述；地震系统有关情况统计；审计、纪检监察工作状况；党建工作概况。

发展与财务工作

2018 年中国地震局发展与财务工作综述

2018 年，中国地震局发展与财务司认真落实 2018 年全国地震局长会、地震系统全面从严治党工作会议、发展与财务工作会议等重要部署，积极聚焦防震减灾事业现代化建设和深化改革的战略任务，切实加强全面从严治党和队伍建设，始终坚持重规划、抓项目、稳保障、强管理、促改革，着力提升事业现代化建设的引领发展和支撑保障能力。

一、深刻领会党组战略谋划，推动事业现代化建设开局

起草现代化建设意见。深入学习习近平新时代中国特色社会主义思想和防灾减灾救灾重要论述，做好新时代防震减灾事业现代化的筹备工作。印发《认真贯彻习近平新时代中国特色社会主义思想　大力推进新时代防震减灾事业现代化建设的意见》，明确现代化建设3 个阶段的战略目标、战略任务和战略行动。

加强意见宣传解读。在局门户网站做政策解读。2 次到杭州处级干部培训班、1 次到新任公务员培训班宣讲防震减灾事业现代化建设。发展研究中心编制新时代防震减灾事业现代化建设规划纲要。

凝练重大项目储备。向应急管理部、国家发展改革委报送地震灾害防治政策建议和重大项目建议，为中央自然灾害防治重大部署提供决策服务。主动对接国家自然灾害防治9 项重点工程，组织编制地震灾害风险调查和重点隐患排查、地震灾害监测预警信息化等 5 个项目建议书。

二、推进"十三五"规划实施，加强重大工程项目建设

推进重大工程建设。国家地震烈度速报与预警工程进入全面实施阶段，项目总投资18.7 亿元，已累计到位 2.2 亿元。"一带一路"项目可研报告获得批复。卫星项目可研报告获得批复，正式启动实施。新疆喀什国际地震救援实训基地项目已完成立项现场评估工作。

开展规划中期评估。组织开展《防震减灾规划（2016—2020 年）》实施评估。45 个局属单位完成"十三五"规划中期评估，局相关内设机构完成 6 个专项规划评估。

三、服务国家重大发展战略，促进区域统筹协调发展

落实脱贫攻坚战略部署。深入甘肃省永靖县调研指导，高位推动定点扶贫工作。制定实施永靖县3年扶贫攻坚计划，2018年投入专项资金580余万元，持续开展精准到户和产业、就业、教育、生态帮扶，协调解决中央救灾和恢复重建资金，扎实做好中央定点扶贫工作。

落实援疆援藏工作要求。积极协调支持新疆和西藏地区防震减灾基础能力建设项目立项工作。安排西藏监测能力提升项目130万元、西藏局周转房项目1620万元，预警工程项目调增拉萨预警中心建设任务，安排新疆局、西藏局驻村工作经费530万元，促进边疆繁荣稳定。

四、充分发挥预算指挥棒作用，全力推进预算管理改革

推动实施预算绩效管理。印发中国地震局全面实施预算绩效管理的实施意见，对全系统作出部署。加强意见宣贯和培训，制定3年实施计划，在中央部门中率先出台贯彻落实意见，得到财政部肯定。

优化结构提增预算规模。落实2018年中央财政预算资金37.37亿元，较去年增加1.73亿元。自2018年起，部门自身建设项目投资规模由6700万元增长到1.05亿元。2019年新增财政项目预算6000万元，优先支持中国地震科学实验场、活断层新技术探察和模拟地震资料抢救等重点任务。积极推进养老社会化改革，调剂退休费用于在职人员养老保险缴费和人员经费支出。设立改革专项2000万元，支持福建局等改革试点单位和新一轮局省合作。

加大预算执行管理力度。召开全系统预算执行视频工作会，局领导亲自部署预算执行工作。紧盯重点项目和重点单位，建立预算执行半月快报和项目月调度等制度，采取网上公示、集体约谈、电话督导、预算挂钩、纳入考核等措施，全力推进预算执行。

完成财政部试点改革任务。主动承担财政部改革试点工作。制定地震系统固定资产折旧年限标准，升级财务管理信息系统会计核算模块，在完成部门决算报表的基础上，试编地震部门政府财务报告，获得财政部高度评价，并在相关会议上作典型发言，为国家全面实施政府会计制度改革作出贡献。

五、建立健全制度体系，提高财务规范管理水平

完善预算管理制度。修订中国地震局预算管理办法等制度，促进了预算管理改革落地见效。推进中央科研项目资金管理改革在研究所和防灾科技学院落地，为实施地震科技创新工程创造条件。

强化项目竣工决算管理。承接财政部下放的竣工财务决算审批权限，修订竣工财务决算管理细则，完成陆态网络、背景场和社服工程3个重大项目及部分小型基建项目竣工财务决算审批工作，新增固定资产11.24亿元，解决了部分历史欠账问题。

规范资产和采购管理。按时完成机构改革转隶资产清查、预算和资产划转工作。批复14个单位的设备和车辆处置申请、9个单位的房屋及土地处置申请，完成京区单位经营性房产和闲置土地及建筑物情况摸底。实行进口产品采购"集中论证、统一报批"制度，优化2019—2020年部门集中采购目录，完善"集中招标、分散采购"机制，切实提高采购效能。完善统计报告制度，编印2017年统计年报，为事业发展提供基础数据信息服务。

六、强化监督检查，防范化解财务风险

完善内控制度。共清理各类规章制度28项，各单位制修订制度332项，制度建设进一步强化。

开展财务稽查。年初印发2017年度稽查通报，监督各单位对照共性问题积极自查整改。启动新一轮财务稽查工作，将贯彻落实重大改革部署、"十三五"规划重点项目落实、内控体系建设和津补贴政策执行情况纳入稽查范围。

深化问题整改。配合审计署做好贯彻落实国家重大政策措施情况跟踪审计，及时组织相关单位开展问题整改，按期完成审计整改任务。跟踪局巡视、审计、专项检查问题整改工作，不断规范财务监督管理。

七、加强队伍和能力建设，提升专业化信息化水平

加强专业能力建设。通过严格任职资格审核、实践锻炼和财务管理、预算管理、政府采购等专业培训，发展与财务队伍专业化建设初见成效。目前各单位发展与财务工作人员562人，72%具有会计专业背景。其中，地方会计领军人才9人，高级会计职称66人，中级会计职称134人。硕士以上财务人员161人，35岁以下青年财务人员292人。

推进信息化建设。升级发展与财务信息管理系统，加强网上报销、合同管理等功能推广，又新增上海局等4个单位实行网上报销。将预警项目的财务工作纳入信息系统管理，实现统一核算、统一报表，提高重大项目管理信息化水平。

（中国地震局发展与财务司）

重大项目建设

2018年5月，国家发展改革委批复国家地震烈度速报与预警工程初步设计方案和投概算。工程总投资18.7亿元，主要建设台站观测系统、通信网络系统、数据处理系统、紧急地震信息服务系统和技术支持与保障系统。

一、建设目标

贯彻党的十八大以来以习近平同志为核心的党中央关于健全我国防灾减灾救灾体系、加强灾害监测预警和风险防控能力建设作出的系列重大决策部署，落实党中央、国务院《关于推进防灾减灾救灾体制机制改革的意见》要求，在全国构建地震烈度速报与预警观测网络，建设"国—省"两级处理、"国—省—市"三级发布平台，建设地震烈度速报与预警技术系统，在华北、南北地震带、东南沿海、新疆天山中段、西藏拉萨重点区形成完善的地震预警能力和基于乡镇实测值的烈度速报能力，其他一般区内形成远场大震预警能力和基于县级城市实测值的烈度速报能力，强化地震参数与地震动参数速报能力，大幅提升地震观测数据获取能力，为防震减灾、应急指挥、快速救援等提供有力保障。

1. 在全国建设15391个地震台站。其中，新建台站13198个，包括基准站732个、基本站2117个、一般站10349个，改造现有台站2193个。

2. 建设3个国家级中心、31个省级中心、173个市级信息发布中心。

（1）依托中国地震台网中心，建设国家地震烈度速报与预警中心，集成可研批复建设的1个国家级通信网络中心节点、1个国家级数据处理中心、1个国家级紧急地震信息发布中心。

（2）依托广东省地震局，建设国家地震烈度速报与预警备份中心，集成可研批复建设的1个国家级通信网络中心节点、1个国家级数据处理备份中心、1个国家级紧急地震信息发布中心。

（3）依托中国地震局工程力学研究所燕郊园区，建设国家技术支持中心，集成可研批复建设的1个国家级通信网络中心节点、1个国家级技术支持中心。

3. 在311个国家和省级抗震救灾相关单位、21个医院、21个商场等公共场所、4个核电、水利、燃气、危化企业，以及3003所中小学校部署各类服务终端3360个。

二、工程意义

（一）健全国家地震预警体系

通过本项目实施，在全国重点区形成完善的地震预警能力和乡镇级实测精度的地震烈度速报能力，在重点区以外的一般区形成远场大震预警能力和县级实测精度的地震烈度速报能力，弥补我国地震预警体系这一环节的短板，确保应对大地震时的灾情评估更加及时准确、应急启动更加快速有效、救援力量派遣更加科学合理，从而进一步发挥我国地震应急救援体系的优势，科学有力地应对地震灾害，最大限度地保护人民生命财产安全，体现以人民为中心的发展理念。

（二）服务政府决策

通过本项目的实施，在震后 3～5 分钟能快速自动给出重点地区乡镇和一般地区县城的地震烈度，通过应急指挥系统分析能快速确定灾情分布和重灾区位置、可能埋压人员集中区域、重大次生灾害可能发生地点、灾民安全疏散场地等信息。以这些重要信息为支撑，政府部门能够高效应对、统一指挥救灾行动，科学有效地集结调配现场人员、装备、物资等资源，提升地震前后方组织、协调和响应能力，合理分配救援力量，大大提升"黄金 72 小时"救援效率；同时，利用本项目获得的大量地震观测数据还可以开展大震震源破裂过程研究，提高极震区烈度判定的精度，提高搜救效率。

（三）服务重点行业

我国正处在大规模经济建设时期，地震观测数据对国民经济建设和国家重大工程项目决策具有非常重要的意义。大型工矿企业、核电站、水库、铁路、高速公路建设均应进行地震和地质灾害安全性评估以及相关研究工作。虽然本项目建成后不产生直接经济效益，但对我国国民经济的影响重大。本项目将能有效减少地震造成的人民生命安全威胁和财产损失。

通过本项目的实施，可为重大基础设施和生命线工程提供地震预警服务，结合各行业紧急处置分级准则及工程系统运营接口研发等，形成不同行业地震紧急处置联动技术。本项目还能为各行业提供地震安全防护，提升燃气、供电、高速铁路、核电站等重大基础设施和生命线工程的地震预警及处置能力。

（四）服务重大科技

项目建成后，将形成世界上最大规模"三网合一"实时传输的地震观测台网，借助这一台网和技术平台可以实时计算地震破裂过程，实时评估地震灾情，这必将极大地推动实时地震学、实时灾害学的发展。利用台网获取的地震不同震相数据，可以更加精细化地反演地下介质特性，为地震精确定位、国土资源利用特别是油气资源探测提供基础性的观测数据，推动地震学、地球物理勘探学科的发展。

三、工作进展

截至 2018 年底，工程已下达投资计划 2.2 亿元，目前正在有序推进中。

（中国地震局发展与财务司）

中国地震局财务决算与分析

一、年度收入情况

2018 年度总收入 76.37 亿元（含企业 3.30 亿元）。其中，上年结转 17.69 亿元，占 23.16%；本年收入 56.97 亿元，占 74.60%；事业基金弥补收支差额 1.71 亿元，占 2.24%。

本年收入中，中央财政拨款 38.19 亿元，占 67.04%；地方财政拨款 7.29 亿元，占 12.80%；单位自行组织收入 11.49 亿元，占 20.17%。

单位自行组织收入中，事业收入 6.19 亿元，经营收入 3.34 亿元，附属单位上缴收入 0.28 亿元，其他收入 1.68 亿元。

二、年度支出情况

2018 年总支出 53.65 亿元（含企业 2.56 亿元），其中，基本支出 29.80 亿元，占比 55.55%；项目支出 21.26 亿元，占比 39.63%；经营支出 2.59 亿元（含企业 2.56 亿元），占比 4.83%。

基本支出中，人员经费支出 25.59 亿元，占总支出的 47.70%；公用经费支出 4.21 亿元，占总支出的 7.85%。项目支出中，行政事业类项目支出 17.97 亿元，占总支出的 32.40%；基本建设类项目支出 3.29 亿元，占总支出的 6.13%。

三、年末结转结余情况

2018 年年末结转结余 20.68 亿元，其中，基本支出结转 0.20 亿元，占比 0.97%；项目支出结转 20.54 亿元，占比 99.32%；经营结余 -0.06 亿元。项目支出结转中，行政事业类项目 13.80 亿元，占年末结转结余总额的 66.73%，基建类项目 6.74 亿元，占年末结转结余总额的 32.59%。行政事业类项目结转结余是年末结转结余的主要构成。

四、年末资产情况

2018 年末，中国地震局资产合计 193.49 亿元（含企业 9.83 亿元），其中，流动资产 49.03 亿元，占 26.70%；固定资产 97.42 亿元，占 53.05%；在建工程 32.97 亿元，占 17.95%；无形资产 3.57 亿元，占 1.94%；长期投资 0.67 亿元，占 0.36%。固定资产和在建工程占比超过资产合计的三分之二。

（中国地震局发展与财务司）

国有资产管理

一、强化国有资产管理

严格执行《中国地震局国有资产管理暂行办法》《中国地震局局管共用设备管理办法》《中国地震局政府采购管理办法》《中国地震局通用资产配置标准（试行）》《中国地震局车辆管理暂行办法》和《中国地震局国有资产管理规程》《中国地震局政府采购规程》，从资产配置、采购、维护、处置等多个环节加强管理，规范流程，逐步构建资产全生命周期管理模式。

二、坚决落实中央改革部署

积极推进应急搜救中心转隶过程中资产清查与划转相关工作，经与应急管理部确认，按照资产清查审计报告中核实确认的资产数（617487974.91 元）划转。

三、开展京区土地调研分析工作

完成中国地震局京区待处置经营性房产和待规划土地及建筑物的情况说明报告，对京区土地、建筑物、经营性房产进行了摸底，形成一套完整的档案资料，为统筹规划打牢基础。

四、不断提升资产信息化管理水平

进一步推动资产信息系统建设，完成了系统建设试点单位调研、需求分析报告论证工作，系统已进入试点使用阶段。

（中国地震局发展与财务司）

机构、人员、台站、观测项目、固定资产统计

一、地震系统设置

独立机构分类	机构数 /个
合　计	47
省（自治区、直辖市）地震局	31
中国地震局直属事业单位（研究所、中心、学校）	14
中国地震局机关	1
中国地震局直属国有企业（地震出版社）	1

二、地震系统人员

人员构成	人数 /人	占总人数的百分比 /%
合计	11912	—
其中：固定职工	10084	约84.7
合同制职工	566	约4.8
临时工	1262	约10.6
生产经营人员	695	—

三、地震台站基本情况

观测台站种类	观测台站数 /个	投入观测手段	投入观测仪器 /台套	备　注
合　计	3025	合　计	2833	
国家级地震台	199	测　震	468	
省级地震台	227	地　磁	400	
省中心直属观测站	939	地　电	195	1. 强震台观测点：2545个 主要观测仪器：3324台套
市、县级地震台	1355	重　力	75	2. 投入经费：11994.2万元
		地壳形变	661	
企业办地震台	305	地下流体	698	
		其　他	336	

四、地球物理场流动观测工作（常规）

项目名称	计量单位	计划指标量	实际完成量	完成计划比例/%
区域水准	千米	3161	3162	100
定点水准	处/次	9/2876	9/2864	100
跨断层水准	处/次	513/870	512/867	100
流动地磁	点	2005	2002	100
流动重力	千米/点	559619/5822	604444/6205	100
流动GPS	点	533	529	99
基线测距	边	1089	1086	100

五、固定资产统计

固定资产分类	计量单位	数量	原值总计/千元	
				其中：当年新增
合　计		—	9765961	1442632
房屋和建筑物	平方米	1893452	3374526	258459
其中：业务用房	平方米	—	1766141	131970
仪器设备	台套	282089	5619675	1045816
交通工具	辆	945	319864	21321
图书资料	册	2107494	108120	10580
其　他	—	—	343776	106456
土　地	平方米	7241756	—	—
其中：台站用地	平方米	5157416	—	—

（中国地震局发展与财务司）

政府采购工作

政府采购预算执行情况。2018 年，中国地震局政府采购计划 52657.27 万元，实际采购金额为 50506.09 万元。其中集中采购 9081.24 万元、部门集中采购 21579.39 万元、分散采购 19845.46 万元，分别占总采购额的 17.98%、42.73%、39.29%

政府采购管理情况。一是严格规范管理。进一步加强采购预算编制、采购计划上报、采购执行报送等各个环节的把控，严把审验关。二是简化优化管理。推行进口产品批量审核、统一报批，有效提高了各单位采购进口产品的采购效率，缩短了办事流程。三是加强内部监督管理。依托系统财务稽查、内部审计等手段，对政府采购相关工作开展专项检查，对发现的合同管理不规范、信息公开不完整、专家抽取不合规等问题给予通报整改，有效提升了各单位依法、依规开展采购工作的理念和规矩意识。

（中国地震局发展与财务司）

纪检监察审计工作

2018 年地震系统纪检监察审计工作综述

一、纪检监察工作

2018 年，中国地震局党组推动地震系统全面从严治党向纵深发展，构建风清气正的良好政治生态，着力提升纪检监察工作质量和成效。

一是深入学习贯彻习近平新时代中国特色社会主义思想和党的十九大精神。牢牢把握纪检工作正确政治方向，始终坚定捍卫"两个维护"。开展中央纪委全会、党纪处分条例、应急部党风廉政建设相关会议等专题学习。采取纪委会、培训班、交流研讨、集中学习等方式 10 余次带头领学，撰写体会文章 20 多篇，强化思路举措。组织 300 多名专兼职纪检干部开展网上学习答题活动，确立 20 个调研主题，指导局属单位纪检组织形成 84 篇调研报告，深化学习效果。

二是推动构建风清气正良好政治生态。把政治建设摆在首位，严明纪律要求，保障机构改革和转隶顺利实施。协助局党组召开全面从严治党工作会议，印发要点及责任分工，利用视频会再动员、再部署、再推动。印发《关于构建地震系统风清气正的良好政治生态的实施意见》，从 6 个方面提出 39 项具体措施并监督落实。落实中央专项巡视整改和会议费专项清理两项纪律检查建议。对 46 个单位党政主要负责人谈话提醒，约谈多名厅局级干部，强化监督震慑。

三是统筹中央巡视整改和新一轮内部巡视。3 次召开党组专题会研究部署，印发《巡视工作规划（2018—2022 年）》和《巡视工作实施办法》，组织调研检查，完善《巡视工作手册》。6—8 月集中深化中央巡视整改，狠抓整改未完成和不到位问题落实，推进建卷归档。严格对标对表中央巡视，对 4 个局属单位开展新一轮内部巡视，对 15 个单位选人用人进人专项巡视。开展巡视专项整治及问题线索处置，采取党委（党组）书记、纪委书记（纪检组长）"双报告"压实整改责任。

四是忠诚履行监督第一职责。督导领导班子民主生活会，紧盯班子成员日常思想工作生活状况，加强对"关键少数"监督。扎实做好党风廉政意见回复，严格因私出境审批，严把政治关、廉洁关、作风关。持之以恒纠"四风"，开展为期 2 个月作风建设月活动。围绕 4 方面 12 类问题进行重点排查，着力整治形式主义官僚主义。认真抓好新修订的《纪律处分条例》的学习宣传和贯彻落实，编发《警示教育案例选编》，做好年节假期纪律教育，对监督执纪发现的共性问题开展专题教育，对个性问题进行约谈或批评教育。对22名机关新任副处级干部集体廉政谈话。认真执行监督执纪工作规则，及时按要求向驻部纪检监察组报告工作。

五是深化运用监督执纪"四种形态"。规范处置信访举报和问题线索，建立6套工作台账，开展未办结问题线索"大督办"，对核查不到位的退回补充或重办；对问题线索较多、群众反映强烈、审查推动较慢的单位重点督办。全年处理信访举报件106件，问题线索78件，了结84件，共有66名干部受到纪律处分或组织处理。

六是加强自身建设，着力打造"忠诚干净担当"的纪检监察审计队伍。将党组党建、党风廉政建设领导小组合并成为全面从严治党领导小组。全面分析纪检组长（纪委书记）队伍和履职状况。协助局党组印发《关于强化局属单位纪检组长（纪委书记）履行监督职责的实施办法》，落实"直通车"制度，增强同级监督。联合中国纪检监察学院举办99名学员参加的专题研讨班。通过巡视、执纪审查、审计等专项工作以干代训，提升履职能力。

二、审计工作

2018年，中央全面深化审计管理体制改革，全面加强对审计工作的领导，地震系统内部审计工作积极适应新形势，充分发挥审计监督作用。

一是加强党对审计工作的领导。2018年6月成立了以党组书记、局长郑国光同志为组长的局党组审计领导小组，召开审计领导小组第一次会议。建立审计结果直接汇报机制，审计情况直接向党组书记汇报。

二是强化对领导干部审计监督。完成5名单位主要负责人经济责任审计。局属单位按要求继续落实2016—2019年经济责任审计全覆盖计划，共对81名关键岗位和后备干部进行审计。

三是持续开展协作区联审互审。各协作区采用非现场审计和现场审计相结合的模式，对招标采购内部控制进行专项审计，对审计意见整改落实进行专项检查。累计非现场审计39个单位，现场重点审计12个单位，检查453项采购，涉及资金2.4亿元。

四是加强重大投资项目审计监督。明确国家地震烈度速报与预警工程项目审计工作方案，项目法人和各建设单位有序推进项目审计监督工作。

五是完善制度体系。修订《中国地震局内部审计工作规定》，制定《国家地震烈度速报与预警工程项目审计管理办法》《中国地震局内部审计工作纪律》，编印《中国地震局内部审计工作手册》，为依法依规审计提供制度保障。

六是强化审计队伍建设。中国地震局审计处增加编制并公开录聘1名优秀人员。与中南财经政法大学合办审计业务培训，坚持以审代训，累计抽调近百人次参加中国局经济责任审计和协作区审计。内审人员积极参加由中国内部审计协会、审计署内部审计指导监督司联合举办的审计署关于内部审计工作的规定知识竞赛，83人获满分，占参赛人数90%。2018年地震系统共开展经济责任、财政财务收支、基建科研项目等审计项目493项、64.5

亿元，核减工程造价 460 余万，提出工作建议千余条。

三、规章制度建设

2018 年中国地震局直属机关党委协助党组先后修订并出台《中国地震局党组关于构建地震系统风清气正的良好政治生态的实施意见》（中震党发〔2018〕1 号 2018 年 1 月 3 日）、《中国地震局党组关于强化局属单位纪检组长（纪委书记）履行监督职责的实施办法》（中震党发〔2018〕17 号 2018 年 2 月 9 日）、《中国地震局党组巡视工作规划（2018—2022 年）》（中震党发〔2018〕79 号 2018 年 6 月 1 日）、《中国地震局党组巡视工作实施办法》（中震党发〔2018〕79 号 2018 年 6 月 1 日）等重要制度。

（中国地震局直属机关党委）

党建工作

2018 年地震系统党建工作综述

2018 年，在中国地震局党组带领下，地震系统各级党组织和广大党员干部深入学习贯彻习近平新时代中国特色社会主义思想和党的十九大精神，强化"四个意识"，增强"四个自信"，坚定"两个维护"，大力推进党的政治建设、思想建设、组织建设、作风建设、纪律建设和制度建设，深入推进地震系统全面从严治党向纵深发展，努力构建风清气正的良好政治生态。

一、基层组织建设情况

一是加强政治建设，深入学习贯彻习近平新时代中国特色社会主义思想和党的十九大精神。以习近平新时代中国特色社会主义思想为指导，协助局党组先后 4 次召开党组理论学习中心组专题学习；协助组织 13 次党组专题学习会，认真学习贯彻习近平总书记关于全面深化改革、依法行政、加强党的政治建设、防止和克服形式主义、官僚主义等重要指示精神；学习《中国共产党纪律处分条例》《中国共产党支部工作条例（试行）》等有关党内法规。先后举办省局机关党委专职副书记和直属单位党办主任、直属机关党支部书记、直属机关工会干部、直属机关发展对象和入党积极分子系列培训班，举办中国地震局第 50 期党校班。

二是强化组织建设，推动全面从严治党责任向基层延伸。协助局党组召开地震系统全面从严治党工作会议，部署年度重点工作。强化基层党组织建设尤其是支部建设，印制党委（党组）、党支部、党员学习记录本，加强基层党组织标准化、规范化建设。督促部分京直单位党委按期换届。严格执行党费收缴、使用和管理规定，认真开展党费收支自审自查。安排党费支持精准扶贫、党支部活动、党员学习、党务培训、困难帮扶等工作，并做好扶贫党费自审自查。开展全局系统党组织和党员信息采集，做好党内统计工作。截至 2018 年底，中国地震局所属 46 个单位，设党组 32 个、党委 14 个、机关党委 31 个、党总支 37 个、党支部 692 个，其中在职党支部 539 个、离退休党支部 126 个、学生党支部 27 个；在职党员 6477 人，离退休党员 4623 人（离休 208 人、退休 4415 人），学生党员 746 人。中国地震局直属机关党委下设党委 10 个、党总支 17 个、党支部 188 个，其中，在职党支部 134 个、离退休党支部 29 个、学生党支部 25 个；在职党员 1417 人、离退休党员 1028 人、学生党员 702 人。中国地震局机关现有党总支 1 个、党支部 14 个，其中在职党支部 9 个、离退休党支部 4 个（离休 1 个、退休 3 个）；局机关党员 241 人，在职党员 130 人，离退休党员 111 人。

二、精神文明建设和文化建设情况

围绕"不忘初心、牢记使命"，开展丰富多彩主题活动。协助局党组组织召开庆祝中国共产党成立 97 周年视频会议，郑国光同志为地震系统全体党员干部讲"不忘初心、牢记使命"主题党课。组织制作"不忘初心、牢记使命"宣传片，在全局系统推广宣传。直属机关组织开展"不忘初心，重温入党志愿书"主题党日活动，机关党支部积极组织学习党的光荣历史和革命传统等主题党日活动。各级工青妇组织围绕干事创业开展各种活动，组织开展家庭助廉活动、恒爱行动，织京区羽毛球赛等文体活动，组织青年同志参加"根在基层"调研，实现送温暖、困难帮扶、心理健康服务工作常态化、长效化。

（中国地震局直属机关党委）

附　录

收载本系统一年的重大事件、本系统各单位离退休人员人数统计表，以及出版的重要地震科技图书简介。

中国地震局 2018 年大事记

1月9日

中央政治局常委、国务院副总理、国务院抗震救灾指挥部指挥长汪洋主持召开2018年国务院防震减灾工作联席会议，贯彻落实党的十九大精神，回顾总结近年来防震减灾工作，听取2018年地震活动趋势会商分析意见，安排部署重点工作任务。国务院副秘书长江泽林，国务院抗震救灾指挥部各成员单位负责同志，以及国务院办公厅、中央编办、法制办、国研室等部门负责同志出席会议。

1月24—25日

中国地震局在北京召开2018年全国地震局长会议，中国地震局党组书记、局长郑国光出席会议并作题为《凝心聚力 改革创新 全力推进新时代防震减灾事业现代化建设》的工作报告，中国地震局党组成员、副局长赵和平同志作会议总结，中国地震局党组成员、副局长阴朝民、牛之俊出席会议。

1月31日

《中国地震局国家留学基金管理委员会"地震英才国际培养项目"合作协议（2018—2020年）》签署仪式在京举行。应急管理部副部长，中国地震局党组书记、局长郑国光，国家留学基金管理委员会秘书长生建学出席仪式并代表双方签署协议。

2月2日

我国成功发射首颗电磁监测试验卫星"张衡一号"，"张衡一号"的成功发射使我国成为世界上少数拥有在轨运行高精度地球物理场探测卫星的国家之一。

2月24日

2018年度全国震情监视跟踪工作部署视频会议在北京召开，中国地震局党组成员、副局长牛之俊出席并讲话。

3月13日

应急管理部副部长，中国地震局党组书记、局长郑国光主持召开党组会议，传达学习习近平总书记在党的十九届三中全会上的重要讲话精神和国务院机构改革方案主要内容。中国地震局党组同志出席会议。

3月15日

国家质检总局和国家标准化管理委员会正式发布《活动断层探测》国家标准，并于2018年10月1日起正式实施。

3月21日

福建省政府办公厅下发《福建省地震预警信息发布实施指导意见》，明确利用三年时间

（2018—2020），实现地震预警信息专用接收终端全省覆盖。

3月22日

应急管理部召开干部大会。中央组织部有关负责人宣布了中央关于应急管理部领导班子任命的决定。应急管理部党组书记、副部长黄明，部长、党组副书记王玉普出席会议并讲话，副书记、副部长付建华，党组成员、副部长孙华山、郑国光、黄玉治、叶建春、尚勇、艾俊涛，党组成员王浩水出席会议，中国地震局党组成员、副局长阴朝民、牛之俊同志参加。

3月26日

应急管理部副部长，中国地震局党组书记、局长郑国光为地震系统纪检组长（纪委书记）和纪检监察处长研讨班讲授第一课，研讨班由中国地震局和中国纪检监察学院联合举办。

4月10日

根据《深化党和国家机构改革方案》，国务院抗震救灾指挥部和中国地震局震灾应急救援职责及相应的震灾应急救援司1个机构、16名编制、3名正副司长职数和15名现有人员划转应急管理部。划转后，中国地震局机关编制为149名。

5月12日

汶川地震十周年国际研讨会暨第四届大陆地震国际研讨会在成都召开，国务委员王勇出席会议，宣读中国国家主席习近平的致信并致辞。

5月12日

国务委员王勇在出席汶川地震十周年国际研讨会暨第四届大陆地震国际研讨会上向世界宣布建设中国地震科学实验场。

5月12—14日

应急管理部、四川省人民政府、中国地震局在成都联合举办汶川地震十周年国际研讨会暨第四届大陆地震国际研讨会。国家主席习近平向研讨会致信，国务委员王勇代表中国政府莅临研讨会并发表重要讲话，应急管理部党组书记、副部长黄明主持开幕式并就防灾减灾救灾工作提出明确要求，应急管理部副部长，中国地震局党组书记、局长郑国光作题为《中国防震减灾 回顾与展望》主旨报告。

5月28日

1时50分，吉林省松原市宁江区发生5.7级地震，震源深度13千米。地震发生后，应急管理部党组书记、副部长黄明立即赶到部指挥中心，指挥部署应急处置工作。应急管理部副部长，中国地震局党组书记、局长郑国光在局指挥中心，与吉林省地震局、中国地震台网中心等单位进行紧急视频连线，听取汇报，了解震情灾情，指导部署工作。

5月29日

国家发展改革委批复了国家地震烈度速报与预警工程初步设计方案和投资概算，总投资18.7亿元。

6月6日

应急管理部副部长，中国地震局党组书记、局长郑国光主持召开局党组全面深化改革领导小组第三次会议，传达学习中央全面深化改革委员会第二次会议精神，审议《地震监测预报业务体制改革顶层设计方案》《中国地震局党组全面深化改革领导小组工作规则》，听取改革进展情况汇报。

6月13日

中国地震局联合中国电子科学研究院和华为公司，历时1年完成地震信息化顶层设计。印发《地震信息化顶层设计》和《地震信息化行动方案（2018—2020年）》。

6月19日

国务院印发《关于中国地震局等机构设置的通知》，中国地震局由原国务院直属事业单位改为应急管理部管理的事业单位（副部级）。

6月20日

中国地震局党组召开2018年巡视工作动员部署会。应急管理部副部长，中国地震局党组书记、局长郑国光作动员讲话，中国地震局党组成员、副局长阴朝民宣布被巡视单位和巡视组组成。各巡视组组长作表态发言。中央纪委国家监委驻应急管理部纪检监察组负责同志，中国地震局党组巡视工作领导小组及办公室全体成员，巡视组全体成员参加会议。

6月25日

中国地震局批准发布修订后的地震行业标准《原地应力测量水压致裂法和套芯解除法技术规范》，于2019年1月1日起正式实施，该标准于2000年首次发布。

6月28日

中国地震局召开庆祝中国共产党成立97周年视频会议，应急管理部副部长，中国地震局党组书记、局长郑国光以"不忘初心、牢记使命"主题讲党课，中国地震局局党组成员、副局长阴朝民主持会议。

7月6日

第11届中韩地震合作双边会议在韩国首尔召开。应急管理部副部长，中国地震局党组书记、局长郑国光出席会议，就推进中韩地震全面合作与韩国气象厅厅长南在哲进行了密切磋商，达成系列共识，并签署会议纪要。

7月16日

中共中央组织部批准闵宜仁同志任中国地震局党组成员。

7月17日

全国人大常委会防震减灾法执法检查组第一次全体会议在京召开，学习传达栗战书委员长重要批示，部署执法检查工作。应急管理部副部长，中国地震局党组书记、局长郑国光代表应急管理部、中国地震局汇报了防震减灾法贯彻实施情况、主要工作及成效、存在的主要问题以及下一步工作建议。

7月18—21日

全国人大常委会副委员长艾力更·依明巴海率检查组赴江西开展防震减灾法执法检查。应急管理部副部长，中国地震局党组书记、局长郑国光陪同。

7月20日

中国地震局召开国家地震烈度速报与预警工程项目实施启动视频会议。会议对推进项目实施工作作出明确部署。项目工作领导小组、项目实施管理办公室和各实施单位有关人员在主会场和分会场参加会议。

7月23日

应急管理部副部长，中国地震局党组书记、局长郑国光在京会见出席中美地震和火山科技合作协调人会晤的美方代表团团长、美国地质调查局地震与地质灾害高级科学顾问威廉·利思博士一行。

7月25日

国务院任命闵宜仁同志为中国地震局副局长。

7月25日

应急管理部、教育部、科技部、中国科协、中国地震局联合印发《加强新时代防震减灾科普工作的意见》（简称《意见》），《意见》提出，到2025年，建成政府推动、部门协作、社会参与的防震减灾科普工作格局，实现防震减灾科普创新化、协同化、社会化、精准化，防震减灾科普主题更加突出，防震减灾科普产品更加丰富，防震减灾科普能力大幅提升，防震减灾科普工作机制更加健全。

7月27日

中国地震局在唐山举办全国防震减灾知识大赛决赛，进一步向全社会宣传防震减灾理念，普及防震减灾知识，增强防震减灾意识，提高应急避险技能和自救互救能力，扩大防震减灾科普宣传教育成效，增进社会公众对防震减灾工作的理解、支持和参与，推动防震减灾工作更好地为社会公众服务。

7月27—30日

全国人大常委会副委员长蔡达峰率检查组赴吉林开展防震减灾法执法检查。中国地震局党组成员、副局长阴朝民陪同。

7月28日

全国首届地震科普大会在唐山召开。会议由应急管理部、教育部、科技部、中国科协、河北省人民政府和中国地震局联合主办。应急管理部副部长，中国地震局党组书记、局长郑国光出席会议并作题为《以习近平新时代中国特色社会主义思想为指导奋力开创防震减灾科普工作新局面》的大会报告。河北省省长许勤出席大会并讲话。

8月7日

中国地震局印发《地震监测预报业务体制改革顶层设计》方案。

8月19—23日

全国人大常委会副委员长张春贤率检查组赴四川开展防震减灾法执法检查。中国地震局党组成员、副局长牛之俊陪同。

8月19—24日

全国人大常委会副委员长艾力更·依明巴海率检查组赴新疆开展防震减灾法执法检查。

中国地震局党组成员、副局长阴朝民陪同。

8月20—24日

全国人大常委会副委员蔡达峰率检查组赴甘肃开展防震减灾法执法检查。中国地震局党组成员、副局长闵宜仁陪同。

8月21日

中央编办印发《关于中国地震应急搜救中心划转的批复》，将中国地震应急搜救中心及153名财政补助事业编制划转应急管理部管理。划转后，中国地震局所属事业单位由15个减为14个，事业编制由5206名减为5053名，其中财政补助5020名，经费自理33名；省级地震机构财政补助事业编制仍为9344名。

9月2—6日

全国人大常委会副委员长张春贤率检查组赴湖北开展防震减灾法执法检查。应急管理部副部长，中国地震局党组书记、局长郑国光，中国地震局党组成员、副局长闵宜仁陪同。

9月4日

5时52分新疆喀什地区伽师县发生5.5级地震，震源深度8千米。地震发生后，应急管理部党组书记、副部长黄明，应急管理部副部长，中国地震局党组书记、局长郑国光在部指挥中心，与新疆地震局、中国地震台网中心等进行紧急视频连线，听取汇报，了解震情灾情，指导部署工作。

9月8日

10时31分云南省普洱市墨江县发生5.9级地震，震源深度11千米。地震发生后，党中央、国务院高度重视，国务委员王勇迅速作出批示。应急管理部党组书记、副部长黄明就抗震救灾进行部署。应急管理部副部长，中国地震局党组书记、局长郑国光要求中国地震局严格贯彻落实王勇国务委员重要批示和黄明书记重要指示，做好震情趋势研判、灾情调查、舆情引导，积极配合地方政府做好社会稳定各项工作。

9月13日

中国地震局在北京召开电磁监测卫星工程启动会。应急管理部副部长，中国地震局党组书记、局长，电磁监测卫星工程总指挥郑国光出席启动会并作工作部署。22个参研单位代表参加会议。中国地震局党组成员、副局长阴朝民主持会议。

9月25日

全国人大常委会防震减灾法执法检查组第二次全体会议在京召开，总结执法检查工作，研究讨论执法检查报告（稿）。全国人大常委会副委员长张春贤、艾力更·依明巴海出席会议并讲话。应急管理部副部长，中国地震局党组书记、局长郑国光代表应急管理部、中国地震局作了发言，表示应急管理部和中国地震局下一步将配合全国人大和有关部门做好相关工作。

9月26日

全国地震监测预报工作会议在北京召开，应急管理部副部长，中国地震局党组书记、局长郑国光出席并讲话，中国地震局党组成员、副局长阴朝民主持会议。

10 月 15 日

中国地震局党组召开地震系统警示教育暨开展津贴补贴清理规范工作视频会议，应急管理部副部长，中国地震局党组书记、局长郑国光主持会议并讲话，中国地震局党组成员、副局长闵宜仁通报党的十八大以来地震系统违规违纪典型案例。

10 月 22—26 日

全国人大常委会第六次会议在京召开，审议《全国人大常委会执法检查组关于检查防震减灾法实施情况的报告》。全国人大常委会委员长栗战书出席会议，全国人大常委会副委员长张春贤主持会议。

10 月 23 日

《中国铁路总公司 中国地震局关于共同推进高速铁路地震预警战略合作协议》签署仪式在京举行。应急管理部副部长，中国地震局党组书记、局长郑国光，中国铁路总公司党组成员、副总经理王同军出席。

11 月 20 日

《中国地震局 中国电子科技集团有限公司战略合作协议》签署仪式在京举行。应急管理部副部长，中国地震局党组书记、局长郑国光，中国电子科技集团有限公司董事长熊群力，总经理吴曼青共同出席签约仪式。

11 月 20—23 日

应急管理部副部长，中国地震局党组书记、局长郑国光主持召开局党组全面深化改革领导小组第七次会议。传达学习中央全面深化改革委员会第五次会议精神，听取工程力学研究所、地震灾害防御中心改革试点工作进展情况汇报，审议《中国地震局厦门海洋地震研究所组建实施方案》《中国地震局发展研究中心深化改革方案》《中国地震局机关服务中心改革方案》《震灾预防体制改革顶层设计方案》。

11 月 26 日

7 时 57 分台湾海峡发生 6.2 级地震，福建全省震感较强，其中厦门、漳州、泉州等沿海地区震感强烈，广东和浙江等地亦有震感。地震波触发首台陆上观测系统 8.6 秒后，福建省地震局紧急地震信息发布平台向 2380 个手机用户、3750 套地震预警专用接收终端及系统专业用户，发布了第一条地震预警信息，并快速产出地震烈度速报图，及时通过电视、互联网、微博、微信和手机等媒介向社会传播，把地震信息发送到千家万户。

11 月 28 日

中国地震局印发修订后的《地震标准化管理办法》及配套细则，办法和细则规定了地震标准化的管理机制以及标准制修订工作流程和要求。本次修订从明确地震标准化职责分工、优化完善地震标准制修订程序、强化地震标准实施和监督管理等方面对原有制度进行了完善，进一步规范了地震标准化工作管理。

11 月 29 日

应急管理部副部长，中国地震局党组书记、局长郑国光主持召开党组专题会议，听取选人用人进人专项巡视工作情况汇报并讲话。在京党组同志和驻部纪检监察组、应急管理部人事司有关同志出席会议。人事教育司汇报了专项巡视总体情况，5 个巡视组分别汇报了对 15 个局属单位党委（党组）的专项巡视情况。

12 月 4—5 日

中国地震局 2018 年发展与财务工作会议在北京召开。

12 月 5—6 日

2019 年度全国地震趋势会商会在北京召开，会议对 2019 年全国地震趋势与地震重点危险区进行了综合研判，经中国地震预报评审委员会审议通过，形成了 2019 年我国地震趋势预报意见。应急管理部副部长，中国地震局党组书记、局长郑国光出席会议并讲话。党组成员、副局长阴朝民出席会议。中国地震局系统各单位地震分析预报业务骨干，系统外 17 个单位的 30 位专家及中国地震预报评审委员会委员参加会议。

12 月 12 日

在中国国家主席习近平和厄瓜多尔总统莫雷诺见证下，应急管理部副部长，中国地震局党组书记、局长郑国光与厄瓜多尔外交及移民部部长巴伦西亚在京签署《中华人民共和国中国地震局和厄瓜多尔共和国国家风险和应急管理局关于地震和火山灾害风险管理解备忘录》。

（中国地震局办公室）

2018 年地震系统离退休干部工作综述

2018 年，中国地震局离退休干部办公室深入学习贯彻党的十九大精神和习近平总书记关于老干部工作的重要论述，认真落实全国老干部局长会、全国地震局长会和地震系统全面从严治党工作会议精神，进一步提高政治站位，对地震系统老同志加强思想引领，用心用情为老同志服务。

截至 2018 年 12 月 31 日，地震系统离退休人员 10672 人，其中，离休干部 195 人，退休干部 8492 人，退休工人 1985 人。党员占比近 43%。

地震系统离退休干部工作坚持以政治建设为统领，推进"两学一做"常态化制度化。加强离退休干部"三项建设"，认真落实政治待遇、生活待遇，开展精准服务。组织中国地震局机关离退休党支部书记、委员培训；走访慰问老同志 100 余人次；落实国家各项涉老政策；退休费平稳纳入央保中心；按照政策规定提高养老金标准；完善困难帮扶机制。

开展纪念改革开放 40 周年系列活动。举办以"增添正能量，共筑中国梦"为主题的京区老同志文艺演出。组织"忆改革，话改革，促改革"主题宣讲活动。中国老科协地震分会组织老专家开展科普宣传活动 100 多场，受众近 10 万人次。

创编《震苑晚晴》系列文化丛书第 6 辑《蜀震问道》。出版《翰墨震苑》书画摄影集和《时代赞歌》文集。开展《震苑晚晴》创刊 10 周年活动，拍摄《不忘初心 震苑晚晴》微视频和专题宣传片。

中国地震局现有 8 所老年大学和 1 所老年大学网络学院，形成了"8+1"的教学体系，实现了地震系统老年教育全覆盖；组织编写的 5 本老年大学教材被评为全国老年大学优秀教材；举办老年教育和老干部工作培训班。

（中国地震局离退休干部办公室）

2018 年地震系统离休干部和退休干部情况统计表

| 单位 | 合计 | 离休干部 | | | | 退休干部 | | | | | | 工人 |
		小计	局级	处级	其他	小计	局级	处级	研究员	副研	其他	小计
总 计	10672	195	40	129	26	8492	433	1632	498	2273	3656	1985
北京市地震局	103					97	8	31	7	30	21	6
天津市地震局	213					196	8	35	13	58	82	17
河北省地震局	418	3		1	2	358	14	53	14	88	189	57
山西局省地震局	212	2		2		186	9	45	6	42	84	24
内蒙古自治区地震局	186	6		6		161	8	29	1	26	97	19
辽宁省地震局	365	12	4	8		296	19	80	9	107	81	57
吉林省地震局	97	4	1	2	1	83	7	25		31	20	10
黑龙江省地震局	114	2		2		102	11	27	1	33	30	10
上海市地震局	154	5		5		126	13	31	7	31	44	23
江苏省地震局	302	2	1	1		268	15	37	16	101	99	32
浙江省地震局	88	1	1			76	11	17	2	15	31	11
安徽省地震局	160	5	1	3	1	140	8	30	5	32	65	15
福建省地震局	303	2			2	244	11	40	11	67	115	57
江西省地震局	45	1		1		43	4	13		9	17	1
山东省地震局	337	12	3	8	1	275	11	61	3	78	122	50
河南省地震局	166	4	1	3		148		37		34	67	14
湖北省地震局	488	8	2	6		354	15	46	40	116	137	126
湖南省地震局	82	3	2	1		66	5	33		10	18	13
广东省地震局	419	6	1	3	2	301	10	59	17	63	152	112
广西壮族自治区地震局	94	1		1		89	7	23		10	49	4
海南省地震局	66					50	6	16		11	17	16

单位	合计	离休干部				退休干部						工人
		小计	局级	处级	其他	小计	局级	处级	研究员	副研	其他	小计
重庆市地震局	24					21	2	12		5	2	3
四川省地震局	698	11	2	9		516	12	94	10	97	303	171
贵州省地震局	40	2	1	1		33		11		6	16	5
云南省地震局	648	8	3	4	1	517	12	58	20	153	274	123
西藏自治区地震局	30					26	5	14		3	4	4
陕西省地震局	241	9	1	8		195	8	38	7	50	92	37
甘肃省地震局	631	9	4	2	3	504	5	51	35	118	295	118
宁夏回族自治区地震局	123	1		1		110	9	15	3	25	58	12
青海省地震局	108	2	1	1		88	7	21	1	13	46	18
新疆维吾尔自治区地震局	324	4	2	2		261	13	33	16	62	137	59
中国地震局地球物理研究所	416	12	2	9	1	369	8	52	65	146	98	35
中国地震局地质研究所	347	12	2	10		285	9	28	67	78	103	50
中国地震局地壳应力研究所	418	12		8	4	304	11	36	23	120	114	102
中国地震局地震预测研究所	219	6	1	3	2	198	11	70	11	66	40	15
中国地震局工程力学研究所	351	3		3		270	5	22	38	98	107	78
中国地震台网中心	195	1	1			185	14	37	21	59	54	9
中国地震灾害防御中心	306	3		3		120	3	18	3	18	78	183
中国地震局发展研究中心	4					4	2	2				
中国地震局地球物理勘探中心	333	5		3	2	248	12	40	7	69	120	80
中国地震局第一监测中心	260	3		3		159	4	46	7	38	64	98
中国地震局第二监测中心	199	3		2	1	115	7	27	1	22	58	81
防灾科技学院	117					105	4	29	6	34	32	12
中国地震局机关服务中心	97					82	12	49			21	15
中国地震局驻深办事处	10					9	4	3		1	1	1
中国地震局机关	121	10	3	4	3	109	49	58			2	2

注：截止日期为 2018 年 12 月 31 日。

（中国地震局离退休干部办公室）

地震科技图书简介

中国地震（第二版）

李善邦　著

16开　定价：158.00元

本书是李善邦用一生心血写就的著作，是李善邦为中国地震事业留下的极具价值的科学研究遗产和精神财富。《中国地震》首版问世于1981年，本次再版被列入"十三五国家重点图书出版规划"项目。在完整保留首版原貌的同时，新版《中国地震》特邀中国科学院院士、地球物理学家陈运泰撰写前言；精选百余张记录李善邦一生成长、地震研究及生活难忘瞬间的珍贵照片，以年份为脉络，以历史事件和人物为血肉，设计成32面彩色插页；增加了李善邦的小儿子李建荣回忆爸爸的两篇文章。

邓起东论文选集（全三卷）

邓起东　著

16开　定价：500.00元

本论文选集共分为上、中、下三卷，内容以从邓起东院士列出的285篇（册）论文和专著中精选出的180篇为主，全面反映邓起东和团队几十年来共同获得的多方面研究成果，包括活动构造理论基础和构造模型、活动构造的特征及其形成机制、震源破裂和机制、古地震及其复发规律、地震破裂带的形成和机制等，可供地质、地震和地球动力学等专业的科研、生产和教育学专业人士参考学习。

踏遍青山人未老：
邓起东六十年科研生涯印迹

邓起东　编著

16开　定价：88.00元

本书是邓起东院士从事地震科研工作六十年来的面貌总览。邓起东在书中用300余幅图片来反映他和团队几十年的工作内容，每一幅图片都给出简单说明，并有索引。书中还总结了邓起东院士和团队的主要工作及特色，列出所获得的不同等级的奖励，还有前辈专家的评价、部分记者采访的文章，以及科学家与年轻人面对面的长篇对话，全方位展现邓起东院士的科研历程与科学贡献。他矢志不渝的理想追求、锲而不舍的工作态度、精益求精的科研作风、孜孜不倦的探索精神、坚忍不拔的奋斗意志，为后来人树立了人生楷模。

不忘初心 不辍耕耘——
纪念梅世蓉先生诞辰九十周年专辑

中国地震局地震预测研究所
中国地震学会　编

16开　定价：68.00元

梅世蓉先生作为中国地震预报探索的

积极践行者，是一位备受尊敬的地球物理学家、地震预报专家，更是我国地震预报的奠基者和领军人。她将毕生精力投身于地震预报事业，带领一批科研人员孜孜不倦开展地球物理学研究和地震预报探索。值此梅世蓉诞辰九十周年之际，出版纪念梅世蓉先生诞辰九十周年专辑，以此纪念梅世蓉爱国奉献、奋斗一生的精神，并号召全行业以梅世蓉留给我们的宝贵精神为力量，为中国地震预测科学事业的发展共努力。

地震灾害

陈 颙 著

16 开　定价：58.00 元

本书由中国地震局科学技术委员会、地震出版社共同策划，是中国科学院院士、地球物理学家、中国科学院地学部主任、中国地震局科技委主任、中国地球物理学会理事长陈颙最新创作的科普读物，详细、生动地讲述了地震、地震的特点、地震灾害、减轻地震灾害的方法，披露了许多鲜为人知的重要史实，给人启迪。

火山灾害

陈 颙 著

16 开　定价：58.00 元

本书由中国地震局科学技术委员会、地震出版社共同策划，是中国科学院院士、地球物理学家、中国科学院地学部主任、中国地震局科技委主任、中国地球物理学会理事长陈颙先生最新创作的科普读物，详细、生动地讲述了什么是火山、火山的喷发、火山的危害、研究火山的意义，还

特别举例讲解了中国的火山。

中国大地震

马泰泉　著

16 开　定价：58.00 元

这是作者历时六年，倾心完成的一部记录新中国成立以来所遭受的几次最惨烈大地震的纪实文学作品。它真实记述了从猝发人口稠密地区的邢台大地震，到成功预报堪称"世界奇迹"的海城大地震；从惨绝人寰的唐山大地震，到山崩地裂江、河倒悬的汶川 8.0 级地震……每一个细节都经过历史印证，每一段文字都让人犹然心动，其中揭秘的许多被岁月尘封的历史真相更令人深深震撼。同时它描不仅描述了中国地震预报 40 多年探索的艰辛历程和地震学家的坎坷命运，还彰显了人类意志与生命在大灾难大毁灭面前的渺小与脆弱，更以广阔的视角展示地球、宇宙乃至天体运行的神奇造化和人类未解之谜，以真挚的悲悯情怀表达对大自然法则的敬畏，对生命和尊严的礼赞！

"一带一路"地震安全报告

中国地震局　编

16 开　定价：88.00 元

本报告汇集了"一带一路"沿线国家地震活动及危险性、地质构造、地球物理场、地壳形变、地震监测、地震灾害风险、房屋建筑特点及抗震设防要求、地震灾害及应急救援等基础资料，可为下一步推进区域合作提供完备的数据基础。通过"一带一路"地震安全合作，切实提高共同抵御

地震灾害风险的能力，将为保障区域安全，造福沿线人民提供重要保障。

中国震例——2008 年 5 月 12 日汶川 8.0 级地震

杜　方　蒋海昆　等　编著

16 开　定价：280.00 元

该系列丛书是研究地震和探索地震预测预报的重要科学资料。本册（第 13 册）为 2008 年 5 月 12 日汶川 8.0 级地震震例总结，包括摘要、前言、测震台网及地震基本参数、地震地质背景与历史地震、地震影响场和震害、地震序列、震源参数和地震破裂过程、流动监测网及前兆异常、地震活动性和前兆异常分析、震前预测、震后趋势判定及序列追踪、总结与讨论等内容。它是以汶川 8.0 级地震及其特征、前兆异常及震前预测及震后序列追踪为主的较为系统规范的震例研究成果。本书可供地震预测预报、地球物理、地球化学、地震地质、工程地震、震害防御等领域的科技人员、地震灾害管理专家学者、大专院校师生及关心地震及其监测、地震预测研究、地震直接和间接灾害防御等方面的读者使用和参考。

地震预测预报相关的重要科技挑战（2019 年）

地震预测预报二十年发展设计"工作组编著

16 开　定价：38.00 元

本书是中国地震局监测预报改革设计研究中关于"地震预测预报 20 年发展设计"

工作的主要成果，从 20 年的长时间尺度，试图探寻中国的地震预测预报科学与工作业务体系发展问题，梳理国内外地震预测预报的发展现状，在科学思路上提出针对《防震减灾法》规定的法律职责全面部署地震预测预报研究，地震预测预报工作的重点与布局等。书中内容包括现代科学技术和社会中的地震预测预报问题、地震预测的科技需求及研究的总体思路发展需要等。

蜀震问道

四川省地震局、中国地震局离退休干部办公室　编

16 开　定价：68.00 元

本书是四川省地震局多位老同志的回忆文章合集，讲述了四川省地震工作从无到有、从弱到强的发展历程，倾诉了他们在探索地震科学道路上的成功和喜悦，挫折和体会，彰显了奋发图强的崇高品质、勇攀高峰的科学精神和无私奉献的高贵品格。

求索之路（续集）

中国地震局地球物理研究所、中国地震局离退休干部办公室　编

16 开　定价：68.00 元

防震减灾文化是社会主义先进文化的组成部分，是广大人民群众和地震工作者在防震减灾探索和实践中形成的物质和精神财富，是防震减灾事业发展过程中创建的特色文化。本书通过中国地震局地球物理研究所老同志对防震减灾工作发展历程和重大历史事件的回顾，从一个侧面反映地震工作的历史，促进防震减灾事业的传

承、创新和发展。

灾害韧弹性：国家的迫切需求

美国增强国家抵御危险和灾害能力
委员会，美国科学、工程和公共
政策委员会　著

高孟潭　伍国春　吴　清　吴新燕
徐伟民　刘甲美　张晓梅　译

16 开　定价：88.00 元

本书研究的主题是如何通过实现 2030
年具有韧弹性国家愿景来提高国家韧弹性。
更具韧弹性国家的主要特征包括：全国每
个个人和社区都有机会获得他们需要的，
使其社区更具复原力的风险和易损性信息；
各级政府、社区和私营部门都根据这些信
息制定了韧弹性策略和行动方案；积极的
投资和政策减少了未来灾害的生命损失和
社会经济影响；社区联盟得到广泛建立、
认可和支持，在灾害发生前后能够提供基
本服务；灾后恢复速度很快，十年尺度人
均联邦救灾费用持续下降。

国家地震韧弹性：研究、实施与推广

美国国家科学院国家研究委员会，
地震韧弹性研究、实施与推广委
员会，地震与地球动力学委员会，
地球科学与资源理事会，地球与
生命研究部　著

马海建　董丽娜　贾路路　王新胜
朱　林　游新兆　译

16 开　定价：88.00 元

有些地震可能发生在人口稠密的脆弱

区域。应对卡特里娜飓风灾害的惨痛教训
表明，在人口稠密地区，应对一般 5.0 级以
上中强地震的措施和指标对于 7.0 级以上大
地震并不适用。本书提出了一个提高美国
地震韧弹性的路线图，包括应对罕见的又
不可避免的卡特里娜飓风式的大地震事件。
分为三个方面：提高对地震过程及影响的
认识，制定节约成本的措施以减轻地震对
个人、建筑环境和全社会的影响，提高全
国社区的地震韧弹性。

社区灾害韧弹性建设：公私合作模式

美国国家科学院国家研究委员会，
增强社区韧弹性公私部门合作委
员会，地球科学委员会，地球科
学与资源理事会，地球与生命研
究部　著

刘红帅　刘培玄　董丽娜　游新兆　译

16 开　定价：68.00 元

本书描述了聚焦韧弹性的协作且获取
更多知识收益的领域，调查了对有效的公
私合作的认识以及如何增强社区灾害韧弹
性，并制定了一个全面的研究议程。面对
快速的社会变革和技术进步，我们对聚焦
韧弹性的公私部门合作的理解只是萌芽。
本书所述内容应被视作为一个正在发展的
主题的初步探索，而不是最终确定的论述。

新型城镇化防震减灾

皇甫岗　李克主　编

16 开　定价：98.00 元

本书是中国地震局重大研究课题——

防震减灾融合式发展暨服务新型城镇化建设的研究成果，主要从防震减灾融合式发展理念入手，通过回顾国内城镇化建设的历程，总结国外城镇化建设经验和对中国城镇化建设的启示，对比分析国内外尤其是中国城市地震震害的类型、特点，以及新型城镇化建设中的主要地震安全问题，提出了防震减灾与新型城镇化建设相融合的总体思路和主要举措。

天山地区地震生物与泥火山观测

高小其　李　静　娄　恺　向　阳
王　道　范雪芳　著
16 开　定价：100.00 元

本书从天山地区地震地下流体及地震生物观测的发展历程入手，系统开展地震地下流体、地震生物学的综合前兆观测和地震预测理论与方法的研究，积累了极为丰富的资料和宝贵的经验；天山地区地震地下流体和地震生物研究规范而系统，在世界上具有深远的影响。

农村民居抗震实用技术

薄景山　主编
16 开　定价：80.00 元

本书主要在对农村建筑工匠进行培训实践的基础上，结合广大农村民众实际需求而编制，内容包括地震基本知识、结构抗震设计基础、农村民居结构类型、震害特征、抗震措施、施工方法、加固改造方法等，并推荐了几套农村民居抗震设计方案，简明实用、通俗易懂。本书主要服务基层从事农村农居设计人员、农村建筑工

匠和各级干部，提供必要的地震知识和农居抗震实用操作技术，为提高农村住房设防水平和抗灾能力提升开辟探索的路径，为当前和今后国内农村自建民居抗震设计提供参考。因此，本书既是工具书，又是防震减灾的科普读物。

首届全国防震减灾科普作品大赛优秀作品集

北京市地震局　主编
16 开　定价：78.00 元

本书为中国地震局举办的首届全国防震减灾科普作品大赛优秀作品集，共收集评选出 85 件优秀作品，分为六类：科普图书类、科普微视频类、APP（含游戏）、展教具类、影视作品（含歌曲）类、其他创意类，在首届地震科普大会上推出。

地震流体地球化学

杜建国　李　营　崔月菊　孙凤霞　著
16 开　定价：120.00 元

本书聚焦于流体地球化学在地震检测和预测方面的新进展。主要内容包括地球流体的来源、分布及其物理化学性质，地球脱气——流体地球化学探测的主要依据，水和气体样品的采集方法与保持的相关内容，遥感气体地球化学的原理及其在地震监测研究中的应用，土壤气体地球化学原理及应用，地下水地球化学及其在地震监测预测中的应用和流体在地震孕育发生过程中的作用。

中国地震背景场探测项目建设与管理

肖武军　王　松　张　尧　潘怀文
宋彦云　编
16开　定价：98.00元

本书针对项目建设过程中的重点环节与工作做了详尽梳理与汇总，并将项目中产出的优秀成果进行汇总。文集共分为六篇：第一篇是项目序篇，主要对项目概况与建设内容做一概述；第二篇是项目管理，针对项目建设中的重点环节进行介绍；第三篇是工程建设，重点对项目建设过程各主要节点进行具体介绍；第四篇是成果效益，针对项目建设完成后产出的成果，对地震监测预报的促进作用进行总结；第五篇是科技论文，主要收集了项目建设过程中产出的部分科技成果，也是项目建设对人才培养的体现；第六篇是项目大事记，把项目建设从始至终的整个过程的大事、关键环节都进行了详细记录。

郯庐地震断裂带中段地震活动规律及地震危险区判定研究

王华林　郑建常　耿　杰　张景发
尹京苑　胡宪玖　王静等　编著
16开　定价：100.00元

该书包括郯庐断裂带中南段深部构造与地震活动关系研究、郯庐断裂带中南段高分辨率遥感信息处理与活动构造解译、郯庐断裂带中南段1:100万地震构造图编制与断裂和地震活动性研究、郯庐断裂带中南段震源介质参数变化及区域地壳应力应变场特征研究、郯庐断裂带中南段地震预测预报方法研究、郯庐断裂带中南段前兆异常演化及地震危险性分析和郯庐断裂带孕发震构造数值模拟和物理实验研究和郯庐断裂带中南段地震危险区综合判定研究。

四川九寨沟7.0级地震之工程震害

戴君武　孙柏涛　李山有
熊立红　陶正如　马　强
张令心　林均岐　主编
16开　定价：198.00元

本书全面调查了四川九寨沟7.0级地震的土木工程地震震害，并总结了经验与教训，对进一步改进土木工程抗震性能和促进地震工程学科发展具有显著的科学意义，对提高城乡防震减灾能力和减少人员伤亡与经济损失具有重要的现实意义。

河北地震年鉴（2016）

《河北地震年鉴（2016）》编委会　编
16开　定价：198.00元

该书由河北省地震局组织编写，是一部全面系统反映河北省年度防震减灾工作基本情况的资料性工具书。本卷为2016卷，收编的资料截至2016年12月31日，分为大事记、特载、工作进展、监测预报、综合防御、机构与干部、附录等内容。

地震应急管理进展

薄景山　主编
16开　定价：280.00元

该书是一本有关地震应急管理成果及进展的文集，回顾了我国地震应急管理工作坚持科学发展观为指导的发展历程、主要特点和存在问题，明确了现阶段地震应急管理的体系建设框架，提出了推进地震应急管理的发展构想和展望。

美国联邦跨机构应急反应行动计划

赵 勇 张亚辉 等 译校
16开 定价：60.00元

该书是美国国土安全部组织编写的联邦级应急反应行动计划，分主文件和附件两大部分。主件部分包括引言、行动构想（联邦援助请求、联邦援助协调、联邦援助提供、援助构想、关键的联邦决策、关键信息要求、协调架构、管理、金费和资源）、监督、计划的制定和维护、以及法律法规。附件部分包括应急支持的核心能力、规划、行动协调（公共信息与预警、公共卫生与医疗服务、环境应急反应或环境卫生安全、伤亡管理服务、基础设施系统、大众照管服务、大规模搜救作业、现场安全保卫）、公共及私营服务与资源。

郯城地震历史资料研究

孟书和 李学勤 唐 豹 主编
16开 定价：68.00元

该书是一本有关郯城地震的历史资料汇集。从4万余张中国地震历史资料卡片中，针对郯城地震的史料记述及震前48年山东省地震活动、震前6年周边各省地震活动的时空分布等相关历史资料进行专题归纳和考证分析，搜集、梳理郯城地震发生前的各种地震记录，研究、探寻地震发生的规律，为有关专家研究此次地震提供方便。

防御地震灾害并不难

申文庄 张令心 张 勤 著
16开 定价：40.00元

这本读物以文字和丰富的图片，简要介绍地震及地震灾害的基本常识和防震减灾的基本措施，旨在使社会公众了解防震减灾工作，知晓防御地震灾害并不难，进而积极主动地投身社会防震减灾实践。

2018年地震优秀科普文集

中国地震学会普及工作委员会 编
16开 定价：42.00元

我国是多地震国家，党中央和国务院对防震减灾工作高度重视，采取积极有效措施，不断提高全社会防震减灾综合能力。各族群众更加关心防震减灾事业发展，积极主动投身社会防震减灾实践。为总结近年来防震减灾科普工作，推动新时代防震减灾科普事业创新发展，中国地震学会普及工作委员会组织防震减灾科普征文活动，得到各地科普工作者的积极响应。该书选定45篇文章，分为理论篇、探索篇、实践篇三个篇章，对中国防震减灾科普工作做了较为全面的分析和介绍，并提出十分有意义的观点，供广大防震减灾科普工作者学习借鉴。

地震知多少

黎益仕 著
32开 定价：29.00元

本书图文并茂，融科学性与趣味性为

一体，通俗易懂地讲述地震和地震灾害常识，主要包括：地震是一种自然现象，地震灾害的特点，我国地震监测预报具体行动、震灾预防措施、应急救援发展与成效，居家防震对策和应急避险技能。特别是针对不同情境分析应急疏散和就近躲避的要领，讲述震后自救互救基本原则，实用性强。书后附录精选了 20 世纪以来 34 个全球典型地震灾害事件，帮助读者体会防震减灾工作的内涵及其重要意义。

画说地震

仇尚媛　肖　宁　刘　菲　著

12 开　定价：70 元

该书是一本科普立体图书，由黑龙江省防震减灾宣传教育中心集体策划设计。它创造了有关地震知识的三度立体的空间，把地球构造、震级和烈度、地震避险等地震知识通过大量的立体场景和有趣的互动展现出来，适合幼儿园和小学的孩子们阅读，能激发孩子主动发现和探索书中隐藏的"机关"和奥秘，可读性、趣味性强。该书入选 2018 年 BIBF 遇见的 50 本好书榜单，并获评 2018 年黑龙江省优秀科普作品。

海南省农村民居抗震设防技术指南

刘俊华　段晓农　唐　能　编著

16 开　定价：58.00 元

该书包括地震基本知识、建筑结构典型震害分析、建筑结构基础知识、农村民居抗震设防要求、海南典型农居框架结构施工图案例五个部分。通过对海南省广大农村采用框架结构的既有居住建筑形式进行调研、整理、归纳，提炼出四种典型建筑形式，有针对性地编写该省农居抗震设防技术指南，为农居建设提供简明易懂、有高度参考价值的指导。

防震减灾知识系列读本
——防震减灾知识七进读本

四川省全民科学素质纲要联席会议办公室

四川省地震局　编

168mm×240mm　定价：15.00 元

该套系列读本包括进机关、进学校、进企业、进社区、进农村、进寺庙、进家庭 7 本，结合四川防震减灾工作实际，在总结汶川地震、芦山地震等破坏性地震事件经验基础上，以图文结合的方式，针对不同对象，各有侧重地讲解地震及地震灾害、震害防范、应急处置、防震减灾法治等方面的内容。该系列丛书的出版，是四川贯彻落实习近平总书记关于防灾减灾救灾工作新思想新理念新战略的重要举措，对于社会公众普及地震科普基本知识，掌握震灾防范技能，提升应急救援水平，促进地震灾后恢复重建工作，推进防震减灾工作开展都有着极其重要的意义。

防震减灾知识学生读本
——幼儿、小学、初中、高中（藏汉版）

四川省地震局、四川省教育厅　编

16 开　小学、初中、高中版　定价：25.00 元

幼儿版　定价：20.00 元

该书以《防震减灾知识学生读本——幼儿、小学、初中、高中》为基础，重新进行包装设计，以藏汉文字前后

对照的方式，图文结合地讲解了地震、防震减灾、自救互救等方面的知识和常识，充分体现了民族特色，具有鲜明的四川"风味"，具有较强的科学性、趣味性和知识性。

防震减灾知识学生读本——幼儿、小学、初中、高中彝汉版

四川省地震局、四川省教育厅　编

16开　小学、初中、高中版　定价：25.00元

幼儿版　定价：20.00元

该书以《防震减灾知识学生读本——幼儿、小学、初中、高中》为基础，重新进行包装设计，以彝汉文字前后对照的方式，紧密结合四川防震减灾工作实际，以图文结合的方式，通俗讲解了地震基础知识、防震减灾工作、防震减灾法治及应急救援助等方面的知识，充分体现了民族特色，具有鲜明的四川"风味"，具有较强的科学性、趣味性和知识性。

青海省志·地震志

青海省地方志编纂委员会　编

16开　定价：280元

该书根据详今明古的原则，重点记述1970年以来青海省防震减灾事业发展变化的过程。在编纂过程中，力求基础资料科学、翔实、准确，全面地记载青海省地震活动及其发展规律。对青海省历次较强的地震，以及地震部门进行现场科学考察的地震，设立章节进行记述。本志为通纪体，时间断限上限不限，下限迄至2005年。个别事件为保持记述的完整性，有适当延长。本志以文字为主，辅之以图表、照片，力求图文并茂，富有时代气息，是一部重要的史料性文献，也是一部从事科技管理、地震科学研究和制定青海省防震减灾发展规划的参考文献。

地震知识早知道——基础知识篇

青海省地震局　编

24开　定价：26.00元

该书以绘本的形式讲述地震科普知识，分为"基础知识篇"和"安全避险篇"共两本图书，为更好吸引阅读者视线，书中插画主要采用藏羚羊和藏族小朋友的形象。"基础知识篇"主要对地震基础知识和防震准备等相关知识进行简要介绍；"安全避险篇"主要针对地震发生时如何沉着应对、震后如何自救互救和灾后生活等常识进行简要介绍。

《中国地震年鉴》特约审稿人名单

谷永新	北京市地震局	张永久	四川省地震局
郭彦徽	天津市地震局	陈本金	贵州省地震局
翟彦忠	河北省地震局	毛玉平	云南省地震局
李 杰	山西省地震局	张 军	西藏自治区地震局
弓建平	内蒙古自治区地震局	王彩云	陕西省地震局
赵广平	辽宁省地震局	石玉成	甘肃省地震局
孙继刚	吉林省地震局	马玉虎	青海省地震局
张明宇	黑龙江省地震局	张新基	宁夏回族自治区地震局
李红芳	上海市地震局	王 琼	新疆维吾尔自治区地震局
付跃武	江苏省地震局	李 丽	中国地震局地球物理研究所
王秋良	浙江省地震局	单新建	中国地震局地质研究所
张有林	安徽省地震局	杨树新	中国地震局地壳应力研究所
朱海燕	福建省地震局	张晓东	中国地震局地震预测研究所
熊 斌	江西省地震局	李山有	中国地震局工程力学研究所
李远志	山东省地震局	孙 雄	中国地震台网中心
王志铄	河南省地震局	陈华静	中国地震灾害防御中心
晁洪太	湖北省地震局	吴书贵	中国地震局发展研究中心
曾建华	湖南省地震局	翟洪涛	中国地震局地球物理勘探中心
钟贻军	广东省地震局	宋兆山	中国地震局第一监测中心
李伟琦	广西壮族自治区地震局	范增节	中国地震局第二监测中心
陈 定	海南省地震局	贾作璋	防灾科技学院
杜 玮	重庆市地震局	高 伟	地震出版社

《中国地震年鉴》特约组稿人名单

赵希俊	北京市地震局	何濛滢	四川省地震局
丁　晶	天津市地震局	何国文	贵州省地震局
张帅伟	河北省地震局	徐　昕	云南省地震局
和　炜	山西省地震局	赵立宁	西藏自治区地震局
张　茜	内蒙古自治区地震局	谢慧明	陕西省地震局
韩　平	辽宁省地震局	许丽萍	甘肃省地震局
赵春花	吉林省地震局	胡爱真	青海省地震局
李丽娜	黑龙江省地震局	沙曼曼	宁夏回族自治区地震局
刘　欣	上海市地震局	邱媛媛	新疆维吾尔自治区地震局
郑汪成	江苏省地震局	卜淑彦	中国地震局地球物理研究所
沈新潮	浙江省地震局	高　阳	中国地震局地质研究所
李　昊	安徽省地震局	喻建军	中国地震局地壳应力研究所
王庆祥	福建省地震局	张　洋	中国地震局地震预测研究所
曹　健	江西省地震局	彭　飞	中国地震局工程力学研究所
李志鹏	山东省地震局	薛　杭	中国地震台网中心
滕　婕	河南省地震局	杨　睿	中国地震灾害防御中心
安　宁	湖北省地震局	许启慧	中国地震局发展研究中心
孙慧璇	湖南省地震局	魏学强	中国地震局地球物理勘探中心
袁秀芳	广东省地震局	孙启凯	中国地震局第一监测中心
吕聪生	广西壮族自治区地震局	屈　佳	中国地震局第二监测中心
曾春梅	海南省地震局	张玉琛	防灾科技学院
谢　锸	重庆市地震局	郭贵娟	地震出版社